2013 年度水利部公益性项目(201301083)

疏勒河灌区地下水演变规律及评价方法

水利部综合事业局　　甘肃省水文水资源局　　河海大学　　著

U0227627

黄河水利出版社
·郑州·

图书在版编目(CIP)数据

疏勒河灌区地下水演变规律及评价方法/水利部综合事业局,甘肃省水文水资源局,河海大学著. —郑州:黄河水利出版社,2016.9

ISBN 978 - 7 - 5509 - 1549 - 7

Ⅰ.①疏… Ⅱ.①水… ②甘… ③河… Ⅲ.①河西走廊 - 灌区 - 地下水资源 - 研究 Ⅳ.①P641.8

中国版本图书馆 CIP 数据核字(2016)第 224974 号

组稿编辑:李洪良 电话:0371 - 66026352 E-mail:hongliang0013@163.com

出 版 社:黄河水利出版社

　　　　地址:河南省郑州市顺河路黄委会综合楼 14 层　　　　邮政编码:450003

发行单位:黄河水利出版社

　　　　发行部电话:0371 - 66026940、66020550、66028024、66022620(传真)

　　　　E-mail:hhslcbs@126.com

承印单位:河南承创印务有限公司

开本:787 mm × 1 092 mm　1/16

印张:23.25

字数:535 千字　　　　　　　　　　　　印数:1—1 000

版次:2016 年 9 月第 1 版　　　　　　　　印次:2016 年 9 月第 1 次印刷

定价:98.00 元

前　言

　　随着社会经济的发展,人口的激增,水资源短缺和生态环境恶化越来越成为我国西北内陆河流域社会经济可持续发展的制约因素。疏勒河灌区位于河西走廊西端,降水稀少,生态环境脆弱,对水资源变化十分敏感。近几十年来,随着"两西建设"和疏勒河移民工程的实施,地下水资源逐渐成为区域水资源利用的主体,流域内部水循环发生了明显变化,选取该地区为研究对象,不仅有助于了解我国西北内陆河流域水文系统演变的核心问题,还能为当地制定合理的地下水开采模式,防止出现类似于石羊河、黑河流域水资源过度开采而导致严重的生态环境问题。

　　依托水利部公益性行业科研专项经费项目"疏勒河灌区地下水演变规律及评价方法"(201301083),本书通过对疏勒河灌区实地调查,结合对有关参数的现场测定,以基于水资源系统的地下水资源均衡模型为基础,以影响灌区诸因子历史演变规律分析为切入点,以灌区水量分析为主线,以水化学分析为辅线,系统论述了土地变化与地下水资源量的关系,分析了水化学特征,揭示了疏勒河灌区地下水循环演变规律,定量分析了疏勒河灌区水资源均衡要素间的相互制约和转化关系,建立了基于水资源系统和地下水系统双重约束的地下水资源均衡方程,评价了灌区地下水资源。

　　全书共分为十章,主要研究内容和取得的成果如下:

　　第1章绪论,论述研究的背景和意义,以及疏勒河灌区相关研究成果和进展。

　　第2章研究区概况,分析了灌区水资源开发利用以及种植结构、灌溉制度等情况。

　　第3章现场监测及数据分析,在研究区开展了净灌溉用水定额、渗透系数、水化学与同位素以及泉流量的现场监测和数据分析工作,为识别疏勒河灌区水资源均衡要素,查明地下水循环规律做好数据准备。

　　第4章土地利用对地下水资源影响程度,研究疏勒河灌区1987～2013年的土地/覆被利用时空变化特征,计算各时段灌区地下水资源量,分析土地利用变化对地下水补给、排泄系统的影响。

　　第5章地下水动态变化特征,在收集资料和实地监测疏勒河灌区地下水位动态数据的基础上,分析水位年际变化和年内变化特征以及近30年的地下水流场变化。

　　第6章水化学及同位素历史演变规律,结合区域自然地理、水文地质条件,运用水文地球化学研究手段及同位素分析方法研究灌区地下水与地表水水化学组成及水文地球化学特征,地下水年龄及补给来源,识别疏勒河灌区水循环规律。

　　第7章基于水资源系统的地下水资源均衡模型研究,在系统分析疏勒河灌区水资源、用水来源、用水特点、水资源转化规律的基础上,深入研究了水平衡要素的机制和相互关系,提出在水资源总量和地下水资源的双重约束条件下,构建基于水资源系统的地下水资源均衡模型。考虑地表水供用平衡、地下水平衡,通过入流、蒸发、入渗、消耗及单元间的水量交换将平衡系统统一联系起来,建立了一套详细计算的水均衡概念模型。

第8章疏勒河灌区地下水资源量评价,以花海灌区为典型灌区,建立基于水资源系统的地下水资源均衡模型。首先根据花海灌区水文地质条件,建立了灌区地下水数值模型,并对模型进行了识别和验证;其次叠加水资源系统,建立基于水资源系统的地下水资源均衡模型,计算地下水补给量、排泄量。

第9章疏勒河灌区水资源优化配置模型构建及求解,以花海灌区为典型灌区,采用WRMM模型构建了灌区水资源优化配置模型,并提出配置思路及措施。

第10章结论,总结并提出相关建议。

在本书编写过程中,曹淑敏、赵辉、曲炜、刘诚明负责全书提纲拟定,曲炜负责全书的统稿,牛最荣负责最后编审。具体编写人员及编写分工为:第1章由曲炜、敖菲编写,第2章由李计生编写,第3章由李计生、敖菲、周志芳、黄维东编写,第4章由周志芳、郭巧娜编写,第5章由郭巧娜、李计生编写,第6章由郭巧娜编写,第7章由曲炜、敖菲、薛洋编写,第8章由敖菲、薛洋、曲炜、郭巧娜编写,第9章由薛洋、何英编写,第10章由敖菲、薛洋、曲炜编写。张小会、刘俊伟、李亚娟、邹永超、郑洪伟、陈文、胡兴林、刘进琪、李斌、张百祖、王仙红、张文春、李亚林、王建平、窦智、孙超参与了本书的前期研究工作。

在本研究开展过程中,得到了水利部国际合作与科技司、甘肃省水利厅、甘肃省疏勒河流域水资源管理局、甘肃省酒泉水文水资源勘测局的大力支持和帮助,同时得到多位专家指导,在此,对支持和帮助本研究的专家、单位和同仁表示衷心的感谢。

由于研究仍需要深入,且限于作者的水平和其他客观原因,书中难免会存在不足和纰漏,敬请读者批评指正。

作 者

2016 年 7 月

目　录

第 1 章 绪 论

1.1 目的和任务

1.1.1 研究目的

疏勒河流域位于我国西北干旱区,南依祁连山系,发育有疏勒河、榆林河、党河等数条水系,山前冲洪积平原分布着玉门—踏实、瓜州、敦煌、花海、赤金等不同规模的多列式含水亚系统,在纵向上各盆地内部存在潜水及多级承压水系统,区内第四系地层齐全复杂,子盆地过渡界限较为清晰,加之地表水、地下水相互转化频繁。因此,这里是研究不同含水层间转化关系,地下水循环模式、补给机制与更新能力的天然实验室。疏勒河流域降水量稀少、沙尘暴频发、生态环境脆弱,对水资源变化响应十分敏感。近几十年来,随着"两西"建设项目和疏勒河移民工程的实施,大量人口迁入平原区,彻底改变了原来依赖地表水的水资源利用模式,地下水资源逐渐成为区域水资源利用主体。同时,随着土地资源的开发、节水灌溉技术的普及,地下水资源补给量的逐渐减少,地下水位、水量、水质、排泄量以及可开采量等因素的时空分布规律均发生了变化。由于对水资源的不合理开发利用,流域内人工绿洲与下游湖泊、湿地等生态环境之间水资源供需矛盾突出,出现了如地下水位下降、泉水资源衰减、草场退化、土地盐渍化等一系列的生态环境问题。因此,选取该流域为研究对象不仅有助于理解我国干旱内陆典型流域水文系统演变的核心问题,还能为当地制定合理的地下水开发模式,防止出现类似于石羊河、黑河流域水资源过渡开采而导致的严重生态环境问题,起到未雨绸缪的作用。

近几十年来,在国家科技部、自然科学基金委员会、国土资源部等有关部门的资助下,针对疏勒河流域水资源开展了大量的普查及科研工作,如原地矿部科技攻关项目《西北地下水资源评价合理开发利用研究》、国土资源部《河西走廊地下水勘查》等,通过实地调查,结合地质钻探、物探、遥感和同位素等技术手段,从不同角度做了大量的工作,积累了丰富的资料和成果。但这些研究主要集中在地下水资源勘查开发状况,以及水资源开发利用产生的环境效应方面,在深刻揭示流域地下水循环演化机制方面还存在很多不足,尤其是对地下水更新能力的认识十分欠缺。以中央水利工作会议精神为指导,根据《国家中长期科学和技术发展规划纲要(2007—2020 年)》及 2010 年中央一号文件确定的水利发展基本目标——"要以坚持民生优先为原则",研究"甘肃河西走廊(疏勒河)农业灌溉暨移民安置综合开发项目"实施后,灌溉面积扩充、移民开荒、三库联合调度运行、下游湿地保护、洗盐排碱等对疏勒河灌区地表水与地下水资源之间的转换关系影响。进一步加强地下水资源科学管理,提出关于灌区水资源可持续利用与灌区持续发展的思路和对策,为实现甘肃省民生水利发展目标做好科技支撑和服务工作。

本书拟以疏勒河灌区为剖析对象,在查明地表水和地下水历史演变规律的基础上,构建一套基于水资源总量和地下水补径排双重约束的地下水资源量评价方法,并利用该方法计算灌区水资源量,同时提出不同情景下灌区用水方式优化配置方案,为灌区地下水资源可持续利用和荒漠化治理提供科学依据,为干旱区地下水资源合理开发、利用提供技术支撑,为地下水资源评价提供创新和便捷的操作方法。

1.1.2　研究任务

1.1.2.1　项目总任务及专题任务

1. 项目总任务

以基于水资源系统的地下水资源均衡模型分析为手段,以影响灌区诸因子历史演变规律分析为切入点,以灌区水量分析为主线、以水质分析为辅线,以灌区用水方式优化配置为目标,预测地下水系统未来不同情境演变趋势,为灌区地下水资源可持续利用和荒漠化治理提供科学依据,为干旱区地下水资源合理开发、利用提供技术支撑,为地下水资源评价提供创新和便捷的操作方法。具体而言,在对疏勒河灌区历史资料和现场监测资料分析的基础上,建立基于水资源系统和地下水系统双重约束的地下水评价水均衡方程,并对未来疏勒河灌区地表水、地下水合理配置和优化方案选择提供技术支撑。

2. 专题任务

(1)疏勒河灌区土地利用对地下水资源影响程度分析。在资料收集和现场监测的基础上,分别对灌区耕地面积、种植结构、灌溉制度、灌溉面积、水量、水质等影响地下水资源评价因子的历史演变规律进行分析,提出各因子自身随时间变化规律和主要因子之间的演变规律,分析土地利用变化对地下水资源影响程度。

(2)疏勒河灌区水量水质历史演变过程及趋势分析。通过灌区水量、水质历史监测资料和项目实测数据,分析地下水动态变化及地下水流场分布情况,对灌区今后地下水变化情况进行预测,同时反演灌区地下水历史变化。

利用水均衡模型计算不同历史时期地下水资源量,分析地下水资源变化规律,找出影响灌区地下水资源变化原因并预测分析不同情景灌区水量水质变化趋势。

(3)基于水资源系统的地下水资源均衡模型分析。在灌区水量水质历史演变变化规律分析的基础上,提出基于水资源系统和地下水系统双重约束下的均衡模型,计算不同阶段地下水资源量。

(4)疏勒河灌区用水方式优化配置方案。在对种植结构、用水方式、灌溉制度及水资源量分析的基础上,提出不同情景下灌区用水方式优化配置方案。

1.1.2.2　年度任务

1. 2013 年

灌区现状调查,绘制地下水监测井和生产井平面图;开展地下水位、水质,干支斗农渠关键节点流量监测,主要种植作物耗水量,土壤含盐量,泉水溢出,同位素跟踪等项目的现场取样、监测工作;收集有关灌区耕地、用水量、地下水监测等方面的历史资料,开展问卷和走访调查,分析资料,确定研究方案,提交阶段性成果。

2. 2014 年

在继续完成现场监测的基础上,重点开展如下研究:

(1)进行疏勒河灌区水量水质历史演变规律分析。通过灌区水量、水质历史监测资料,分析灌区地表水与地下水转化关系,并预测灌区水量水质变化趋势。

(2)进行疏勒河灌区地下水资源量分析。在灌区水量水质历史演变规律分析的基础上,分析不同阶段灌区地表水与地下水资源量变化情况。在地表水、地下水综合约束下进行地下水资源评价,其评价结果更加客观、可靠。

(3)建立疏勒河灌区地下水资源评价模型。在水资源系统和地下水系统双重约束下,根据水量平衡原理,建立地下水资源评价水均衡模型。

3. 2015 年

提出疏勒河灌区用水方式优化配置方案。在水均衡分析的基础上,分析土地利用与水资源供水量之间的关系,提出灌区用水方式优化配置方案。

1.2 已有研究基础

1.2.1 相关课题或项目

1.2.1.1 移民安置综合开发项目

为了解决甘肃中部干旱地区和南部高寒阴湿山区 11 个县数十万人的贫困问题,甘肃省政府与世界银行签署疏勒河流域农业灌溉暨移民安置综合开发项目(简称移民安置综合开发项目)协议,开发疏勒河流域水土资源。1994 年,移民安置综合开发项目完成可研报告;1995 年,世界银行专家对移民安置综合开发项目进行正式评估。移民安置综合开发项目经国务院批准,列入国家"九五"计划甘肃省重点项目。

移民安置综合开发项目概算总投资 26.73 亿元,在疏勒河上游建设了昌马水库水利枢纽工程,疏勒河流域年供水量增加到 10.86 亿 m^3,增加 71%;改扩建昌马、双塔和花海 3 个灌区的灌溉系统,渠系水利用系数得到较大提高,昌马灌区和花海灌区由 0.54 提高到 0.62,双塔灌区由 0.43 提高到 0.62。灌溉面积由 65.4 万亩(1 亩 = 1/15 hm^2,下同)发展到 147.3 万亩,新增 81.9 万亩,其中昌马灌区新增 47 万亩,达到 85.3 万亩,双塔灌区新增 24.3 万亩,达到 46 万亩;花海灌区新增 10.6 万亩,达到 16 万亩。

1.2.1.2 "九五"科技攻关

改革开放以来,国家针对西北地区水资源紧缺,供需矛盾日益突出,生态环境逐步恶化等水与经济社会发展、水与生态环境保护之间的关系,在"九五"国家重点科技攻关计划中安排专项经费,组织大批科研力量,开展了"西北地区水资源合理开发利用与生态环境保护研究"。其中,有关疏勒河流域水资源方面的研究专题有"疏勒河流域生态环境变化趋势及保护对策研究""疏勒河流域水土资源合理利用及承载能力研究"。

在西北地区水资源合理开发利用与生态环境保护研究中,王浩、陈敏建等主要有十方面的突出成果,一是提出了内陆河流域的水资源二元演化模式;二是提出了基于二元模式的水资源评价层次化体系;三是提出了干旱区水分—生态相互作用机制;四是建立了干旱区生态需水量的计算方法;五是提出了针对西北生态脆弱地区的水资源合理配置方案;六是提出了干旱区水资源承载能力计算方法及重点区不同发展阶段的水资源承载能力;七是第一次大规模引入遥感信息和 GIS 技术,对西北干旱区水资源与生态系统相互关系进行了研究;八是系统进行了 1/3 国土面积上的水资源评价;九是在地下水方面结合近年钻孔资料填补了空白区,按潜水与承压水分别进行了重新评价,提出了地下水资源量及其分布和可开采量及其分布;十是提出了西北地区水资源可持续利用的整体战略,包括区域发展战略、生态环境保护战略、水资源开发利用战略。

　　疏勒河流域生态环境变化趋势及保护对策研究项目针对疏勒河内陆流域生态环境特点,从流域可持续发展出发,将生态环境与水土资源开发利用、社会经济发展三者紧密联系在一起,建立多层次动态生态环境预警分析定量计算模型及干旱内陆河流域水质预测的人工神经网络模型,对疏勒河流域在不同水平年和发展情景进行生态环境变化趋势进行分析,建立了疏勒河流域生态环境预警分析指标体系,总结分析了疏勒河流域主要生态环境因子与地下水位、土壤水盐状态的相互关系。

　　疏勒河流域水土资源合理利用及承载能力研究项目主要进行了疏勒河流域水土资源承载能力分析方法研究、水土资源承载能力与移民可容纳量分析评价。在现状分析的基础上,确定不同水平年水土资源开发利用方案,进行土地生产力评价,确定区域土地资源人口承载能力。

1.2.1.3　水资源综合规划

　　新中国成立以来,党和政府非常重视疏勒河流域水土资源开发利用,早在 1950 年就进行了疏勒河干流水土资源开发利用的前期勘查规划。1966 年甘肃省政府河西建设委员会修编了《疏勒河水利规划》,并编制了安西总干渠的初步设计;1984 年编制了第三次《疏勒河流域水利规划》。据 1995 年编制的《疏勒河流域规划报告》,研究区平原年平均降水量很少,基本不产生径流,所以流域地表水源主要为以山区降水为主的混合性补给河流,冰川融水补给平均占 28.54%。地表水资源为疏勒河干流和石油河两河的河道径流量。根据 1952～1989 年 37 年一系列计算成果,疏勒河干流多年平均径流量为 10.31 亿 m^3,石油河地表水资源量为 0.51 亿 m^3,流域地表水资源量合计 10.82 亿 m^3。移民安置综合开发项目实施前地下水补给资源量为 11.14 亿 m^3,其中与地表水重复(河道、渠系、田间渗入)量为 10.09 亿 m^3,与地表水不重复量 1.05 亿 m^3。项目实施后地下水补给资源量降至 7.41 亿 m^3,其中与地表水不重复量 0.72 亿 m^3。由此可见,该规划报告依据疏勒河流域社会经济发展现状,考虑流域水资源条件和土地开发现实,确定 2010 年疏勒河流域规划灌溉面积 150 万亩。

1.2.1.4　甘肃河西走廊(疏勒河)项目

　　2000 年疏勒河管理局委托甘肃省水利水电勘测设计研究院进行"河西走廊(疏勒河)项目——灌区水文地质勘查及地下水动态预测研究"。该研究对疏勒河流域三大灌区进行水文地质详查工作,研究了各灌区地下水、盐动态及变化规律。在考虑各种环境因素和边界条件的情况下,应用数值分析、解析的方法,对流域各灌区现状及远景条件下的地下水资源进行评价,同时对各灌区因环境因素的改变而引起的地下水动态变化进行定量地分析和预测。

《河西走廊(疏勒河)项目——灌区水文地质勘查及地下水动态预测研究》结论中称"疏勒河流域农业灌溉暨移民安置综合开发工程"完成后,与 2000~2003 年相比,疏勒河干流地表水引用量与引用率分析由 5.53 亿 m³/a、44.3% 分别提高到 6.66 亿 m³/a、64.6%;渠系水利用系数由不足 0.50 提高到 0.62;地下水开采量从 0.4236 亿 m³ 减少为 0.19 亿 m³;灌溉面积由 65.4 万亩增加到 106.22 万亩,致使项目区水循环条件有较大的变化,地下水的补给形式和补给量也将有较大的变化。

1.2.2　相关文献综述

1.2.2.1　出山口径流变化

随着全球气候变暖,疏勒河出山径流量发生一定变化,对此已有许多成功研究:丁宏伟等采用滑动平均、逐步回归和频谱分析等方法,对疏勒河出山径流量年际动态变化特征进行了分析,认为从 20 世纪 50 年代到 90 年代末期,疏勒河出山径流大致经历了 3 个枯水期、4 个丰水期和 2 个丰枯水频繁交替期,认为 21 世纪开始的若干年内,疏勒河出山径流量将呈现一个缓慢的上升趋势,期间的年平均流量高于多年平均值;蓝永超等利用祁连山区水文站和气象站的观测数据,采用线性趋势分析、Man - Kendall 趋势分析和突变分析等方法对近 50 年疏勒河流域山区气候变化对出山径流的影响进行研究,结果表明近 50 年疏勒河流域山区气温呈明显上升趋势,山区降水量变化虽然年际波动较为剧烈,但总体呈增加趋势,20 世纪 90 年代中期以后,疏勒河流域出山径流均呈持续增加的趋势,在年径流总量中占比重最大的夏季径流量的增加主要是由气温上升所引起的冰雪融水补给的增加造成的。

基流是河川径流的重要组成部分,董薇薇等采用递归数字滤波法和平滑最小值法对日径流进行基流分割,对比分析基流和基流指数 BFI 的变化特征,表明基流变化总体呈上升趋势,进入 21 世纪基流量增加最为显著,同时降水量是基流变化的主要影响因素。

1.2.2.2　地下水资源评价

20 世纪 90 年代起,不同部门在疏勒河流域进行过多次不同目的的水文地质普查与勘察工作,基本查明了流域水文地质条件、水资源转化和循环规律,评价了流域地下水资源量,初步分析了疏勒河项目的灌区开发对地下水及其生态环境的影响。在河西走廊(疏勒河)项目灌区地下水动态预测研究工作中(2000 年),初步查明疏勒河流域中、下游三大灌区的地下水资源量,并以地下水动态观测数据为基础,建立了昌马灌区、双塔灌区和花海灌区水文地质模型,运用地下水系统数值模拟,分析预测了项目规划条件下地下水动态变化。在疏勒河流域地下水资源合理开发利用调查评价工作中(2004 年),建立玉门—踏实盆地、安西—敦煌盆地、花海盆地地下水三维水流模拟模型,评价流域地下水资源量。

1.2.2.3　水资源开发利用

疏勒河流域中下游由玉门—踏实盆地、安西—敦煌盆地、花海盆地组成,包括昌马、双塔及花海三大灌区。以灌溉农业经济为主,水资源开发利用程度较高。从用水结构来看,农业用水量占总用水量83%。

水资源开发利用存在的问题主要有:水资源相对短缺,用水矛盾突出,尤其是农业灌溉与生态用水的矛盾突出;水资源利用率偏低,相应的节水工程和灌溉技术落后,粗放低效的大水漫灌使得水资源浪费严重;灌溉规模扩大,地下水开采过度,三大灌区部分地区超采,泉水出露量也逐年缩减。

1.2.2.4　水资源优化配置

水资源优化配置是可持续开发利用水资源的有效调控措施之一,对社会、经济以及环境的协调发展具有重要意义。马莉从水资源用户的角度出发,充分考虑流域社会、经济和生态环境用水综合效益,将多目标划分为生活、工业、农业、第三产业和生态环境用水部门的综合效益最大,在优先保证生活用水的前提下,探讨用水效益最优的供水方案。结果认为偏重生活用水,社会效益最大;偏重工业用水,经济效益明显;偏重农业用水,用水总量减少。

1.2.2.5　水化学及同位素

水体中的化学成分及同位素信息在认识流域水资源来源及转化规律得到很好的应用。周嘉欣等在系统收集了疏勒河流域上游河水、地下水、降水和冰雪融水水样的基础上,对地表水中主要离子组成及控制因素进行了分析。结果表明,流域碳酸盐溶解是控制河水水化学的主要因素,地表水同时受大气降水和地下水补给并主要依靠地下水补给。

何建华综合运用水文地球化学和同位素技术,在对流域地下水水文地球化学演化、含水层水流系统识别的基础上,构建了该区地下水的 ^{14}C 校正模型。结果显示流域地下水化学演化受蒸发浓缩、溶滤作用,以及碱化环境中的离子交换和同离子效用影响较大。流域地下水始于 1.6 万年前,大多数承压水年龄分布在 3 000 ~ 7 000 年间。

1.2.2.6　其他相关研究

张军等利用生态足迹法研究了疏勒河流域水资源承载能力,结果表明,该流域水资源开发潜力不大,未来在水资源管理方面应采取加强民众节水意识教育、调整产业结构等。罗万峰结合昌马灌区地下水环境的实际,建立了反映地下水环境现状的三个层次 13 个指标构成的指标体系,对灌区 11 个典型区域进行了地下水环境的综合评价,表明该地区的地下水环境状况处于一般水平。张明月运用层次分析法,建立了昌马灌区水资源脆弱性评价指标体系,分析了灌区的自然脆弱、人为脆弱和承载脆弱等敏感指标,结果表明,灌区水资源综合脆弱性处于微脆弱态势,自然脆弱性最小,对灌区水资源脆弱性影响最大。

1.2.3　以往工作评价

在前人的研究成果中,疏勒河水资源有关的研究较多,但关于疏勒河流域地下水资源量评价的只有甘肃河西走廊(疏勒河)项目,在该项目成果中,对"疏勒河流域农业灌溉暨移民安置综合开发工程"实施前后的疏勒河灌区,采用水均衡分析法对地下水资源量进行了评价。评价结果表明,"疏勒河流域农业灌溉暨移民安置综合开发工程"实施后,项目区水循环条件有较大的变化,地下水的补给形式和补给量也将有较大的变化。昌马灌区均衡差由 -0.479 3 亿 m^3/a 改变为 -0.465 0 亿 m^3/a,双塔灌区由负均衡 -0.074 1 亿 m^3/a 改变为正均衡 +0.169 8 亿 m^3/a,花海灌区由负均衡 -0.139 4 亿 m^3/a 改变为正均衡 +0.088 6 亿 m^3/a。昌马灌区均衡差变化的原因主要是地下水补给组成发生了较大的变化,补给量增加。双塔灌区地下水补、排呈正均衡状态,地下水补给量增加是由于双塔水库富余水下放,增加了河道渗入补给量。花海灌区地下水补给量增大主要是因为花海总干渠引水量大大增加,渠系入渗量较现状变化较大。

1.3 主要研究内容及技术路线

1.3.1 主要研究内容

本课题研究内容根据各章节之间的关系大致可分为四个部分九个章节。第一部分,现场监测,主要为现场监测数据的分析;第二部分,机制研究,主要包括水化学及同位素历史演变规律及地下水动态变化特征分析两部分内容;第三部分,模型构建,主要包括地下水资源评价方法的介绍及水资源量计算两部分内容;第四部分,提出灌区水资源优化配置方案。

第一部分,现场监测,即书中第 3 章内容。该部分主要对野外开展的监测工作进行总结,同时对监测数据进行分析。在充分收集前人工作成果的基础上,补充了地下水动态和泉流量监测、开展了水化学及同位素样品的采集和测试、选取典型地块,对土壤含水率和土壤容重进行了监测,同时对灌区水文地质参数进行了测试。现场监测的数据是进行灌区水量、水质历史演变分析、计算不同时期地下水资源量及提出水资源优化配置方案的数据基础。

第二部分,机制研究,即书中第 4 章、第 5 章和第 6 章内容。第 4 章研究灌区从 1987～2013 年的土地/覆被变化情况,计算了不同时期灌区地下水资源量,分析了土地利用对地下水资源量的影响。第 5 章通过水位历史及现状监测资料,分析了灌区地下水动态变化及流场分布情况。第 6 章研究灌区内水化学及同位素历史演变规律,分析了灌区地下水化学类型、离子成分及其时空演变规律,利用同位素资料,推测了地下水的补给来源,计算了地下水年龄和补给高度,为查明地下水与地表水的转化规律、认识水资源循环演变过程和机制奠定基础。

第三部分,模型构建,即书中第 7 章、第 8 章内容。第 7 章在掌握水资源转化规律的基础上,建立了基于水资源系统的地下水资源均衡模型,介绍了模型的构建思路、计算方法及过程。第 8 章利用基于水资源系统的地下水资源均衡模型计算了花海灌区不同时期地下水资源量。

第四部分,提出灌区水资源优化配置方案,即书中第 9 章内容。基于 WRMM 模型构建了花海灌区的水资源优化配置模型,提出配置思路及措施。第 10 章为本书结论。

1.3.2 技术路线

(1)根据研究内容制订详细工作计划。

(2)收集资料:收集相关地质、水文地质、水资源开发利用、地下水位历史数据、灌溉等相关资料,并对数据进行整理分析。

(3)现场监测:在灌区开展地下水位、地表水流量及田间耗水量的监测工作;开展地下水、地表水及土壤样品采集、测验工作;开展水文地质参数测试工作。

（4）地下水水量、水质历史演变规律研究：在历史资料、现场监测数据分析的基础上，计算灌区不同时期地下水资源量，研究水化学及同位素演变规律，查明灌区水资源循环演变过程及机制。

（5）水资源均衡模型研究：在分析已有研究成果和评价方法的基础上，结合资料分析，提出基于双约束条件下的水资源均衡概念模型；在水资源均衡概念模型的基础上，结合现场监测数据，确定模型参数，建立数值模型并求解。

（6）水资源优化配置研究：在查明灌区水资源量的基础上，科学配置水资源，提出灌区用水的基本思路和措施。

技术路线见图 1-1。

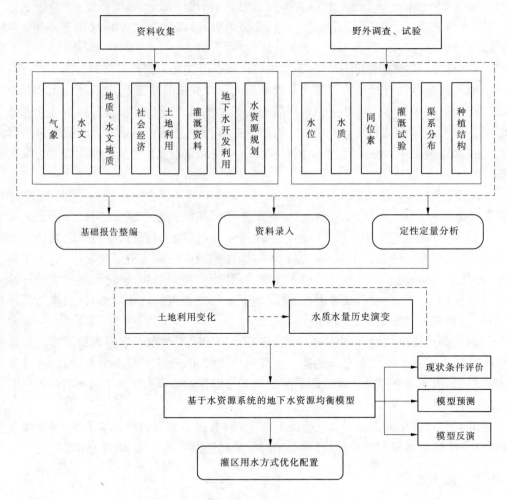

图 1-1　技术路线

1.4 难点与创新点

1.4.1 难点

目前,地下水资源评价多以地下水系统为研究对象,采用均衡计算方法,往往因为只考虑地下水系统的自身平衡,数据得不到校准和限制。基于水资源均衡系统,在水资源系统总量作为约束条件下,计算地下水资源量,尚没有相关资料可以借鉴。

地表水与地下水的数量级不同,如若简单进行叠加,地下水资源量将会忽略不计,如何寻找可操作性强的地表与地下耦合计算方法是研究需要解决的问题之一;疏勒河流域面积较大,三大灌区的水文地质条件存在差异,且水资源开发利用程度不尽相同,对三大灌区进行详细分析计算,工作量大,时间紧,难度不小,经费不足,这也是本研究需要克服的难点之一。

1.4.2 创新点

本课题通过对疏勒河灌区地下水历史演变规律与评价方法的研究,在对前人研究成果分析、比较的前提下,提出双重约束下的地下水资源量评价方法,并把该评价方法在疏勒河灌区运用,提出灌区地表水、地下水联合调度用水优化配置方案。因此,本课题的主要创新点可以归纳为如下三个方面。

1.4.2.1 评价方法创新

目前,针对地下水资源评价的往往基于地下水系统建立均衡方程,或者使用专门的地下水数值模拟软件,并不考虑地表水循环的约束,或者只是将地表水作为模型的源汇项(输入输出条件),对地表水循环缺乏真正的耦合。这种基于地下水系统的水资源量计算方法只考虑了地下水系统自身的平衡,是一次平衡计算结果,数据没有在水资源系统中统筹和协调,没有把水资源总量作为限制因素加以考虑,所以使得计算结果缺少约束,往往把地下水资源量算大了。特别是在我国西北内陆河地区,地表水与地下水相互转化频繁,水资源量的重复计算是影响地下水资源量准确的重要因素,因此对地下水资源进行评价也必须在评价水资源总量的基础上进行,考虑水资源系统的统筹和协调。本课题建立的基于双重约束下的水资源均衡模型,在上述地下水系统约束下,增加水资源系统的约束,在地下水补给、排泄分析的前提下,用水资源总量加以约束,使得地下水资源可开采量不会超过补给量,保持地下水系统均衡,使地下水资源开发利用可持续,保证灌区长治久安发展。因此,在地下水资源评价方法上是一次全新的尝试。

1.4.2.2 计算手段创新

在原有地下水均衡方程的基础上,增加水资源均衡方程,在求解过程中,将地下水均衡方程数值化,同时把水资源均衡方程作为约束条件,通过拟合调整模型参数,使得基于双系统的方程达到平衡,模型的求解结果最终满足进区水量等于区内消耗水量加出区水量。

考虑到水文地质参数、水文变量的空间变异性,采用集总式和数值模拟相结合的计算方法,不仅可以将地下水系统刻画得更贴近实际,同时与水资源系统联立拟合调参,达到地表水系统和地下水系统有效耦合的目的。

　　因此,本课题的开展从地下水资源评价计算手段上也是一次有益的创新。

1.4.2.3　研究领域创新

　　现有的地下水资源评价方法只在地下水系统中分析、计算。本课题的评价方法同时在地下水系统和地表水系统两个系统中分析、计算,增加约束条件,计算结果更加接近实际。因此,本课题研究领域的扩展也是地下水资源评价的一次创新。

第 2 章　研究区概况

2.1　自然地理概况

2.1.1　地理位置

　　疏勒河流域位于甘肃省河西走廊西端,是我国西北部甘肃省河西走廊三大内陆河流之一。疏勒河位于疏勒南山与托来山之间,源于天竣县沙果林那穆吉木岭日阿吉尔峰。北西流至德令哈波罗沟附近,受野马山阻挡,折向北流,出青海入甘肃境内。在青海省先后汇入的较大支流有乌兰沟、扎尔马格曲和查干布尔斯曲。向西进入甘肃境内,先后有榆林河、党河、石油河及白杨河汇入;自南向北,流经玉门、瓜州、敦煌等绿洲,经瓜州绿洲之后,自东向西,注入罗布泊,如图 2-1 所示。

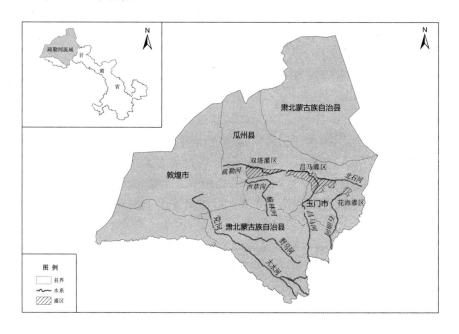

图 2-1　疏勒河流域示意图

　　疏勒河源头冰川沼泽发育,山间谷地较开阔,河谷较宽。下段河谷变窄,其中在青海省集水面积 6 415 km²。疏勒河流域的农业灌溉历史悠久,可以追溯至汉唐时代。现在,瓜州县以下早无地面径流,仅存干河道遗迹。

　　本项目研究区为疏勒河中下游地区,地处东经 94°50′~98°00′,北纬 40°00′~40°40′,东起玉门市花海乡,西至瓜州县西湖乡,南部以北祁连山山前为界(南起祁连山北麓昌马水库),北至北山戈壁前缘(北至桥湾北山、饮马北山),为一狭长地形,包括花海、昌马和双塔三大灌区。

2.1.2　地形地貌

研究区位于甘肃河西走廊西端的疏勒河流域中、下游地区,地势南高北低、东高西低,海拔 1 120~1 500 m。

研究区南部为祁连山区,其北坡由一系列近 NW—SE 向山脉和山间盆地组成,海拔 2 000~5 500 m。在海拔 3 000 m 以上的中、高山区,山坡陡峻,山势雄伟,沟谷发育;海拔 2 000~3 000 m 为低山丘陵区,构成祁连山山前地带,由古生界—中生界变质岩及碎屑岩系组成;山间分布着昌马堡、石包城诸盆地。

研究区北部则为马鬃山区及山前戈壁平原区,海拔在 2 000 m 以下。其构造剥蚀强烈,多呈准平原化;在马鬃山山前为一东西向展布条带状戈壁区,其宽度 10~40 km,地形由北向南微倾,坡降南北向 5‰~10‰、东西向 2‰~5‰。

研究区位于祁连山山前地带到北戈壁前缘的走廊平原区,走廊平原区被隆起的古老低山丘陵地块分割成多个东西向展布的盆地,即南盆地和北盆地,研究区的玉门盆地即昌马灌区为走廊南盆地,而花海、安西盆地即花海灌区、双塔灌区则为走廊北盆地。

研究区海拔从东南部昌马大坝的 1 850 m 到西北部的西湖地区逐渐降至 1 040 m 左右,南北坡降平均为 10‰~15‰,东西坡降 2‰~3‰。

2.1.3　气象水文

2.1.3.1　**气候特征**

研究区位于欧亚大陆的腹地,远离海洋。其东邻巴丹吉林沙漠,西连塔里木盆地的塔克拉玛干沙漠,北为马鬃山山地、戈壁,南为祁连山崇山峻岭,造成本区降水稀少、蒸发强烈、日照时数长、四季多风、冬季寒冷、夏季炎热、昼夜温差大等大陆性气候特征。

研究区年均气温随地势高低有明显的变化趋势。上游昌马堡站年均温度 5.4 ℃,中游的玉门镇为 5.1 ℃,下游瓜州县为 8.5 ℃。流域降水量是甘肃省降水最少的地区,在全国范围内也是最少的地区之一。该区的降水量由山区到平原急剧减少:昌马堡站年降水量为 94.4 mm、玉门为 63.3 mm、瓜州为 52.2 mm、花海区为 58.8 mm。该区降水主要集中在 5~8 月,约占全年降水量的 71.2%。区内蒸发量很高,年均蒸发量昌马堡站为 1 823.6 mm、玉门为 1 141.4 mm、瓜州为 2 147.2 mm。

2.1.3.2　**水文**

研究区主要河流有疏勒河、北石河、石油河,见图 2-2。

1. 疏勒河

疏勒河是区内规模最大的河流,河流自源头由东向西,至乔木擦沟口折向西北,在花儿地流量站下游卜罗沟口折向北流,在昌马堡下游汇入小昌马河后进入昌马水库,经昌马水库调蓄后,出昌马峡,进入河西走廊平原区,河道漫流于洪积扇上,无固定河床,在经过洪积沙砾戈壁时,形成许多南北向的沟道,自东向西由头道沟至十道沟。疏勒河穿过洪积沙砾石戈壁呈近南北向进入细土平原,在黄闸湾处转向呈近东西向,经潘家庄流入双塔水

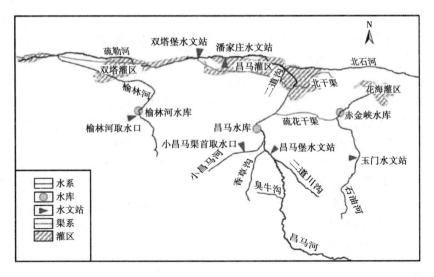

图 2-2 研究区水系

库,经过双塔水库的再次调蓄,引入灌区灌溉农田林草,双塔水库输送给瓜州县西湖乡农田林草灌溉的水流和下泄的洪水仍沿疏勒河河道向下游流淌,到达西湖乡农田林草地间,河道在西湖乡以西约 5 km 处消失。

2. 北石河

北石河发育于研究区东北部,由西向东流,经昌马灌区北部穿过洪山峡进入花海灌区。北石河是一条泉水河,主要为泉水溢出汇集而成,进入花海盆地沿盆地北部边缘发育,最终注入干海子。

3. 石油河

石油河(在赤金镇以上称石油河,以下则称赤金河)发源于祁连山深处,上游多为深山峡谷,在祁连山区经 80 km 的流程到达玉门市豆腐台出峡口。石油河多年平均径流量为 3 618 万 m³,其水量在年内分配极不均匀,一般 6 ~ 8 月为洪水期,占全年径流量的 57.3%,其余时间流量较小。在豆腐台以下 6 km 处为石油河渠首,从此引石油河水入上赤金灌区进行农田灌溉,在石油河渠首以下河床开阔,平时河水全部渗入地下成潜流状,在下赤金堡因走廊北山的阻隔,地下潜流溢出地表形成泉群汇流于现赤金河道,然后横切走廊北山(宽滩山)经赤金峡水库进入花海盆地。

2.1.4 土壤植被

2.1.4.1 土壤

疏勒河灌区适于种植的农业土壤基本分布在洪积—冲积扇扇缘,平原及河流中下游地区的阶地上,成土母质以河流冲积灌淤土及洪积物为主。该区从北至南有规律地分布着棕漠土—风沙土—盐土—沼泽土—草甸土—潮土—灌淤土—风沙土—棕漠土。

区内土塘有机质较为缺乏,土壤贫磷、低氮、钾富足,pH 值为 8.1 ~ 8.5,土壤结构表层松散,下层紧致,土壤保水性较差,质地以轻壤、中壤为主,农业耕作层的土壤容重较大,空隙稍小。

2.1.4.2 植被

区内气候干燥,植被主要为盐生和旱生植物。天然乔木不多,很少形成森林,旱生灌木种类也较少,主要生长的植物为半灌木和草类植物。境内因地形地貌、土壤质地、气候水文等生态因素分布特点,植被的垂直和水平分带性十分明显。

祁连山区由于降水稀少、气候寒冷,主要分布半灌木高寒荒漠草原植被,并且随高程的增加,植被从山地荒漠植被向山地草原及寒漠稀疏植被过渡。马鬃山降水更为稀少,植被为沙生针茅和戈壁针茅荒漠草原植被及稀疏草原化荒漠和荒漠植被。

走廊平原区主要分布有:由以胡杨为主的乔木和以红柳、毛柳为主的灌木组成的森林植被,由耕地中的防护林(杨、榆和沙枣等)、农作物及田间杂草组成的农业绿洲植被,呈小面积分布在泉眼周围的沼泽植被,广泛分布于绿洲荒地中的草甸植被,以及分布于绿洲周围和沙漠戈壁上的荒漠植被等。区内由于灌溉农业的迅速发展,农业绿洲植被已成为走廊区的重要植被生态系统。

2.2 社会经济概况

研究区主要行政区分属甘肃省酒泉市的玉门市和瓜州县。玉门市曾被誉为石油城,瓜州县是本区的农牧业县。

2.2.1 人口

2003 年,流域总人口 47.92 万人,其中城镇人口 19.11 万人,农业人口 28.81 万人。到 2013 年,流域总人口达到 52.42 万人,增加了 4.50 万人,其中城镇人口增加了 10.57 万人,农村人口减少了 6.07 万人。流域人口逐年呈增长趋势,年增长率为 0.90%,高于黑河流域的 0.48% 和石羊河流域的 −0.28%。疏勒河流域人口变化趋势见表 2-1。

表 2-1 疏勒河流域人口变化趋势 （单位:万人）

年份	人口		
	城镇	农村	合计
2003	19.11	28.81	47.92
2004	21.36	26.83	48.19
2005	21.82	25.92	47.74
2006	20.19	28.16	48.35
2007	23.79	26.45	50.24
2008	31.94	19.37	51.31
2009	24.38	26.19	50.57
2010	26.17	24.11	50.28
2011	26.99	23.78	50.77
2012	28.30	23.29	51.59
2013	29.68	22.74	52.42

2003 年,流域城镇化水平为 39.88%,到 2013 年增长到 56.62%,城镇化率年均提高 1.67 个百分点,城镇化进程逐渐加快。与河西走廊的黑河流域和石羊河流域相比,高于黑河流域 0.38 个百分点,也高于石羊河流域 1.20 个百分点。

2.2.2 经济

2003 年,流域国内生产总值为 69.34 亿元,其中第一产业产值 10.48 亿元,第二产业产值 37.78 亿元,第三产业产值 21.08 亿元。到 2013 年,流域国内生产总值增长到 376.56 亿元,年均增长率 18.43%,其中第一产业 36.66 亿元,年均增长率 13.34%;第二产业增长到 208.99 亿元,年均增长率 18.66%;第三产业增长到 130.91 亿元,年均增长率 20.60%。疏勒河流域国内生产总值见表 2-2。

2003 年,第一产业、第二产业、第三产业占总值的比重分别为 15.11%、54.49%、30.40%;到 2013 年所占的比重分别为 9.74%、55.50%、34.76%。从经济组成上来看,第一产业比重下降,第二产业维持不变,第三产业呈增长的趋势。

表 2-2 疏勒河流域国内生产总值

年份	第一产业		第二产业		第三产业		总值 (亿元)
	产值 (亿元)	比重 (%)	产值 (亿元)	比重 (%)	产值 (亿元)	比重 (%)	
2003	10.48	15.11	37.78	54.49	21.08	30.40	69.34
2004	12.39	14.87	47.68	57.22	23.26	27.91	83.33
2005	13.16	13.45	51.27	52.39	33.43	34.16	97.86
2006	13.98	12.64	55.96	50.58	40.70	36.79	110.64
2007	15.90	12.27	68.85	53.13	44.85	34.61	129.60
2008	17.92	11.23	88.87	55.69	52.80	33.08	159.59
2009	19.49	9.36	113.33	54.41	75.47	36.23	208.29
2010	22.60	9.21	135.49	55.19	87.40	35.60	245.49
2011	27.56	9.00	174.11	56.88	104.42	34.12	306.09
2012	31.71	9.29	179.38	52.53	130.37	38.18	341.46
2013	36.66	9.74	208.99	55.50	130.91	34.76	376.56

2.3 水资源及其开发利用情况

2.3.1 水资源总量

根据《甘肃省水资源公报》(2001~2013),疏勒河流域多年平均水资源总量为 24.71 亿 m^3,其中地表水资源量为 24.06 亿 m^3,地下水资源与地表水资源不重复量为 0.65 亿 m^3。

2.3.2　水利工程现状

2.3.2.1　蓄水工程

（1）昌马水库：建成于 2002 年，位于昌马峡进口以下 1.36 km 处，总库容 1.94 亿 m³，兴利库容 1.00 亿 m³，是以农业灌溉为主，兼有发电、防洪等综合利用的年调节大（Ⅱ）型水库；有总干渠、干渠电站 14 座。

（2）双塔水库：建成于 1960 年，位于瓜州县城以东 48 km 处，总库容 2.40 亿 m³，兴利库容 1.20 亿 m³，是以农业灌溉为主，兼有发电、防洪、养殖等综合利用的年调节大（Ⅱ）型水库，水库来水以疏勒河水为主。

（3）赤金峡水库：建于 1968 年，位于甘肃省玉门市区北部约 55 km 处，地处石油河中游的赤金峡之中，水库来水由疏勒河经疏花总干和石油河汇水而成，总库容 0.38 亿 m³。疏勒河灌区蓄水工程基本情况见表 2-3。

表 2-3　疏勒河灌区蓄水工程基本情况

项目 水库	库容 （亿 m³）	大坝					
		坝顶 高程 （m）	坝顶长 （m）	正常 蓄水位 （m）	设计 洪水位 （m）	汛期限制 水位 （m）	校核 洪水位 （m）
昌马水库	1.94	2 004.80	365.50	200.80	2 000.80	1 993.32	2 002.80
双塔水库	2.40	1 332.80	1 040.00	1 330.30	1 330.60	1 326.20	1 331.80
赤金峡水库	0.38	1 571.60	264.80	1 569.39	1 568.20	1 566.00	1 570.91
合计	4.72						

2.3.2.2　引水工程

昌马灌区有工业集团四〇四厂取水口和昌马渠首 2 处引水枢纽。灌区输配水工程有总干渠 2 条，渠道总长 74.57 km，衬砌率 100%；干渠 5 条，渠道总长 112.80 km，衬砌率 100%；支干渠 10 条，渠道总长 114.89 km，衬砌率 95.66%；支渠加分支渠 75 条，渠道总长 327.30 km，衬砌率 90.05%。各类渠系建筑物 1 887 座。

双塔灌区有总干渠 1 条，渠道总长 32.61 km ，衬砌率 100%；干渠 4 条，总长 141.66 km，衬砌率 80.3%；支干渠 1 条，渠道总长 1.88 km，衬砌率 100%；支渠 28 条，渠道总长 153.07 km，衬砌率 55.21%；分支渠 3 条，渠道总长 10.37 km，衬砌率 100%。各类渠系建筑物 817 座。

花海灌区有总干渠 3 条，渠道总长 80.01 km，衬砌率 100%；干渠 3 条，渠道总长 26.82 km，衬砌率 100%；支渠 13 条，总长 52.84 km，衬砌率 100%；分支渠 1 条，渠道总长 4.52 km，衬砌率 100%。

地表水引水工程布置见图 2-3，疏勒河灌区引水工程基本情况见表 2-4。

图 2-3　地表水引水工程

表 2-4　疏勒河灌区引水工程基本情况

灌区\项目	灌溉面积（万亩）	渠系（条）							骨干工程衬砌率			建筑物（座）
		合计	干渠	支干渠	支渠	分支渠	斗渠	农渠	总长度（km）	衬砌长度（km）	衬砌率（%）	
昌马	69.68	2 817	7	10	56	19	361	2 364	629.55	592.02	94.04	8 463
双塔	46.43	3 141	5	1	28	3	175	2 930	306.98	238.48	77.69	4 556
花海	18.31	1 056	6	0	13	1	83	953	174.19	164.82	94.62	9 572
合计	134.42	7 014	18	11	97	23	619	6 247	1 110.73	995.32	89.61	22 591

注:表中数据来自疏勒河流域管理局。

2.3.3　地下水开发利用

2.3.3.1　地下水用水变化分析

疏勒河流域地下水开发利用历史悠久,根据水利普查资料、现场调查统计显示,1958年流域内就有规模以上配套机电井进行地下水开发利用,主要为农业灌溉,从 1985 年开始,流域内开始了大规模的地下水开发利用,机井数量显著增加,从 2005 年开始,流域内开发利用地下水进入高峰,其中:昌马灌区 1995~2005 年共建成机井 950 眼,占现有机电井总数 1 594 眼的 60%;双塔灌区 1995~2005 年共建成机井 616 眼,占现有机电井总数 904 眼的 68.14%;花海灌区 1996~2006 年共建成机井 431 眼,占现有机电井总数 559 眼的 71%。疏勒河流域昌马灌区、双塔灌区、花海灌区规模以上配套机电井数量逐年变化过程见图 2-4~图 2-6。

根据 1958~2013 年的地下水开采量资料,三大灌区的逐年开采量及地下水开采井逐年过程线见图 2-7~图 2-9。从图中可以看出,昌马灌区地下水开采量 1989 年开始大幅度增加,至 2004 年达到 2 亿 m³ 规模,2013 年开采量为 2.25 亿 m³。双塔灌区地下水开采上升年份在 1995 年,1998 年开采量突破 1 亿 m³,近 10 多年来,地下水开采量逐年增加,但

图 2-4　昌马灌区规模以上配套机电井数量逐年变化过程

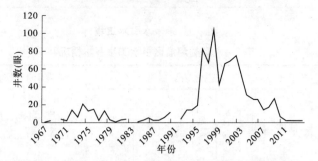

图 2-5　双塔灌区规模以上配套机电井数量逐年变化过程

图 2-6　花海灌区规模以上配套机电井数量逐年变化过程

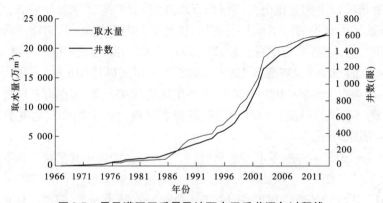

图 2-7　昌马灌区开采量及地下水开采井逐年过程线

增率变缓,2013 年地下水开采量达 1. 12 亿 m³;花海灌区 2004 年进入地下水大规模开发
利用阶段,由于其农业灌溉用水主要为赤金峡水库地表水,地下水作为补充灌溉水源及乡
村供水唯一水源进行开发利用,其地下水开发利用最早可追溯到 1957 年酒泉钢铁公司在
花海镇建立酒钢花海农场,为保证人畜饮水及灌溉,建成了 6 眼井由钢筋混凝土管为井壁
管材料,井口井管内径为 300 mm、井深 80 m 的机电井,使用至今。该区域地下水大规模
开发利用为 2003 ~ 2008 年,在政府引导下,有计划地建立农业综合开发区,其中大畅河农
业综合开发区新建机井 130 眼,疙瘩井农场新建机井 35 眼,康庄农场新建机井 17 眼,同
时各乡镇分别在绿洲沙漠过渡带开荒种地,南荒地、西沙窝等地建成机井近 50 眼,

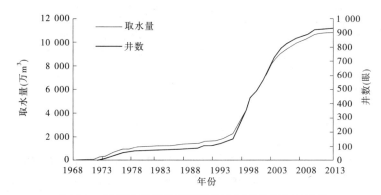

图 2-8　双塔灌区开采量及地下水开采井逐年过程线

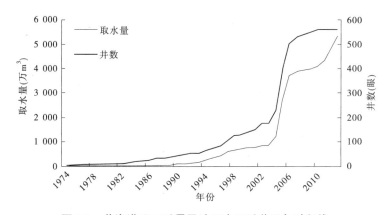

图 2-9　花海灌区开采量及地下水开采井逐年过程线

2.3.3.2　地下水用水结构分析

流域内地下水开发利用以农业灌溉为主导,2013 年三大灌区地下水开采量为
39 031.72 万 m³,其中农业灌溉用水总量为 36 748 万 m³,占地下水用水总量的 94.15%;
农村生活用水 691.08 万 m³,占总用水量的 1.77%;工业用水 422.3 万 m³,占总用水量的
1.1%;城镇生活用水 1 170.34 万 m³,占总用水量的 3%。

昌马灌区主要水源来自昌马水库,农业灌溉用地下水量 20 579 万 m³,占地下水用水
总量的 91% (见图 2-10);城镇生活用水 1 170.34 万 m³,农村生活用水 399.17 万 m³,工

业用水 370.24 万 m³。用水量较大的乡镇和农场有国营饮马农场 3 138 万 m³、下西号乡 2 854万 m³、玉门市黄闸湾乡 3 638 万 m³。

双塔灌区用水主要以双塔水库供应地表水为主,地下水作为农业灌溉的补充用水及乡村生活用水。农业灌溉用地下水 11 097.53 万 m³,占地下水用水总量的 99%(见图 2-11),当地工业不发达,用水量只有 2.06 万 m³,占地下水用水量的 0.02%。用水量较大的乡镇有:瓜州乡 4 162 万 m³、南岔镇 4 919 万 m³、西湖乡 2 539 万 m³。

图 2-10　昌马灌区地下水用水结构　　　　　图 2-11　双塔灌区地下水用水结构图

花海灌区灌溉水源主要为赤金峡水库上游的石油河来水和灌区上游的疏花干渠从昌马总干渠调引疏勒河的水,经赤金峡水库调蓄后输送到下游灌区进行灌溉,地下水的利用是在河灌不足的情况下提取地下水进行补充灌溉。花海灌区开发较晚,灌溉面积为三大灌区最小,灌溉用水量也较少,其地下水用水结构见图 2-12。

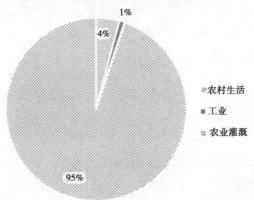

图 2-12　花海灌区地下水用水结构

2.4　灌溉方式及灌溉制度

2.4.1　灌溉面积

2001~2013 年昌马、双塔及花海灌区的灌溉面积呈增长趋势,灌溉面积统计见表 2-5,灌溉面积变化见图 2-13。由图 2-13 可以发现,三大灌区面积变化可以以 2007 年为节点,昌马灌区在 2007 年之前,面积逐年缓慢增长,灌溉面积在 2007 年增加至 64.78 万亩,相较于 2006 年增长了 27%,之后增长速度变缓;双塔灌区及花海灌区的灌溉面积呈增长趋势,在 2007 年以前增长速度较快,2007 年以后面积变化不大。

表 2-5　灌溉面积统计　　　　　　　　　　　（单位:万亩）

年份	昌马灌区	双塔灌区	花海灌区
2001	45.87	30.06	9.12
2002	45.21	33.75	9.12
2003	44.05	38.37	11.34
2004	46.18	42.45	12.97
2005	49.21	42.68	13.81
2006	51.09	35.18	15.37
2007	64.78	45.64	16.98
2008	70.80	46.43	17.50
2009	70.80	46.43	17.44
2010	72.51	46.08	17.11
2011	73.04	45.79	17.12
2012	69.64	46.43	17.43
2013	69.58	46.43	18.32

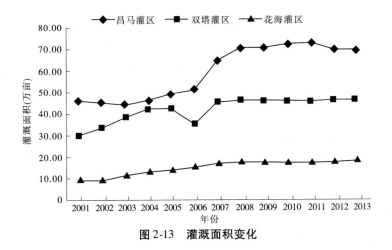

图 2-13　灌溉面积变化

2.4.2　种植结构

昌马灌区、双塔灌区、花海灌区内粮食作物种植面积较小,棉花、油料、瓜类等经济作物的种植面积较大。

以花海灌区为例,分析作物种植结构的变化特点。通过 1976~2010 年的种植结构变化(见表2-6)可以看出,其总体特征是粮食作物逐渐减少,经济作物及其他作物增加,种植结构由单一化逐步向多样化发展。该灌区种植结构演变呈现出明显的阶段性。

表2-6 花海灌区农作物种植结构变化 (%)

农作物种植结构		1976年	1980年	1986年	1990年	2001年	2005年	2010年
粮食作物	小麦	44.60	71.37	57.85	61.51	14.72	25.07	12.45
	玉米	33.79	22.80	12.05	14.37	4.48	1.57	1.88
经济作物	棉花	13.89	0	0	2.42	33.06	41.32	23.19
	油料	2.72	2.68	5.92	7.98	3.87	3.66	0.37
	蔬菜	3.22	1.97	0.95	2.68	7.94	6.57	0.85
	瓜类	0.62	0.89	3.14	0	1.06	2.80	16.48
	孜然	0	0	0	9.13	4.69	5.30	
	药材	0	0	0	0	2.85	1.27	15.48
其他作物	饲料	0	0	0	0.59	13.62	7.55	7.08
	绿肥	0	0	0	0	1.62	2.25	0.51

第一阶段:1976～1990年。该阶段对粮食作物需求量大,因此种植以粮食作物为主,粮食作物、经济作物种植比例约为8:2。粮食作物主要有小麦和玉米,二者比例约为3:1,分别平均为58.83%和20.75%。经济作物包括棉花、油料、蔬菜和瓜类,由图2-14可以看出,棉花种植比例在1976～1990年间震荡下行,由1976年的13.89%下降到1990年的2.42%,其中1979～1989年,灌区内没有棉花种植统计。

第二阶段:1990～2001年。该阶段粮食作物种植比例与经济作物种植比例呈明显的负相关,其中粮食作物种植比例由1990年的75.88%下降至19.20%,经济作物种植比例由1990年的13.08%增加至57.91%。经济作物中,棉花的种植比例大幅提高,占经济作物种植比例的50%,同时超过了粮食作物比例,蔬菜、瓜类、孜然、药材的种植比例均有不同程度增加。在其他作物中,饲料的种植比例显著提高,而绿肥则是首次种植。

第三阶段:2001～2010年。该阶段作物种类逐渐增多。较2001年,2010年粮食作物和其他作物的种植比例略有下降,粮食作物、经济作物和其他作物的比例为2:8:1。粮食作物中,从2006年起,灌区内开始种植大麦,2006～2010年间,大麦的种植比例保持在3%左右。经济作物中,棉花、瓜类、药材、孜然为主要种植项,棉花的种植面积在这10年中出现波动,种植比例由2001年的33.06%、2005年的41.32%下降至2010年的23.17%,瓜类和药材的种植比例大幅度提高。其他作物中,饲料种植仍是主导。

2.4.3 灌溉制度

根据疏勒河流域管理局提供的资料,昌马、花海及双塔灌区主要农作物生长期灌溉制度如表2-7～表2-9所示。

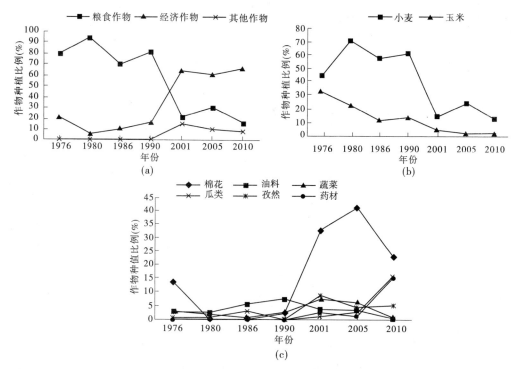

图 2-14 花海灌区 1976～2010 年作物种植比例变化

表 2-7 昌马灌区主要农作物生长期灌溉制度

作物名称	灌水次数	灌水定额（m³/亩）	发育阶段	灌水时间				灌水天数（d）	灌溉定额（m³/亩）	灌水方法
				起		止				
				月	日	月	日			
春小麦	1	75	二叶期	4	27	5	15	19	368	块灌
	2	70	拔节始期	5	16	6	6	22		
	3	70	抽穗始期	6	7	6	26	20		
	4	78	灌浆盛期	6	27	7	15	19		
	5	75	黄熟期	7	16	7	31	16		
玉米	1	71	针叶期	5	16	6	6	22	429	块灌
	2	73	拔节期	6	7	6	26	20		
	3	71	抽雄穗期	6	27	7	15	19		
	4	72	撒粉期	7	16	7	31	16		
	5	73	灌浆始期	8	1	8	20	20		
	6	73	黄熟期	8	26	9	15	21		

续表 2-7

作物名称	灌水次数	灌水定额（m³/亩）	发育阶段	灌水时间				灌水天数（d）	灌溉定额（m³/亩）	灌水方法
				起		止				
				月	日	月	日			
油料	1	69	幼苗期	5	16	6	6	22	284	块灌
	2	71	分枝期	6	7	6	26	20		
	3	73	开花结果期	6	27	7	15	19		
	4	71	成熟期	7	16	7	31	16		
棉花	1	73	现蕾期	6	27	7	15	19	216	块灌
	2	71	花铃期	7	16	7	31	16		
	3	72	吐絮期	8	1	8	20	20		
孜然	1	74	幼苗分叉期	4	25	5	15	21	214	块灌
	2	69	现蕾期	5	16	6	6	22		
	3	71	开花结果期	6	7	6	26	20		
啤酒花	1	67	幼苗期	4	27	5	15	19	513	沟灌
	2	61	茎枝生长期	5	16	6	2	18		
	3	58	壮苗期	6	3	6	16	14		
	4	65	小叶期	6	17	7	1	15		
	5	62	壮苗大叶期	7	2	7	13	12		
	6	70	现蕾期	7	14	7	25	12		
	7	62	坐果期	7	26	8	7	13		
	8	68	成熟期	8	8	8	20	13		

注：表中数据来自疏勒河流域管理局，表 2-8、表 2-9 同。

表 2-8　花海灌区主要农作物生长期灌溉制度

作物名称	灌水次数	灌水定额（m³/亩）	发育阶段	灌水时间				灌水天数（d）	灌溉定额（m³/亩）	灌水方法
				起		止				
				月	日	月	日			
春小麦	1	80	二叶期	5	1	5	16	16	325	块灌
	2	85	拔节始期	5	17	6	4	19		
	3	80	抽穗始期	6	5	6	25	21		
	4	80	灌浆盛期、黄熟期	6	26	7	17	22		

续表 2-8

作物名称	灌水次数	灌水定额（m³/亩）	发育阶段	灌水时间				灌水天数（d）	灌溉定额（m³/亩）	灌水方法
				起		止				
				月	日	月	日			
玉米	1	80	针叶期	5	17	6	4	19	485	块灌
	2	85	拔节期	6	5	6	25	21		
	3	80	抽雄穗期	6	26	7	17	22		
	4	80	撒粉期	7	18	7	31	14		
	5	80	灌浆始期	8	1	8	25	25		
	6	80	黄熟期	8	26	9	15	21		
油料	1	85	幼苗期	5	17	6	4	19	325	块灌
	2	80	分枝期	6	5	6	25	21		
	3	80	开花结果期	6	26	7	17	22		
	4	80	成熟期	7	18	7	31	14		
棉花	1	80	现蕾期	6	5	6	25	21	320	块灌
	2	80	花铃期	6	26	7	17	22		
	3	80		7	18	7	31	14		
	4	80	吐絮期	8	1	8	25	25		
孜然	1	80	幼苗分叉期	5	1	5	16	16	245	块灌
	2	85	现蕾期	5	17	6	4	19		
	3	80	开花结果期	6	5	6	25	21		

表 2-9　双塔灌区主要农作物生长期灌溉制度

作物名称	灌水次数	灌水定额（m³/亩）	发育阶段	灌水时间				灌水天数（d）	灌溉定额（m³/亩）	灌水方法
				起		止				
				月	日	月	日			
春小麦	1	80	拔节始期	4	26	5	15	20	325	块灌
	2	80	抽穗始期	5	16	6	5	21		
	3	80	灌浆盛期	6	6	7	4	29		
	4	85	黄熟期	7	5	8	2	29		

续表 2-9

作物名称	灌水次数	灌水定额（m³/亩）	发育阶段	灌水时间				灌水天数（d）	灌溉定额（m³/亩）	灌水方法
				起		止				
				月	日	月	日			
玉米	1	80	8~10对针叶期	5	1	5	15	15	490	块灌
	2	80	拔节期	5	16	6	5	21		
	3	85	抽雄穗期	6	6	7	4	29		
	4	85	撒粉期	7	5	8	2	29		
	5	80	灌浆始期	8	3	8	25	23		
	6	80	黄熟期	8	26	9	15	21		
棉花	1	85	现蕾期	6	6	7	4	29	250	块灌
	2	85	花铃期	7	5	8	2	29		
	3	80	吐絮期	8	3	8	30	28		

2.5 地质及水文地质条件

2.5.1 流域地质概况

2.5.1.1 地层岩性

地下水分布在各种不同类型的岩层中,地层岩性特征对地下水存在的形式、运移方式和速度以及水中各离子含量的变化等起着决定性作用。项目区地层岩性发育较齐全,自前震旦系至第四系地层均有出露。但前第四系地层多出露在项目区各盆地周围的山区和平原区中的隆起带,而第四系地层则广泛分布在各盆地中部组成山前平原及细土平原区,现按前第四系地层、第四系地层分述如下:

1. 前第四系地层

前第四系地层主要分布在各盆地的周边山区,特别是祁连山区地层发育较全,前震旦系、寒武系、志留系较发育,而石炭系—第三系地层则出露零星。

(1)前震旦系地层:由一套深变质的海相碎屑岩及碳酸盐岩构成,主要岩性为各种混合岩、片麻岩、石英岩及结晶大理岩等。主要出露于阿尔金山,南、北截山,鹰咀山,大雪山等地。

(2)震旦系:主要出露于大雪山,是组成大雪山的主体岩层,岩性为中—浅变质的板岩、结晶及硅质灰岩、凝灰岩等;另外在桥湾北山、饮马北山及四墩等地有零星出露,岩性为单一的黑云母片岩。

(3)寒武系:在鹰咀山一带零星出露,岩性为泥质、凝灰质及砂质板岩、硅质灰岩等。

(4)奥陶—志留系:为一套碎屑岩建造,岩性为砂岩、板岩、少量火山岩及火山碎屑岩。

(5)二叠系:出露较少,仅出露于青石峡南及北山一带,为一套内陆河湖相碎屑岩沉积,岩性为杂色砂岩、砂砾岩及页岩等。

(6)侏罗系:分布于研究区东部的北大窑等地,主要岩性为一套湖相碎屑岩沉积,岩性为砂岩、砂砾岩等。

(7)白垩系:出露于祁连山北麓地带的照壁山等地,主要岩性为砾岩、泥岩及砂岩等。

(8)第三系:为陆相、湖盆相及山间拗陷带堆积,岩性主要为紫红色、砖红色砂质泥岩,粉砂岩及含砾砂岩,主要分布于长山子南北、桥湾西、四○四厂东北及疏勒河河床等地。

2.第四系地层

第四系地层在研究区内分布十分广泛,从山前到平原,从南盆地(玉门—踏实盆地)到北盆地(瓜州盆地、花海盆地),第四系沉积物总的成因类型变化规律为冰水—冲洪积—冲积—冲(洪)湖积—湖积,沉积厚度由南向北变薄,粒度由粗变细,现由老到新分述如下。

1)下更新统(Q_1)

(1)玉门组(Q_1^{tgl-pl})。主要分布在玉门盆地南部祁连山麓一带,为一套沉积类型复杂的粗粒碎屑岩,常称之为玉门砾岩,与第三系上更新统疏勒河组常相伴出露且二者多呈假整合接触。仅在祁连山麓大坝、南截山等地受断裂或褶皱影响而出露地表;在玉门—踏实盆地由南向北埋藏深度由深到浅、厚度由厚渐薄,南部山前厚度大于187.0 m,埋深大于194.5 m至桥湾埋深不足5.0 m,并逐渐尖灭。岩性由砾岩过渡为砂岩。玉门镇附近由于基底隆起,其埋深只有20 m左右,岩性为砂岩、砾岩、泥岩互层。

(2)八格楞组(Q_1^{al-pl})。主要分布于瓜州、花海盆地及玉门盆地的北部,为玉门组的同期异相沉积物,据钻孔揭露在瓜州盆地、花海盆地多埋藏于45~180 m以下,厚度大于40 m,岩性多为胶结—半胶结的砾岩、砂砾岩、砂及黏性土,属湖相及洪湖相沉积。

2)中更新统(Q_2)

中更新统(Q_2)以酒泉组(Q_2^{al-pl})为代表。由于分布部位不同,其岩性及成因有较大差别,是基底以上的主要地层,常称之为酒泉砾石层。玉门盆地出露于南部大坝、玉门镇等地,岩性多为一套灰黄、灰白色泥质半胶结砂砾岩;而在盆地内部昌马洪积扇及前缘,覆于较新沉积物之下,钻孔揭露厚度可达100 m以上,岩性以冲洪积的黄灰色砂卵砾石为主;瓜州盆地东段,埋深一般40~70 m,厚度30~70 m,岩性为土黄色含泥砾质砂及砂土类。花海盆地则主要为一套河湖相堆积的砂砾碎石及黏性土等,多埋藏在盆地40 m以下,厚度大于40 m。另外,在北戈壁地表以下15~20 m也有分布,以红色砂砾碎石为主,厚度15~25 m。

3)上更新统(Q_3)

上更新统(Q_3)地层为区内分布最广泛的地层,其成因主要有冲洪积及冲(洪)湖积等。

(1)戈壁组(Q_3^{al-pl})。在南部戈壁区为青灰色冲洪积厚层砂砾石,为组成昌马洪积扇的主要地层,因沉积时水动力条件、原岩成分不同,其成分、颗粒粒径等在空间上有差异,其南部颗粒粗大,往北则逐渐变小,砾石成分以灰岩、砂岩及变质岩为主,在山前砾径大于10 cm的卵石居多,最大有20~35 cm,往北2~5 cm的含量增加。厚度一般为100~150 m,最厚可达200 m以上,局部呈钙质半—微胶结状。

北戈壁表层为铁黑色砂碎石,受母岩影响,碎石成分以火山碎屑岩为主,其次为石英岩等,磨圆度及分选性均很差,砾径一般为2~3 cm,含泥量较大,厚20~80 m。

(2)平原组(Q_3^{pl-al}、Q_3^{al-l})。上更新统地层在细土平原区,多埋藏于全新统地层之下,其岩性在玉门—踏实盆地多为冲洪积的粉质壤土、砂壤土及粉质黏土等,厚约40 m;在瓜州、花海盆地则多为冲洪积和冲湖积成因的粉质壤土、粉质黏土、粉细砂等,厚10~40 m。

4)全新统(Q_4)

全新统地层主要为砂岩区表层堆积物,沉积类型较多杂,主要有冲积、冲洪积、冲湖积、湖沼堆积和风积。冲积、冲洪积物主要分布于疏勒河、石油河等现代河床中及各大沟谷中,构成现代河(沟)床,河流阶地堆积物岩性以砂砾卵石、砂碎石、砂等为主。冲湖积、湖沼堆积则主要分布于北盆地的西湖及干海子一带。另外,在玉门—踏实盆地的低处亦有沉积,岩性主要为黄绿色的砂壤土及细砂等,局部有石膏等沉积,厚度一般为3~70 m。风积主要分布于昌马戈壁前缘、北截山南缘、花海北石河两岸一带,多固定—半固定,岩性为细砂,厚度变化大,一般为5~10 m,最厚的达100 m。

2.5.1.2 区域地质构造

从区域地质构造看,南部祁连山区属青藏高原北缘,走廊区属于北山区与祁连山区结合部,位于祁吕、贺兰山山字型构造体系西翼反射弧,北接阴山—天山纬向构造体系,南邻昆仑—祁连纬向构造体系,阿尔金山构造带、敦煌—阿拉善构造带自西向东穿插其中,各构造体系相互切割、复合,形成复杂的构造格局,但区内及外围构造则以东西向、北西向及北东向构造为主。

1. 东西向构造带

研究区南部为祁连山褶皱带,其断裂以高角度逆断层出现在前震旦系变质岩中,主要有大坝、踏实—玉门镇,南截山东西向断裂带。此构造带是区内最古老的构造带。早生代即开始活动,在历次构造活动中均有显示,其中喜马拉雅山运动造成南部山体的强烈隆升。而在北部山区则属天山—阴山纬向构造带,以较紧密的褶皱及断裂、海西期花岗岩大量侵入为特征。

2. 北西、北东向构造带

主要表现在祁连山北麓,属祁吕贺"山"字型构造体系西翼反射弧,以平行斜列的"多"字型构造为主,主要发生在侏罗系、白垩系地层中。其中以鹰咀山山前、北截山山前断裂为主体的北西向断裂带,被后期喜山运动及新构造运动利用改造,使鹰咀山、北截山进一步隆升。

3. 新构造运动

第四系以来区内新构造运动亦较活跃,表现为区域的不均衡升降运动和构造继承性活动(部分地段),其主要活动形式为:祁连山区长期的强烈上升,中、下游平原区第四系拗陷,走廊中央断块隆起及断裂活动等。祁连山区强烈隆升使得走廊平原区大幅度地沉降拗陷,据勘探资料,昌马洪积扇第四系最大厚度达700余 m,由南向北变薄,到了洪积扇的北部第四系厚度小于 100 m,说明北部的基底在逐渐隆升,表现为差异的升降运动。瓜州桥湾和花海北部处于北山缓慢地带,长期缓慢上升、遭受剥蚀,使大部分地区近平原化。特别是花海西部、桥湾东的戈壁滩,地势平坦,基底埋藏浅,常见剥蚀残山、丘陵分布。

依据国家地震局、住房和城乡建设部发布的"中国地震动峰值加速度区划图 1/400万",疏勒河以南峰值加速度为 0.15g(相当于地震基本烈度 7 度区),而疏勒河沿线及北部峰值加速度为 0.05g(相当于地震基本烈度 6 度区)。

2.5.2　研究区水文地质特征及边界条件

2.5.2.1　地下水类型及含水岩组

根据区域内地貌、地形条件及地下水赋存形式,研究区地下水主要有变质岩类的基岩裂隙水、碎屑岩类的裂隙—孔隙水及平原区第四系孔隙水三大类型。根据含水层的性质等条件,研究区含水岩组可分为基岩裂隙含水岩组,碎屑岩类孔隙、裂隙含水岩组和第四系松散岩类孔隙含水岩组。

1. 基岩裂隙含水岩组

基岩裂隙含水岩组主要分布在研究区南部的祁连山区以及北截山、宽滩山等地。祁连山强烈上升,形成如今的中、高山—低山及低山丘陵山系,其主要由古老变质岩系和古生代、中生代碎屑岩系构成。由于经受多次构造变动,节理、裂隙很发育,加之该区温差较大,风化作用强烈,又形成大量风化裂隙,而这些节理、裂隙及较大的断裂构造为地下水的储存提供了良好的条件。海拔 3 000 m 以上中高山区,降水丰富,气温低,形成一定范围的冰川(雪)覆盖,冰雪融化和充沛的降水为地下水补给提供了充足的水源,形成丰富的地下水,且因水循环充足,水质良好,其矿化度一般小于 1.0 g/L,水质多为 HCO_3^- —$Ca^{2+} \cdot Mg^{2+}$ 型水。低山丘陵区海拔多降低为 2 000 ~ 3 000 m,虽然断裂亦很发育,但因降水变少,又无冰川覆盖,地下水补给显著变弱,水量渐小,水质变差,矿化度一般为 1 ~ 3 g/L,水化学类型一般为 $SO_4^{2-} \cdot Cl^-$ —$Na^+ \cdot Mg^{2+}$ 型水。

北截山和宽滩山在走廊中部,由前震旦系及震旦系变质岩及不同时期的侵入岩组成,其构造变动剧烈,节理、裂隙发育,但该区干旱少雨,地下水补给微弱,故地下水量很小、水质差。

2. 碎屑岩类孔隙、裂隙含水岩组

该岩组主要指上更新统—下更新统孔隙、裂隙含水层,该层一般分布在各盆地周边及构成各盆地基底。玉门—踏实盆地主要出露在疏勒河以东的低窝铺一带和南截山东端。据勘探资料,玉门饮马农场三场、双塔双河口一带都有揭露,顶板埋深一般为 20 ~ 60 m,其他地区埋深较大,钻孔多未揭露。其岩性为一套灰黄色、灰色、砖红色冲洪积成因的砾岩、砂砾岩、砂岩等,颗粒自上而下变粗,钙质胶结。

在玉门镇一带,该含水岩组一般埋藏在 30 ~ 60 m 地段,由北向南含水层埋深加大,含水层呈多层状,钻孔揭露 150 m 内含水层有 4 ~ 8 层,总厚度 40 ~ 80 m,因其处于玉门盆地范畴,单位涌水量 0.3 ~ 3 L/(s·m),如玉门镇供水孔,在 149 m 内揭露 5 个含水层,总厚度 75.5 m,单位涌水量 0.59 ~ 1.8 L/(s·m),含水层渗透系数 3.55 ~ 18.1 m/d,地下水矿化度小于 0.5 g/L,水质为 $HCO_3^- \cdot SO_4^{2-}$ —$Mg^{2+} \cdot Ca^{2+}$ 型水。而在兔葫芦、布隆吉一带该层埋深 20～25 m,含水层厚仅有 4.9～10.9 m,水量较小。

双塔盆地该含水岩组多埋深在 50～60 m,小宛地区,单位涌水量 0.15 L/(s·m),渗透系数 9 m/d,矿化度 0.49 g/L,水质为 SO_4^{2-}—Mg^{2+}·Ca^{2+} 型水,水质良好。西部马圈庙一带,钻孔揭露 128.6～202 m 含水层厚 13.4 m,岩性为砂砾岩,水位埋深 3.45 m,单位涌水量 0.5 L/(s·m),地下水矿化度 9.5 g/L,属 Cl^-—Na^+ 型水。

花海盆地该含水岩组主要分布在南部基岩丘陵山前区,因其补给来源少,水量较小,单井涌水量不足 100 m^3/d。

3. 第四系松散岩类孔隙含水岩组

该含水岩组主要由中、上更新统孔隙潜水、承压水含水层和全新统孔隙性潜水含水层组成,是研究区内最主要的亦是分布最广的含水岩组,是现状及规划的供水及主要研究的含水岩组,主要分布在各盆地冲洪积、冲湖积地层中。由于沉积环境及含水层岩性的差异,在各盆地均表现为地下水从山前至细土平原区,由潜水逐渐过渡为潜水—承压水,其富水性也由强变弱。依据含水层结构特征及地下水水力性质,可将各盆地孔隙水分为三个带:单一型潜水带、双层型潜水—微承压水带、多层型潜水—承压水带。

另外,区内大多数情况下,潜水与承压水含水岩组之间缺乏稳定的区域性隔水层,含水层之间水力联系较密切,通常情况可视为一个统一的含水层系统。

2.5.2.2　水文地质特征

研究区三个独立的水文地质盆地(玉门—踏实、瓜州、花海)由于沉积环境、水文地质条件的差异,地下水的埋藏、分布及富水性亦有不同。

1. 玉门—踏实盆地(昌马灌区)

玉门—踏实盆地地处疏勒河流域中游中部。东起玉门镇,西至戈壁,南、北介于南截山与北截山、北山之间,面积 5 317 km^2。

第四系松散物厚度 50～400 m,总的变化规律为自南而北渐薄,主要由昌马洪积扇及扇缘区构成,其含水层结构和富水性具干旱区山前冲洪积平原的一般规律性。其南部为大厚度单一潜水含水层,北部细土带含水层则呈双层结构,表层 10～15 m 为黏性土夹砂,赋存有潜水,下部砂砾石夹中细砂、亚砂土等赋存承压水(见图 2-15)。

1)单一潜水带

单一潜水带分布于昌马洪积扇中上部,含水层厚度 100～300 m,为区域内最富水的地段,降深 5 m 时单井涌水量(下同)达 5 000 m^3/d,导水系数 7 000～10 000 m^2/d,矿化度 <0.58 g/L;在垂直方向上,上段富水性较下段好。潜水水位埋深在扇顶部 >100 m,最大埋深在 200 m 左右,向北渐浅至 10～30 m。

2)潜水—承压水带

昌马洪积扇北部细土平原区,即昌马灌区现耕地和拟垦荒地区,其表层潜水含水层多为全新统的薄层砂壤土、中细砂,分布范围较广,在南北戈壁间呈带状分布,含水层厚度较稳定,单层厚度小于 1 m,总厚度一般为 5～10 m,富水性较差,单井涌水量一般小于 1 000 m^3/d,矿化度多小于 1.0 g/L,局部矿化度为 1～3 g/L。

该带地下水埋深具有较强的规律性。由南至北有由深—浅—较深的变化特点。南部埋深一般大于 5 m,向北地势低变缓,含水层岩性颗粒变细,水平方向渗透性渐差,径流

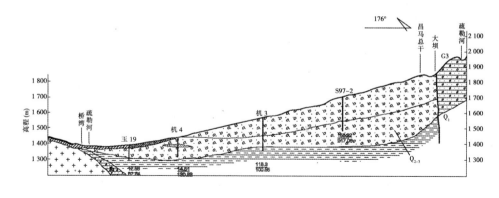

1—粉质壤土;2—砂砾石;3—砂砾岩;4—泥岩;5—花岗岩;6—断层;7—钻孔;8—地质界线;9—地下水位

图 2-15 玉门—踏实盆地水文地质剖面图

变慢,引起地下水位升高,埋深变浅,一般为 1~3 m,部分地区则溢出地表形成泉水和沼泽,如黄花农场至饮马农场以东,布隆吉和兔葫芦以南及三道沟至七道沟上游等地段;北部由于疏勒河及头道沟至十道沟等沟道排泄地下水的作用,其埋深又变大至 3~5 m,个别地段达 5~10 m。

该带承压含水层是由第四系中、上更新统砂砾石、中粗砂组成,分布在细土平原区潜水下部,为昌马灌区主要含水层,厚度一般为 20~90 m,富水性较上部潜水好。受含水层厚度、透水性等控制,其单井涌水量由扇缘部位向北,由 >5 000 m³/d、5 000~3 000 m³/d,过渡到大部分地段 3 000~1 000 m³/d;靠近北部饮马北山前缘,单井涌水量则 <1 000 m³/d,承压水水质一般较好,矿化度 0.34~0.76 g/L。一般情况下,承压水头稍高于上部潜水位,但因弱透水层具一定渗透性,加之泉水排泄及开采凿井的影响,水头差别不大,大多数情况下上部潜水和下部承压水形成统一的水面,而在局部地段(地下水有良好排泄通道时)承压水头则低于潜水位 1~2 m。

2. 瓜州盆地(双塔灌区)

瓜州盆地主要由疏勒河下游河流三角洲堆积物与北截山山前洪积物构成。东部小宛地区及北截山山前洪积扇为单一潜水分布区,含水层岩性为砂砾石、砂碎石及砂,单井涌水量 1 000~3 000 m³/d,矿化度小于 1.0 g/L,中西部大部分地区为潜水—微承压水含水系统。

表层潜水含水层岩性为砂砾石、砂及亚砂土,含水层厚度 20~70 m,沿南岔—四工农场及疏勒河北岸呈带状分布,含水层富水性较好,单井涌水量 1 000~3 000 m³/d,其中瓜州县城与四工农场以北及疏勒河以南的区间内,潜水含水层颗粒相对变细,富水性较差,单井涌水量 <1 000 m³/d;潜水矿化度除四工农场西北角一带大于 3.0 g/L 外,盆地中间地带一般为 1.0 g/L,南北外围渐增到大于 1.0 g/L,最大达 5.35 g/L。水位埋深一般小于 5 m,最大 10 m 左右,最小 1 m 左右。

下部微承压含水层,岩性以中、上更新统砂砾石、砂为主,呈多层状,多为黏性土分隔;其厚度变化较大,一般为 30~80 m,其涌水量一般为 1 000~3 000 m³/d,西北部四工农场一带小于 1 000 m³/d,矿化度在四工农场以西大于 1.0 g/L,东部地区小于 1.0 g/L。由于承压含水层隔水顶板空间分布稳定性差,加之植物根系及混合开采的影响,上部潜水与下部承压含水层水力联系密切,二者水位基本一致,见图 2-16。

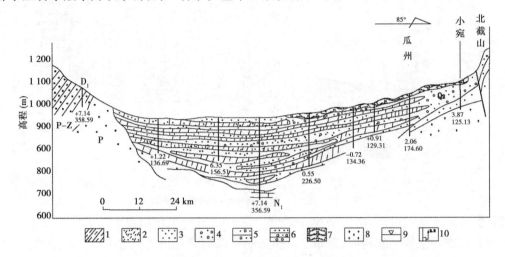

1—黏性土;2—亚砂土;3—砂;4—砂砾石;5—泥质砂砾石;6—砂岩,砂砾石,泥质砾石;
7—角闪斜长片岩;8—花岗岩;9—地下水位;10—地下水埋深(m)孔深(m)

图 2-16　瓜州—敦煌盆地水文地质剖面

3. 花海盆地(花海灌区)

花海盆地为一相对独立的水文地质单元,其盆地内沉积了巨厚的第四系松散堆积物(见图 2-17),其厚度最厚可达 300 m,为地下水的储存提供了良好的场所,但因受地貌及岩性变化的控制,其含水层的含水性在水平方向上变化很大,自山前洪积扇群区向细土平原区(灌区)含水层由单一潜水含水层过渡为双层及多层潜水—承压含水层岩系。钻孔柱状图见图 2-18。

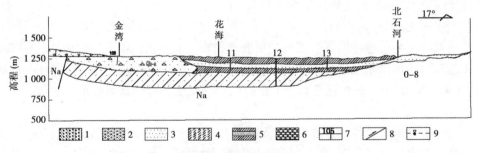

1—砂砾卵石;2—砂碎石;3—砂;4—亚砂土;5—泥岩夹砂岩;
6—砾岩;7—钻孔及其编号;8—断层;9—水位线

图 2-17　花海盆地水文地质剖面图

1)单一潜水带

单一潜水带呈带状分布在盆地西南部,主要赋存于赤金河、白杨河等山前洪积扇中,含水层由单层的第四系中、上更新统砂砾碎石及砂组成,其颗粒由南向北,由西向东逐渐变细,且砂与土的夹层逐渐增多,但基本为单一型含水层,潜水埋深在山前一般为 20～30

地层时代	层底深度(m)	岩层厚度(m)	地质剖面比例1:1000	岩性描述
	10	10		浅棕色亚砂土层
	30	20		杏灰色细砂、砾砂层
	35	5		浅棕色亚砂土层
	59	24		杏灰色中细砂层,中砂粒径1-1.5mm,细砂粒径0.3-0.8mm
	73	14		杏灰色黏结砂层、较密硬
	79	6		浅棕色、白色亚砂土
	86	7		杏灰色黏细砂层
	92	6		浅棕色亚黏土、亚砂土互层
	102	10		杏灰色黏结砂层、较密硬
	112	10		杏灰色细砂、砾砂层

工程名称:玉门市花海康庄农场机井工程　孔深:112 m

施工单位:玉门市宏源水利钻井队
施工时间:2014年6月1~25日

地层时代	层底深度(m)	岩层厚度(m)	地质剖面比例1:1000	岩性描述
	13	13		浅黄色亚砂土,含部分细砂、砾石、松散
	20	7		杏灰色细砂、较松散
	39	19		浅黄色亚砂土
	46	7		杏灰色细砂、松散
	60	14		浅黄色亚砂土
	68	8		杏黑色亚黏土
	74	6		白色亚砂土
	78	4		杏灰色细砂、砾砂
	85	7		黄色亚砂土,含少量砾石
	97	12		杏灰色细砂、砾砂
	102	5		浅黄色亚黏土

工程名称:玉门市花海镇金湾村机井工程　孔深 102 m

施工单位:玉门市宏源水利钻井队
施工时间:2014年6月13~25日

图2-18　钻孔柱状图

m,在扇缘地带一般为15~20 m,地下水水质较好,矿化度一般小于1.0 g/L,单井涌水量大于3 000 m³/d(10 in井管,降升5 m),局部地段1 000~3 000 m³/d。

2)潜水—承压水带

潜水—承压水带分布于盆地中部及北部细土平原(现灌区及拟垦区),上部潜水含水层由中、上更新统、全新统粉质壤土,含砾中粗砂及细砂层,因粗细颗粒地层相间沉积,且在空间上岩性变化大,形成多层含水层。潜水含水层厚度在靠近南部的金湾一带为10~13 m,中西部下回庄—破城子一带含水层厚度5~10 m,北部大泉、小泉等地含水层厚度2~5 m;而在北部南帅井、无量庙及刺窝湖一带仅有2~3 m,局部小于2 m。潜水埋深由西到东、由南到北均有由深变浅的规律,南部下回庄、条湖、小金湾一带潜水埋深一般大于10 m,中部平石梁、花海乡政府及花海农场一带潜水埋深一般为5~10 m,局部小于5 m;在东北部,因地势低洼平缓,含水层变薄,透水性变差,径流缓慢,潜水埋深变浅,大部分埋深在1~3 m。潜水含水层富水性较弱,单井涌水量在金湾一带为0.495 L/(s·m),越往北则单井涌水量越小。

承压水含水层分布于盆地中部及北东部细土平原区,多在潜水含水层下部,其含水层岩性在水平方向上的变化与上部潜水含水层一致,即由南西到北东由砂砾、含砾砂、中细砂逐渐过渡到细砂、粉细砂。隔水层则为黏土、粉质黏土或粉质壤土等,一般厚2.8~13.2 m,顶板埋深2.0~27.2 m,由南向北逐渐变浅。在垂直方向上由上而下层次逐渐增多,颗粒由粗变细,隔水层厚度增大,含水层厚度变薄。由于沉积环境的交替变化,黏性土的分布在水平方向和垂直方向上厚度都有较大变化,很难找到一个稳定和连续的隔水层,故承压水与潜水在区域上有着不可分割的水力联系。

承压含水层的富水性由南向北渐弱,沿赤金河洪积扇部位的破城子、条湖、金湾、小金湾一带水量丰富,单井涌水量 1 000 ~ 3 000 m³/d,毕家滩、大泉、小泉、南渠、花海农场到南沙窝一带,单井涌水量 500 ~ 1 000 m³/d,双泉子、刺窝湖、无量庙至下东沟一带,单井涌水量 100 ~ 500 m³/d,双泉子北至北石河南岸一带,单井涌水量小于 100 m³/d。

2.5.2.3 地下水补径排特征

疏勒河流域水资源的天然循环包括水资源的形成、径流交替和蒸发消耗三个过程。其中,南部祁连山区是水资源的形成区,走廊平原区是水资源的径流交替和蒸发消耗区。研究区则只包括水资源的径流交替和蒸发消耗两个区。

1. 地下水与地表水径流过程中交替变化

疏勒河流域地表水与地下水在径流过程中多次转化,地表水与地下水之间形成了大量而且有规律的转化过程。在山区,水资源已经经过了地下水—地表水的多次转化。疏勒河流出山口后,在昌马洪积扇顶部以河(渠)水的形式大量入渗,渗漏量达 50% 以上,入渗量占盆地地下水补给量的 80% 左右,地下水由南向北径流。由于补给充沛,昌马洪积扇中上部粗颗粒含水层导水系数可达 4 000 ~ 8 000 m²/d,水力坡度由南向北从 7‰减至 2‰左右。到细土平原区,地下水的补给来源则主要为灌溉渠系及田间灌溉入渗,其补给量约占盆地地下水总补给量的 11%,在盆地南部地下水由南向北径流的同时,在含水层内部还存在由浅部向深部的径流(见图 2-19),北部深层地下水又由深部向浅部移,顶托补给表层潜水,同时以泉水形式大量溢出地表形成泉集河,至此水资源完成了"地表水—地下水—地表水"的循环交替的过程。由于北截山、宽滩山的阻隔,玉门—踏实盆地的水资源主要以地表水的形式通过双塔水库、赤金水库调节后进入双塔、花海盆地。

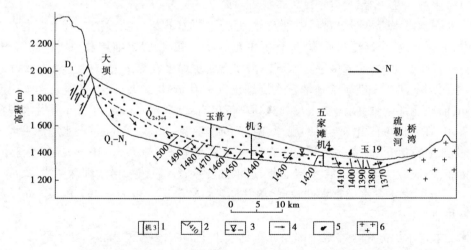

1—钻孔及编号;2—地下水等水位线(数字为水头,m);3—潜水位;
4—地下水流向;5—泵;6—花岗岩

图 2-19　玉门—踏实盆地地下水等水头线示意剖面图

2. 地下水的排泄

昌马盆地地下水流至盆地北部,受北部山区的堵截,地下水以泉的形式大量溢出地表;另外,昌马盆地西部的桥子一带以地下水径流或泉水的形式泄入踏实盆地,而东部地下水经青山盆地至红山峡全部汇入北石河以地表水的形式泄入花海盆地。

地表径流经双塔水库和赤金峡水库调节后进入瓜州、花海盆地,又经过河道渠系及田间灌溉渗入补给地下水,其补给量占盆地地下水总补给量的80%以上,因地处疏勒河下游,地下水径流强度普遍减弱,双塔灌区地下水水力坡度,东部为1‰~3‰,西部为0.8‰~1.0‰,花海盆地南部为2‰~4‰,东北部减少至1.0‰~1.5‰。研究区气候干旱、少雨,其蒸发强度很大,因此地下水的排泄以地面蒸发和植物蒸腾为主,形成下游盆地(瓜州、花海盆地)径流-蒸发相平衡的水循环系统。

3.水资源的相互转化关系

疏勒河水通过双塔水库调节后进入瓜州盆地。在双塔灌区通过渠系及田间灌溉入渗补给地下水,占盆地地下水总补给量的85%。而赤金河水及通过疏花干渠调入赤金水库的水,经赤金水库调节输入花海盆地,花海灌区经河道渗漏、渠道及田间灌溉入渗补给地下水,占盆地地下水总补给量的75%以上。

研究区地下水,特别是昌马洪积扇地下水循环系统经过了河水—地下水—河水这样一个反复的大数量的转化过程,所以研究区地表水与地下水之间在成因上存在着不可分割的联系,疏勒河流域三大灌区水资源利用转化关系如图2-20所示。

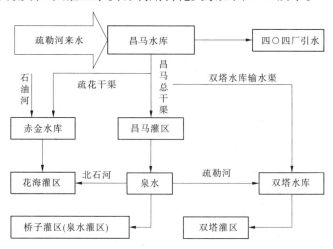

图2-20　疏勒河流域三大灌区水资源利用转化关系

疏勒河中、下游平原区地下水资源量中83.9%是上游祁连山地表水资源的重复,而其他补给和自产资源量有限,降水、凝结水及侧向流入补给量占平原区的16.1%。双塔、花海灌区地下水中86%、70%是上游泉集河水和灌溉入渗回归水以地表水的形式进入而又以河(渠)及灌溉入渗补给地下水,只有14%、30%的地下水来自降水、凝结水的渗入补给,所以说流域下游双塔、花海两灌区地下水资源的大部分是上游水资源的再现。昌马水库的修建,特别是戈壁渠系工程防渗加强,导致地下水补给量的锐减,会造成区域地下水位的下降,泉水溢出量减少,并直接影响到下游水资源的转换。

第 3 章　现场监测及数据分析

3.1　监测目的与内容

3.1.1　监测目的

为基于水资源系统的地下水均衡模型和优化配置模型率定参数和做好数据准备,本节在研究区开展了净灌溉用水定额、渗透系数、水质与同位素以及泉流量的现场监测和数据分析工作。

3.1.2　监测内容

根据项目研究内容,在野外调查和综合研究过程中,开展地下水动态监测、泉水量测量、田间净灌溉用水量监测、水化学、同位素样的采集、水文地质参数及泉流量的测量工作。

（1）土壤含水量、田间持水率、土壤容重及地面灌农渠末端流量。为计算农田净灌溉用水量,需测定典型地块的土壤含水量、田间持水率、土壤容重及地面灌农渠末端流量。选择可代表疏勒河灌区的主要作物类型,均匀分布于昌马灌区、花海灌区和双塔灌区,三灌区分别选取 12 地块、4 地块和 12 地块典型作物,共计 28 地块典型试验田块,采取环刀取样的方式,通过计算土壤含水量、容重等指标计算灌溉净用水定额。

（2）水化学、同位素样的采集。根据野外踏勘重点地采取水质分析样,在流域内采集了大量环境同位素和水化学样品,包括:稳定同位素样品 29 个,其中降水样品 1 个,地表水样品 2 个,地下水样品 26 个;放射性同位素 ^{3}H 样品 55 个,其中地表水样品 5 个,地下水样品 50 个;地下水 ^{14}C 样品 11 个;CFCs 样品 25 个,均为地下水;水化学样品 88 个,其中地表水样品 8 个,地下水样品 80 个;野外现场测定水样 EC、pH 和温度 88 组。

（3）泉水流量。泉水流量监测为摸清研究灌区地下水位变化规律提供了有效的数据支撑,项目组选定 7 条泉沟进行流量监测。

3.1.3　计算项目

3.1.3.1　田间净灌溉用水量

为掌握灌区不同作物的用水定额,用于优化配置模型的计算,摸清各灌区灌溉制度,选取三大灌区共 28 地块,分别监测土壤含水量、田间持水率、土壤容重及地面灌农渠末端流量,计算典型试验田块的田间净灌溉用水量,并通过对比已有研究成果、相邻区域及相似气候区域相同作物的净灌溉用水量,结合疏勒河实际情况,拟定作物的灌溉需水量。

3.1.3.2　水文地质参数测量

为与历史资料相校核,加深对灌区含水层空间分布的认识,同时为基于水资源系统的地下水均衡模型提供数据,开展三大灌区含水层渗透系数,共选取 18 个试验点,开展 17 组振荡试验和 1 组抽水式振荡试验。其中,在昌马灌区对 11 口监测孔做了 11 组注水式振荡,1 组抽水式振荡试验,其中 3 口监测孔水位无法恢复;在花海灌区对 5 口监测孔做了 5 组注水式振荡试验,其中 1 口监测孔水位无法恢复;在双塔灌区对 6 口监测孔做了 6 组注水式振荡试验。

3.2　净灌溉用水量测定及计算

3.2.1　监测项目及方法

3.2.1.1　土壤含水量测定

土壤含水量测定的取样深度为地表 0~120 cm,每 20 cm 分为一层进行取样,共 6 层。在典型田块内的取样点的位置为地面灌以整个条田长为单位,两头和中部各 1 点,共计三个点。

1. 所需仪器设备

所需要的仪器设备有烘箱、干燥器、天平(感量 0.01 g)、铝盒等。

2. 操作步骤

(1)每次在试验小区内选定 2~3 个测点,分层取土,从地表至耗水层(蒸发蒸腾的土壤水分补给层)深度,每隔 10~20 cm 取一层。前后两次取土点的距离宜为 40~50 cm,每次取土后必须用土将土孔回填密实。每点取土 10 g 左右,分别放入已知质量的铝盒中,盖好,立即带回室内称重。

(2)揭开铝盒盖,套在盒下面,放入 105~110 ℃的烘箱内烘 6~8 h。

(3)把烘干的盛土铝盒取出放入干燥器中,待冷却后称重(一般冷却时间为 20 min 左右)。

(4)再将铝盒放入烘箱中烘 2~3 h,取出称重,直至前后两次质量相差不超过 0.01 g。

3. 结果计算

土壤含水量以土壤中所含水分质量占烘干土质量的百分数表示。

$$土壤含水量(质量) = \frac{原土壤质量 - 烘干土质量}{烘干土质量} \times 100\% = \frac{水质量}{烘干土质量} \times 100\%$$

$$(3-1)$$

土壤含水量最基本的表示方法,也是本次试验采用的表示方法。其特点是在计算中以烘干土质量作为基数(以烘干土质量为 100%),而不是以原土样质量作为基数,这样就便于相互比较,并能清晰地反映出土壤水分的变化情况。

3.2.1.2　田间持水率

田间持水率是指毛管悬着水(属于束缚水)达到最大时的土壤含水量。由于田间持水率等于灌后的土壤含水量,故将每个典型田块的每次灌溉后的土壤含水量作为其田间持水率。

操作步骤与土壤含水量测定方法一致。

3.2.1.3　土壤容重测定

土壤容重又称为干容重,又称土壤假比重,其值为一定容积的土壤(包括土粒及粒间的孔隙)烘干后的质量与同容积水的质量的比值。

土壤容重的取样,每个典型地块选择一个点进行取样,深度为 0 ~ 60 cm 深度,分为三层进行取样(0 ~ 20 cm,20 ~ 40 cm,40 ~ 60 cm 共 3 层)。

1. 所需仪器用品

本次试验采用环刀法测定土壤容重,所需要的仪器设备有天平(感量 0.01 g)、环刀(容积为 100 cm³)、烘箱、削土刀、铁铲等。

2. 操作步骤

在田间选择代表性地块,把表面土壤铲平(若需要测定土壤各层的容重,则应挖掘剖面,分层取样),将容积一定的环刀垂直压入土中,直至环刀筒内充满土样(压时不要左右摇摆,要用力一致而平稳,以免改变土壤的自然状态,影响结果的准确性)。每层取样不少于三个重复。用铁铲将环刀及环刀周围的土一起挖出,除去黏附在环刀外面的土壤,用锋利的削土刀切去环刀两端多余的土,使环刀内的土壤体积与环刀容积相等,将环刀两端立即加盖并称重,精确至 0.01 g。将环刀内的土壤全部无损地移入已知质量的铝盒中,烘干至衡重。

3. 结果计算

$$\nu = \frac{W_s}{V} \tag{3-2}$$

式中　ν——土壤容重;

　　　W_s——烘干土质量;

　　　V——环刀容积。

3.2.1.4　地面灌农渠末端流量

通过监测地面灌农渠末端流量,可以推求进入地块的灌溉水量。

1. 所需仪器用品

所用仪器设备有梯形量水堰、水尺等,其中量水堰尺寸及规格见图 3-1。梯形薄壁堰结构为上宽下窄的梯形缺口,堰口侧边比应为 1:4(横:竖)。堰口尺寸要求为 $B \leqslant 1.5$ m,$b = B + h/2$,$h = B/3 + 0.05$ m,$T = B/3$,$P \geqslant B/3$,$D = P + h + 0.05$ m;$L = b + 2T + 0.16$ m。

2. 操作步骤

在监测地面灌农渠末端流量时,监测步骤如下:

(1)选择安放梯形量水堰的位置,并清理堰前、后 3 m 左右的渠道。

(2)安放梯形量水堰。

(3)水流稳定时每 5 min 测一次,不稳定时每 3 min 测一次。

3. 结果计算

该次监测采用的梯形量水薄壁堰几何尺寸见表 3-1。

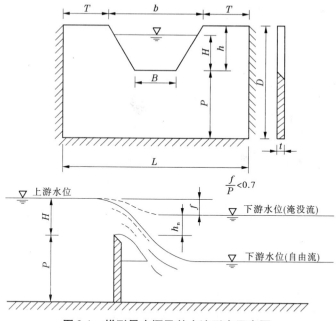

图 3-1　梯形量水堰及其水流形态示意图

表 3-1　采用的梯形量水薄壁堰几何尺寸

堰槛宽 B（cm）	b（cm）	H 最大（cm）	h（cm）	T（cm）	P（cm）	D（cm）	L（cm）	测流范围（L/s）
25	31.6	8.3	13.3	8.3	8.3	26.6	64.2	2~12
50	60.8	16.6	21.6	16.6	16.6	43.2	110.0	10~63

梯形薄壁堰流量计算分自由流和淹没流,分别按式(3-3)~式(3-5)计算。

自由流流量计算公式:

$$Q = 1.86BH^{1.5} \tag{3-3}$$

公式适用范围:0.25 m≤B≤1.5 m,0.083 m≤H≤0.5 m,0.083 m≤P≤0.5 m。

淹没流流量计算公式:

$$Q = 1.86\sigma_n BH^{1.5} \tag{3-4}$$

$$\sigma_n = \sqrt{1.23 - (h_n/H)} - 0.127 \tag{3-5}$$

式中　Q——流量,m³/s;

　　　H——堰上水头,m;

　　　B——堰口底宽,m;

　　　σ_n——淹没系数;

　　　h_n——下游水面高出堰槛的水深,m。

3.2.2　典型地块选取及监测点布设

3.2.2.1　地块选取

选择可以代表疏勒河灌区主要作物的 28 地块作为典型试验地块,包括甘草、玉米、小麦、食葵等 10 种种植面积达到 90% 以上的主要作物,其中昌马灌区 12 块、花海灌区 4 块、双塔灌区 12 块,地块信息详见表 3-2。

表 3-2　选择地块信息汇总

地块编号	位置		作物	面积(亩)
1	昌马灌区布隆吉乡九上村	1 号	甘草	1.9
2		2 号	玉米	3.9
3		3 号	小麦	3.2
4		4 号	小麦	3.2
5		5 号	孜然	0.7
6		6 号	孜然	2.3
7	昌马灌区三道沟镇昌马上	4 号	茴香	2.5
8		2 号	小麦	1.2
9		6 号	食葵	4.4
10		1 号	小麦	1.3
11		3 号	萝卜	2.3
12		5 号	萝卜	1.2
13	花海灌区南渠八队	3 号	苜蓿	4.0
14		1 号	小麦	4.0
15		2 号	食葵	3.9
16		4 号	玉米	2.0
17	双塔灌区南岔镇八工村三组居民点北	1 号	棉花	1.3
18		2 号	棉花	1.3
19		3 号	瓜	2.0
20		4 号	蜜瓜	1.5
21		5 号	甘草	5.6
22		6 号	甘草	2.6
23	双塔灌区南岔镇 + 工村三组瓜敦公路北侧	5 号	棉花	3.6
24		6 号	棉花	21.0
25	双塔灌区南岔镇 + 工村三组居民点西	1 号	棉花	2.25
26		2 号	棉花	2.25
27		3 号	瓜	2.25
28		4 号	瓜	2.25
合计				89.9

3.2.2.2　现场监测

项目组在疏勒河灌区的昌马灌区、花海灌区和双塔灌区开展了灌溉净用水定额和水文地质参数的现场监测工作,对土壤含水量、土壤容重、农渠末端流量进行监测,测得的数据按照测量值填入规范的现场记录表,便于后期数据的梳理,见图 3-2 ~ 图 3-5。

图 3-2　现场取样

图 3-3　土样称重

图 3-4　农渠末端流量监测

图 3-5　现场记录表

3.2.3　监测结果

对完整监测的 28 地块农田现场监测结果进行计算和分析。

3.2.3.1　土壤含水量测定

以昌马灌区布隆吉乡九上村 2 号地作为算例,计算其土壤含水量。该典型试验田地的种植作物为玉米,地块面积为 3.9 亩。按照式(3-1)分别计算历次灌水前和灌水后,不同深度土壤层中的三个土样的土壤含水量,结果见表 3-3。

3.2.3.2　田间持水率

田间持水率的测定在本次实地监测中等于灌后的土壤含水量。以昌马灌区布隆吉乡九上村 2 号地作为算例,计算其田间持水率,每次灌溉后的土壤含水量作为田间持水率,计算步骤如下:

(1)将每次灌水后,对每层所取的三个土样的土壤含水量进行算术平均,作为该地块的灌后土壤含水量。

表 3-3　土壤含水量测定表（昌马灌区布隆吉乡九上村 2 号）

取样点	深度（cm）	1 水		2 水		3 水		4 水		5 水	
		6月2日	6月15日	6月29日	7月6日	7月18日	7月30日	8月10日	8月20日	8月24日	8月30日
		灌前（%）	灌后（%）	灌前（%）	灌后（%）	灌前（%）	灌后（%）	灌前（%）	灌后（%）	灌前（%）	灌后（%）
1	0～20	10.13	25.96	22.97	22.65	13.96	18.40	19.71	19.45	16.81	27.52
	20～40	15.82	28.31	24.79	24.82	15.71	19.14	21.45	19.98	18.84	30.96
	40～60	15.49	41.82	27.48	44.13	31.91	19.91	23.92	23.41	20.21	29.61
	60～80	5.47	28.95	21.72	28.99	29.80	34.87	25.17	41.31	19.93	26.58
	80～100	20.78	42.30	36.71	42.38	26.44	19.89	37.16	30.20	24.99	48.23
	100～120	14.57	42.07	46.64	43.69	25.46	25.09	39.22	27.06	30.71	44.07
2	0～20	11.45	22.52	18.14	22.78	19.79	24.66	20.31	19.50	19.78	22.83
	20～40	11.93	27.56	19.26	23.62	21.54	21.29	22.33	24.37	18.83	25.20
	40～60	10.10	47.83	20.93	44.97	29.68	26.93	25.71	24.25	19.66	41.70
	60～80	11.41	31.53	28.66	38.42	26.67	18.33	25.97	32.44	20.69	52.18
	80～100	16.28	37.35	40.38	43.20	18.35	23.74	31.30	36.76	28.51	39.19
	100～120	19.31	44.93	41.20	44.79	37.11	24.36	39.62	27.98	29.30	34.26
3	0～20	10.24	23.19	20.40	23.94	21.24	22.12	19.24	21.68	19.55	23.34
	20～40	14.52	23.46	23.13	27.47	22.39	21.73	20.81	22.84	19.03	25.11
	40～60	22.70	49.52	34.82	41.57	21.74	33.29	26.08	22.10	20.90	31.90
	60～80	27.33	27.71	40.97	28.60	40.78	21.59	37.78	37.40	22.30	48.01
	80～100	18.34	33.16	28.38	44.60	21.77	29.26	32.10	40.17	43.79	44.93
	100～120	19.17	27.23	25.34	45.94	39.98	29.84	42.23	33.70	37.73	48.02

（2）将历次灌水后的土壤含水量的算术平均值作为该田块该层的灌后土壤含水量，即为该地块相应深度的土壤田间持水量。

（3）将 0～120 cm、6 层土样中，计算每层土壤田间持水率的算术平均值，作为该试验田块的田间持水率。按照上述方法，疏勒河灌区 28 块典型试验田块的田间持水率监测结果见表 3-4。

3.2.3.3　土壤容重的测定

本项目采用环刀法测定土壤容重，在每个所选定的典型试验地块中确定一个位置进行容重试验的取样。以昌马灌区布隆吉乡九上村 2 号地作为算例，计算其田间持水率。计算步骤如下：

表 3-4　田间持水率监测结果

地块	位置		作物	面积（亩）	0～20（cm）	20～40（cm）	40～60（cm）	60～80（cm）	80～100（cm）	100～120（cm）	平均（cm）
1	昌马灌区布隆吉乡九上村	1 号	甘草	1.9	19.66	24.83	30.83	46.05	29.87	44.11	32.56
2		2 号	玉米	3.9	22.78	23.62	44.97	38.42	43.20	44.79	36.30
3		3 号	小麦	3.2	28.13	38.45	32.65	41.97	43.52	43.52	38.04
4		4 号	小麦	3.2	22.91	25.45	42.62	37.81	44.08	47.40	36.71
5		5 号	孜然	0.7	19.04	21.03	28.48	34.08	35.28	27.22	27.52
6		6 号	孜然	2.3	20.71	23.14	29.27	31.58	24.89	28.85	26.41
7	昌马灌区三道沟镇昌马上	4 号	茴香	2.5	17.55	20.94	26.04	23.33	22.91	22.79	22.26
8		2 号	小麦	1.2	18.73	22.15	23.49	28.24	36.80	32.29	26.95
9		6 号	食葵	4.4	14.78	24.00	21.92	19.33	16.66	26.11	20.47
10		1 号	小麦	1.3	18.30	16.70	17.22	33.87	29.30	27.59	23.83
11		3 号	萝卜	2.3	18.80	20.87	18.09	19.18	33.09	46.75	26.13
12		5 号	萝卜	1.2	19.11	20.94	19.65	28.36	21.72	21.60	21.89
13	花海灌区南渠八队	3 号	苜蓿	4.0	13.84	17.25	26.20	18.40	0.00	0.00	18.92
14		1 号	小麦	4.0	23.94	22.46	25.67	26.70			24.69
15		2 号	食葵	3.9	13.90	25.08	26.29	21.70	24.05		22.21
16		4 号	玉米	2.0	20.32	15.61	22.67	22.21	32.39		22.64
17	八工村三组居民点北	1 号	棉花	1.3	19.44	14.57	14.92	15.04	19.95	18.58	17.08
18		2 号	棉花	1.3	16.98	14.30	15.80	16.47	17.97	21.95	17.25
19		3 号	瓜	2.0	18.27	17.73	17.57	17.63	16.69	19.51	17.90
20		4 号	蜜瓜	1.5	16.64	16.14	18.82	20.27	19.37	22.16	18.90
21		5 号	甘草	5.6	22.11	19.09	19.18	20.32	20.87	21.78	20.56
22		6 号	甘草	2.6	17.33	16.82	23.01	23.00	23.46	24.61	21.37
23	十工村三组瓜敦公路北侧	5 号	棉花	3.6	17.46	21.40	18.16	18.05	19.65	18.33	18.84
24		6 号	棉花	21.0	19.23	21.86	19.99	17.41	20.18	21.41	20.01
25		1 号	棉花	2.25	20.25	20.01	21.28	20.74	26.66	19.37	21.39
26		2 号	棉花	2.25	16.30	19.32	21.97	10.15	21.63	20.14	18.25
27		3 号	瓜	2.25	20.31	21.49	20.58	15.29	22.15	19.69	19.92
28		4 号	瓜	2.25	17.27	22.52	16.88	19.98	17.34	19.87	18.98

（1）在 0～60 cm 深度上，按照取样规范进行环刀取样、烘干和称重；

（2）计算烘干后的土壤质量，利用式（3-2），推求不同深度土壤层上三个土样的土壤

容重;

(3)将每层三个土样的土壤容重的平均值作为该层土壤的容重值;

(4)将不同深度的土壤容重的算术平均值作为该地块的容重。

按照上述方法,疏勒河灌区典型试验田块的土壤容重的测定结果见表3-5。

表3-5 试验田块的土壤容重测定结果

编号	位置		作物	面积(亩)	0~20 cm	20~40 cm	40~60 cm	平均
1	昌马灌区布隆吉乡九上村	1号	甘草	1.9	1.46	1.35	1.19	1.33
2		2号	玉米	3.9	1.37	1.36	1.23	1.32
3		3号	小麦	3.2	1.23	0.99	0.94	1.05
4		4号	小麦	3.2	1.31	1.37	1.02	1.23
5		5号	孜然	0.7	1.35	0.92	1.06	1.11
6		6号	孜然	2.3	1.34	1.19	1.20	1.24
7	昌马灌区三道沟镇昌马上	4号	茴香	2.5	1.59	1.59	1.51	1.56
8		2号	小麦	1.2	1.55	1.53	1.15	1.41
9		6号	食葵	4.4	1.57	1.59	1.48	1.55
10		1号	小麦	1.3	1.63	1.55	1.59	1.59
11		3号	萝卜	2.3	1.51	1.58	1.55	1.55
12		5号	萝卜	1.2	1.51	1.50	1.51	1.51
13	花海灌区南渠八队	3号	苜蓿	4.0	1.64	1.65	1.62	1.64
14		1号	小麦	4.0	1.69	1.70	1.53	1.64
15		2号	食葵	3.9	1.56	1.54	1.43	1.51
16		4号	玉米	2.0	1.72	1.55	1.57	1.61
17	双塔灌区南岔镇八工村三组居民点北	1号	棉花	1.3	1.55	1.51	1.53	1.53
18		2号	棉花	1.3	1.56	1.56	1.52	1.55
19		3号	瓜	2.0	1.60	1.54	1.58	1.57
20		4号	蜜瓜	1.5	1.57	1.53	1.50	1.53
21		5号	甘草	5.6	1.61	1.59	1.53	1.58
22		6号	甘草	2.6	1.68	1.58	1.60	1.62
23	双塔灌区南岔镇+工村三组居民点西	1号	棉花	2.25	1.44	1.60	1.54	1.53
24		2号	棉花	2.25	1.49	1.65	1.55	1.56
25		3号	瓜	2.25	1.45	1.62	1.57	1.55
26		4号	瓜	2.25	1.50	1.55	1.60	1.55
27		5号	棉花	3.6	1.55	1.50	1.59	1.54
28		6号	棉花	21.0	1.64	1.67	1.66	1.66

3.2.3.4 地面灌农渠末端流量测定

本项目采用梯形量水堰测定典型试验地块的进地水量。以昌马灌区布隆吉乡九上村2号地作为算例,计算其农渠末端流量。计算步骤如下:①按照规范,在每次灌溉时监测进地水量,读取左右水尺的刻度;②采用式(3-3),计算各时刻的流量。研究区域内典型试验田块的地面灌农渠末端流量测定结果见附表1-32~附表1-158。

表 3-6 地面灌亩均净灌水量（计量到农渠末端）

编号	位置		作物	面积 (亩)	1 水 (m³)	2 水 (m³)	3 水 (m³)	4 水 (m³)	5 水 (m³)	6 水 (m³)	合计 (m³)	亩均 (m³/亩)
1	昌马灌区	布隆吉乡九上村	甘草	1.9	127.5	132.0	156.6	132.5			548.5	288.7
2			玉米	3.9	249.6	296.6	278.1	254.0	306.6		1 385.0	355.1
3			小麦	3.2	195.06	195.27	209.3	215.2	204.3		1 019.0	318.5
4			小麦	3.2	229.54	187.2	189.4	229.5	206.0		1 041.8	325.6
5			孜然	0.7	65.5	51.1	45.2				161.8	231.2
6			孜然	2.3	133.2	186.2	183.3				502.7	218.5
7		三道沟镇昌马上	茴香	2.5	183.3	187.9	191.1				562.3	224.9
8			小麦	1.2	66.6	88.2	74.1	83.8	74.1		386.8	322.4
9			食葵	4.4	392.4	447.1	364.5	372.6	404.7		1 981.2	450.3
10			小麦	1.3	100.7	88.2	74.1	86.5	83.9		433.4	333.3
11			萝卜	2.3	227.9	237.5	178.8	240.4	205.9		1 090.5	474.1
12			萝卜	1.2	104.8	135.6	117.3	104.8	84.5		547.0	455.8
13	花海灌区南渠八队		苜蓿	4.0	249.5	268.5	216.2	141.3	78.5	500.7	1 454.8	363.7
14			小麦	4.0	138.3	277.3	295.3	388.4	384.0		1 483.3	370.8
15			食葵	3.9	244.9	569.7	429.6	359.5	384.4		1 988.1	509.8
16			玉米	2.0	174.7	207.2	240.0	152.0	155.4		929.3	464.7

续表 3-6

编号	位置		作物	面积 （亩）	1水 （m³）	2水 （m³）	3水 （m³）	4水 （m³）	5水 （m³）	6水 （m³）	合计 （m³）	亩均 （m³/亩）
17	双塔灌区南岔镇八工村三组居民点北	1号	棉花	1.3	81.4	83.7	121.8	96.5			383.4	294.9
18		2号	棉花	1.3	149.2	132.2	115.7	91.5			488.6	375.9
19		3号	瓜	2.0	140.7	122.4	122.8	117.7	129.0		632.6	316.3
20		4号	蜜瓜	1.5	109.5	97.6	99.2	117.1	103.4		526.8	351.2
21		5号	甘草	5.6	594.8	682.5	598.6	589.1			2 465.0	440.2
22		6号	甘草	2.6	214.5	268.0	187.9	249.1			919.5	353.7
23	双塔灌区南岔镇+工村三组瓜教公路北侧	5号	棉花	3.6	463.4	250.5	75.1	350.7	450.9		1 590.6	441.8
24		6号	棉花	21.0	316.3	113.4	104.6	85.6	289.9		909.8	433.3
25	双塔灌区南岔镇+工村三组居民点西	1号	棉花	2.25	156.9	87.1	348.8	174.4	279.0		1 046.1	464.9
26		2号	棉花	2.25	100.2	100.2	275.5	137.8	162.8		776.5	345.1
27		3号	瓜	2.25	157.6	227.9	135.6	181.7	120.2		823.0	365.8
28		4号	瓜	2.25	202.1	175.1	323.3	134.7	134.7		969.9	431.1

3.2.3.5 净灌溉用水量

本次现场监测获得的地面灌亩均净灌水量为梯形量水堰实测的水量与试验田块面积的比值。以昌马灌区布隆吉乡九上村 2 号地作为算例,计算其亩均净灌水量。计算步骤如下:

(1)将地面灌农渠末端流量作为进入田块的净灌溉水量,记录历次灌水(生长期共灌水 5 次)时的地面灌农渠末端流量;

(2)将历次地面灌农渠末端流量相加,得到该田块作物(玉米)在生长期内的总灌溉用水量;

(3)将生长期总灌溉用水量(1 385.0 m^3)除以田块面积(3.9 亩),即得到亩均净灌溉用水量(355.1 m^3/亩),作为净灌溉定额。

本次现场监测 28 块试验田块的诸次灌水的总水量及亩均净灌水量见表 3-6,疏勒河流域三灌区主要作物净灌溉定额见表 3-7。

表 3-7 疏勒河流域三灌区主要作物净灌溉定额

灌区名称	作物	灌水次数	净灌溉定额(m^3/亩)
昌马	甘草	4	289.0
	玉米	5	355.0
	小麦	5	325.0
	孜然	3	225.0
	茴香	3	225.0
	食葵	5	450.0
	萝卜	5	465.0
花海	苜蓿	6	363.0
	小麦	5	370.8
	食葵	5	510.0
	玉米	5	465.0
双塔	棉花	4	335.0
	棉花	5	421.0
	瓜	5	324.5
	蜜瓜	5	350.0
	甘草	4	397.0

3.3　渗透系数

3.3.1　监测项目及试验方法

含水层渗透系数的测定方法有很多,本书采用微水试验(振荡试验)的方法确定。振荡试验是水文地质学中现场确定含水层水文地质参数最为方便的一种技术。振荡试验操作过程为在测试井内利用迅速注入、抽取一定体积的水或压缩井内水面以上空气后瞬时泄压等方式造成井内水位瞬时升高或降低,通过高精度的传感器采集测试井内水头响应过程,分析水头响应数据以获取含水层水力传导系数和储水系数,试验过程往往仅耗时几分钟。振荡试验与常规水文地质试验(如抽水试验和压水试验)相比更加便捷经济。常规水文地质试验往往需要更多的观测井以及较长的试验时长,某些现场复杂地质条件甚至会导致抽水试验和压水试验无法顺利进行。

由于疏勒河灌区面积较大,三大灌区分布较为分散,典型试验地块间距离较大,加之现场工作人员有限,综合考虑试验成本和试验精度,本项目最终选择振荡试验的方法来确定含水层渗透系数。

3.3.2　试验原理

振荡试验确定含水层水文地质参数过程中测试井内水头响应解析解,通过建立包含含水层内水流控制方程、测试井与含水层流量平衡方程以及测试井与含水层动量守恒方程的方程组来进行求解。Kipp 模型(1985)不仅适用于承压含水层,而且适用于储水系数较小、渗透性较大的潜水含水层,因此被美国试验与材料学会采用并制定了具体工程应用的相关标准条文(D 5881—95)。Kipp 模型(1985)假设:

(1)含水层等厚,上顶板与下部边界隔水;

(2)含水层均质各向同性,压缩性一致;

(3)柱坐标系的原点为含水层顶面与井孔轴线的交点;

(4)完整井,含水层全厚度下花管;

(5)井孔100%有效,即表面因素 f 及其无量纲形式 σ 均等于0。

定义动量平衡的假设条件如下:

(1)通过井断面的平均速度可以近似认为不变;

(2)水头的摩擦损耗忽略不计;

(3)水流均匀分布于整个含水层系统;

(4)井孔中水流由径向流变为垂直流时,速度变化所引起的动量变化忽略不计。

3.3.2.1　理论模型的建立

振荡试验测试井以承压含水层完整井为例,测试井－承压含水层系统垂直剖面见图 3-6,即振荡试验示意图。

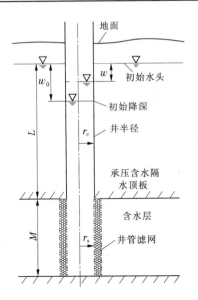

图 3-6　振荡试验测试井 – 承压含水层系统垂直剖面

根据极坐标系中微观质量守恒定律可得承压含水层中水流控制方程为

$$\frac{\partial^2 h(r,t)}{\partial r^2} + \frac{1}{r}\frac{\partial h(r,t)}{\partial r} = \frac{S}{T}\frac{\partial h(r,t)}{\partial t} \tag{3-6}$$

式中：h 为承压含水层内总水头；r 为水平径向距离；S 为承压含水层储水系数；T 为承压含水层导水系数；$T=MK$，K 为承压含水层渗透系数，M 为承压含水层的厚度。

水流控制方程满足初始条件为

$$h(r,t=0) = h_0 \tag{3-7}$$

水流控制方程满足边界条件为

$$h(r \to \infty,t) = h_0 \tag{3-8}$$

测试井内部边界条件位于水平径向距离 $r=r_s$ 处，边界条件为

$$\left(h(r,t) - f\frac{\partial h(r,t)}{\partial r}\right)\Big|_{r=r_s} = h_s(t) \tag{3-9}$$

式中：$h_s(t)$ 为测试井中接近过滤器的水头值；f 为薄壁效应因子；r_s 为测试井过滤器内径。

根据测试井 – 承压含水层流量平衡原理可以将套管内水位变化与承压含水层流入井中的水量联系起来，测试井附近含水层内水头满足如下方程：

$$\pi r_c^2 \frac{\mathrm{d}w(t)}{\mathrm{d}t} = 2\pi r_s T \frac{\partial h(r,t)}{\partial r}\Big|_{r=r_s} \tag{3-10}$$

式中：r_c 为套管半径；$w(t)$ 为测试井中 t 时刻水位至初始水位的位移值。

初始条件为

$$w(t=0) = w_0 \tag{3-11}$$

根据 Kipp 模型（1985）所建立的井 – 承压含水层动量守恒方程，可获得根据几何尺寸计算测试井内有效水体长度 L_e 以及测试井内水位波动方程

$$L_e = L + \frac{r_c^2}{r_s^2} \frac{M}{2} \tag{3-12}$$

$$\frac{d^2 w(t)}{dt^2} + \frac{g}{L_e} w(t) = \frac{g}{L_e} [h_s(t) - h_0] \tag{3-13}$$

式中:L 为测试井内水面与承压含水层顶板距离;g 为重力加速度。

初始条件为

$$w(t = 0) = w_0 \tag{3-14}$$

$$\frac{dw(t = 0)}{dt} = w_0^* \tag{3-15}$$

$$h_s(t = 0) = h_0 \tag{3-16}$$

3.3.2.2　理论模型求解

Kipp 模型(1985)通过引入无量纲变量和无量纲参数将上述方程、初始条件和边界条件转化为无量纲的形式,并用 Laplace 变换求解方程。利用 Laplace 数值逆变换转换方程的解,以获得振荡试验水头响应过程的解析解。无量纲变换过程如下

$$\frac{-w(t)}{w_0} = w' \tag{3-17}$$

$$w_0^{*\prime} = -\frac{w_0^*}{w_0} \frac{r_s^2 S}{T} \tag{3-18}$$

$$h' = \frac{h_0 - h(r,t)}{w_0} \tag{3-19}$$

$$h_s' = \frac{h_0 - h_s(r,t)}{w_0} \tag{3-20}$$

$$t' = \frac{tT}{r_s^2 S} \tag{3-21}$$

$$\hat{t} = \frac{t'}{\sqrt{\beta}} \tag{3-22}$$

$$r' = \frac{r}{r_s} \tag{3-23}$$

$$\alpha = \frac{r_c^2}{2 r_s^2 S} \tag{3-24}$$

$$\beta = \frac{L_e}{g} \left(\frac{T}{r_s^2 S}\right)^2 \tag{3-25}$$

$$\zeta = \frac{\alpha \ln \beta}{8 \sqrt{\beta}} \tag{3-26}$$

式中:α 为无量纲储水系数;β 为无量纲惯性系数;ζ 为无量纲阻尼系数。

式(3-25)中,L_e 为根据匹配点计算的测试井内有效水体长度,其计算公式为

$$L_e = \left(\frac{t}{\hat{t}}\right)^2 g \tag{3-27}$$

式中：g 为重力加速度；t 为配线图中匹配点在实测曲线坐标系内时间值；$\hat{t}$ 为配线图中匹配点在标准曲线坐标系内的时间值。

3.3.3　试验结果

3.3.3.1　昌马灌区现场试验结果分析

　　昌马灌区振荡试验测试井位置见图 3-7，测试井参数见表 3-8，7 组注水式和 1 组抽水式振荡试验配线图见附录 2 附图 2-1~附图 2-8，根据配线图计算含水层储水系数和水力传导系数见表 3-9。昌 CG09、昌 CG12 和昌 CG17 测试井由于激发水头差未恢复，无法使用振荡试验获取测试井附近水文地质参数。

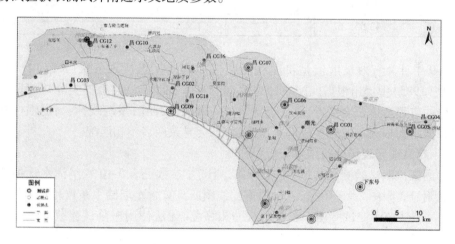

图 3-7　昌马灌区地下水位监测孔及振荡试验测试井分布

表 3-8　昌马灌区振荡试验测试井参数

测试井	井深（m）	水位埋深（m）	套管半径 r_c（m）	推测过滤器长度（m）
昌 CG15	17.45	8.50	0.050	8.95
总干所	17.76	13.97	0.083	3.79
沙地	8.63	6.07	0.050	2.56
昌 CG05	14.23	7.55	0.027 5	6.68
昌 CG01	27.93	2.39	0.025 5	25.54
下东号	22.87	3.73	0.052 5	19.14
昌 CG06	15.00	2.50	0.050	12.50
昌 CG07	23.22	5.81	0.0275	17.41

表3-9　昌马灌区振荡试验结果统计

测试井	计算有效水体长度 L_e(m)	无量纲阻尼系数 ζ	储水系数 S	导水系数 T (m²/d)	渗透系数 K(m/d)
昌 CG15	43 555.6	5.0	1×10^{-5}	2.5	0.28
总干所	27.22	0.35	1×10^{-4}	336.0	88.7
沙地	88.2	0.7	1×10^{-4}	125.6	49.1
昌 CG05	435.6	1.5	1×10^{-4}	16.1	2.4
昌 CG01	137.8	0.99	1×10^{-4}	402.0	15.7
下东号	19 845	1.5	1×10^{-5}	14.3	0.75
昌 CG06	1 920.8	1.5	1×10^{-5}	28.4	2.3
昌 CG07	43 555.6	1.0	1×10^{-5}	26.3	1.5

表3-9中计算有效长度值是将配线图中选择的匹配点代入公式(3-27)计算所得，Kipp模型(1985)中提出根据匹配点计算的有效水体长度应该与根据实际几何尺寸计算式(3-12)的有效水体长度接近，但是过滤器皮肤效应的存在，系统线性、高的惯性参数和水流的摩擦水头损失可忽略等假设不再满足，都会导致两者不相匹配。

3.3.3.2　花海灌区现场试验结果分析

花海灌区振荡试验测试井位置见图3-8，测试井参数见表3-10，4组注水式振荡试验配线图见附录2附图2-9～附图2-12，根据配线图所计算含水层储水系数和水力传导系数见表3-11。花CG01测试井由于激发水头差未恢复，无法使用振荡试验获取测试井附近水文地质参数。

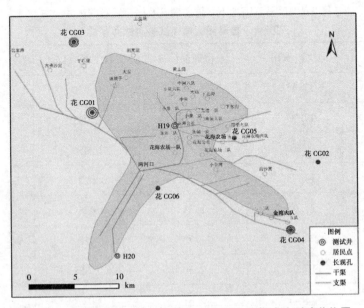

图3-8　花海灌区地下水位监测孔分布图及振荡试验测试井位置

表 3-10　花海灌区振荡试验测试井参数

测试井	井深（m）	水位埋深（m）	套管半径 r_c（m）	推测过滤器长度（m）
花 CG03	42.26	6.92	0.025	35.340
花 CG04	30.12	17.195	0.050	12.925
H20	13.00	3.31	0.060	9.690
H19	150.0	11.40	0.065	138.6

表 3-11　花海灌区振荡试验结果统计

测试井	计算有效水体长度 L_e（m）	无量纲阻尼系数 ζ	储水系数 S	导水系数 T（m/d）	渗透系数 K（m/d）
花 CG03	300 125	1.0	1×10^{-5}	24.6	0.7
花 CG04	24 500	1.0	1×10^{-5}	17.7	1.4
H20	198.45	1.0	1×10^{-5}	102.9	10.6
H19	435.6	1.5	1×10^{-5}	52.3	0.4

3.3.3.3　双塔灌区现场试验结果分析

双塔灌区振荡试验测试井位置见图 3-9，测试井参数见表 3-12，6 组注水式振荡试验配线图附录 2 见附图 2-13 ~ 附图 2-18，根据配线图所计算含水层储水系数和水力传导系数见表 3-13。

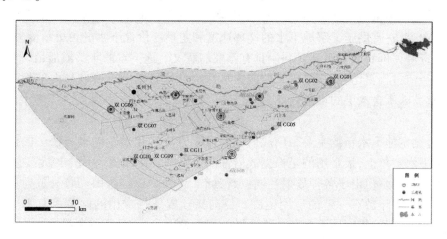

图 3-9　双塔灌区地下水位监测孔及振荡试验测试井位置

表 3-12　双塔灌区振荡试验测试井参数

测试井	井深(m)	水位埋深(m)	套管半径 r_c(m)	推测过滤器长度(m)
双 CG01	6.40	4.590	0.052 5	1.810
1#	12.52	6.405	0.052 5	6.115
3#	17.02	7.530	0.052 5	9.490
双 CG06	25.00	6.570	0.075 0	18.430
5#	13.11	8.110	0.054 0	5.000
8#	15.90	12.785	0.054 0	3.115

表 3-13　双塔灌区振荡试验结果统计

测试井	计算有效水体长度 L_e(m)	无量纲阻尼系数 ζ	储水系数 S	导水系数 T (m/d)	渗透系数 K(m/d)
双 CG01	137.8	0.7	1×10^{-4}	110.8	61.2
1#	10.804 5	1.0	1×10^{-4}	265.6	43.4
3#	17.4	0.7	1×10^{-4}	311.7	32.8
双 CG06	245	1.0	1×10^{-4}	113.8	6.2
5#	198.45	0.7	1×10^{-4}	97.6	19.5
8#	551.25	2.0	1×10^{-4}	18.0	5.8

3.4　水质与同位素

3.4.1　检测项目及方法

3.4.1.1　放射性同位素氚测龄

地下水的年龄是指地下水的形成到现在的时间,换句话说,是指降水由地表水(河、湖)或降水直接渗漏到土壤以下进入含水层形成到现在的时间。地下水年龄是水循环研究的重要内容,它有助于了解地下水的循环速度和定量评价地下水的可更新能力等,对合理进行水资源评价和水资源开发利用具有重要的意义。地下水的年龄或滞留时间与地下水的补给径流过程密切相关,含水层或含水系统与外界水量交换及其内部物质运移过程的体现,反映了含水层的可更新能力,是地下水资源管理与合理开发利用中十分关键的参数。

目前,测定地下水年龄主要采用放射性同位素方法和化学示踪剂方法。同位素方法在确定地下水年龄上,最常用的是根据放射性同位素的衰变原理,利用同位素衰变方程确定地下水的年龄。但由于各种放射性同位素具有不同的半衰期,因而各种放射性同位素所确定的地下水年龄有一定的适用范围。目前比较成熟且常用的同位素有 ^3H 和 ^{14}C,分别测定小于 50 年的年轻地下水和介于 2 000 ~ 20 000 年的古地下水年龄。

^3H 是氢元素的一种放射性同位素,同时是水分子的组成部分,因此 ^3H 是目前唯一可以直接测定地下水年龄的放射性同位素,其半衰期 $T_{1/2}$ 为 12.43 年,由于半衰期很短,因此 ^3H 法一般适用于分析 50 年以内补给的浅层地下水。1952 年以前,大气中的 ^3H 浓度较

小,大约为 10 TU,但自 1952 年后,由于一些国家进行核爆试验等,大量³H进入大气层。核爆试验前形成的(1953 年前)天然情况下大气降水的氚浓度平均为 10 TU,这种含氚的降水进入地下水系统后,其³H浓度只按放射性规律衰变而减少,根据其半衰期 12.43 年计算,到 2013 年取样时间时,由于衰减,地下水的氚浓度应小于 1 TU。1953 年后降水³H浓度受核爆影响而大增,因此根据地下水中是否有 20 世纪五六十年代核爆试验期间产生的大量核爆氚的标记,可将 1953 年以前形成的地下水"老水"和 1953 年后形成的地下水"新水"相区别。若地下水的氚浓度小于 1 TU,一般认为是核爆前补给的,地下水补给年龄大于 50 年;若地下水氚浓度大于 1 TU,则表明地下水为核爆开始后补给的,其年龄小于 50 年。由于目前大气中³H浓度大大低于核爆试验时的峰值,许多地区已接近核爆前的正常水平,使³H输入函数难以确定,因此常规的³H法测龄的应用已很有限。

3.4.1.2　放射性同位素¹⁴C测龄

利用地下水¹⁴C年龄测定结果可以很好地确定古地下水流向和循环速度,并结合其他气候变化指标恢复地下水形成的古气候古环境条件,以及作为约束条件提高地下水流模型数值模拟的精度。

¹⁴C是放射性元素,半衰期为 5 730 年,来源于宇宙射线的快中子与稳定的¹⁴N碰撞所产生的核反应。大气中含¹⁴C的CO_2等溶于降水后入渗到地下水中,假定地下水的运动满足活塞模型,并且在运动过程中没有其他来源的碳化合物进入水中,则通过测定地下水中¹⁴C/¹²C的比值,可以计算出地下水的年龄。但是,考虑到水岩相互作用,水中的¹⁴C与碳酸盐岩中的死碳(¹²C或¹³C)可能发生同位素交换,则需要通过¹³C的测定进行年龄校正。

3.4.1.3　CFC 测龄

在年轻地下水测龄技术上,化学示踪技术发展较快,近年来比较常用的示踪剂为$CFCs$和SF_6。$CFCs$是 Chlorofluorocarbons 的缩写,它是人工合成的有机物,20 世纪 30 年代开始生产,用作制冷剂、发泡剂、清洁剂以及生产橡胶塑料等。早期市场上以 CFC - 11 和CFC - 12 为主,70 年代后 CFC - 113 用量逐渐增加。随着产量和消费量的增长,大气中的氟利昂含量开始快速增加。由于其特有的挥发性,世界上产生的 90% 以上的氟利昂都最终进入到大气层和水圈中。

1945 年以后的地下水中 CFC 浓度都可以检测出来,地下水中存在 CFC 至少说明两种情况:一是存在 1945 年以来补给的地下水,二是老水与 20 世纪 50 年代以来地下水发生了混合。同时测定地下水中 3 个 CFC(CFC - 11、CFC - 12、CFC - 113),可以起到互相验证、比较,确定混合比例等作用,比仅测两个 CFC(CFC - 11、CFC - 12)有利得多,可获得更多信息,比如识别混合作用和确定混合比。

3.4.2　采样点选取与布设

项目组布置监测断面时考虑了河流走向、地下水流向等因素。确定监测时间为 2013 年和 2014 年,监测水质和同位素每隔 3 个月进行一次。在研究区由上游至下游共布置 3 条监测断面,位置如图 3-10 所示。首先,确定了取样点地理坐标,在地图基础上利用 GPS 定位仪精确确定取样位置和取样点海拔。各监测点的经纬度坐标和高程见表 3-14。项目组在昌马洪积扇顶部和整个昌马灌区共选取两个监测断面,即 A—A 断面和 B—B 断面。

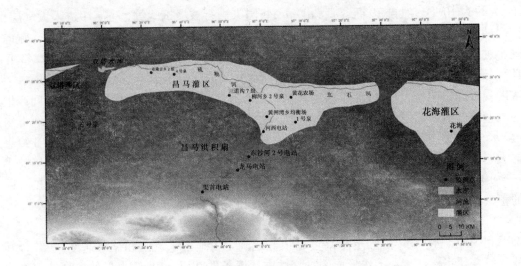

图 3-10　研究区监测点位置分布

表 3-14　研究区地下水取样点位置

编号	取样断面	取样地点	点位		
			纬度	经度	高程(m)
1	A—A 断面	渠首电站	40°2′28.74″	96°45′4.71″	1 872
2		龙马电站	40°7′48.37″	96°54′0.52″	1 698
3		东沙河 2 号电站	40°11′4.11″	96°56′52.05″	1 627
4		河西电站	40°17′10.49″	97°0′36.99″	1 519
5		黄花农场	40°25′34.24″	97°7′32.99″	1 390
6	B—B 断面	1 号泉	40°19′24.84″	97°8′37.21″	1 441
7		黄闸湾乡均衡场	40°20′52.69″	97°1′29.43″	1 453
8		柳河乡 2 号泉	40°24′55.43″	96°57′19.72″	1 422
9		三道沟 7 组	40°26′11.37″	96°52′8.47″	1 427
10		4 号泉	40°31′31.10″	96°38′13.6″	1 363
11		布隆吉乡 2 组	40°31′59.90″	96°32′24.48″	1 340
12		6 号泉	40°18′18.58″	96°14′7.24″	1 332
13	C—C 断面	花海	40°16′48.37″	97°47′28.80″	1 241

在 A—A 纵断面上布置 5 个取样点,从扇顶至扇缘分别编号为 1~5,取样点分布规律为洪积扇顶部→洪积扇中间过渡带→洪积扇前缘泉水溢出带→细土平原区。在 B—B 横断面上布置 7 个取样点,在灌区分布规律为自东向西编号为 6~12,在花海灌区边界处布置 C—C 断面,取样点编号为 13 号。在研究期内,项目组已完成野外考察 1 次和监测 6次。6 次监测时间分别为 2013 年 7 月 17~29 日,2013 年 10 月 15~23 日,2014 年 3 月 21~28 日,2014 年 6 月 27 日至 7 月 5 日,2014 年 9 月 20~28 日,2014 年 11 月 1~8 日。

现场测量了部分取样井地下水位、埋深、取样深度(距地下水面或地表水),了解了井孔所揭露的地质剖面、含水层厚度和含水层性质;取样井的结构(包括滤管或滤网情况)、大小形状,部分取样井的深度如表 3-15 所示。根据水样测试指标的不同,采样过程分为水化学组分的样品采集以及稳定同位素的样品采集。阴阳离子分析样品采集 500 mL 至聚乙烯瓶中,并尽量保持采样瓶内无气泡。稳定同位素样品经 0.45 μm 滤膜过滤采集 50 mL 水样至聚乙烯采样瓶中,无气泡并用封口膜密封。所有采集的样品于 4 ℃冰箱保存。现场采用便携式多参数水质测试仪,现场测定指标包括水温、埋深、pH、NaCl、DO(溶解氧)、电导率、TDS(总溶解固体)。

表 3-15　疏勒河流域电站饮用井情况统计

序号	取样点名称	井深(m)	埋深(m)	水泵位置(m)
1	昌马水库	(渗井)16	5.5	3.5
2	渠首电站	70	27	3
3	龙马电站	180	120	30
4	东沙河 2 号电站	100	55	9
5	河西电站	100	7	53
6	黄闸湾乡均衡场	66	8.32	12

3.4.3　检测结果

3.4.3.1　水化学检测结果

2013 年 7 月和 10 月,2014 年 3 月、6 月、9 月和 11 月共 6 次水质现场测试结果见表 3-16 ～ 表 3-21 所示。

表 3-16　2013 年 7 月现场取样点水质测试结果

编号	取样断面	取样地点	水样类型	水质				
				pH	TDS($\times 10^{-6}$)	NaCl(%)	电导率(μs/cm)	水温(℃)
1	A—A 断面	渠首电站	浅井	7.50	460	0.8	920	17.3
2		龙马电站	深井	7.48	428	0.7	858	15.0
3		东沙河 2 号电站	浅井	7.45	480	0.8	962	15.1
4		河西电站	浅井	7.47	484	0.8	970	18.5
5		黄花农场	浅井	7.38	1 296	2.3	2 598	11.9
6	B—B 断面	1 号泉	泉水	7.03	1 080	1.9	2 176	19.0
7		黄闸湾乡均衡场	待定	7.61	484	0.7	990	13.8
8		柳河乡 2 号泉	泉水	6.85	1 176	2.1	2 338	18.8
9		三道沟 7 组	深井	7.50	556	0.9	1 128	14.2
10		4 号泉	泉水	8.00	906	3.6	1 778	19.1
11		布隆吉乡 2 组	浅井	7.70	394	0.6	790	15.2
12	出灌区	6 号泉	泉水	7.62	392	0.6	784	15.5
13	C—C 断面	花海灌区	浅井	7.19	3 340	6.3	6 720	14.5

表3-17 2013年10月取样点水质现场测试结果

编号	取样断面	取样地点	水样类型	水质				
				pH	TDS ($\times 10^{-6}$)	NaCl (%)	电导率 ($\mu s/cm$)	水温 (℃)
1	A—A断面	渠首电站	浅井	7.36	474	0.7	952	15.1
2		龙马电站	深井	8.00	430	0.7	860	13.9
3		东沙河2号电站	浅井	7.97	452	0.8	906	11.1
4		河西电站	浅井	7.74	474	0.9	952	18.4
5		黄花农场	浅井	7.34	1 320	3.7	2 660	12.7
6	B—B断面	1号泉	泉水	7.00	970	1.9	1 940	14.4
7		黄闸湾乡均衡场	待定	7.60	490	0.9	978	11.4
8		柳河乡2号泉	泉水	6.94	1 070	2.1	2 142	17.1
9		三道沟7组	深井	7.57	648	1.2	1 296	13.9
10		4号泉	泉水	7.65	878	1.7	1 758	14.2
11		布隆吉乡2组	浅井	7.73	374	0.7	746	13.7
12	出灌区	6号泉	泉水	7.33	388	0.6	778	14.6
13	C—C断面	花海灌区	浅井	7.12	3 180	6.1	6 360	14.0

表3-18 2014年3月取样点水质现场测试结果

编号	取样断面	取样地点	水样类型	水质				
				pH	TDS ($\times 10^{-6}$)	NaCl (%)	电导率 ($\mu s/cm$)	水温 (℃)
1	A—A断面	渠首电站	浅井	7.33	456	0.9	912	9.7
2		龙马电站	深井	7.10	426	0.7	856	15.2
3		东沙河2号电站	浅井	7.77	418	0.7	840	13.7
4		河西电站	浅井	7.73	442	0.7	882	14.5
5		黄花农场	浅井	7.34	1 320	3.7	2 660	12.7
6	B—B断面	1号泉	泉水	7.87	874	1.7	1 756	9.2
7		黄闸湾乡均衡场	待定	8.09	532	1.0	1 066	13.8
8		2号泉	泉水	7.42	960	3.3	1 934	6.1
9		柳河乡三道沟7组	深井	7.22	504	0.9	1 006	13.9
10		4号泉	泉水	7.29	2 410	4.7	4 870	9.4
			地表水	7.31	664	2.2	1 386	13.9
11		布隆吉乡2组	浅井	8.45	486	0.8	892	16.7
12	出灌区	6号泉	泉水	7.33	388	0.6	778	14.6
13	C—C断面	花海灌区	浅井	6.15	4 100	7.9	8 180	14.6

表 3-19 2014 年 6 月取样点水质现场测试结果

编号	取样断面	取样地点	水样类型	水质				
				pH	TDS (×10⁻⁶)	NaCl (%)	电导率 (μs/cm)	水温 (℃)
1	A—A 断面	渠首电站	浅井	6. 62	788	0. 3	1 240	11
2		龙马电站	深井	6. 84	684	0. 3	1 342	12
3		东沙河 2 号电站	浅井	6. 90	726	0. 3	1 162	15
4		河西电站	浅井	6. 97	716	0. 3	1 110	15
5		黄花农场	浅井	6. 92	2 244	0. 7	3 478	—
6	B—B 断面	1 号泉	泉水	6. 82	1 506	0. 6	2 368	14. 5
7		黄闸湾乡均衡场	待定	6. 72	848	0. 3	1 330	11
8		柳河乡 2 号泉	泉水	6. 36	2 266	0. 9	3 382	12. 5
9		三道沟 7 组	深井	6. 68	908	0. 4	1 424	11
10		4 号泉	泉水	6. 66	6 220	2. 0	8 840	11
11		布隆吉乡 2 组	浅井	6. 70	622	0. 3	964	11. 5
12		6 号泉	泉水	6. 70	606	0. 3	970	11
13		五四村	深井	6. 75	558	0. 2	894	13
14	C—C 断面	花海灌区	浅井	6. 90	5 784	2. 2	7 980	11
15	地表水	小昌马河	地表水	6. 96	848	0. 3	1 354	15
16		天生桥上游黄土湾电站	地表水	7. 30	624	0. 3	978	12
17		昌马水库	地表水	6. 98	826	0. 3	1 316	12

表 3-20 2014 年 9 月取样点水质现场测试结果

编号	取样断面	取样地点	水样类型	水质				
				pH	TDS (×10⁻⁶)	NaCl (%)	电导率 (μs/cm)	水温 (℃)
1	A—A 断面	渠首电站	浅井	7. 65	452	0. 7	904	13. 6
2		龙马电站	深井	7. 75	494	1. 0	970	16. 8
3		东沙河 2 号电站	浅井	7. 46	506	0. 7	994	15. 7
4		河西电站	浅井	7. 49	528	0. 8	1 058	17. 7
5		黄花农场	浅井	7. 60	1 004	1. 8	2 012	11. 3
6	B—B 断面	1 号泉	泉水	7. 22	1 084	2. 0	2 174	16. 3
7		黄闸湾乡均衡场	待定	7. 76	894	0. 7	916	15. 2
8		柳河乡 2 号泉	泉水	7. 01	1 380	2. 6	2 794	15. 8
9		三道沟 7 组	深井	7. 50	776	1. 4	1 588	14. 2
10		4 号泉	泉水	7. 94	728	1. 1	1 478	15. 8
11		布隆吉乡 2 组	浅井	7. 54	398	0. 6	820	12. 1
12	出灌区	6 号泉	泉水	7. 60	460	0. 5	796	14. 5
13	C—C 断面	花海灌区	浅井	7. 10	2 970	5. 6	5 932	11. 8
14	地表水	昌马水库	地表水	7. 71	794	1. 5	1 586	12. 9

表 3-21　2014 年 11 月取样点水质现场测试结果

编号	取样断面	取样地点	水样类型	水质				
				pH	TDS（×10⁻⁶）	NaCl（%）	电导率（μs/cm）	水温（℃）
1	A—A 断面	渠首电站	浅井	7.42	586	1.1	1 170	—
2		龙马电站	深井	7.68	548	1.0	1 082	—
3		东沙河 2 号电站	浅井	7.5	560	1.0	1 084	—
4		河西电站	浅井	—	—	—	—	—
5		黄花农场	浅井	7.18	1 532	2.9	3 064	—
6	B—B 断面	1 号泉附近地表水	地表水	7.54	940	1.8	1 850	9.0
7		1 号泉	地下水	7.06	1 100	2.0	2 040	10.8
8		黄闸湾乡均衡场	待定	7.26	562	1.1	1 120	10.5
9		柳河乡 2 号泉附近地表水	地表水	6.95	1 192	2.3	2 388	11.8
10		柳河乡 2 号泉	地下水	6.96	1 152	2.2	2 308	11.2
11		三道沟 7 组	深井	6.93	562	1.1	1 114	—
12		4 号泉附近地表水	地表水	7.44	566	1.1	1 132	5.2
13		4 号泉	地下水	7.46	528	1.1	1 054	—
14		布隆吉乡 2 组	浅井	7.49	422	0.6	786	10.0
15		6 号泉	泉水	7.71	318	0.6	670	—
16	C—C 断面	花海灌区	浅井	7.42	2 928	5.8	5 854	11.2
17	河水	昌马水库渗井	地表水	7.65	680	1.2	1 364	—
18		昌马河水	地表水	7.92	664	1.2	1 338	—

　　室内样品测试分析由河海大学实验室完成,测试项目包括阳离子(Na^+、K^+、Mg^{2+}、Ca^{2+})和阴离子(Cl^-、SO_4^{2-}、NO_3^-、CO_3^{2-}、HCO_3^-),6 次采用数据见表 3-22 ~ 表 3-27。

表 3-22 2013 年 7 月取样点水样阴阳离子含量 （单位：mg/L）

取样点	Na^+	K^+	Mg^{2+}	Ca^{2+}	Cl^-	SO_4^{2-}	NO_3^-	CO_3^{2-}	HCO_3^-
昌马水库	40.06	3.46	32.64	92.8	24.29	131.84	0.42	11.01	136.69
渠首电站	23.04	2.87	26.88	47.2	71.66	233.00	2.24	12.58	157.47
龙马电站	24.46	2.91	14.40	71.2	84.38	236.85	2.51	14.94	204.64
东沙河 2 号电站	26.09	2.95	32.64	79.2	99.66	260.49	1.61	3.93	137.49
河西电站	33.28	3.28	35.04	51.2	98.39	222.07	1.57	7.08	133.49
黄花农场	63.80	5.82	—	—	410.03	1 201.28	2.57	12.58	175.06
1 号泉	24.66	3.04	77.76	108.0	143.89	362.77	3.15	22.02	205.44
黄闸湾乡均衡场	29.57	3.28	33.60	77.6	19.15	63.62	0.67	11.79	183.05
柳河乡 2 号泉	65.41	5.28	—	—	226.17	593.82	1.61	19.66	402.08
三道沟 7 组	31.07	3.52	45.60	80.0	111.57	318.56	4.66	23.59	171.06
4 号泉	—	—	—	—	1 148.23	—	0.52	—	—
布隆吉乡 2 组	19.34	2.74	24.96	58.4	78.38	185.01	1.82	11.01	116.71
6 号泉	20.41	2.60	—	—	90.52	212.97	1.53	17.30	135.89

表 3-23 2013 年 10 月取样点水样阴阳离子含量 （单位：mg/L）

取样点	Na^+	K^+	Mg^{2+}	Ca^{2+}	Cl^-	SO_4^{2-}	NO_3^-	CO_3^{2-}	HCO_3^-
昌马水库	23.83	1.81	41.28	70.4	42.70	149.84	2.76	11.52	128.09
渠首电站	18.40	1.16	24.88	32.8	19.02	59.08	1.67	12.29	142.15
龙马电站	12.92	1.49	28.32	52.8	24.90	75.65	2.84	9.22	124.97
东沙河 2 号电站	14.84	1.75	36.48	43.2	31.38	85.80	2.80	11.52	136.69
河西电站	15.00	1.45	20.64	39.2	24.79	60.65	1.79	6.15	153.09
黄花农场	69.80	5.49	128.88	104.4	131.75	417.73	3.17	9.99	210.10
1 号泉	35.73	3.07	81.12	90.4	66.40	215.53	17.27	9.22	242.13
黄闸湾乡均衡场	15.24	1.68	37.20	60.8	32.91	83.65	4.29	6.15	174.18
柳河乡 2 号泉	34.11	2.82	78.24	50.8	64.48	168.12	2.25	23.05	392.87
三道沟 7 组	22.82	2.38	58.08	71.6	40.41	125.99	7.38	18.44	189.80
4 号泉	22.45	1.76	37.92	55.2	36.36	160.77	1.26	11.52	124.97
布隆吉乡 2 组	11.31	1.54	28.08	37.2	24.34	59.19	2.32	9.99	107.79
6 号泉	12.31	1.48	31.20	49.6	24.62	56.77	2.41	7.68	141.37

表 3-24　2014 年 3 月取样点水样阴阳离子含量　　　（单位:mg/L）

取样点	Na^+	K^+	Mg^{2+}	Ca^{2+}	Cl^-	SO_4^{2-}	NO_3^-	CO_3^{2-}	HCO_3^-
昌马水库	93.52	4.57	58.84	29.50	72.32	272.40	1.87	18.49	155.43
渠首电站	26.71	2.52	32.59	48.35	33.91	100.29	4.11	16.90	162.46
龙马电站	25.56	2.39	29.97	35.46	27.75	82.56	3.67	13.06	122.63
东沙河 2 号电站	25.28	2.43	28.32	31.51	29.76	75.38	2.40	20.74	127.31
河西电站	31.54	2.87	26.51	24.46	31.66	77.54	2.54	11.52	158.55
黄花农场	140.10	12.29	126.52	220.80	124.05	411.09	1.77	15.37	206.20
1 号泉	80.45	5.67	88.90	176.50	61.73	215.58	11.95	25.35	234.32
黄闸湾乡均衡场	28.20	2.91	35.34	33.79	34.31	89.86	5.38	17.67	173.39
柳河乡 2 号泉	85.14	4.80	107.30	194.10	80.91	243.39	3.95	26.89	343.67
三道沟 7 组	26.57	2.84	35.05	29.65	31.12	99.91	5.19	15.37	162.46
4 号泉	237.10	40.69	313.20	229.30	191.77	1 097.89	5.31	33.04	338.20
布隆吉乡 2 组	20.19	2.57	25.91	28.55	27.85	64.15	2.58	7.68	124.19
花海灌区	675.40	29.70	328.60	156.84	531.08	1 639.62	4.79	40.72	261.65
疏勒河水	26.52	2.59	32.93	44.81	34.84	104.45	3.53	28.43	142.93

表 3-25　2014 年 6 月取样点水样阴阳离子含量　　　（单位:mg/L）

取样点	Na^+	K^+	Mg^{2+}	Ca^{2+}	Cl^-	SO_4^{2-}	NO_3^-	CO_3^{2-}	HCO_3^-
昌马水库	27.98	2.44	29.48	30.47	38.13	111.67	2.86	12.29	146.06
渠首电站	23.53	2.08	28.42	30.38	35.10	96.60	2.87	9.99	155.43
龙马电站	21.86	2.03	27.59	28.79	31.17	88.01	3.12	9.22	130.44
东沙河 2 号电站	22.32	2.23	30.89	28.97	33.64	90.14	2.01	9.22	141.37
河西电站	31.22	2.72	21.40	25.19	34.74	80.45	2.44	10.76	138.25
黄花农场	104.90	8.49	89.45	53.60	451.56	1 262.88	2.55	34.57	146.06
1 号泉	58.43	4.73	67.85	37.68	167.90	448.24	15.69	12.29	232.76
黄闸湾乡均衡场	26.72	2.49	34.94	33.70	38.99	95.39	4.80	13.06	174.18
柳河乡 2 号泉	85.01	5.09	95.85	29.66	265.84	702.72	3.92	14.60	405.37
三道沟 7 组	28.32	2.75	30.61	34.68	39.04	112.00	5.62	11.52	178.86
4 号泉	341.90	59.96	320.10	65.50	398.17	1 617.76	0.89	24.58	346.01
布隆吉乡 2 组	18.74	2.19	24.97	23.14	32.45	71.97	2.10	9.22	114.82
6 号泉	19.98	2.03	25.39	24.68	28.25	63.76	2.18	12.29	132.78
花海灌区	452.50	20.87	179.00	71.15	410.84	1 119.58	2.09	63.00	184.33
天生桥上游黄土湾电站	14.16	1.59	16.24	38.36	21.75	73.15	3.03	11.52	121.06
小昌马河	22.84	2.00	32.24	36.76	26.57	133.68	3.26	14.60	172.61
五四村	18.97	1.95	23.36	22.82	26.57	70.09	2.50	9.99	113.25

表 3-26　2014 年 9 月取样点水样阴阳离子含量　　　　　　（单位：mg/L）

取样点	Na$^+$	K$^+$	Mg^{2+}	Ca^{2+}	Cl$^-$	SO$_4^{2-}$	NO$_3^-$	CO$_3^{2-}$	HCO$_3^-$
昌马水库	52.16	3.16	36.84	56.11	63.81	215.55	2.97	6.91	139.03
渠首电站	17.09	1.79	24.23	36.59	24.51	79.22	2.64	8.45	138.25
龙马电站	20.75	2.11	28.83	29.47	31.79	89.21	3.08	8.45	120.28
东沙河 2 号电站	21.85	2.22	31.56	28.23	28.43	92.67	2.37	9.99	129.66
河西电站	30.13	2.60	27.28	26.01	36.48	83.97	2.63	6.15	135.12
黄花农场	87.52	5.90	64.42	57.86	114.90	343.66	12.63	9.99	168.71
1 号泉	56.79	4.91	70.04	55.28	82.33	259.34	16.54	12.29	206.20
黄闸湾乡均衡场	20.81	2.27	26.50	26.66	32.62	75.34	2.62	9.99	118.72
柳河乡 2 号泉	70.45	4.99	82.21	48.36	99.49	264.50	7.73	26.89	383.50
三道沟 7 组	35.22	3.84	46.34	40.29	50.57	148.61	7.76	9.22	206.20
4 号泉	99.56	6.60	75.49	55.58	131.37	431.49	2.19	10.76	149.18
布隆吉乡 2 组	18.12	2.22	26.48	24.30	33.10	73.49	2.38	9.22	107.00
6 号泉	19.16	1.97	25.75	23.62	29.23	65.78	2.63	10.76	125.75
花海灌区	437.10	20.70	184.40	74.10	408.92	1 099.45	2.35	14.60	237.44

表 3-27　2014 年 11 月取样点水样阴阳离子含量　　　　　　（单位：mg/L）

取样点	Na$^+$	K$^+$	Mg^{2+}	Ca^{2+}	Cl$^-$	SO$_4^{2-}$	NO$_3^-$	CO$_3^{2-}$	HCO$_3^-$
昌马水库	51.62	4.34	42.14	43.67	49.30	141.31	3.93	10.76	131.22
渠首电站	25.35	3.29	35.30	35.40	39.51	105.94	4.56	10.76	147.62
龙马电站	52.00	4.39	31.91	31.52	40.74	103.69	4.89	9.99	117.16
东沙河 2 号电站	52.59	4.88	38.27	32.36	35.96	106.43	2.79	9.22	131.22
河西电站	69.86	5.54	33.85	28.54	44.39	94.51	4.26	9.22	120.28
黄花农场	121.70	11.23	79.33	59.31	161.30	450.85	8.97	9.99	179.64
1 号泉	129.20	8.83	68.65	55.05	97.93	291.04	18.12	8.45	211.77
黄闸湾乡均衡场	63.13	5.51	40.63	36.76	49.25	112.22	6.92	9.99	160.09
柳河乡 2 号泉	139.50	8.82	95.54	70.24	107.99	261.47	8.07	19.97	356.94
三道沟 7 组	63.49	5.32	40.12	33.84	48.86	128.98	6.88	13.83	156.99
4 号泉	62.52	5.13	44.34	33.17	24.98	68.28	1.84	8.45	110.91
布隆吉乡 2 组	40.81	4.50	33.98	29.23	41.21	84.61	3.24	8.45	112.47
6 号泉	50.98	5.20	27.93	27.63	35.89	75.08	3.51	9.22	121.84
花海灌区（2）	483.10	29.26	164.30	64.13	438.39	1 111.80	3.69	14.60	234.32

续表 3-27

取样点	Na$^+$	K$^+$	Mg^{2+}	Ca^{2+}	Cl$^-$	SO$_4^{2-}$	NO$_3^-$	CO$_3^{2-}$	HCO$_3^-$
昌马河水	52.48	4.29	31.67	35.42	41.31	112.50	3.96	8.45	136.68
五四村 30 m	43.92	3.88	29.66	24.09	33.69	81.46	3.58	9.22	108.57
五四村 40 m	37.37	4.23	32.79	27.58	33.46	82.00	3.54	10.76	100.76
五四村 50 m	41.76	4.21	31.46	28.52	33.72	83.75	3.85	6.15	108.57
五四村 60 m	43.85	4.52	28.22	27.37	34.17	80.90	3.60	4.61	111.69
花海(1)30 m	203.80	5.13	50.06	9.25	99.21	226.05	2.43	7.68	145.28
花海(1)40 m	157.50	6.23	54.89	9.19	98.41	225.28	1.58	11.52	140.59
花海(1)50 m	141.40	10.90	56.19	24.15	95.71	229.22	3.33	7.68	153.09
花海(1)60 m	202.10	10.78	48.12	25.69	99.17	232.64	5.77	6.91	184.33

3.4.3.2　同位素测定结果

δD 和 $\delta^{18}O$ 稳定同位素值由中科院寒区旱区环境与工程研究所冰冻圈科学国家重点实验室测试完成,采用 MAT253、TC/EA、EQ – UNIT 质谱仪进行测试分析,其中测得两次数据结果如表 3-28 所示。

表 3-28　氢氧同位素比测结果

样号	取样点	2013 年 7 月 20 日结果		2013 年 10 月 15 日结果	
		$\delta^{18}O_{VSMOW2/SLAP2}$ (‰)	$\delta D_{VSMOW2/SLAP2}$ (‰)	$\delta^{18}O_{VSMOW2/SLAP2}$ (‰)	$\delta D_{VSMOW2/SLAP2}$ (‰)
1	渠首电站	− 8.78	− 55.67	− 8.95	− 58.28
2	龙马电站	− 8.96	− 55.92	− 9.14	− 59.13
3	东沙河 2 号电站	− 8.52	− 56.34	− 8.52	− 55.41
4	河西电站	− 10.13	− 64.38	− 10.06	− 65.40
5	黄花农场	− 8.65	− 59.01	− 8.86	− 58.19
6	1 号泉	− 8.87	− 57.03	− 8.89	− 57.40
7	黄闸湾乡均衡场	− 9.44	− 60.72	− 9.11	− 61.23
8	柳河乡 2 号泉	− 8.10	− 52.69	− 8.26	− 52.63
9	三道沟 7 组	− 9.28	− 57.50	− 8.96	− 58.55
10	布隆吉乡 2 组	− 8.81	− 57.90	− 8.92	− 59.37
11	花海灌区	− 9.98	− 69.15	− 10.02	− 70.06
12	九道沟 4 号泉	− 8.03	− 52.71	− 9.09	− 56.72
13	桥子 6 号泉	− 9.36	− 60.75	− 9.45	− 62.76
14	昌马水库（地表水）	− 8.51	− 55.74	− 9.09	− 55.57

3.5　泉流量

3.5.1　监测断面选点布设

选取 7 条泉沟 7 条断面进行监测。监测断面的选择遵循水文断面勘察设立的有关规范。按照规范要求,监测河段应顺直,水流集中,无分流现象,沟道较窄,冲淤稳定,水草少,交通便利等。经勘察个别站点,与规范要求的测验河段长度标准有差异,但因泉流量很小,监测流速也比较小,基本不影响流量监测的精度。具体泉水监测点信息见表 3-29,监测点的平面如图 3-11 ~ 图 3-14 所示。

表 3-29　疏勒河研究灌区泉水监测点信息

序号	站名	监测点位置区划	地理位置		海拔（m）	备注
			北纬	东经		
1	东坝水库	甘肃省瓜州县锁阳城镇东坝水库上游	40°18′18.8″	96°14′7.1″	1 332.0	
4	东湖	甘肃省瓜州县三道沟镇东湖	40°26′48.3″	96°54′31.7″	1 396.0	
5	二道沟	甘肃省玉门市柳河乡二道沟七队	40°24′55.8″	96°57′19.7″	1 422.0	
3	九道沟	甘肃省瓜州县布隆吉乡九道沟	40°31′31.2″	96°38′13.7″	1 363.0	
2	潘家庄	甘肃省瓜州县布隆吉乡潘家庄村	40°30′42.6″	96°29′17.8″	1 347.0	
6	塔儿湾	甘肃省玉门市下西号乡塔儿湾村	40°21′4.5″	97°7′55.0″	1 441.0	
7	北石河	甘肃省玉门市北石河	40°27′29.07″	97°19′56.18″	1 317.0	

断面布设测深、测速的原则是考虑河床地形的起伏、断面的形状和流速横向分布情况,垂线分布要大致均匀,主槽较密。测深、测速垂线条数因河道的宽度而定,考虑到泉水沟集中河宽都比较窄,一般布设 3 ~ 5 条垂线可满足监测要求。东坝水库等 7 个监测点的横断面见图 3-15 ~ 图 3-18。

3.5.2　监测结果

东坝水库等 7 个站点的流量监测记载计算成果见表 3-30 ~ 表 3-36。

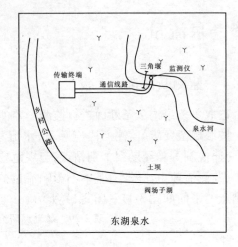

图 3-11   东坝水库、东湖泉水流量监测站点平面示意图

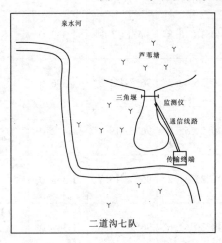

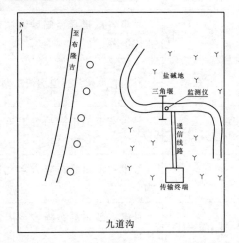

图 3-12   二道沟、九道沟泉水流量监测站点平面示意图

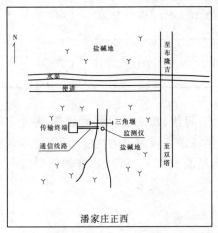

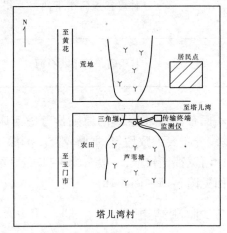

图 3-13   潘家庄、塔儿湾泉水流量监测站点平面示意图

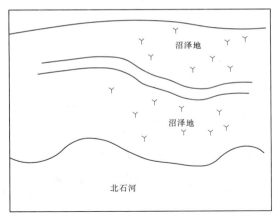

图 3-14　北石河泉水流量监测站点平面示意图

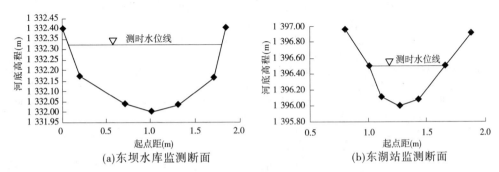

(a)东坝水库监测断面　　　　　　　　　　(b)东湖站监测断面

图 3-15　东坝水库、东湖泉水流量监测站点横断面图

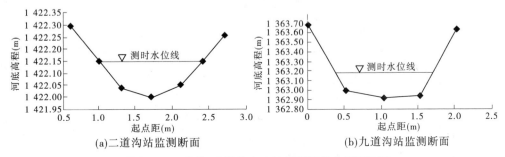

(a)二道沟站监测断面　　　　　　　　　　(b)九道沟站监测断面

图 3-16　二道沟、九道沟泉水流量监测站点横断面图

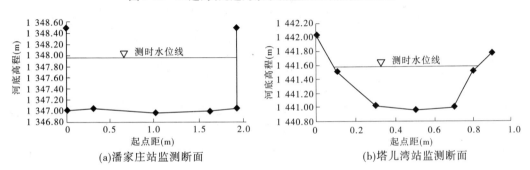

(a)潘家庄站监测断面　　　　　　　　　　(b)塔儿湾站监测断面

图 3-17　潘家庄、塔儿湾泉水流量监测站点横断面图

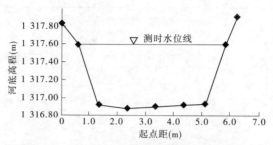

图 3-18 北石河泉水流量监测站点横断面图

表 3-30 东坝水库站泉水流量成果

施测号数	施测时间				断面位置	测验方法	基本水尺水位（m）	流量（m³/s）	断面面积（m²）	流速（m/s）		水面宽（m）	水深（m）		水面比降（×10⁻⁴）	糙率	附注
	月	日	起 时:分	止 时:分						平均	最大		平均	最大			
1	11	6	14:42	14:54	基	流速仪 3/0.6	1 332.30	0.043	0.18	0.24	0.27	1.74	0.10	0.30			2013 年
2	3	12	16:42	16:54	基	流速仪 3/0.6	1 332.27	0.040	0.17	0.24	0.27	1.62	0.10	0.27			2014 年
3	6	7	10:30	10:42	基	流速仪 3/0.6	1 332.32	0.048	0.20	0.24	0.27	1.74	0.11	0.32			2014 年
4	7	17	19:00	19:12	基	流速仪 3/0.6	1 332.14	0.019	0.10	0.19	0.23	1.32	0.08	0.14			2014 年
5	8	21	14:00	14:12	基	流速仪 3/0.6	1 332.10	0.012	0.06	0.19	0.23	1.04	0.06	0.10			2014 年
6	9	18	17:00	17:06	基	流速仪 3/0.6	1 332.15	0.020	0.10	0.19	0.23	1.36	0.08	0.15			2013 年
7	10	15	12:00	12:18	基	流速仪 3/0.6	1 332.03	0.004	0.04	0.11	0.15	1.16	0.03	0.06			2014 年
8	11	15	15:30	15:42	基	流速仪 3/0.6	1 332.18	0.024	0.12	0.20	0.23	1.54	0.08	0.18			2014 年

表 3-31 东湖站泉水流量成果

施测号数	施测时间				断面位置	测验方法	基本水尺水位（m）	流量（m³/s）	断面面积（m²）	流速（m/s）		水面宽（m）	水深（m）		水面比降（×10⁻⁴）	糙率	附注
	月	日	起 时:分	止 时:分						平均	最大		平均	最大			
1	11	5	14:42	14:54	基	流速仪 3/0.6	1 396.50	0.058	0.22	0.26	0.32	0.65	0.34	0.50			2013 年
2	3	12	11:42	11:54	基	流速仪 3/0.6	1 396.30	0.027	0.10	0.27	0.31	0.50	0.20	0.30			2014 年
3	6	7						0									泉水干涸
4	7	17						0									泉水干涸
5	8	20						0									泉水干涸
6	9	17						0									泉水干涸
7	10	15						0									泉水干涸
8	11	15						0									泉水干涸

表 3-32　二道沟站泉水流量成果

| 施测号数 | 施测时间 | | | | 断面位置 | 测验方法 | 基本水尺水位（m） | 流量（m³/s） | 断面面积（m²） | 流速（m/s） | | 水面宽（m） | 水深（m） | | 水面比降（×10⁻⁴） | 糙率 | 附注 |
	月	日	起 时:分	止 时:分						平均	最大		平均	最大			
1	11	5	11:06	11:12	基	流速仪3/0.6	1 422.15	0.024	0.13	0.18	0.23	1.40	0.09	0.15			2013 年
2	3	12	16:00	16:12	基	流速仪3/0.6	1 422.10	0.010	0.06	0.17	0.23	1.10	0.05	0.10			2014 年
3	6	7						0									泉水干涸
4	7	17						0									泉水干涸
5	8	20						0									泉水干涸
6	9	17						0									泉水干涸
7	10	15						0									泉水干涸
8	11	15						0									泉水干涸

表 3-33　九道沟站泉水流量成果

| 施测号数 | 施测时间 | | | | 断面位置 | 测验方法 | 基本水尺水位（m） | 流量（m³/s） | 断面面积（m²） | 流速（m/s） | | 水面宽（m） | 水深（m） | | 水面比降（×10⁻⁴） | 糙率 | 附注 |
	月	日	起 时:分	止 时:分						平均	最大		平均	最大			
1	11	5	17:00	17:12	基	流速仪3/0.6	1 363.29	0.146	0.41	0.36	0.42	1.45	0.28	0.37			2013 年
2	3	12	16:00	16:12	基	流速仪3/0.6	1 363.47	0.383	0.78	0.49	0.55	1.73	0.45	0.61			2014 年
3	6	6	16:00	16:12	基	流速仪2/0.6	1 363.21	0.087	0.30	0.29	0.31	1.33	0.23	0.29			2014 年
4	7	16	19:30	19:12	基	流速仪3/0.6	1 363.27	0.137	0.39	0.36	0.41	1.41	0.28	0.35			2014 年
5	8	21	11:00	11:12	基	流速仪3/0.6	1 363.25	0.123	0.36	0.34	0.38	1.38	0.26	0.33			2014 年
6	9	17	15:42	15:54	基	流速仪3/0.6	1 363.38	0.245	0.59	0.42	0.45	1.58	0.37	0.48			2014 年
7	10	15	13:00	13:12	基	流速仪3/0.0	1 363.09	0.010	0.11	0.09	0.14	1.11	0.10	0.13			2014 年
8	11	15	11:30	11:42	基	流速仪3/0.6	1 363.18	0.072	0.26	0.28	0.31	1.28	0.20	0.26			2014 年

表 3-34　潘家庄站泉水流量成果

施测号数	施测时间				断面位置	测验方法	基本水尺水位（m）	流量（m³/s）	断面面积（m²）	流速(m/s)		水面宽（m）	水深(m)		水面比降（×10⁻⁴）	糙率	附注
	月	日	起 时:分	止 时:分						平均	最大		平均	最大			
1	11	6						河干									2013 年
2	3	12	19:06	19:12	基	流速仪 3/0.6	1 347.96	0.260	1.82	0.14	0.15	1.90	0.96	1.00			2014 年
3	6	6	14:00	14:24	基	流速仪 3/0.6	1 347.86	0.190	1.63	0.12	0.12	1.90	0.86	0.90			2014 年
4	7	17	11:30	11:42	基	流速仪 3/0.6	1 347.16	0.022	0.10	0.22	0.23	0.64	0.16	0.18			2014 年
5	8	21	16:00	16:12	基	流速仪 3/0.6	1 347.10	0.014	0.05	0.28	0.35	0.48	0.10	0.13			2014 年
6	9	18	17:30	17:36	基	流速仪 3/0.6	1 347.11	0.017	0.06	0.28	0.35	0.53	0.11	0.11			2014 年
7	10	15	12:30	12:42	基	流速仪 3/0.6	1 347.12	0.014	0.06	0.23	0.27	0.53	0.11	0.13			2014 年
8	11	15	13:00	13:12	基	流速仪 3/0.6	1 347.29	0.044	0.08	0.16	0.23	0.97	0.29	0.36			2014 年

表 3-35　塔儿湾站泉水流量成果

施测号数	施测时间				断面位置	测验方法	基本水尺水位（m）	流量（m³/s）	断面面积（m²）	流速(m/s)		水面宽（m）	水深(m)		水面比降（×10⁻⁴）	糙率	附注
	月	日	起 时:分	止 时:分						平均	最大		平均	最大			
1	11	5	09:42	09:54	基	流速仪 3/0.6	1 441.52	0.103	0.29	0.36	0.39	0.70	0.41	0.56			2013 年
2	3	11	16:12	16:24	基	流速仪 3/0.6	1 441.58	0.132	0.34	0.39	0.43	0.73	0.47	0.62			2014 年
3	6	6	09:30	09:42	基	流速仪 3/0.0	1 441.19	0.023	0.09	0.26	0.30	0.51	0.18	0.23			2014 年
4	7	16	12:00	12:12	基	流速仪 3/0.6	1 441.22	0.031	0.11	0.28	0.34	0.52	0.21	0.26			2014 年
5	8	20	13:00	13:12	基	流速仪 3/0.6	1 441.14	0.014	0.06	0.23	0.29	0.46	0.13	0.18			2014 年
6	9	17	12:42	12:54	基	流速仪 3/0.6	1 441.16	0.016	0.06	0.27	0.31	0.48	0.12	0.20			2014 年
7	10	13	13:00	13:12	基	流速仪 3/0.0	1 441.06	0.005	0.03	0.17	0.20	0.43	0.07	0.09			2014 年
8	11	14	13:00	13:12	基	流速仪 3/0.6	1 441.33	0.052	0.16	0.32	0.39	0.58	0.28	0.37			2014 年

表 3-36　北石河站泉水流量成果

施测号数	施测时间				断面位置	测验方法	基本水尺水位（m）	流量（m³/s）	断面面积（m²）	流速（m/s）		水面宽（m）	水深（m）		水面比降（×10⁻⁴）	糙率	附注
	月	日	起	止						平均	最大		平均	最大			
			时:分	时:分													
1	11	5	12:42	12:54	基	流速仪 5/0.6	1 317.38	0.860	1.82	0.47	0.59	4.76	0.38	0.45			2013 年
2	3	11	18:00	18:12	基	流速仪 5/0.6	1 317.60	1.350	3.11	0.43	0.50	5.20	0.60	0.72			2014 年
3	6	6	10:18	10:30	基	流速仪 5/0.6	1 317.22	0.406	0.92	0.44	0.51	4.20	0.22	0.24			2014 年
4	7	16	14:00	14:12	基	流速仪 4/0.0	1 317.08	0.038	0.32	0.12	0.15	4.00	0.08	0.11			2014 年
5	8	20	13:48	14:00	基	流速仪 4/0.0	1 317.04	0.009	0.14	0.06	0.08	3.85	0.04	0.05			2014 年
6	9	17					河干	0									河干
7	10	13	10:48	12:00	基	流速仪 4/0.6	1 317.07	0.030	0.28	0.11	0.15	4.00	0.07	0.10			2014 年
8	11	14	13:48	14:00	基	流速仪 5/0.6	1 317.25	0.529	1.13	0.47	0.56	4.50	0.25	0.29			2014 年

　　通过对各泉水断面溢出量的监测,基本掌握了各泉水流量年内变化规律,即泉水随冰雪消融、河道下渗补给和灌溉下渗补给,3～5 月泉水量增加,而后逐渐减少,到 10 月、11 月泉流量又渐渐增加。各站年径流量统计表明,泉水径流量都比较小,在 16.37 万～570.3 万 m³ 变化,说明在本流域研究区地下水资源量分布不均,疏勒河灌区下游地下水较丰富。

3.6　结果分析

3.6.1　净灌溉定额

3.6.1.1　已有研究成果

　　甘肃省水利水电勘测设计研究院 2009 年开展的《疏勒河干流灌区节水潜力及可下泄水量研究专题报告》(简称《节水报告》)中,对 2007 年昌马灌区和双塔灌区主要经济作物和粮食作物的灌溉制度和灌溉定额进行了分析和研究,其中昌马灌区灌溉面积为 68.9 万亩,毛灌溉定额为 989 m³/亩,农业灌溉净定额为 439 m³/亩,农业综合灌溉定额为 428 m³/亩;双塔灌区灌溉面积为 46.4 万亩,毛灌溉定额为 917 m³/亩,农业灌溉净定额为 420 m³/亩,农业综合灌溉定额为 418 m³/亩。其研究结果见表 3-37。

表 3-37　昌马灌区和双塔灌区主要作物灌溉定额

灌区	作物	灌水次数	灌溉定额(m³/亩)	灌水方法
昌马	小麦	5	455	块灌
	玉米	6	510	块灌
	油料	4	380	块灌
	大麦	5	455	块灌
	酒花	7	585	块灌
	甜菜	6	490	块灌
	棉花	4	400	块灌
	孜然	3	345	块灌
	瓜菜	6	520	块灌
双塔	小麦	5	465	块灌
	玉米	6	530	块灌
	棉花	4	410	块灌
	大麦	4	465	块灌
	瓜菜	6	530	块灌

3.6.1.2　现场监测数据

　　本项目于 2013 年在昌马灌区、花海灌区和双塔灌区开展灌溉净用水定额监测工作,详见表 3-38。

表 3-38　昌马灌区、花海灌区和双塔灌区主要作物灌溉定额

灌区	作物	种植面积(亩)	灌水次数	灌溉定额(m³/亩)	灌水方式
昌马	甘草	6 890	4	289	地面灌
	玉米	48 053	5	355	地面灌
	小麦	97 790	5	325	地面灌
	孜然	30 203	3	225	地面灌
	茴香		3	225	地面灌
	食葵		5	450	地面灌
	萝卜		6	465	地面灌
花海	苜蓿		6	364	地面灌
	小麦		4	371	地面灌
	食葵		5	510	地面灌
	玉米		5	465	地面灌
双塔	棉花	294 747	4	335	地面灌
			5	421	地面灌
	瓜	11 164	5	371	地面灌
	蜜瓜	63 265	5	351	地面灌
	甘草	9 283	4	397	地面灌

注:种植面积数据来自疏勒河流域水资源管理局。

3.6.1.3 数据甄别

对比已有研究成果中灌溉定额和项目现场实测的灌溉定额,结果详见表 3-39 和表 3-40,从表中可以看出,现场监测的昌马灌区,对玉米、小麦和孜然的灌溉定额小于节水报告中的数值;双塔灌区蜜瓜、甘草、棉花和瓜现场监测的灌溉定额也小于节水报告中的数值。2013 年现场监测昌马灌区农田灌溉净定额为 315 m³/亩,双塔灌区为 340 m³/亩,2007 年《节水报告》中分别为 439 m³/亩、420 m³/亩。

同时看以看出,三大灌区由于气候、种植结构等因素的不同而不同,且昌马灌区作物的净灌溉定额较花海灌区和双塔灌区小。

表 3-39 昌马灌区和双塔灌区农田灌溉净定额对比

灌区	2007 年	2013 年		
	农业灌溉净定额(m³/亩)	作物	面积	农业灌溉净定额(m³/亩)
昌马	439	甘草	6 890	315
		玉米	48 053	
		小麦	97 790	
		孜然	30 203	
双塔	420	蜜瓜	63 265	340
		甘草	9 283	
		棉花	294 747	
		瓜	11 164	

造成差异的主要原因如下:

(1)地表来水不同。2007 年疏勒河干流来水 16.60 亿 m³,2013 年干流来水 13.65 亿 m³,而疏勒河干流多年平均来水为 8.7 亿 m³,虽然这两年均为丰水年,但是 2007 年的来水量较 2013 年多 21.6%,地表来水量丰沛,加之灌溉方式为河水和地下水混合灌溉,在地表水不足时才开采地下水进行灌溉。所以,2007 年地表的进地水量可能较多,灌溉较为充分,使得 2007 年昌马灌区计算的灌溉定额较大。

(2)田地成熟度不同。双塔灌区中,选择了四块新开垦的棉花地作为典型田块,同种作物新地的灌水量要大于熟地的灌水量,所以造成棉花的灌溉定额大于 2007 年《节水报告》中的数值。蜜瓜和瓜的 2013 年现场灌溉定额小于 2007 年《节水报告》中的数值,是因为双塔灌区的传统经济作物为瓜类,所选地块为熟地且种植作物相同,故计算的灌溉定额相差不大,详见表 3-40。

表3-40　灌溉定额比较

灌区	作物	现场监测		灌水方式	已有研究		灌水方式
		灌水次数	定额（m³/亩）		灌水次数	定额（m³/亩）	
昌马	甘草	4	289	地面灌	—	—	地面灌
	玉米	5	355		6	510	
	小麦	5	325		5	455	
	孜然	3	225		3	345	
	茴香	3	225		—	—	
	食葵	5	450		—	—	
	萝卜	6	465		—	—	
双塔	棉花	4	335		4	410	
		5	421				
	瓜	5	326		6	530	
	蜜瓜	5	351		6	530	
	甘草	4	397		—	—	

3.6.1.4　灌溉定额拟定

1. 类似相近地区先进灌区经验

石羊河、黑河、疏勒河为甘肃省河西走廊三大内陆河,地势东高西低,降水逐渐减少,蒸发更加强烈。疏勒河灌区位于河西走廊最西端,是我国极度干旱地区之一,降水稀少,蒸发强烈,昼夜温差大,干热风、沙尘暴等灾害性天气更多。根据调查,石羊河流域灌区春小麦灌溉定额为380 m³/亩,棉花灌溉定额为330 m³/亩;黑河流域灌区小麦灌溉定额为395 m³/亩。鉴于疏勒河流域灌区的自然条件,其作物的灌溉定额较石羊河和黑河流域略大是比较合理的。

2. 灌溉定额拟定

由于疏勒河灌区降水稀少,地下水埋深大,灌溉定额拟定不考虑降水补给和地下水的补给,根据现状各种作物的生长期和灌水时间,考虑不充分灌溉,同时参考已有研究成果和先进地区的灌溉定额,拟定疏勒河灌区主要经济作物灌溉定额如表3-41所示。

表 3-41　疏勒河灌区灌溉制度

灌区名称	作物	灌水次数	灌溉定额(m³/亩)
昌马	甘草	4	270
	玉米	5	460
	小麦	5	340
	孜然	3	245
	茴香	3	225
	食葵	5	320
	萝卜	5	420
花海	苜蓿	6	300
	小麦	4	325
	食葵	5	260
	玉米	5	485
双塔	棉花	4	320
		5	320
	瓜	5	360
	蜜瓜	5	350
	甘草	4	270

3.6.2　渗透系数

3.6.2.1　已有研究成果

　　甘肃省水利水电勘测设计研究院 1995 年开展的《河西走廊(疏勒河)项目花海灌区水文地质勘查报告》中,对花海灌区的水文地质参数进行了试验测定。其在花海灌区布置了 5 眼钻孔,进行抽(提)水试验 7 段,测定各含水层的渗透系数。2004 年甘肃省水利水电勘测设计研究院和清华大学又在该区域开展了《河西走廊(疏勒河)项目灌区地下水动态预测》工作,对昌马灌区、双塔灌区和花海灌区进行了抽水试验,测定三个灌区的渗透系数,1995 年和 2004 年的两次试验测定的渗透系数分别见表 3-42 和表 3-43。

表 3-42　1995 年花海灌区抽水试验计算的渗透系数

位置	含水层岩性	类型	渗透系数(m/d)	数据来源
小金湾南玉花公路旁	含砾中、粗砂	潜水	8.614	甘肃省水利水电勘测设计研究院,《河西走廊(疏勒河)项目花海灌区水文地质勘查报告》,1995
下回庄南 1.5 km	含砾中、粗砂	潜水	15.627	
	砂碎石层	承压水	19.398	
	含砾粗砂	承压水	9.444	
下回庄西北	砂碎石层	潜水	24.816	
花海农场四队	含砾中、粗砂	潜水	5.206	
大泉西北 1 km	含砾中、粗砂	潜水	13.329	
南渠	砂砾石	承压水	26.56	甘肃省水利水电勘测设计研究院《河西走廊(疏勒河)项目灌区地下水动态预测》

表3-43 2004年昌马灌区和双塔灌区抽水试验计算的渗透系数

灌区	位置	含水层岩性	类型	渗透系数（m/d）	备注
昌马	金湾四队	含砾砂	潜水	3.52	孔深35 m,含水层厚5.3 m
		细砂	承压水	4.17	孔深76.5 m,含水层厚22.4 m
	毕家滩	砂砾石	微承压	64.60	孔深76.8 m,含水层厚20.0 m
	腰站子	粗砂	微承压水	35.46	孔深60.67 m,含水层厚3.82 m
	青山	砂砾石	潜水	30.18	孔深70.2 m,含水层厚40.0 m
	布隆吉	砂砾石	微承压水	73.90	孔深50.1 m,含水层厚8.2 m
双塔	小宛	砂砾石	潜水	11.80	孔深80.1 m,含水层厚67.4 m
	向阳	砂砾石	微承压水	55.40	孔深61.8 m,含水层厚46.2 m
	白旗堡	粗砂	微承压水	24.20	孔深30.08 m,含水层厚13.2 m

3.6.2.2 现场监测数据

本项目利用振荡试验,于2013年在昌马灌区、双塔灌区和花海灌区开展含水层渗透系数的现场测定工作,测定结果详见表3-44。

表3-44 振荡试验计算的渗透系数

灌区	测试井	计算有效水体长度 L_e(m)	无量纲阻尼系数 ζ	贮水系数 S	导水系数 T（m^2/d）	渗透系数 K(m/d)
昌马	昌 CG15	43 555.6	5.0	1.00×10^{-5}	2.5	0.28
	总干所	27.22	0.35	1.00×10^{-4}	336.0	88.7
	砂地	88.2	0.7	1.00×10^{-4}	125.6	49.1
	昌 CG05	435.6	1.5	1.00×10^{-4}	16.10	2.4
	昌 CG01	137.8	0.99	1.00×10^{4}	402.0	15.7
	下东号	19 845	1.5	1.00×10^{-5}	14.3	0.75
	昌 CG06	1 920.8	1.5	1.00×10^{-5}	28.4	2.3
	昌 CG07	43 555.6	1.0	1.00×10^{-5}	26.3	1.5
双塔	双 CG01	137.8	0.7	1.00×10^{-4}	110.8	61.2
	1#	10.804 5	1.0	1.00×10^{-4}	265.6	43.4
	3#	17.4	0.7	1.00×10^{-4}	311.7	32.8
	双 CG06	245	1.0	1.00×10^{-4}	113.8	6.2
	5#	198.45	0.7	1.00×10^{-4}	97.6	19.5
	8#	551.25	2.0	1.00×10^{-4}	18.0	5.8
花海	花 CG03	300 125	1.0	1.00×10^{-5}	24.6	0.7
	花 CG04	24 500	1.0	1.00×10^{-5}	17.7	1.4
	H20	198.45	1.0	1.00×10^{-5}	102.9	10.6
	H19	435.6	1.5	1.00×10^{-5}	52.3	0.4

3.6.2.3　数据甄别

2013 年昌马灌区潜水现场监测的渗透系数范围在 0.28 ~ 88.7 m/d,前人研究成果中潜水的为 3.52 ~ 64.6 m/d,承压水的为 4.17 ~ 73.9 m/d;双塔灌区渗透系数现场监测范围为 5.8 ~ 61.2 m/d,前人研究成果为 11.8 ~ 24.2 m/d;花海灌区渗透系数现场监测范围为 0.4 ~ 10.6 m/d,前人研究成果中潜水的为 5.2 ~ 24.8 m/d,承压水的为 9.4 ~ 26.6 m/d。

本项目野外试验结果中,与前人研究成果选取试验井中,位置相近、地下水赋存条件相同的观测井及其渗透系数值见表 3-45、表 3-46。可见,在昌马灌区和双塔灌区,位置相近且赋存条件相同的观测井的渗透系数相差不大;潜水的渗透系数比微承压水的渗透系数小。

表 3-45　前人试验及振荡试验计算的渗透系数　　　　　　（单位:m/d）

灌区	前人研究			试验值		
	类型	位置	渗透系数	类型	位置	渗透系数
昌马	潜水	玉门镇北西	84.94	潜水	总干	88.7
	潜水	青山	30.2	潜水	昌 CG05	2.4
双塔	微承压	向阳	55.4	潜水	双 CG06	6.2

从表 3-45 中可以看出,昌马灌区和双塔灌区 2013 年现场监测渗透系数的范围要大于前人研究成果。造成偏差的主要原因如下:

(1)试验方法不同。甘肃省水利水电勘测设计研究院和清华大学的研究都是采用抽水试验的方法计算渗透系数,而本项目采用微水试验的方法,利用振荡试验计算渗透系数,试验方法的不同,可能造成计算结果的不同。

(2)试验井位置不同。甘肃省水利水电勘测设计研究院 1995 年水文地质勘查报告中对选择的花海灌区的试验井以及 2004 年灌区地下水预测报告中所选的南渠试验井,均分布于花海灌区的中心位置,而本项目在花海灌区选择的试验井见图 3-8,分别分布于灌区中心和灌区周边,可以更好地代表灌区水文地质参数的分布情况。

在昌马灌区和双塔灌区,前人研究成果的试验井也是分布于灌区中心地带,而本试验在昌马灌区,采用平行于洪积扇扇缘的两条直线,并在直线上均匀取点确定试验井位置;在双塔灌区沿灌区延伸方向,采用十字布井原则确定试验井进行振荡试验。

(3)观测井地下水赋存条件不同。本项目采用振荡试验测定含水层渗透系数,所选取的试验井均为潜水观测井,而前人研究报告中,所选取的试验井中有潜水,也有承压水和微承压水,故在相近位置而处于赋存条件的观测井所测出的渗透系数不同。

表 3-46　前人试验及振荡试验计算的渗透系数

灌区	位置	岩性	类型	渗透系数（m/d）	数值范围（m/d）	数据来源
昌马	金湾	含砾砂	潜水	3.5	潜水：3.52~64.6 承压水：4.17~73.9	《河西走廊（疏勒河）项目灌区地下水动态预测》（2004）
	四队	细砂	承压水	4.2		
	腰站子	粗砂	微承压水	35.5		
	青山	砂砾石	潜水	30.2		
	布隆吉	砂砾石	微承压水	73.9		
	七道沟工区南	含砾中、粗砂	潜水	19.51		《河西走廊疏勒河流域地下水资源合理开发利用调查评价》（2008）
	布隆吉疏勒河北岸	含砾中、粗砂	潜水	26.4		
	管庄子北西	砂石	潜水	56.16		
	玉门镇北西	砂石	潜水	84.94		
	昌 CG15		潜水	0.3	潜水：0.28~88.7	2013 年现场试验
	总干所		潜水	88.7		
	沙地		潜水	49.1		
	昌 CG05		潜水	2.4	潜水：0.28~88.7	2013 年现场试验
	昌 CG01		潜水	15.7		
	下东号		潜水	0.8		
	昌 CG06		潜水	2.3		
	昌 CG07		潜水	1.5		
双塔	小宛	砂砾石	潜水	11.8	11.8~24.2	《河西走廊（疏勒河）项目灌区地下水动态预测》（2004）
	向阳	砂砾石	微承压水	55.4		
	白旗堡	粗砂	微承压水	24.2		
	双 CG01		潜水	61.2	5.8~61.2	2013 年现场试验
	1#		潜水	43.4		
	3#		潜水	32.8		
	双 CG06		潜水	6.2		
	5#		潜水	19.5		
	8#		潜水	5.8		

续表 3-46

灌区	位置	岩性	类型	渗透系数 （m/d）	数值范围 （m/d）	数据来源
花海	小金湾南玉花公路旁	含砾中、粗砂	潜水	8.6	潜水： 5.2 ~ 24.8 承压水： 9.4 ~ 26.6	《河西走廊（疏勒河）项目花海灌区水文地质勘查报告》（1995）
	下回庄南 1.5 km	含砾中、粗砂	潜水	15.6		
		砂石	承压水	19.4		
		含砾粗砂	承压水	9.4		
	下回庄西北	砂石	潜水	24.8		
	花海农场四队	含砾中、粗砂	潜水	5.2		
	大泉西北 1 km		潜水	13.3		
	毕家滩	砂砾石	微承压水	64.6		《河西走廊（疏勒河）项目灌区地下水动态预测》
	南渠		承压水	26.6		
	花海乡北东		微承压水	1.5		《河西走廊疏勒河流域地下水资源合理开发利用调查评价》（2008）
	花海乡北东		微承压水	0.084		
	花 CG03		潜水	0.7	0.4 ~ 10.6	2013 年现场试验
	花 CG04		潜水	1.4		
	H20		潜水	10.6		
	H19		潜水	0.4		

3.6.2.4　渗透系数选定

1.渗透系数理论值

水流在岩石空隙中运动，需要克服隙壁与水及水与水之间的摩擦阻力，所以渗透系数不仅与岩石的空隙性质有关，还与水的某些物理性质有关。渗透系数可定量说明岩石的渗透性能，渗透系数越大，岩石的透水能力越强。松散岩石渗透系数的理论常见值见表 3-47。

表 3-47　松散岩石渗透系数参考值

松散岩石名称	渗透系数（m/d）	松散岩石名称	渗透系数（m/d）
亚黏土	0.001 ~ 0.10	中砂	5.0 ~ 20.0
亚砂土	0.10 ~ 0.50	粗砂	20.0 ~ 50.0
粉砂	0.50 - 1.0	砾石	50.0 ~ 150.0
细砂	1.0 ~ 5.0	卵石	100.0 ~ 500.0

注：数据来源于《水文地质学基础》，王大纯等，1995。

2.渗透系数拟定

通过对比渗透系数的现场试验测定结果、前人研究成果以及已有理论值，结合疏勒河灌区实际的水文地质情况,拟定疏勒河灌区渗透系数见表3-48。

表 3-48　疏勒河灌区渗透系数拟定值

昌马灌区	渗透系数(m/d)	双塔灌区	渗透系数(m/d)	花海灌区	渗透系数(m/d)
总干	80.0	小宛农场	30.0	花海镇	0.4
柳河乡	1.0	南沟	20.0	小金湾	2.0
黄花农场	5.0	瓜州县	8.0	大泉	2.0
布隆吉	60.0	+工场分队	32.0	金湾大队	2.0

第4章 土地利用对地下水资源影响程度

4.1 疏勒河灌区土地利用/覆被变化研究

4.1.1 疏勒河灌区土地/覆被利用时空变化特征

通过1987年、1993年、1998年、2003年、2008年和2013年6期遥感影像解译结果,获取了近20年来疏勒河流域中下游绿洲的土地利用变化数据,进一步利用土地动态变化模型,对疏勒河流域中下游绿洲土地利用变化过程、趋势及其驱动机制进行了深入分析。

通过美国地质勘探局(United States Geological Survey,USGS)下载疏勒河地区高清遥感图片,下载下来的原始遥感图片是TM格式B1~B7,不同波段有不同的遥感图像特征,将特定波段的遥感图片合成即可得到肉眼可以识别的绿洲图片,对合成图片进行分析便可得到绿色植被的面积。合成不同波段遥感图片方法为:应用ENVI(The Environment for Visualizing Images,是美国ITT Visual Information Solutions公司的旗舰产品,是一部完整的遥感图片处理软件),该实例为将所需要的波段即Band5、Band4、Band3进行合成,存储为人眼可识别的植被图片TIF格式,即可用来识别绿色植被面积,合成完成。在arcgis中将此图片加载进来,创建SHP文件进行修改选择植被区域,统计遥感图片中的植被面积。运用ENVI软件中basic tools将各个layer进行合成的1987~2013年遥感图片步骤展示如下,具体列举了1987年的遥感图片合成过程(见图4-1、图4-2)。

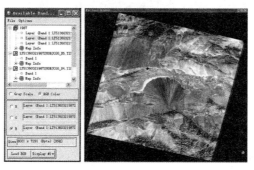

图4-1 ENVI遥感图片合成图(1987年)

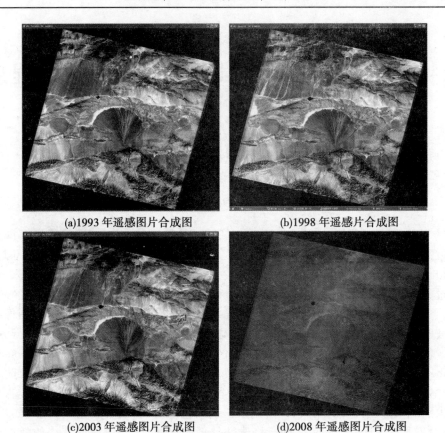

(a)1993 年遥感图片合成图　　　　　(b)1998 年遥感片合成图

(c)2003 年遥感图片合成图　　　　　(d)2008 年遥感图片合成图

图 4-2　1993 ~ 2013 年遥感图片合成图展示

应用 ArcGIS 软件,对绿色植被面积进行统计,得出土地利用面积变化图(见图 4-3)。运用 ArcGIS 统计土地利用变化途径如下(列举其中一年):

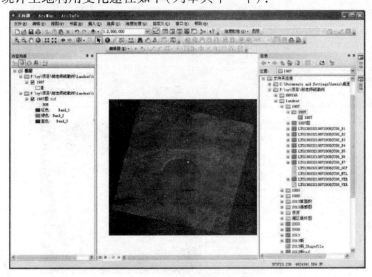

图 4-3　植被面积计算步骤图

FID	Shape *	Id	1987面积
0	面	0	159.54
1	面	0	37.1866
2	面	0	810.303
3	面	0	12.5198

1987

(0 / 4 已选择)

1987

续图 4-3

图 4-4 ~ 图 4-6 从左向右依次为双塔灌区、昌马灌区和花海灌区示意图,图中可直观地展现出 1987 年(见图 4-4)、1993 年(见图 4-5)、1998 年(见图 4-6)每隔 5 个自然年各大灌区植被覆盖范围。由统计数据可知,1987 年疏勒河地区植被覆盖面积总和为 1 019.549 4 km²,其中昌马灌区 810.303 km²、双塔灌区 196.726 6 km²、花海灌区 12.519 8 km²;1993 年疏勒河地区植被覆盖面积总和为 1 066.57 km²,其中昌马灌区 813.087 km²、双塔灌区 213.844 2 km²、花海灌区 39.638 8 km²;1998 年疏勒河地区植被覆盖面积总和为 1 138.133 5 km²,其中昌马灌区 846.674 km²、双塔灌区 225.869 km²、花海灌区 65.590 5 km²。

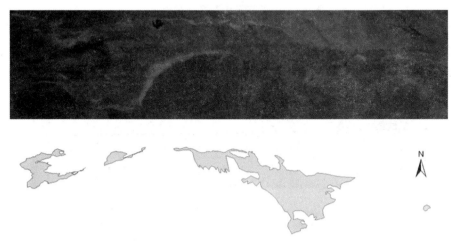

图 4-4　1987 年三大灌区植被面积图

图 4-7 ~ 图 4-9 从左向右依次为双塔灌区,昌马灌区和花海灌区示意图,图中可直观地展现出 2003 年、2008 年、2013 年每隔 5 个自然年各大灌区植被覆盖范围。由统计数据可知,2003 年疏勒河地区植被覆盖面积总和为 1 282.151 1 km²。其中昌马灌区 869.838 km²、双塔灌区 333.806 km²、花海灌区 78.507 1 km²、2008 年疏勒河地区植被覆盖面积总

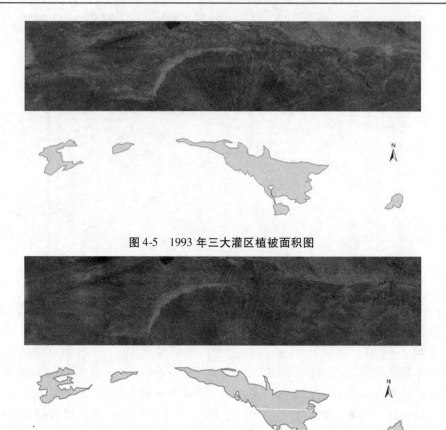

图 4-5   1993 年三大灌区植被面积图

图 4-6   1998 年三大灌区植被面积图

和为 1 537. 131 km², 其中昌马灌区 1 046. 754 km²、双塔灌区 389. 132 km²、花海灌区 101. 245 km²; 2013 疏勒河地区植被覆盖面积总和为 1 656. 202 km², 其中昌马灌区 1 098. 68 km²、双塔灌区 415. 954 km²、花海灌区 141. 568 km²。

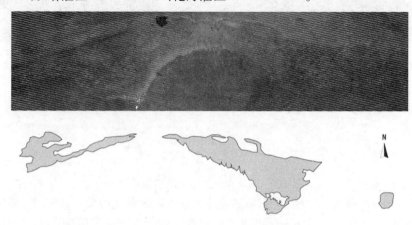

图 4-7   2003 年三大灌区植被面积图

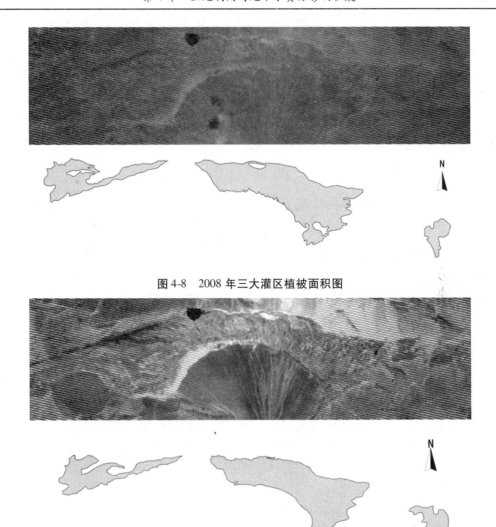

图 4-8 2008 年三大灌区植被面积图

图 4-9 2013 年三大灌区植被面积图

表 4-1 疏勒河三大灌区植被面积对比 （单位：km²）

灌区名称	1987 年	1993 年	1998 年	2003 年	2008 年	2013 年
昌马灌区	810.303	813.087	846.674	869.838	1 046.754	1 098.68
双塔灌区	196.726 6	213.844 2	225.869	333.806	389.132	415.954
花海灌区	12.519 8	39.638 8	65.590 5	78.507 1	101.245	141.568
总计	1 019.549 4	1 066.57	1 138.133 5	1 282.151 1	1 535.131	1 656.202

利用遥感图片解译得近 20 年疏勒河地区图片，计算所得土地利用变化图，将该区域量化，计算得植被面积，将 1987 年、1993 年、1998 年、2003 年、2008 年、2013 年 6 年疏勒河三大灌区植被面积进行统计对比，结果见表 4-1。

　　结合疏勒河三大灌区植被面积时间序列变化图(见图4-10)可以看出,1987～2013 年
26 年间,三大灌区植被面积呈增长趋势,疏勒河灌区总面积从 1 019.549 4 km² 增长到
1 656.202 km²,总增长率62.444%,年均增长率2.401%。其中,昌马灌区植被总面积从
810.303 km² 增长到1 098.68 km²,年均增长率1.369%;双塔灌区植被总面积从196.726 6
km² 增长到415.954 km²,年均增长率4.286%;花海灌区植被总面积从 12.519 8 km² 增
长到 141.568 km²,年均增长率39.644%。

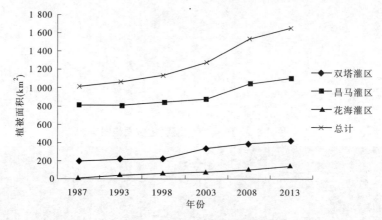

图4-10　疏勒河三大灌区植被面积时间序列变化图

　　昌马灌区作为疏勒河灌区面积最大的灌区,开发时间早,开发基数大,开发速率缓慢;
花海灌区面积较小,开发基数小,开发速率很大。昌马灌区地理位置优越,占了疏勒河灌
区主要植被面积的大部分(64.337%～79.477%);双塔灌区和花海灌区由于处于整个疏
勒河灌区的东西两边,面积增长快但有一定的局限性。

　　结果表明,疏勒河流域三大灌区面积逐年递增,通过年鉴图片资料分析,得知绿洲土
地利用类型主要为草地、水域和耕地,土地利用整体特征未发生显著改变,但不同土地利
用类型的变化差异较大。其中,研究期内耕地呈持续高速增长态势,草地出现较大的波状
起伏,水域面积于 2000 年后持续减小。1998～2008 年草地和水域面积减小引起绿洲缓
慢萎缩,2008～2013 年草地和耕地面积增大导致绿洲缓慢扩张,分析可知,人口、政策方
向、城市化程度和技术水平等人文因子是绿洲变化的主要驱动力。这种土地利用和覆盖
变化,尤其是耕地的面积扩展,会驱动地表水循环和地表水系统的空间结构发生改变,将
会对灌区的地下水系统有较大的影响。

4.1.2　土地利用/覆被时空变化区域差异驱动因素

　　土地利用/覆被变化是自然机制与人为机制共同作用的结果。自然机制的作用打破
了流域原有的水量平衡与热量平衡,人类活动则加剧或减缓这种平衡过程的改变。人类
在 15 世纪、16 世纪气候湿润时期扩大和加强了对研究区边缘干旱地带的土地开发利用,
而到了 18 世纪、19 世纪气候持续偏干时期,由于这一地区的植被已受到人类的严重破
坏,自然因素引起的地表侵蚀破坏和地表物质的移动流失扩大和加剧,从而出现严重的风
蚀和水蚀,加剧荒漠化现象。自然机制与人为机制密切联系,共同作用于土地利用/覆被

变化。

　　研究区内的土地利用变化及区域差异,与各县(区)所处的地理位置和地形等自然因素有很大关系,还与研究区人口状况、经济发展水平等社会经济因素有关。造成如此变化的驱动因素多而且杂,主要影响因素如下。

4.1.2.1　气候条件

　　气温和降水量是影响土地覆被类型的重要因素,土地覆被类型变化引起土地生产力的变化。研究区降水稀少、蒸发强烈、日照时数长、四季多风、冬季寒冷、夏季炎热、昼夜温差大,在气候区划中,属河西冷雨带干旱区。尤其是近年来全球气候变暖,昌马堡站 1972 年平均气温为 5.3 ℃,2013 年平均气温为 7 ℃;双塔堡站 1972 年平均气温为 8 ℃,2013 年平均气温为 9.9 ℃;玉门市站 1985 年平均气温为 4.8 ℃,2013 年平均气温为 5.7 ℃,研究区出现极端气温,温差较大,必然会对土地覆被造成影响。

4.1.2.2　人口因素

　　人口因素对土地利用变化的影响主要体现在土地利用变化空间和时间的变化上。因为人口迅速增长,对资源、环境都产生一定的压力,人口数量少对土地生态环境压力小,环境质量也好;人口数量多,对自然资源、居住地、交通等各个方面的需要也相应地增加,造成土地利用范围逐渐扩大。随着城市化进程的加快,疏勒河灌区人口数量的增加成为必然趋势,对粮食的需求日益增长,促进未利用地向耕地的转换。2000~2012 年玉门市、瓜州县总人口从 28.58 万人减少到 26.87 万人,但是农村人口从 14.47 万人增加到 19.63 万人,比 2000 年增长了 35.66%。农村人口的迅速增长,导致土地利用/覆被变化速度的加快和强度的增加。

4.1.2.3　政策因素

　　政策因素是一个受人为控制比较大的因素。甘肃省酒泉市的玉门市和瓜州县的城市建设发展政策在土地利用变化中起着重要作用。2010 年,流域总人口 50.28 万人,其中城镇人口 26.17 万人,农业人口 24.11 万人,农业人口占比 47.95%,农业政策对农田耕地、牧场等土地利用的变化有不可忽视的影响。

4.1.2.4　经济增长

　　社会经济的发展是影响土地开发利用的一个重要因素,因为经济的发展引起大量的潜在资本利用于土地开发利用,也引起产业结构的调整,促使农村劳动力向城镇转移,城市人口增加,所以经济发展水平是影响城市土地利用规模的重要因素。

　　甘肃省酒泉市的玉门市和瓜州县经济的发展对土地利用的数量、结构和强度都产生了深刻的影响。2000 年地区生产总值为 309 410 万元,2012 年地区生产总值为 1 909 012 万元,年均增长率 43.08%。其中,第一产业从 2000 年的 41 538 万元增长到 2012 年的 161 454 万元,年均增长率 24.06%。经济的快速增长促进了社会经济的全面发展。产业结构的快速调整,导致未利用地的比重下降,而建设用地的比重却得到了相应的增加。

4.2　疏勒河灌区地下水资源量变化

4.2.1　地下水补给量

根据区内地质、地貌、气象、水文、水文地质等条件分析可知,区内地下水的主要补给来源为河道入渗补给、渠系水渗漏补给、田间灌溉入渗补给及地下水侧向流入。

4.2.1.1　河道入渗补给量

1. 昌马灌区

疏勒河出山后进入中游玉门盆地(昌马灌区)均衡区,在昌马峡至大坝段(2003 年后为昌马水库出库至大坝段),以及大坝以下大量渗漏补给地下水,为地下水资源的主要来源之一。

1)早期(1983 年)

采用疏勒河流域水利开发及移民安置项目《水利部分初步可行性研究报告》中计算成果,昌马灌区河水入渗补给量为 6.920 3 亿 m^3/a。

2)中期(2000 年)

(1)昌马峡至大坝段河道水入渗补给。2000 年昌马峡来水量 11.88 亿 m^3/a,昌马大坝的来水量为 10.662 亿 m^3/a,昌马峡至大坝段水量取 90% 入渗补给地下水,下渗水量 $Q_1 = (11.88 - 10.662) \times 90\% = 1.096\ 2$(亿 m^3/a)。

(2)大坝以下河道水入渗补给。

$$Q_2 = Q_{下泄} \times 82.2\% \times 90\%$$

式中:$Q_{下泄}$ 为河道下泄水量,82.2% 为河道渗漏率,根据疏勒河中游普查报告。

2000 年昌马大坝来水量 10.662 亿 m^3/a,其中四〇四厂引水量 0.6 亿 m^3/a,总干渠引水量 3.959 9 亿 m^3/a,大坝以下下渗水量 $Q_2 = (10.662 - 0.6 - 3.959\ 9) \times 82.2\% \times 90\% = 4.514\ 3$(亿 m^3/a)。

河道入渗补给量为 5.610 5 亿 m^3/a。

3)近期(2013 年)

(1)昌马水库—昌马大坝河水入渗补给。昌马水库 2013 年出库水量 12.97 亿 m^3/a,大坝来水量为 10.97 亿 m^3/a,期间损失 2.00 m^3/a,按 90% 入渗补给,$Q_1 = (12.97 - 10.97) \times 90\% = 1.80$(亿 m^3/a)。

(2)昌马大坝以下河道入渗补给。大坝来水量为 10.97 亿 m^3/a,四〇四厂引水量 0.4 亿 m^3/a,昌马新旧总干渠引水量 7.12 亿 m^3/a,入渗率取 82.2%,河道入渗补给地下水量 $Q_2 = (10.97 - 0.4 - 7.12) \times 82.2\% \times 90\% = 2.55$(亿 m^3/a)。

河道入渗补给量为 4.350 0 亿 m^3/a。

2. 双塔灌区

1)早期(1983 年)

采用疏勒河流域水利开发及移民安置项目《水利部分初步可行性研究报告》中的计

算成果,双塔灌区河水入渗补给量为 0.045 4 亿 m³/a。

2)中期(2000 年)

在灌区下游的西南部,有芦草沟河水补给,多年平均流量 0.050 4 亿 m³/a,按 90%下渗补给地下水,河道入渗补给量为 0.045 4 亿 m³/a。

3)近期(2013 年)

采用中期计算结果,河道入渗补给量为 0.045 4 亿 m³/a。

3.花海灌区

花海灌区河水入渗补给包括赤金峡水库出库到渠首的河道段入渗补给,北石河的入渗补给,断山口河、宽滩河的河水入渗补给。

1)早期(1983 年)

采用疏勒河流域水利开发及移民安置项目《水利部分初步可行性研究报告》中的计算成果,花海灌区河水入渗补给量为 0.493 5 亿 m³/a。

2)中期(2000 年)

(1)赤金峡水库出库到渠首的河道段入渗补给量。赤金峡水库下泄水量 0.646 亿 m³/a,花海总干渠引水量 0.568 3 亿 m³/a,其间损失 0.077 7 亿 m³/a,按 90%入渗补给量为 0.069 3 亿 m³/a。

(2)北石河的入渗补给量。北石河径流量 0.127 亿 m³/a,入渗率取 84%,补给量为 0.107 亿 m³/a。

(3)宽滩沟、断山口河的河水入渗补给量。宽滩沟泄入花海盆地的水量为 0.001 9 亿 m³/a,扣除包气带消耗的 10%,地下水补给量为 0.001 7 亿 m³/a;断山口河泄入河道水量为 0.089 亿 m³/a,扣除包气带消耗的 10%,地下水补给量为 0.080 1 亿 m³/a。

河道入渗补给量为 0.258 7 亿 m³/a。

3)近期(2013 年)

(1)赤金峡水库—花海总干渠河水入渗量。2013 年赤金峡水库下泄量 1.48 亿 m³/a,花海总干渠引水量 1.32 亿 m³/a,其间损失 0.16 亿 m³/a,按 90%入渗补给量为 0.144 亿 m³/a。

(2)北石河河水入渗量。北石河年径流量 0.127 亿 m³/a,入渗率取 84%,补给量为 0.107 亿 m³/a。

河道入渗补给量为 0.251 0 亿 m³/a。

4.2.1.2　渠系水渗漏补给量

疏勒河流域各盆地河水被大量引入渠系后进行农业灌溉,渠系水渗漏是地下水资源的重要补给项之一。主要采用渗漏系数法,由式(4-1)计算所得:

$$Q_{渠渗} = Q_{引} m = Q_{引} \gamma (1 - \eta) \tag{4-1}$$

式中:$Q_{引}$ 为渠系引水量;m 为渠系水渗漏补给系数;γ 为修正系数;η 为渠系水利用系数。

1.昌马灌区

1)早期(1983 年)

采用疏勒河流域水利开发及移民安置项目《水利部分初步可行性研究报告》中的计算成果,昌马灌区渠系水渗漏补给量为 2.295 0 亿 m³/a。

2)中期(2000年)

2000年昌马灌区渠系水渗漏补给量为1.074 4亿 m^3/a ,其中昌马总干渠渗漏补给量为0.149 9亿 m^3/a ,干渠渗漏补给量为0.784 4亿 m^3/a ,支、斗渠渗漏补给量为0.140 1亿 m^3/a 。

(1)总干渠渗漏补给量。渠首引水量为3.959 9亿 m^3/a ,干、支、斗渠口收水量3.793 3亿 m^3/a ,渠系损失量按90%补给地下水,总干渠渗漏补给地下水量为0.149 9亿 m^3/a 。

(2)干渠渗漏补给量。渠首引水量减支、斗渠口收水量,渠系损失量按90%渗漏补给地下水,具体计算表见表4-2,干渠系水渗漏补给量为0.784 4亿 m^3/a 。

表4-2　昌马灌区干渠渗漏补给量　　　　　　(单位:亿 m^3/a)

渠名	渠首引水量	支、斗渠口收水量	渗漏补给量
西干渠	1.286 8	0.809 0	0.430 0
东北干渠	0.981 6	0.300 5	0.074 8
南干渠	0.383 6	0.684 2	0.267 7
疏花灌区	0.329 6	0.296 6	0.011 9
合计			0.784 4

(3)支、斗渠渗漏补给量。具体计算见表4-3,支、斗渠系水渗漏补给量为0.140 1亿 m^3/a 。

表4-3　昌马灌区支、斗渠渗漏补给量

渠名	渠首引水量 (亿 m^3/a)	渠系水利用 系数 η	修正系数 γ	渗漏补给量 (亿 m^3/a)
西干渠系支、斗渠	0.809 0	0.92	0.90	0.011 0
南干渠系支、斗渠	0.300 5	0.92	0.90	0.021 6
东北干渠系支、斗渠	0.684 4	0.92	0.90	0.049 3
总干渠系支、斗渠	0.152 4	0.92	0.90	0.011 0
合计				0.140 1

3)近期(2013年)

2013年昌马灌区渠系水入渗量1.131 4亿 m^3/a ,其中昌马总干渠渗漏量为0.321 4亿 m^3/a ,干渠入渗量为0.509 8亿 m^3/a ,支斗渠入渗量为0.30亿 m^3/a 。

(1)总干渠渗漏补给量:渠首引水量为7.140 3亿 m^3/a ,干、支、斗渠口收水量6.783 2亿 m^3/a ,渠系水损失量按90%补给地下水,总干渠渗漏补给地下水量为0.321 4亿 m^3/a 。

(2)干渠渗漏补给量:渠首引水量减支、斗渠口收水量,渠系水损失量按90%渗漏补给地下水,具体计算见表4-4,干渠渗漏补给量为0.509 8亿 m^3/a 。

表 4-4　昌马灌区干渠渗漏补给量 （单位：亿 m³/a）

渠名	渠首引水量	支、斗口渠收水量	入渗补给量
西干渠	3.552 2	3.2	0.317 0
南干渠	0.408 7	0.33	0.070 8
东北干渠	1.186 4	1.14	0.041 8
疏花干渠	0.890 7	0.801 6	0.080 2
合计			0.509 8

（3）支、斗渠渗漏补给量：具体计算见表 4-5，支、斗渠渗漏补给量为 0.300 2 亿 m³/a。

表 4-5　昌马灌区支、斗渠渗漏补给量

渠名	渠首引水量 （亿 m³/a）	渠系水利用 系数 η	修正系数 γ	渗漏补给量 （亿 m³/a）
西干渠系支、斗渠	3.2	0.92	0.90	0.230 4
南干渠系支、斗渠	0.33	0.99	0.90	0.003 0
东北干渠系支、斗渠	1.14	0.97	0.90	0.030 8
总干渠系支、斗渠	0.2	0.80	0.90	0.036 0
合计				0.300 2

2. 双塔灌区

1）早期（1983 年）

采用疏勒河流域水利开发及移民安置项目《水利部分初步可行性研究报告》中的计算成果，双塔灌区渠系水渗漏补给量为 1.411 2 亿 m³/a。

2）中期（2000 年）

2000 年双塔灌区渠系水渗漏补给量 0.887 4 亿 m³/a，具体计算结果见表 4-6。

表 4-6　双塔灌区渠系水渗漏补给量

渠名	渠首引水量 （亿 m³/a）	渠系水利用系数 η	修正系数 γ	渗漏补给量 （亿 m³/a）
总干渠	2.495 0	0.95	0.90	0.112 3
南干渠	0.767 1	0.90	0.90	0.069 0
北干渠	1.568 8	0.90	0.90	0.141 2
双塔支、斗渠	2.092 3	0.70	0.90	0.564 9
合计				0.887 4

3)近期(2013 年)

2013 年双塔灌区渠系水渗漏补给量为 0.391 9 亿 m³/a,具体计算结果见表 4-7。

表 4-7　双塔灌区渠系水渗漏补给量

渠名	渠首引水量 (亿 m³/a)	渠系水利用系数 η	修正系数 γ	渗漏补给量 (亿 m³/a)
总干渠	3.650 0	0.95	0.90	0.164 3
南干渠	1.593 9	0.90	0.90	0.143 5
北干渠	0.739 1	0.90	0.90	0.066 5
广至渠	0.195 0	0.90	0.90	0.017 6
合计				0.391 9

3. 花海灌区

1)早期(1983 年)

采用疏勒河流域水利开发及移民安置项目《水利部分初步可行性研究报告》中的计算成果,花海灌区渠系水渗漏补给量为 0.105 7 亿 m³/a。

2)中期(2000 年)

2000 年花海灌区渠系水渗漏补给量为 0.237 3 亿 m³/a,具体计算结果见表 4-8。

表 4-8　花海灌区渠系水渗漏补给量

渠名	渠首引水量 (亿 m³/a)	渠系水利用 系数 η	修正系数 γ	渗漏补给量 (亿 m³/a)
总干渠	0.942 8	0.90	0.90	0.084 8
西干渠	0.153 4	0.80	0.90	0.027 6
东干渠	0.164 9	0.80	0.90	0.029 7
北干渠	0.440 7	0.76	0.90	0.095 2
合计				0.237 3

3)近期(2013 年)

2013 年花海灌区渠系水渗漏补给量为 0.305 1 亿 m³/a,具体计算结果见表 4-9。

表 4-9　花海灌区渠系水渗漏补给量

渠名	渠首引水量 (亿 m³/a)	渠系水利用系数 η	修正系数 γ	渗漏补给量 (亿 m³/a)
总干渠	1.320 0	0.90	0.90	0.118 8
西干渠	0.274 4	0.80	0.90	0.049 4
东干渠	0.191 6	0.80	0.90	0.034 5
北干渠	0.568 7	0.80	0.90	0.102 4
合计				0.305 1

4.2.1.3　田间灌溉入渗补给量

渠水进入田间灌溉,一部分消耗于作物生长的生理蒸腾和棵间蒸发;另一部分则渗漏补给地下水,为田间灌溉入渗补给量,由式(4-2)计算所得

$$Q_{田渗} = \beta Q_{田} \tag{4-2}$$

式中:$Q_{田}$ 为田间引水量;β 为田间灌溉入渗补给系数。

1. 昌马灌区

1)早期(1983 年)

采用疏勒河流域水利开发及移民安置项目《水利部分初步可行性研究报告》中的计算成果,昌马灌区田间灌溉入渗补给量为 0.913 2 亿 m^3/a。

2)中期(2000 年)

2000 年昌马灌区田间灌溉入渗补给量为 0.576 8 亿 m^3/a,见表 4-10。

表 4-10　昌马灌区田间灌溉入渗补给量计算表

水位埋深 (m)	灌溉水量 (亿 m^3/a)	田间灌溉入渗补给 系数 β	入渗量 (亿 m^3/a)
1 ~ 3	1.007 8	0.395	0.398 1
3 ~ 5	0.323 8	0.297	0.096 2
5 ~ 10	0.602 1	0.137	0.082 5
合计			0.576 8

3)近期(2013 年)

2013 年昌马灌区灌溉入渗补给量 1.106 2 亿 m^3。采用疏勒河流域水资源管理局实测数据,进地地表水 28 678.39 万 m^3,进地地下水 8 194.78 万 m^3,取田间灌溉入渗补给系数 0.3,灌溉入渗补给量为 1.106 2 亿 m^3。

2. 双塔灌区

1)早期(1983 年)

采用疏勒河流域水利开发及移民安置项目《水利部分初步可行性研究报告》中的计算成果,双塔灌区田间灌溉入渗补给量为 0.500 8 亿 m^3/a。

2)中期(2000 年)

2000 年双塔灌区田间灌溉入渗补给量为 0.474 4 亿 m^3/a,见表 4-11。

表 4-11　双塔灌区田间灌溉入渗补给量计算

水位埋深 (m)	灌溉水量 (亿 m^3/a)	田间灌溉入渗补给 系数 β	入渗量(亿 m^3/a)
1 ~ 3	0.478 4	0.395	0.188 9
3 ~ 5	0.416 0	0.296	0.123 1
5 ~ 10	1.185 6	0.137	0.162 4
合计			0.474 4

3）近期（2013 年）

2013 年双塔灌区灌溉入渗补给量 0.847 6 亿 m³。采用疏勒河流域水资源管理局实测数据,进地地表水 23 246.24 万 m³,进地地下水 5 010.09 万 m³,取田间灌溉入渗补给系数 0.3,灌溉入渗补给量为 0.847 6 亿 m³。

3.花海灌区

1）早期（1983 年）

采用疏勒河流域水利开发及移民安置项目《水利部分初步可行性研究报告》中的计算成果,花海灌区田间灌溉入渗补给量为 0.098 3 亿 m³/a。

2）中期（2000 年）

灌溉定额为 660 m³/亩,灌溉面积为 9.12 万亩,进地水量为 6 019.2 万 m³,取田间灌溉入渗补给系数 0.3,灌溉入渗补给量为 0.180 5 亿 m³。

3）近期（2013 年）

因花海灌区以种植玉米为主,故选择实测平均灌溉定额中玉米定额 400 m³/亩作为计算依据,灌溉面积 17.43 万亩,则进地水量为 6 972 万 m³,取田间灌溉入渗补给系数 0.3,灌溉入渗补给量为 0.209 1 亿 m³。

4.2.1.4　地下水侧向流入量

1.昌马灌区

昌马灌区 1983 年、2000 年以及 2013 年地下水侧向流入量变化见表 4-12。

表 4-12　昌马灌区地下水侧向流入量变化

年份	地下水侧向流入量 （亿 m³/a）	数据或资料来源
1983	0.001 9	疏勒河流域水利开发及移民安置项目《水利部分初步可行性研究报告》（1991）
2000	0.001 2	甘肃省河西走廊（疏勒河）项目《灌区地下水动态预测研究》（2004）
2013	0.001 2	甘肃省河西走廊（疏勒河）项目《灌区地下水动态预测研究》（2004）

2.双塔灌区

双塔灌区地下水侧向流入量为 0。

3.花海灌区

花海灌区 1983 年、2000 年以及 2013 年地下水侧向流入量变化见表 4-13。

表 4-13　花海灌区地下水侧向流入量变化

年份	地下水侧向流入量 （亿 m³/a）	数据或资料来源
1983	0.443 9	疏勒河流域水利开发及移民安置项目《水利部分初步可行性研究报告》(1991)
2000	0.059 4	甘肃省河西走廊(疏勒河)项目《灌区地下水动态预测研究》(2004)
2013	0.026 5	《甘肃省玉门市水资源调查评价报告》

4.2.2　地下水排泄量

区内地下水的主要排泄方式为潜水蒸发、农业、工业、人畜饮用水开采、泉水溢出以及向下游断面的侧向流出量。

4.2.2.1　泉水溢出量

1. 昌马灌区

昌马灌区 1983 年、2000 年以及 2013 年泉水溢出量变化见表 4-14。

表 4-14　昌马灌区泉水溢出量变化

年份	泉水溢出量 （亿 m³/a）	数据或资料来源
1983	2.781 4	《水利部分初步可行性研究报告》(1991)
2000	2.195 4	甘肃省河西走廊(疏勒河)项目《灌区地下水动态预测研究》(2004)
2013	1.568 9	实测

2. 双塔灌区

双塔灌区未有泉水溢出,泉水溢出量为 0。

3. 花海灌区

花海灌区 1983 年、2000 年以及 2013 年,泉水溢出量变化见表 4-15。

表 4-15　花海灌区泉水溢出量变化

年份	泉水溢出量 （亿 m³/a）	数据或资料来源
1983	0.003 7	《水利部分初步可行性研究报告》(1991)
2000	0.000 2	甘肃省河西走廊(疏勒河)项目《灌区地下水动态预测研究》(2004)
2013	0	实测

4.2.2.2 地下水开采量

灌区为地下水人工开采主要集中区域,随着地区人口的增多与灌溉面积的扩大,地下水开采量日益增长(见表4-16),现在已成为灌区地下水主要排泄项之一。

表4-16 疏勒河灌区地下水开采量变化

灌区名称	1983 年		2000 年		2013 年	
	机井数（眼）	开采量（亿 m³/a）	机井数（眼）	开采量（亿 m³/a）	机井数（眼）	开采量（亿 m³/a）
昌马灌区	109	0.044 4	825	0.957 8	1 578	1.281 5
双塔灌区	104	0.069 6	549	0.077 1	900	0.501 0
花海灌区	16	0.003 4	144	0.050 0	559	0.148 4

注:机井数为当年灌区内存在的机井总数,非实际开采机井数目。

4.2.2.3 潜水蒸发蒸腾量

蒸发蒸腾量作为灌区内最大的地下水排泄项,其量的变化间接地反映了区域地下水位的动态变化。

1.昌马灌区

1)早期(1983 年)

采用疏勒河流域水利开发及移民安置项目《水利部分初步可行性研究报告》中的计算成果,昌马灌区潜水蒸发蒸腾量为 4.967 7 亿 m³/a。

2)中期(2000 年)

2000 年昌马灌区潜水蒸发蒸腾量为 4.082 7 亿 m³/a,见表4-17。

表4-17 2000 年昌马灌区潜水蒸发蒸腾量

有植被				无植被			
水位埋深	面积（km²）	蒸发蒸腾强度(mm/a)	蒸发蒸腾量（亿 m³/a）	水位埋深	面积（km²）	蒸发蒸腾强度(mm/a)	蒸发蒸腾量（亿 m³/a）
沼泽					30.76	1 553	0.477 7
<1	125.76	1 341.25	1.686 8	<1	143.72	492.47	0.707 8
1~3	497.49	194.25	0.966 4	1~3	152.01	130.43	0.198 3
3~5	117.87	27.75	0.032 8	3~5	59.42	17.58	0.010 4
5~10	27.64	3.89	0.001 1	5~10	201.46	0.74	0.001 4
合计							4.082 7

3)近期(2013 年)

2013 年昌马灌区潜水蒸发蒸腾量为 3.949 3 亿 m³/a,见表4-18。

表 4-18　2013 年昌马灌区潜水蒸发蒸腾量

有植被				无植被			
水位埋深	面积（km²）	蒸发蒸腾强度（mm/a）	蒸发蒸腾量（亿 m³/a）	水位埋深	面积（km²）	蒸发蒸腾强度（mm/a）	蒸发蒸腾量（亿 m³/a）
<1	70.58	792	0.559 0	<1	240.02	628	1.507 3
1～3	292.02	320	0.934 5	1～3	361.69	156	0.564 2
3～5	237.9	120	0.285 5	3～5	219.77	420	0.092 3
5～10	297.83	1.4	0.004 2	5～10	324.38	0.7	0.002 3
合计							3.949 3

2.双塔灌区

1）早期（1983 年）

采用疏勒河流域水利开发及移民安置项目《水利部分初步可行性研究报告》中的计算成果,双塔灌区潜水蒸发蒸腾量为 2.694 5 亿 m³/a。

2）中期（2000 年）

2000 年双塔灌区潜水蒸发蒸腾量 1.656 0 亿 m³/a,见表 4-19。

表 4-19　2000 年双塔灌区潜水蒸发蒸腾量

有植被				无植被			
水位埋深	面积（km²）	蒸发蒸腾强度（mm/a）	蒸发蒸腾量（亿 m³/a）	水位埋深	面积（km²）	蒸发蒸腾强度（mm/a）	蒸发蒸腾量（亿 m³/a）
<1	9	1 341.25	0.120 7	<1	114	492.47	0.487 5
1～3	86	194.25	0.167 1	1～3	559	130.42	0.729 0
3～5	162.5	27.75	0.045 1	3～5	588	17.58	0.103 4
5～10	38.89	3.885	0.001 5	5～10	230.45	0.74	0.001 7
合计							1.656 0

3）近期（2013 年）

2013 年双塔灌区潜水蒸发蒸腾量 1.640 5 亿 m³/a,见表 4-20。

表 4-20　2013 年双塔灌区潜水蒸发蒸腾量

有植被				无植被			
水位埋深	面积（km²）	蒸发蒸腾强度（mm/a）	蒸发蒸腾量（亿 m³/a）	水位埋深	面积（km²）	蒸发蒸腾强度（mm/a）	蒸发蒸腾量（亿 m³/a）
1～3	106.98	320	0.342 3	1～3	573.14	156	0.8 940
3～5	128.01	120	0.153 6	3～5	588	42	0.247 0
5～10	150.00	1.4	0.002 1	5～10	220	0.7	0.001 5
合计							1.640 5

3. 花海灌区

1) 早期(1983 年)

采用疏勒河流域水利开发及移民安置项目《水利部分初步可行性研究报告》中的计算成果,花海灌区潜水蒸发蒸腾量为 0.698 7 亿 m^3/a。

2) 中期(2000 年)

2000 年花海灌区潜水蒸发蒸腾量 0.711 8 亿 m^3/a,见表 4-21。

表 4-21　2000 年花海灌区潜水蒸发蒸腾量

有植被				无植被			
水位埋深	面积 (km^2)	蒸发蒸腾强度(mm/a)	蒸发蒸腾量 (亿 m^3/a)	水位埋深	面积 (km^2)	蒸发蒸腾强度(mm/a)	蒸发蒸腾量 (亿 m^3/a)
<1	27	1 341.25	0.362 1	<1	14	492.47	0.068 9
1~3	33	194.25	0.064 1	1~3	20	130.43	0.026 1
3~5	482.7	27.75	0.133 9	3~5	295.4	17.58	0.051 9
5~10	115.5	3.89	0.004 5	5~10	42	0.74	0.000 3
合计							0.711 8

3) 近期(2013 年)

2013 年花海灌区潜水蒸发蒸腾量亿 0.710 9 m^3/a,见表 4-22。

表 4-22　2013 年花海灌区潜水蒸发蒸腾量

有植被				无植被			
水位埋深	面积 (km^2)	蒸发蒸腾强度(mm/a)	蒸发蒸腾量 (亿 m^3/a)	水位埋深	面积 (km^2)	蒸发蒸腾强度(mm/a)	蒸发蒸腾量 (亿 m^3/a)
3~5	283.68	180	0.510 6	3~5	428.91	42	0.180 1
5~10	39.67	3.89	0.015 4	5~10	693.15	0.7	0.004 8
合计							0.710 9

4.2.2.4　地下水侧向排出量

1. 昌马灌区

昌马灌区 1983 年、2000 年以及 2013 年,地下水侧向排出量变化见表 4-23。

表 4-23　昌马灌区地下水侧向排出量变化

年份	地下水侧向排出量 （亿 m³/a）	数据或资料来源
1983	0.314 5	疏勒河流域水利开发及移民安置项目《水利部分初步可行性研究报告》（1991）
2000	0.585 8	甘肃省河西走廊（疏勒河）项目《灌区地下水动态预测研究》（2004）
2013	0.018 6	《河西走廊疏勒河流域地下水资源合理开发利用调查评价》（2008）

2. 双塔灌区

双塔灌区 1983 年、2000 年以及 2013 年，地下水侧向排出量变化见表 4-24。

表 4-24　双塔灌区地下水侧向排出量变化

年份	地下水侧向排出量 （亿 m³/a）	数据或资料来源
1983	0.030 9	疏勒河流域水利开发及移民安置项目《水利部分初步可行性研究报告》（1991）
2000	0.003 7	甘肃省河西走廊（疏勒河）项目《灌区地下水动态预测研究》（2004）
2013	0	甘肃省河西走廊（疏勒河）项目《灌区地下水动态预测研究》（2004）

3. 花海灌区

花海灌区的侧向径流流出量为 0。

4.3　土地利用变化对地下水资源量的影响

4.3.1　土地利用变化对地下水补给系统的影响

不同的土地利用程度对地下水补给有很大的影响，对疏勒河灌区地形、地貌、气象、水文、水文地质等条件分析可知，灌区内地下水的主要补给来源为河道入渗补给、渠系水渗漏补给、田间灌溉入渗补给及地下水侧向流入补给；其入渗大小决定了地下水补给资源量的响应变化及其原因。按照昌马、花海、双塔灌区分别讨论土地利用变化对地下水补给系统的影响。

4.3.1.1　昌马灌区土地利用变化对地下水补给系统的影响

近 30 年来，随着土地利用面积的不断增大，为满足工农业用水需求，对地表水资源进行了人为调蓄、控制和时空再分配,昌马灌区地下水补给量见表4-25。

表4-25　昌马灌区1983年、2000年、2013年地下水补给量　　　（单位:亿 m³）

年份	河道入渗补给量	渠系水渗漏补给量	田间灌溉入渗补给量	地下水侧向流入补给量
1983	6.920 3	2.295 0	0.913 2	0.001 9
2000	5.610 5	1.074 4	0.576 8	0.001 2
2013	4.350 0	1.131 4	1.106 2	0.001 2

　　疏勒河出山后进入中游玉门—踏实盆地(昌马灌区),在昌马峡至大坝段(2003年后为昌马水库出库至大坝段),以及大坝以下大量渗漏补给地下水,为地下水资源的主要来源之一,疏勒河河道入渗补给量呈逐年减少的趋势,从1983年6.920 3亿 m³减少至2013年的4.350 0亿 m³,年均减少1.24%。

　　昌马灌区河水被大量引入渠系后进行农业灌溉,渠系水渗漏量是地下水资源的重要补给项之一。1958年昌马大坝和总干渠建成,至20世纪70年代,除主干渠系外大多为土渠,渠系水利用系数较低,渗漏量大,80年代到90年代中后期,各灌区相继建成了防渗的干、支渠系,渠系水利用系数有所提高,渠系水入渗补给总量呈减少趋势。渠系水入渗补给量从1983年2.295 0亿 m³大幅减少至2000年的1.074 4亿 m³,年均减少4.29%。渠系水进入田间灌溉,一部分消耗于作物生长的生理蒸腾和棵间蒸发,另一部分则渗漏补给地下水,田间灌溉入渗补给量也从1983年的0.913 2亿 m³减少至2000年的0.576 8亿 m³,年均减少2.17%。近几年“疏勒河流域农业灌溉暨移民安置综合项目”实施后,改建、扩建了昌马总干渠、西干渠,灌区的支、斗渠,加之田间耕地的增多,昌马水库出山径流量的增大,渠道引水量的加大,相应的引入渠系后进行农业灌溉水量增多,渠系水的入渗补给量从2000年1.074 4亿 m³增加至2013年的1.131 4亿 m³。地下水侧向流入补给量从1983年0.001 9亿 m³减少至2000年的0.001 2亿 m³,年均减少1.46%。

4.3.1.2　双塔灌区土地利用变化对地下水补给系统的影响

　　近30年来,由于土地利用面积的不断增加,双塔灌区地下水补给量变化见表4-26。

表4-26　双塔灌区1983年、2000年、2013年地下水补给量　　　（单位:亿 m³）

年份	河道入渗补给量	渠系水渗漏补给量	田间灌溉入渗补给量	地下水侧向流入补给量
1983	0.045 4	1.411 2	0.500 8	0
2000	0.045 4	0.887 4	0.474 4	0
2013	0.045 4	0.391 9	0.847 6	0

　　在双塔灌区下游的西南部,有芦草沟河水补给,流量较小,多年平均流量0.045 4亿 m³/a,按90%下渗补给地下水,河道年入渗补给量为0.045 4亿 m³/a。由于双塔灌区的河水多年流量较平稳,近几十年的河道入渗补给量没有大的变动。

　　由于渠口引水量的逐年减少以及渠系水利用系数的增大,渠系水入渗补给量从1983年1.411 2亿 m³大幅减少至2013年的0.391 9亿 m³,年均减少3.40%,同时渠系水进入田间灌溉,一部分消耗于作物生长的生理蒸腾和棵间蒸发,另一部分则渗漏补给地下水,田间灌溉入渗补给量从1983年0.500 8亿m³增加至2013年的0.847 6亿m³。双塔灌区地下水侧向流入补给量为0。

4.3.1.3 花海灌区土地利用变化对地下水补给系统的影响

花海灌区河水入渗补给项包括赤金峡水库出库到渠首的河道段入渗补给,北石河的入渗补给,断山口河、宽滩河的河水入渗补给。花海灌区的河道入渗在2002年底昌马水库建成前,主要由北石河的入渗补给来提供,水库建成后,灌区的河道入渗补给大部分由赤金峡水库出库到渠首的河道段入渗补给和北石河的入渗来提供。花海灌区河道入渗补给量呈逐年减少的趋势,从1983年0.493 5亿m³减少至2013年的0.251 0亿m³,年均减少1.64%。

花海盆地河水被大量引入渠系后进行农业灌溉,渠系渗漏补给量是地下水资源的重要补给项之一。花海作为开发区,土地利用面积一直在不断增加,"疏勒河流域农业灌溉暨移民安置综合项目"实施后,改建、扩建了花海西干渠及灌区的支、斗渠,加之花海耕地面积进一步扩大,渠道引水量的加大,使得花海灌区渠系水入渗补给量逐年增加,渠系水入渗补给量从1983年的0.105 7亿m³增加至2013年的0.305 1亿m³,年均增长率6.32%。渠系水进入田间灌溉,一部分消耗于作物生长的生理蒸腾和棵间蒸发,另一部分则渗漏补给地下水。由于耕地面积大幅度增加,田间灌溉入渗补给量从1983年的0.098 3亿m³增加至2013年的0.209 1亿m³。地下水侧向流入补给量从1983年0.443 9亿m³减少至2013年的0.026 5亿m³,年均减少4.81%,见表4-27。

表4-27 花海灌区1983年、2000年、2013年地下水补给量   (单位:亿m³)

年份	河道入渗补给量	渠系水渗漏补给量	田间灌溉入渗补给量	地下水侧向流入补给量
1983	0.493 5	0.105 7	0.098 3	0.443 9
2000	0.258 7	0.237 3	0.180 5	0.059 4
2013	0.251 0	0.305 1	0.209 1	0.026 5

4.3.2 土地利用变化对地下水排泄系统的影响

土地利用程度的变化不仅改变了地下水的补给,对地下水的排泄也会有较大的改变。不同的土地利用类型对水资源的需求是不同的。农业、工业以及养殖业的发展都需要一定的水资源相匹配,人口的增长和社会经济的发展也都要求水资源作为其发展的保证,土地利用/覆被变化必将引起水资源消耗量的再分配。

研究区内地下水的主要排泄方式为潜水蒸发、农业、工业、人畜饮用水开采、泉水溢出以及向下游断面的侧向流出。

4.3.2.1 昌马灌区土地利用变化对地下水排泄系统的影响

研究区气候干燥,降雨量小,蒸发蒸腾量作为灌区内最大的地下水排泄项,一般在地下水埋深小于10 m的地方都会有潜水蒸发蒸腾,其量的变化间接地反映了区域地下水位的动态变化。土地利用的变化对蒸发蒸腾量的影响是显著的,由2000年昌马灌区的蒸腾量表(见表4-17)可以看出,有植被覆盖的地方蒸发蒸腾强度要明显大于无植被覆盖的地区,且在地下水埋深越深的地方蒸发蒸腾量越小。虽然昌马灌区植被面积在逐年增加,但是由于地下水位逐渐下降,潜水蒸发蒸腾量反而逐年减少,从1983年的4.967 7亿 m^3 减少至2000年的4.082 7亿 m^3,年均减少0.99%,见表4-28。

表4-28　昌马灌区1983年、2000年、2013年地下水排泄量　　　　（单位:亿 m^3）

年份	泉水溢出量	地下水开采量	潜水蒸发蒸腾量	地下水侧向排出量
1983	2.781 4	0.044 4	4.967 7	0.314 5
2000	2.195 4	0.957 8	4.082 7	0.585 8
2013	1.568 9	1.281 5	3.949 3	0.018 6

昌马灌区的泉水主要出露在昌马洪积扇的扇缘,洪积扇下游地势平坦,地下水水力梯度降低,径流平缓,于扇尾细土带溢出成泉。近年来,疏勒河流域中游的玉门—踏实盆地的泉水量呈持续衰减趋势。1983年昌马洪积扇带泉水溢出量为2.781 4亿 m^3/a,2000年衰减为2.195 4亿 m^3/a。泉水溢出量的变化是地下水系统的输入系统变化而引起其输出系统必然的响应变化。玉门—踏实盆地的上游地带地下水补给量的持续减少,地下水系统水循环减弱,区域地下水位下降,成为泉水溢出量衰减的主要因素,另外地下水的开采使泉水溢出带水位加速下降,对泉水衰减也起了一定的作用。

疏勒河流域地下水的人工开采主要集中在平原绿洲耕种区,且绝大多数为农业灌溉井。随着疏勒河地区人口的增多与土地面积的扩大而增加,尤其是"疏勒河流域综合开发项目"的实施,移民搬迁至项目区,土地开发面积增加迅猛,用水量加大,地下水开采量亦成倍增长,现已成为本区地下水主要排泄项之一。2001~2010年昌马灌区共建成机井621眼,截至2013年昌马灌区共有机井1 578眼。随着机井数量的逐年增加,昌马灌区的开采量逐年增加,从1983年的0.044 4亿 m^3 增加至2013年的1.281 5亿 m^3,年均增长率92.9%。

昌马灌区地下水侧向排出量有所增加,从1983年的0.314 5亿 m^3 增加至2000年的0.585 8亿 m^3,年增长率4.79%。

4.3.2.2　双塔灌区土地利用变化对地下水排泄系统的影响

双塔灌区气候干燥,降雨量小,蒸发蒸腾量作为灌区内最大的地下水排泄项,近30年来,由于地下水位逐渐下降,潜水蒸发蒸腾量反而逐年减少,从1983年的2.694 5亿 m^3 减少至2012年的1.640 6亿 m^3,年均减少2.14%,见表4-29。

表4-29　双塔灌区1983年、2000年、2012年地下水排泄量　　　　（单位:亿 m^3）

年份	泉水溢出量	地下水开采量	潜水蒸发蒸腾量	地下水侧向排出量
1983	0	0.069 6	2.694 5	0.030 9
2000	0	0.077 1	1.656 0	0.003 7
2013	0	0.501 0	1.640 5	0

双塔灌区没有泉水出露。

双塔灌区地下水的人工开采主要集中在平原绿洲耕种区,且绝大多数为农业灌溉井。随着疏勒河地区人口的增多与土地面积的扩大而增加,机井数量的逐年增加,灌区的地下水开采量逐年增加,从 1983 年的 0.069 6 亿 m³ 增加至 2000 年的 0.077 1 亿 m³。尤其是"疏勒河流域综合开发项目"的实施,移民搬迁至项目区,土地开发面积增加迅猛,用水量加大,地下水开采量亦成倍增长,现已成为本区地下水的主要排泄项之一。2001～2010年双塔灌区共建成机井 895 眼,截至 2013 年双塔灌区共有机井 900 眼。地下水开采量从 2000 年的 0.077 1 亿 m³ 增加至 2013 年的 0.501 0 亿 m³,年均增长率 45.82%。

双塔灌区地下水侧向排出量逐年减少,从 1983 年的 0.030 9 亿 m³ 减少至 2000 年的 0.003 7 亿 m³,年均减少 4.88%。

4.3.2.3 花海灌区土地利用变化对地下水排泄系统的影响

花海灌区气候干燥,降雨量小,蒸发蒸腾量作为灌区内最大的地下水排泄项,近 30 年来,由于土地的不断开发,植被面积有所增加,潜水蒸发蒸腾量逐年增加,从 1983 年的 0.698 7 亿 m³ 增加至 2013 年的 0.710 9 亿 m³,见表 4-30。

表 4-30 花海灌区 1983 年、2000 年、2012 年地下水排泄量 （单位:亿 m³）

年份	泉水溢出量	地下水开采量	潜水蒸发蒸腾量	地下水侧向排出量
1983	0.003 7	0.003 4	0.698 7	0
2000	0.000 2	0.050 0	0.711 8	0
2013	0	0.148 4	0.710 9	0

由于地下水的超采,地下水位下降,花海灌区泉水溢出量逐年减少,从 1983 年 0.003 7 亿 m³ 减少至 2000 年的 0.000 2 亿 m³,截至 2013 年花海泉眼已经完全干涸。

花海灌区地下水的人工开采主要集中在平原绿洲耕种区,且绝大多数为农业灌溉井。随着疏勒河地区人口的增多与土地面积的扩大而增加,机井数量的逐年增加,尤其是"疏勒河流域综合开发项目"的实施,移民搬迁至项目区,土地开发面积增加迅猛,用水量加大,地下水开采量亦成倍增长,现已成为本区地下水的主要排泄项之一。2001～2010 年花海灌区共建成机井 558 眼,截至 2013 年花海灌区共有机井 559 眼。地下水开采量从 2000 年的 0.050 0 亿 m³ 增加至 2013 年的 0.148 4 亿 m³,年均增长率 40.12%。

花海灌区地下水侧向排出量为 0。

4.4 地下水补排变化的均衡分析

4.4.1 地下水补给变化的均衡分析

疏勒河干流三大灌区地下水主要由河道入渗补给、渠系水渗漏补给、田间灌溉入渗补给及地下水侧向流入补给,具体数量变化见表 4-31。由表 4-31 可以看出,随着人类活动的增强、土地开发面积的增加、人工绿洲的扩张、需水量的不断增加,不同时期的地下水补给量不断减少。由于流域上游山区修建水库调节径流,径流出山口以下修建引水枢纽和引水系统,灌区内建设灌溉网,使得地表水与地下水之间的转化关系发生明显变化,洪积扇区强补给带丧失较大数量的补给水源,地下水补给条件及更新能力均被削弱。昌马灌区地下水补给量逐年减少,从 1983 年的 10.130 4 亿 m^3 减少至 2013 年的 6.588 8 亿 m^3,年均减少 11.81%。双塔灌区地下水补给量逐年减少,从 1983 年的 1.957 4 亿 m^3 减少至 2013 年的 1.284 9 亿 m^3,年均减少 2.24%。花海灌区地下水补给量逐年减少,从 1983 年的 1.141 4 亿 m^3 减少至 2013 年的 0.791 7 亿 m^3,年均减少 1.17%。

表 4-31　疏勒河灌区地下水补给量变化　　　　　　（单位:亿 m^3）

灌区	年份	河道入渗补给量	渠系水渗漏补给量	田间灌溉入渗补给量	地下水侧向流入补给量	合计
昌马灌区	1983	6.920 3	2.295 0	0.913 2	0.001 9	10.130 4
	2000	5.610 5	1.074 4	0.576 8	0.001 2	7.262 9
	2013	4.350 0	1.131 4	1.106 2	0.001 2	6.588 8
双塔灌区	1983	0.045 4	1.411 2	0.500 8	0	1.957 4
	2000	0.045 4	0.887 4	0.474 4	0	1.407 2
	2013	0.045 4	0.391 9	0.847 6	0	1.284 9
花海灌区	1983	0.493 5	0.105 7	0.098 3	0.443 9	1.141 4
	2000	0.258 7	0.237 3	0.180 5	0.059 4	0.735 9
	2013	0.251 0	0.305 1	0.209 1	0.026 5	0.791 7

4.4.2　地下水排泄变化的均衡分析

疏勒河干流三大灌区地下水排泄方式主要有地下水开采、蒸发蒸腾、泉水溢出和侧向排出等,不同时期的地下水排泄量变化见表 4-32。由表 4-32 可以看出,由于水资源开发和环境变迁的影响,地下水排泄量总体呈减少趋势,这主要是因为人工开采量逐渐增大而天然排泄量大幅减少,同时与地下水补给量减少也存在一定关系。昌马灌区地下水排泄量逐年减少,从 1983 年的 8.108 0 亿 m^3 减少至 2013 年的 6.817 8 亿 m^3,年均减少 4.3%。双塔灌区地下水排泄量逐年减少,从 1983 年的 2.795 0 亿 m^3 减少至 2013 年的 2.141 6 亿 m^3,年均减少 2.18%。花海灌区地下水排泄量逐年增加,从 1983 年的 0.705 8 亿 m^3 增加至 2013 年的 0.859 3 亿 m^3,年均增长 0.51%。

表 4-32　疏勒河灌区地下水排泄量变化　　　　　　（单位:亿 m³）

灌区	年份	泉水溢出量	地下水开采量	潜水蒸发蒸腾量	地下水侧向排出量	合计
昌马灌区	1983	2.781 4	0.044 4	4.967 7	0.314 5	8.108 0
	2000	2.195 4	0.957 8	4.082 7	0.585 8	7.821 7
	2013	1.568 9	1.281 5	3.949 3	0.018 6	6.818 3
双塔灌区	1983	0	0.069 6	2.694 5	0.030 9	2.795 0
	2000	0	0.077 1	1.656 0	0.003 7	1.736 8
	2013	0	0.501 0	1.640 5	0	2.141 5
花海灌区	1983	0.003 7	0.003 4	0.698 7	0	0.705 8
	2000	0.000 2	0.050 0	0.711 8	0	0.782 0
	2013	0	0.148 4	0.710 9	0	0.859 3

4.4.3　地下水存储量的变化分析

采用均衡法进行地下水资源计算,并根据地下水动态观测资料,计算地下水均衡期内储存资源变化量来校验计算结果的可靠性。疏勒河灌区地下水均衡计算结果见表 4-33。

表 4-33　疏勒河灌区地下水均衡计算结果

灌区	年份	补给量（亿 m³/a）	排泄量（亿 m³/a）	均衡差（亿 m³/a）	水位变幅（m）	年变幅储存量（亿 m³/a）
昌马灌区	1983	10.130 4	8.108 0	2.022 4		
	2000	7.262 0	7.821 7	−0.559 7	−0.26	−0.495 9
	2013	6.588 4	6.817 8	−0.229 4	4.27	
双塔灌区	1983	1.957 4	2.795 0	−0.837 6		
	2000	1.407 7	1.736 8	−0.329 1	−0.068	−0.304 5
	2013	1.280 6	2.141 6	−0.861 0	−0.141 7	
花海灌区	1983	1.141 4	0.705 8	0.435 6		
	2000	0.734 2	0.782	−0.047 8		
	2013	0.792 9	0.859 3	−0.066 4	0.015	

从表 4-33 可以看出,土地利用变化导致的地下水补给和排泄系统变化,三个灌区均由 1983 年的地下水正均衡逐渐发展为负均衡。

昌马灌区均衡区:南部以昌马大坝、鹰咀山山前断裂、玉门镇北断裂为界;北部以北戈壁前缘为界;东边以疏勒河主河道(昌马总干渠)、黄花农场为界;西边界在桥子以西垂直地下水等水位线划定,均衡区面积约 3 406 km²。昌马盆地南部为大厚度单一潜水含水层,北部细土带含水层则呈双层结构,表层 10 ~ 15 m 为黏性土夹砂,赋存有潜水,下部砂砾石夹中 - 细砂、亚砂土等赋存承压水,地下水变幅带给水度 $\mu = 0.052 ~ 0.057$,此处计算采用 0.056。昌马灌区 2000 年水位降低 0.26 m,计算所得灌区存储量减少 0.495 9 m³/a,相对误差为 11.40%。

双塔灌区均衡区:南部以北截山、北部以北戈壁前缘为界,东至双塔水库,西部边界在西湖南梁、黑沙窝一线,垂直地下水流向划定,均衡区面积约 1 839 km²。双塔盆地含水层岩性为砂砾石、砂碎石及砂,此处计算给水度采用 0.24。双塔灌区 2000 年水位降低 0.068 m,计算所得灌区存储量减少 0.304 5 m³/a,相对误差为 7.47%。

花海灌区均衡区:本次均衡计算范围仅是花海盆地的一部分,主要是现灌区和拟开垦区,东起花海乡东部,西至红山峡、暨落山,南部以宽滩山山前断裂为界,北以北石河为界,均衡区面积约 851 km²。花海盆地含水层由单层的第四系中、上更新统砂砾碎石及砂组成,此处计算给水度采用 0.2。由于花海灌区缺少长观孔数据,地下水存储量不进行校验。

由于数据的获取途径和计算的误差等因素,总体来说,上述数据准确性较好。可以准确地反映灌区的地下水均衡变化。

4.5　土地利用与地下水变化的灰色关联度分析

近 30 年来随着社会经济的快速发展、土地利用面积的不断增加,疏勒河灌区地下水开采量呈逐年上升的态势,地下水流场发生了显著的变化,其地下水埋深是最直接的表现。从上文地下水均衡计算中可以看出耕地面积的不断增大,引起人工开采量的加大,导致地下水位持续下降、埋深加大。地下水补给系统中的河道入渗补给量、渠系水渗漏补给量、田间灌溉入渗补给量以及地下水侧向流入补给量都会对土地利用有直接或间接的作用;同时地下水排泄系统中的地下水开采量、潜水蒸发蒸腾量、泉水溢出量和地下水侧向排出量都会对土地利用产生直接或间接的影响。本节采用灰色关联度分析各因素之间的内在联系。

4.5.1　灰色关联度分析法的基本原理

相关性分析的方法有很多种,如回归分析、Pearson 相关性分析等,多采用大量统计资料进行分析,鉴于研究区面积较大,而资料并不全面,本节选择采用灰色关联度分析的方法研究土地利用与地下水之间的关系。

灰色关联度分析法是灰色系统分析方法的一种,是指对一个系统发展变化态势的定量描述和比较的方法,其基本思想是通过确定参考数据列和若干个比较数据列的几何形状相似程度来判断其联系是否紧密,它反映了曲线间的关联程度。灰色关联度分析法可以为系统发展变化态势提供一个量化的度量,并且有两个重要优点:一是对数据量要求不高,不需要大量连续的数据来寻找统计规律;二是对数据分布的规律性要求不高,不需要必须是线性、指数等典型分布的数据。其具体计算过程如下:

(1)确定分析数列。确定反映土地利用变化的参考数列和地下水补给排泄的比较数列。反映土地利用变化特征的数据序列,称为参考数列。影响地下水补给排泄的因素组成的数据序列,称为比较数列。

设参考数列(又称母序列)为 $X_0 = \{X_0(k) \mid k = 1,2,\cdots,n\}$;比较数列(又称子序列) $X_i = \{X_i(k) \mid k = 1,2,\cdots,n\}, i = 1,2,\cdots,m$。

(2)变量的无量纲化。由于影响因素中各子序列中的数据可能因量纲不同,不便于比较或在比较时难以得到正确的结论。因此,在进行灰色关联度分析时,一般都要进行数据的无量纲化处理。采用式(4-3)将各因子无量纲化:

$$x_0(k) = \frac{X_0(k)}{X_0(1)} x_i(k) = \frac{X_1(k)}{X_0(k)} \quad k = 1,2,\cdots \quad i = 1,2,3\cdots \tag{4-3}$$

(3)计算关联系数。关联度应用关联系数来表示,我们用曲线间的差值大小作为一种衡量关联度的尺度。母因素与子因素两曲线在各时刻的相对差值用式(4-4)表示:

$$\xi_i(k) = \frac{\min_i(\Delta_i(\min)) + \lambda \max_i(\Delta_i(\max))}{|x_0(k) - x_i(k)| + \lambda \max_i(\Delta_i(\max))} \tag{4-4}$$

式中,$\xi_i(k)$ 是第 k 个时刻比较曲线 x_i 与参考曲线 x_0 的相对差值,它称为 x 在 k 时刻的关联系数。其中,λ 是分辨系数,一般在 0 与 1 之间选取,本书取值 0.5,各时刻的最大最小极差如下:

$$\min_i(\Delta_i(\min)) = \min_i(\min_k |x_0(k) - x_i(k)|) \tag{4-5}$$

$$\max_i(\Delta_i(\max)) = \max_i(\max_k |x_0(k) - x_i(k)|) \tag{4-6}$$

(4)关联度计算。关联系数的数很多,信息过于分散,不便于比较,为此有必要将各个时刻关联系数集中为一个值,求平均值便是做这种信息处理集中处理的一种方法。关联度的一般表达式为

$$r_i = \frac{1}{N} \sum_{k=1}^{N} \xi_i(k) \tag{4-7}$$

4.5.2　关联因子的选择

4.5.2.1　母因素的选择

土地植被面积直接反映了土地利用的变化,且植被面积的变化对地下水各补给排泄因子之间有直接或间接的影响,分别选取昌马灌区、双塔灌区、花海灌区的土地植被面积作为母序列。

4.5.2.2　子序列的选择

随着土地利用面积的逐年增加,灌区的地表水大量引入田间灌溉,造成河流入渗逐年减少、田间灌溉入渗的增加,同时在地下水排泄方面,地下水开采量逐年增加,由于植被覆被面积增加,蒸发蒸腾量有所增加,造成下游泉口溢出量逐年减少,直接表现在地下水位埋深的变化,故将地下水的补给排泄等一系列变化作为子序列。

4.5.3　相关因子关联度计算

研究区范围较大,分三个灌区分别对研究区的土地利用面积近 30 年变化,构成本次计算的母序列 $X_0 = \{X_0(k) \mid k = 1,2,\cdots,n\}$。

对各灌区年内地下水埋深、水位作年内平均,与植被面积变化序列相对应,选择 1987

年、1993 年、1998 年、2003 年、2008 年、2013 年的地下水埋深变化序列作为与母序列相关联的第一个子序列 X_1,地下水位变化序列作为与母序列相关联的第二个子序列 X_2,植被面积序列 X_0 和地下水埋深序列 X_1、地下水位序列 X_2 见表 4-34。

表 4-34　三大灌区植被面积序列 X_0 和地下水埋深序列 X_1、地下水位序列 X_2

年份	1987	1993	1998	2003	2008	2013
昌马植被 X_0	810. 303	813. 087	844. 674	869. 838	1 044. 754	1 098. 680
昌马埋深 X_1	3. 203	3. 909	4. 511	7. 138	7. 380	6. 949
昌马水位 X_2	1 434. 843	1 431. 506	1 434. 446	1 396. 943	1 390. 217	1 392. 259
双塔植被 X_0	194. 727	213. 844	225. 869	333. 806	389. 132	415. 954
双塔埋深 X_1	4. 240	4. 535		4. 994	5. 800	6. 366
双塔水位 X_2	1 169. 378	1 169. 083		1 180. 605	1 179. 771	1 167. 246
花海植被 X_0	12. 520	39. 639	65. 591	78. 507	101. 245	141. 568
花海埋深 X_1				13. 426	14. 251	14. 158
花海水位 X_2				1 248. 190	1 247. 366	1 247. 458

将三个灌区的年内河道入渗补给量、渠系水渗漏补给量、田间灌溉入渗补给量、地下水侧向流入补给量、泉水溢出量、地下水开采量、潜水蒸发蒸腾量以及地下水侧向排出量分别与植被面积变化序列相对应,选择 1983 年、2000 年、2013 年的各个变化序列作为与母系列相关联的子序列 $X_i = \{X_i(k) \mid k = 1,2,3\}, i = 3,4,\cdots,10$。植被面积序列 X_0 和地下水各子序列 $X_i, i = 3,4,\cdots,10$,见表 4-35 ~ 表 4-40。

表 4-35　昌马灌区植被面积序列和地下水补给因子序列

年份	植被面积 X_0	河道入渗补给量 X_3	渠系水渗漏补给量 X_4	田间灌溉入渗补给量 X_5	地下水侧向流入补给量 X_6
1983	808. 447	6. 920 3	2. 295 0	0. 913 2	0. 001 9
2000	854. 740	5. 610 5	1. 074 4	0. 576 8	0. 001 2
2013	1 087. 895	4. 350 0	1. 131 4	1. 106 2	0. 001 2

表 4-36　昌马灌区植被面积序列和地下水排泄因子序列

年份	植被面积 X_0	泉水溢出量 X_7	地下水开采量 X_8	潜水蒸发蒸腾量 X_9	地下水侧向排出量 X_{10}
1983	808. 447	2. 781 4	0. 044 4	4. 967 7	0. 314 5
2000	854. 740	2. 195 4	0. 957 8	4. 082 7	0. 585 8
2013	1 087. 895	1. 568 9	1. 281 5	3. 949 3	0. 018 6

表 4-37　双塔灌区植被面积序列和地下水补给因子序列

年份	植被面积 X_0	河道入渗补给量 X_3	渠系水渗漏补给量 X_4	田间灌溉入渗补给量 X_5	地下水侧向流入补给量 X_6
1983	181.982	0.045 4	1.411 2	0.500 8	0
2000	269.044	0.045 4	0.887 4	0.474 4	0
2013	410.590	0.045 4	0.391 9	0.847 6	0

表 4-38　双塔灌区植被面积序列和地下水排泄因子序列

年份	植被面积 X_0	泉水溢出量 X_7	地下水开采量 X_8	潜水蒸发蒸腾量 X_9	地下水侧向排出量 X_{10}
1983	181.982	0	0.069 6	2.694 5	0.030 9
2000	269.044	0	0.077 1	1.656 0	0.003 7
2013	410.590	0	0.501 0	1.640 5	0

表 4-39　花海灌区植被面积序列和地下水补给因子序列

年份	植被面积 X_0	河道入渗补给量 X_3	渠系水渗漏补给量 X_4	田间灌溉入渗补给量 X_5	地下水侧向流入补给量 X_6
1983	5.553	0.493 5	0.105 7	0.098 3	0.443 9
2000	70.757	0.258 7	0.237 3	0.180 5	0.059 4
2013	133.503	0.251 0	0.305 1	0.209 1	0.026 5

表 4-40　花海灌区植被面积序列和地下水排泄因子序列

年份	植被面积 X_0	泉水溢出量 X_7	地下水开采量 X_8	潜水蒸发蒸腾量 X_9	地下水侧向排出量 X_{10}
1983	5.553	0.003 7	0.003 4	0.698 7	0
2000	70.757	0.000 2	0.050 0	0.711 8	0
2013	133.503	0	0.148 4	0.710 9	0

分别对昌马灌区、双塔灌区、花海灌区的植被面积和各影响因素进行关联度计算,计算结果见表 4-41 ~ 表 4-43。

表 4-41　昌马灌区关联度计算结果

r_1	r_2	r_3	r_4	r_5	r_6	r_7	r_8	r_9	r_{10}
0.575 0	0.836 1	0.977 6	0.994 5	0.985 0	0.985 0	0.990 4	0.578 3	0.991 6	0.972 4

表 4-42　双塔灌区关联度计算结果

r_1	r_2	r_3	r_4	r_5	r_6	r_7	r_8	r_9	r_{10}
0.591 4	0.599 5	0.833 6	0.766 4	0.911 7			0.734 3	0.870 5	0.822 6

表 4-43　花海灌区关联度计算结果

r_1	r_2	r_3	r_4	r_5	r_6	r_7	r_8	r_9	r_{10}
0.642 7	0.653 0	0.822 2	0.837 8	0.899 8	0.895 7	0.818 6	0.730 8	0.901 6	

表中 r_1、r_2、r_3、r_4、r_5、r_6、r_7、r_8、r_9、r_{10} 分别代表地下水埋深变化、地下水位变化、河道入渗变化、渠系水入渗变化、田间灌溉入渗变化、地下水侧向流入量变化、泉水溢出量变化、地下水开采量变化、潜水蒸发蒸腾量变化、地下水侧向流出量变化与植被面积变化之间的关联度。

4.5.4　结果分析

从上述计算结果可以看出,三大灌区内土地利用面积的变化对地下水位变化的影响稍大于对地下水埋深的影响。

从表 4-41 可以得出,昌马灌区各影响因子与土地利用变化的关联度大小为:渠系水渗漏补给量 r_4 > 泉水溢出量 r_7 > 河道入渗补给量 r_3 > 地下水开采量 r_8,潜水蒸发蒸腾量 r_9 > 地下水侧向流入补给量 r_6 > 田间灌溉入渗补给量 r_5 > 地下水侧向排出量 r_{10}。在昌马灌区补给系统内土地利用变化对渠系水入渗补给的影响大于其他影响因子;排泄系统内土地利用变化对潜水蒸发蒸腾量变化作用最明显。

从表 4-42 可以得出,双塔灌区各影响因子与土地利用变化的关联度大小为:河道入渗补给量 r_3 > 渠系水渗漏补给量 r_4 > 地下水开采量 r_8,田间灌溉入渗补给量 r_5 > 蒸腾蒸发量 r_9 > 地下水侧向排出量 r_{10}。在双塔灌区补给系统内土地利用变化对田间灌溉入渗补给量变化的影响大于其他影响因子;排泄系统内土地利用变化对潜水蒸发蒸腾量变化作用最明显。

从表 4-43 可以得出,花海灌区各影响因子与土地利用变化的关联度大小为:渠系水渗漏补给量 r_4 > 河道入渗补给量 r_3 > 泉水溢出量 r_7 > 地下水开采量 r_8,潜水蒸发蒸腾量 r_9 > 田间灌溉入渗补给量 r_5 > 地下水侧向流入补给量 r_6。在花海灌区,补给系统内土地利用变化对田间灌溉入渗补给量的影响大于其他影响因子,排泄系统内土地利用变化对潜水蒸发蒸腾量变化作用最明显。

4.6　本章小结

(1)采用 ENVI 软件对疏勒河地区 1987 ~ 2013 年高清遥感图片进行解译,并利用 ArcGIS 软件计算得到流域土地利用面积。1987 ~ 2013 年的 26 年间,三大灌区植被面积呈增长趋势,疏勒河灌区总面积从 1 019.549 4 km² 增长到 1 654.202 km²,总增长率

62.444%,年均增长率 2.401%。其中,昌马灌区植被总面积从 810.303 km^2 增长到 1 098.68 km^2,年均增长率 1.369%;双塔灌区植被总面积从 196.726 6 km^2 增长到 415.954 km^2,年均增长率4.286%;花海灌区植被总面积从 12.519 8 km^2 增长到 141.568 km^2,年均增长率39.644%。

(2)疏勒河灌区土地利用/覆被时空变化区域差异驱动因素主要包括气候条件、人口变化、政策因素以及经济增长。研究区属于典型的河西冷雨带干旱区,降水稀少、蒸发强烈等气候条件会对土地覆盖造成影响;灌区内人口数量的增长是土地面积、农作物面积增加的主要原因;政策因素,如疏勒河农业灌溉暨移民安置综合开发项目,对农田耕地、作物结构等变化有不可忽视的影响;同时,社会经济发展引起的产业结构调整、城市人口增加也是影响土地开发利用的重要因素。

(3)分别计算疏勒河三大灌区不同时期地下水资源量。地下水补给主要由河道入渗补给、渠系水渗漏补给、田间灌溉入渗补给及地下水侧向流入补给组成,随着人类活动的增强、人工绿洲扩张、需水量的不断增加,不同时期的地下水补给量不断减少。由于流域上游山区修建水库调节径流,径流出山口以下修建引水枢纽和引水系统,灌区内建设灌溉网,使得地表水与地下水之间的转化关系发生明显变化,洪积扇区强补给带丧失较大数量的补给水源,地下水补给条件及更新能力均被削弱。

(4)田间灌溉入渗补给量。20 世纪 70 年代,灌区耕地面积较少,加之大水漫灌的灌溉方式较为粗放,使得田间灌溉入渗补给量较大。90 年代后期,随着灌溉节水意识的加强,田间灌溉入渗补给量有所减少。"疏勒河流域农业灌溉暨移民安置综合项目"实施后,花海灌区及双塔灌区耕地面积进一步扩大,同时引水量相应增加,使得花海灌区及双塔灌区田间灌溉入渗补给量有所增加。地下水排泄方式主要有开采、蒸发蒸腾、泉水溢出和侧向排出等,由于水资源开发和环境变迁的影响,地下水排泄量总体呈减少趋势,这主要是因为人工开采量逐渐增大而天然排泄量大幅减少,同时与地下水补给量减少也存在一定关系。

(5)土地利用与地下水变化的灰色关联度分析表明,从昌马灌区的关联度计算结果可以得出,各影响因子与土地利用变化的关联度大小为:渠系水渗漏补给量 r_4 > 泉水溢出量 r_7 > 河道入渗补给量 r_3 > 地下水开采量 r_8,潜水蒸发蒸腾量 r_9 > 地下水侧向流入补给量 r_6 > 田间灌溉入渗补给量 r_5 > 地下水侧向排出量 r_{10}。在昌马灌区,补给系统内土地利用变化对渠系水入渗补给的影响大于其他影响因子,排泄系统内土地利用变化对潜水蒸发蒸腾量变化作用最明显。从双塔灌区的关联度计算结果可以得出,各影响因子与土地利用变化的关联度大小为:河道入渗补给量 r_3 > 渠系水渗漏补给量 r_4 > 地下水开采量 r_8,田间灌溉入渗补给量 r_5 > 潜水蒸发蒸腾量 r_9 > 地下水侧向排出量 r_{10}。在双塔灌区补给系统内土地利用变化对田间灌溉入渗补给量变化的影响大于其他影响因子;排泄系统内土地利用变化对潜水蒸发蒸腾量变化作用最明显。从花海灌区的关联度计算结果可以得出各影响因子与土地利用变化的关联度大小为:渠系水渗漏补给量 r_4 > 河道入渗补给量 r_3 > 泉水溢出量 r_7 > 地下水开采量 r_8,蒸腾蒸发量 r_9 > 田间灌溉入渗补给量 r_5 > 地下水侧向流入补给量 r_6。在花海灌区,补给系统内土地利用变化对田间灌溉入渗补给量的影响大于其他影响因子,排泄系统内土地利用变化对潜水蒸发蒸腾量变化作用最明显。

第5章　地下水动态变化特征

5.1　水位变化规律

5.1.1　年际变化

5.1.1.1　昌马灌区

　　昌马灌区共有32眼地下水监测井,具体分布见图5-1。其中,大部分观测井的起始观测时间为2001年,部分观测井的观测时间起始于20世纪80年代。根据32眼观测井1984~2013年地下水位观测资料(见表5-1)可知,昌马灌区多年平均水位和埋深变化范围为1~30 m。其中,10 m以内的有26个观测点,10~30 m内的有6个观测点。

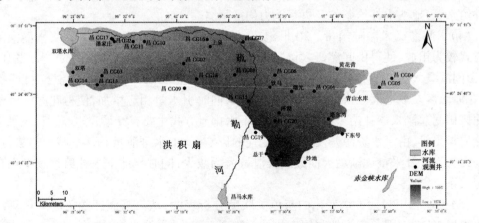

图5-1　昌马灌区地下水监测点分布

表5-1　昌马灌区观测井中平均水位和埋深　　　　　　　　（单位:m）

观测井	平均水位	平均埋深	观测井	平均水位	平均埋深
南干	1 518.52	11.42	昌马 CG09	1 384.34	28.08
沙地	1 499.05	5.93	昌马 CG01	1 380.89	2.17
总干	1 493.48	13.71	上泉	1 379.98	7.93
昌马 CG19	1 475.78	28.33	昌马 CG16	1 375.34	7.66
昌马 CG20	1 452.70	7.90	昌马 CG11	1 375.12	2.98
泽湖	1 442.17	1.75	昌马 CG13	1 373.15	16.05
昌马 CG15	1 440.52	7.48	昌马 CG03	1 361.09	4.08

续表 5-1

观测井	平均水位	平均埋深	观测井	平均水位	平均埋深
下东号	1 431.83	3.23	昌马 CG10	1 347.83	1.29
昌马 CG18	1 414.21	14.53	黄花营	1 344.97	5.11
饮马	1 409.36	1.27	昌马 CG14	1 344.06	1.99
昌马 CG08	1 409.18	3.03	双塔	1 336.76	2.34
曙光	1 402.33	1.73	昌马 CG12	1 325.61	4.60
塔尔湾	1 400.39	4.27	昌马 CG17	1 325.22	4.93
昌马 CG06	1 395.80	1.51	潘家庄	1 324.83	4.40
昌马 CG07	1 391.13	5.07	昌马 CG05	1 304.53	8.35
昌马 CG02	1 390.27	4.89	昌马 CG04	1 302.62	4.58

　　昌马灌区分布的 32 眼地下水监测井中,以数据一致性、连续性和完整性为原则,选择均匀分布垂直于洪积扇的断面上,且平行洪积扇轴部的 8 眼监测井。由图 5-2 可以看出,以 8 眼监测井地下水年平均埋深(均值)作为指标来看,在研究时段内,昌马灌区地下水埋深自 2002~2007 年逐渐增大,2007 年后埋深逐年减小,2007 年的地下水埋深值在该时段内达到最大。原因是在 2007 年昌马灌区中井水与泉水的开采量最高值达 10 311.73 万 m^3,对比之前的开采量有明显的提高,导致地下水的埋深变大。翌年,井水与泉水的开采量稍有降低,埋深立即减小,地下水位上升。地下水开采量对地下水埋深有较大影响。

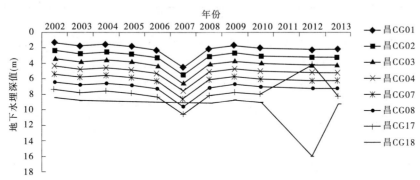

图 5-2　昌马灌区地下水埋深多年变化趋势

5.1.1.2　双塔灌区

　　双塔灌区共有 20 眼地下水观测井,具体分布见图 5-3。由于部分井观测数据有所缺失,故选择其中数据较全、能大致覆盖整个灌区又具有代表性的 6 眼观测井(双 CG02、双 CG03、双 CG05、双 CG06、双 CG07、双 CG08)数据进行分析。根据 6 个观测点 2001~2012 年地下水位观测资料(见表 5-2),双塔灌区多年平均地下水埋深范围为 3~7 m。

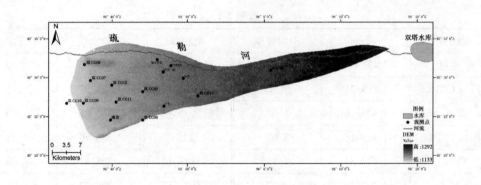

图 5-3　双塔灌区地下水监测点分布

表 5-2　双塔灌区观测井平均水位和埋深　　　　　　　（单位:m）

观测井	平均水位	埋深
CG02	1 238.97	4.21
CG03	1 230.53	3.30
CG05	1 187.82	6.95
CG07	1 137.86	4.45
CG06	1 137.48	4.69
共计	—	23.60

　　由各观测点多年地下水埋深变化趋势（见图 5-4）可以看出,在 2001~2003 年地下水埋深值基本上在减小,2003 年达到较浅的地下水埋深,平均值之所以出现 2001 年埋深较浅的状态是因为双 CG05 观测点 2001 年的数据缺失所致。2003~2008 年各观测埋深呈增大趋势,基本上到 2008 年达到最大埋深,随后 2009 年地下水埋深除双 CG08 均有所减小,双 CG08 的数据在 2008 年出现罕见的极小值 4.72 m,与其他年份的平均值 9.5 m 差距较大。

　　双塔灌区地下水位最高点是双 CG02（见表 5-2）,多年平均地下水位 1 238.97 m,比其地面高程低 4.21 m。双塔灌区排名前 3 位的高水位点地下水埋深之和为 14.46 m,占全部测点地下水埋深总和 23.60 m 的 61.2%,没有出现高地下水埋深点,地下水位总体上没有较大变化,说明地下水补给量与排泄量均衡。

5.1.1.3　花海灌区

　　花海灌区共 6 眼地下水观测井,具体分布见图 5-5。根据 6 个观测点 2001~2013 年地下水位观测资料（见表 5-3）,花海灌区多年平均地下水埋深范围为 1~30 m。

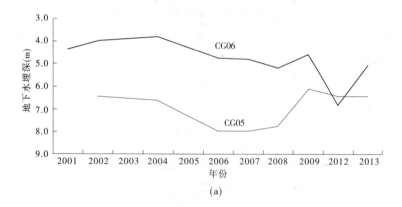

(a)

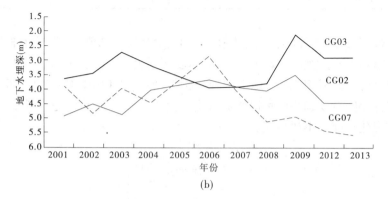

(b)

图 5-4　双塔灌区地下水埋深多年变化趋势

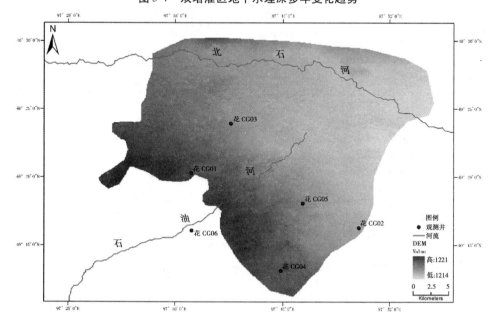

图 5-5　花海灌区地下水监测点分布

表 5-3　花海灌区观测井平均水位和埋深　　　　　　（单位：m）

观测井	平均水位	埋深
CG06	1 268.16	36.06
CG04	1 257.83	12.26
CG01	1 250.94	19.16
CG05	1 243.63	5.11
CG03	1 238.48	5.80
CG02	1 228.58	3.77
平均	1 247.93	13.69

由图 5-6 可以看出，以 6 眼监测井地下水年平均埋深（均值）作为指标来看，在研究时段内，花海灌区地下水埋深自 2001～2004 年逐渐增大，水位逐渐下降，2005～2009 年逐年减少，水位回升，2007 年以后，地下水埋深骤然增大，从 CG01、CG04、CG06 的 3 眼监测井地下水埋深年际变动趋势图可以明显看出。由于 6 眼监测井所处位置不同，地下水埋深呈现出的变化规律也不尽相同。

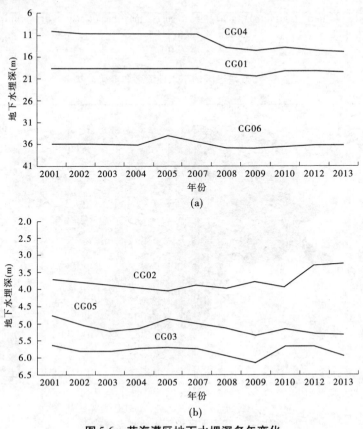

图 5-6　花海灌区地下水埋深多年变化

花海灌区地下水位最高点是 CG06,多年平均地下水位为 1 268. 16 m,埋深为 36. 06 m。花海灌区排名前 3 位的高水位点地下水埋深之和为 67. 48 m,占全部测点地下水埋深总和 82. 10 m 的 82%,图 5-6 出现了最高地下水埋深点,正好符合地下水受重力作用向下游运动的规律,说明花海灌区地下水位变化趋势是下降的,这是由地下水补给量小于排泄量造成的,地下水失衡严重。

5.1.2　年内变化

5.1.2.1　昌马灌区

图 5-7 显示昌马灌区 8 眼监测井中地下水埋深的平均值随月份变化趋势不明显,大致在 5 ~ 10 月,地下水埋深呈下降趋势,11 月至翌年 4 月,水位略有回升,埋深减小。

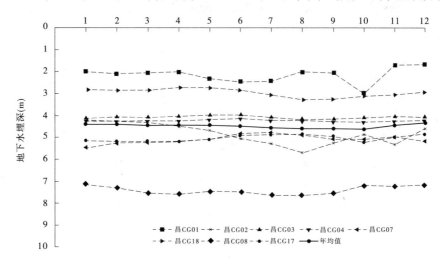

图 5-7　昌马灌区地下水埋深年内平均变化趋势

5.1.2.2　双塔灌区

双塔灌区 6 眼监测井地下水埋深平均值随月份变化趋势较明显(见图 5-8),大致在 1 ~ 2 月,水位比较平稳,从 3 ~ 5 月地下水位有所回升,埋深值逐渐减小,一般在 4 月、5 月达到全年最小值,10 月、11 月地下水深值逐渐增大,11 ~ 12 月基本保持不变,仅部分井在年末稍微有所波动,总体趋势是回归年初的地下水埋深。

5.1.2.3　花海灌区

图 5-9 为花海灌区 6 眼观测井地下水埋深多年月平均变化曲线,从图中可发现除 CG06 监测井,其余观测井地下水埋深在年内随季节变化较为一致。春季和冬季灌区地下水埋深较浅,夏季和秋季埋深逐渐增大,在 7 ~ 10 月达到峰值。

5.1.2.4　年内变化特征

从疏勒河流域三大灌区地下水埋深年内变动来看,大致可分为三个变化阶段:

第一阶段为 1 ~ 4 月,该阶段地下水位相对稳定。气温低,蒸发作用小,没有大面积的灌溉和抽取地下水,地下水埋深较为稳定。同时,3 月、4 月气温有所升高,冰雪开始融化,地下水补给量逐渐增大,该阶段地下水埋深多处于一年中最浅的时期。

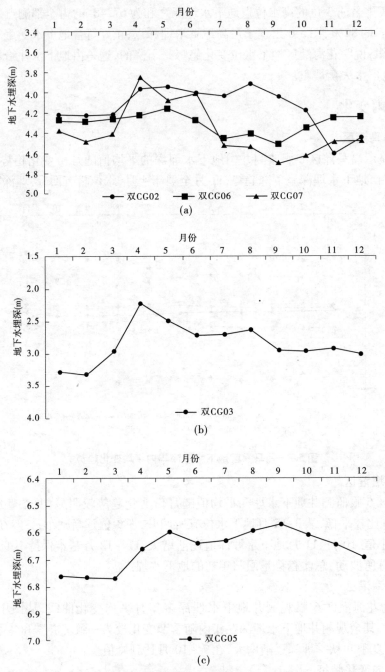

图 5-8　双塔灌区地下水埋深年内变化趋势

　　第二阶段为 5~10 月,属于地下水埋深增长阶段。由于灌区地处西北干旱地区,该阶段降水量少且蒸发量逐渐较大。该阶段作物处于生长期,耗水量大,对于作物生长期的灌水,周期相对较长,灌水定额较大,渠灌水不能满足作物需水要求,为地下水集中开采期,因此地下水埋深有较大幅度的上升,成为低水位期。

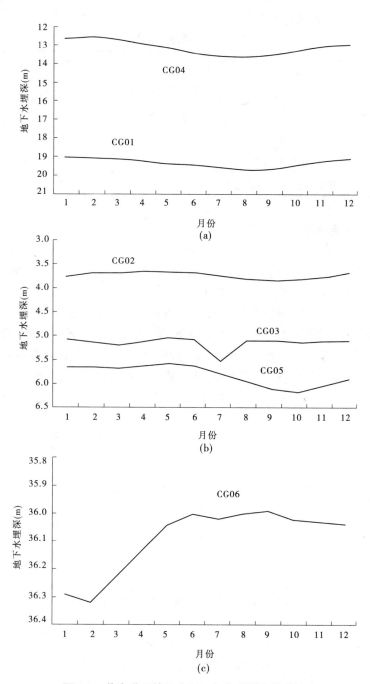

图 5-9　花海灌区地下水埋深年内平均变化曲线

第三阶段为 11～12 月,该阶段作物需水量小,地下水埋深逐渐降低,水位逐渐回升。

5.1.3　地下水动态变化类型

根据影响地下水动态的主要控制因素划分地下水类型,结合当地水文地质条件和地下水埋深情况。研究区的地下水动态类型主要分为渗入 – 径流型、灌溉型、灌溉 – 开采型以及蒸发型。各类地下水动态见表5-4。

表5-4　各类地下水动态

地下水动态类型	主要影响因素	年内动态特征		
		水位年变幅(m)	低水位月份	高水位月份
渗入-径流型	降水入渗,径流排泄	1.6~3.2	4~6	9~11
灌溉型	农田灌溉影响	0.5~1.6	非灌溉月	4~7,9~11
灌溉-开采型	农业灌溉及开采区	0.6~1.8	5~7	非开采月
蒸发型	潜水蒸发和植物蒸腾作用	0.5~1.7	9~10	4~5

5.1.3.1　渗入-径流型

渗入-径流型主要分布于昌马洪积扇及近河流、渠道地带,前述研究区地下水的主要补给来源是疏勒河水以及渠道水的渗漏,所以时间的变化决定着该类型地下水位动态的基本型式,尤其是昌马洪积扇中、上部地下水埋藏较深的区域。

由地下水位动态关系曲线可以看出,该带地下水位变化是很有规律的。每年6~9月疏勒河洪峰期到来,地下水补给量增加,地下水位一般由8月开始持续上升,最高水位期一般在9~11月,当地下水补给量与排出量达到平衡时,水位达到最高点,以后排出量大于补给量,地下水位开始回落,翌年4~6月为低水位期,其年变幅1.6~3.2 m,水位变化多滞后河流流量变化1~3月或更长,如图5-10所示。

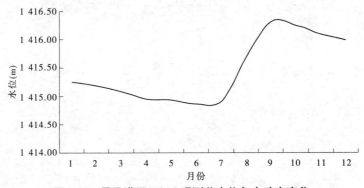

图5-10　昌马灌区CG16观测井水位年内动态变化

5.1.3.2　灌溉型

灌溉型分布于南北盆地细土平原现绿洲河水灌区。地下水位特别是浅层地下水位动态变化受农田灌溉影响很大,每一轮次的灌溉均可造成地下水位的上升,以秋冬灌溉地下水位变化最为显著。其特征为灌溉期4~7月(夏灌)、9~11(冬灌)地下水位上升,非灌溉期水位回落,年水位变幅0.5~1.6 m,如图5-11所示。

5.1.3.3　灌溉-开采型

灌溉-开采型主要分布于项目区地下水开采强度较大的地段以及河水、地下水混合灌溉区。如花海—小金湾、布隆吉、黄花—饮马农场及瓜州的瓜州—南岔一带。地下水位受地下水的开采及灌溉的影响。一般5~7月为地下水主要开采期,潜水位迅速下降,由

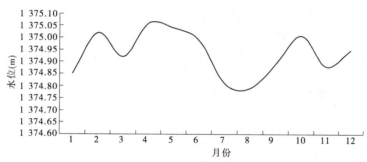

图 5-11 昌马灌区 CG11 观测井水位年内动态变化

于地下水的开采与农田灌溉是同时进行的,灌溉回归水又补给地下水,故该区地下水位在开采期水位波动很大,年变幅一般为 0.6～1.8 m,如图 5-12 所示。

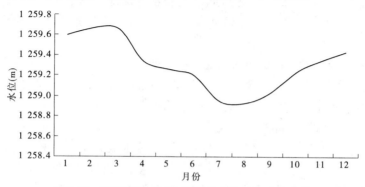

图 5-12 花海灌区 CG04 观测井水位年内动态变化

5.1.3.4 蒸发型

蒸发型主要分布于细土平原区地下水埋深较浅的地区,尤其是埋深小于 1 m 的地区,受气候影响比较显著,地下水位变化主要受潜水蒸发和植物蒸腾作用的影响。分析其地下水位动态关系曲线有两个关节点,一是 2～3 月由负温变正温,地面积雪融化渗入地下,水位上升,一般最高水位出现在 4～5 月,在正温阶段,随着蒸发强度的增大,相应水位下降,9～10 月出现最低水位;二是 11 月气温降至零下,蒸发微弱,水位回升,如图 5-13 所示。水位年变幅为 0.5～1.7 m。该类型主要分布在昌马八道沟以西、布隆吉以南、兔葫芦及青山,瓜州白旗堡,花海毕家滩。

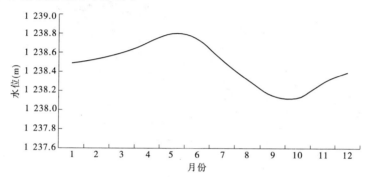

图 5-13 花海灌区 CG03 观测井水位年内动态变化

此外,研究区承压水的顶板埋深较浅,一般为 8 ~ 12 m,个别地段达 15 ~ 20 m,由于顶板岩性多是粉质黏土、粉质壤土等,其延展性又较差,植物根系发育,加之凿井取水,其隔水性能很差,下部承压水与上部浅水水力联系密切,动态基本一致。

5.2　地下水流场及其变化特征

5.2.1　昌马灌区

昌马灌区位于疏勒河中游的玉门—踏实盆地,灌区内分布有疏勒河以及北石河,昌马盆地西部的桥子一带以地下水径流或泉水的形式向西北方向泄入踏实盆地,而东部地下水经青山盆地至红山峡全部汇入北石河以地表水的形式向东北方向泄入花海盆地。以1984 年、1990 年、1995 年、2000 年、2004 年、2012 年昌马灌区地下水位为研究对象,绘制昌马灌区的地下水流场分布,如图 5-14 所示。

在昌马灌区,地下水存在由南向东北和西北两个方向径流。总体上,灌区地下水等水位线南部比北部密集,东部比西部密集;这与灌区的地形以及南北的含水层性质是相符合的,随着地下水的径流,下游盆地的地势平缓,含水层导水性渐差,颗粒渐细,整个灌区南部的水力坡度高于北部,东部的水力坡度高于西部。

昌马灌区几十年来水位变化较大,但区域上并未形成大的降落漏斗,流场形态基本未变,径流方向也未发生明显改变,只是存在整体区域上的水位升降。昌马 1984 ~ 2000 年地下水位逐渐下降,尤其是 2002 年昌马水库建成蓄水后,昌马洪积扇补给量锐减,地下水的补给来源以渠系水渗漏补给和田间灌溉入渗补给为主,虽然灌溉面积在增大,但是由于节水意识和灌溉效率的提高,2004 ~ 2012 年间地下水位依旧有下降的趋势。

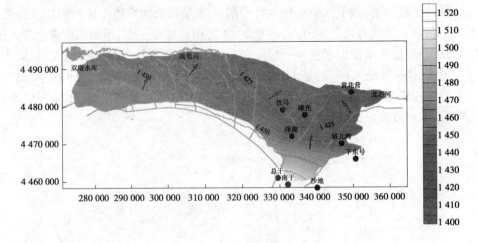

(a)1984 年

图 5-14　昌马灌区地下水流场分布

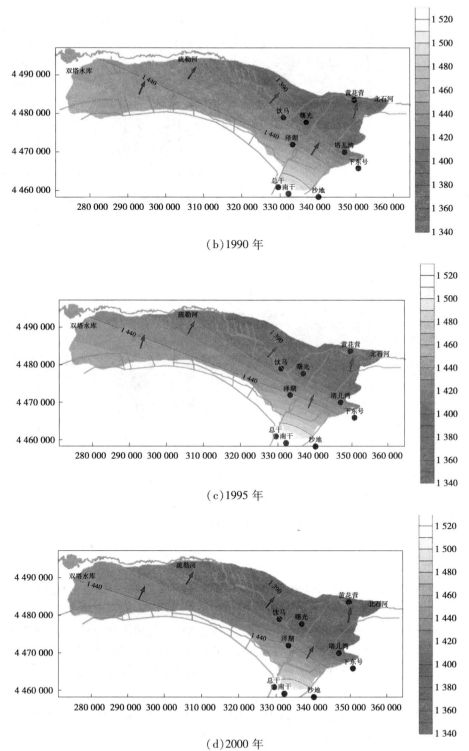

(b)1990 年

(c)1995 年

(d)2000 年

续图 5-14

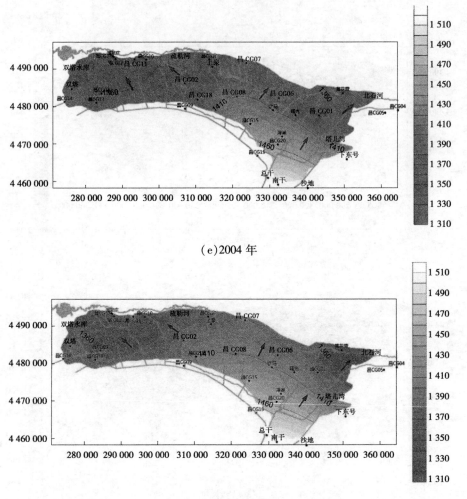

(e)2004 年

(f)2012 年

续图 5-14

5.2.2　双塔灌区

双塔灌区位于瓜州 - 敦煌盆地东部,地下水主要接受双塔水库河道入渗补给渠系水渗漏补给、田间灌溉入渗补给。以 2004 年、2012 年双塔灌区地下水位为研究对象,绘制双塔灌区地下水流场分布图,如图 5-15 所示。在双塔灌区,地下水整体流向为自东向西。灌区地下水在中沟一队处较密集,地下水位较四周高,局部地下水向四周流动。由于双塔灌区地处疏勒河下游,整体上地下水径流强度普遍较弱,水力坡度自东向西减小、径流平缓。

近几年来,双塔灌区地下水位 2004～2012 年逐渐下降,这是由于双塔水库蓄水完全受人为控制调节,大部分河水被引入田间灌溉,尤以 2002 年昌马水库建成后,昌马、双塔、赤金峡水库联合调水,进一步减少了出山水量。地下水补给量一直呈削减态势。

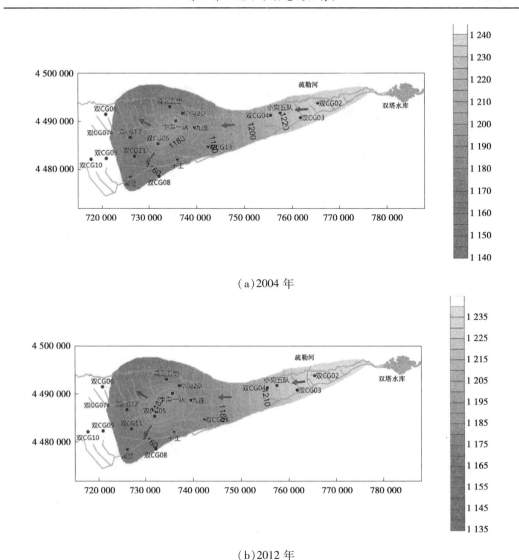

（a）2004 年

（b）2012 年

图 5-15　双塔灌区地下水流场分布

5.2.3　花海灌区

　　花海盆地地下水主要接受北石河、石油河、断山口河等河渠水以及灌区灌溉入渗，地下水从南部向干海子汇流，水力坡度为 2.5‰～4‰，灌区为主要开采区，下游区径流渐弱，蒸发蒸腾为主要排泄途径。以 2004 年、2012 年花海灌区地下水位为研究对象，绘制花海灌区地下水流场分布图，如图 5-16 所示。在花海灌区，地下水由西南向东北径流。灌区地下水等水位线在西南部比东北部密集，这与花海灌区地处疏勒河下游、地下水径流强度普遍减弱有关，西南部的水力坡度高于东北部。近几年来，花海灌区地下水位从 2004～2012 年逐渐下降，其原因为 2002 年昌马水库建成蓄水后，地表径流经赤金水库调节后进入花海盆地，又经过河道入渗补给渠系水渗漏补给及田间灌溉入渗补给地下水，地下水补给量锐减且地下水开采量逐年增加。

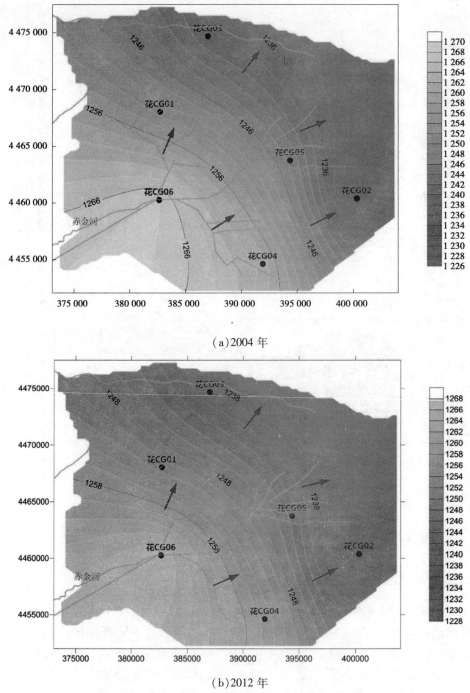

（a）2004 年

（b）2012 年

图 5-16　花海灌区地下水流场分布

5.3　本章小结

（1）近 10 年来,三大灌区的地下水位动态都呈年际间持续小幅下降的趋势。昌马灌区地下水埋深 2002~2007 年逐渐增大,2007 年后埋深呈逐年减小后增大趋势,2007 年的地下水埋深值在该时段内达到最大。原因是在 2007 年昌马灌区中井水与泉水的开采量最高值达 10 311.73 万 m^3。花海灌区地下水埋深 2001~2004 年逐渐增大,水位逐渐下降,2005~2009 年地下水埋深减小,地下水位回升,2007 年以后,地下水埋深骤然增大。双塔灌区在 2003~2008 年各观测井埋深呈增大趋势,基本上到 2008 年达到最大埋深,随后 2009 年地下水埋深除双 CG08 均有所减小,双 CG08 的数据在 2008 年出现罕见的极小值(4.72 m),与其他年份的平均值(9.5 m)差距较大。

(2)根据三大灌区地下水埋深年内变动,大致分为三个阶段:第一阶段为 1~4 月,该阶段地下水位相对稳定。第二阶段为 5~10 月,地下水埋深增加。第三阶段为 11~12月,地下水埋深逐渐降低,水位逐渐回升。

(3)三大灌区地下水的动态类型主要有渗入-径流型、灌溉型、灌溉-开采型以及蒸发型。

(4)近 30 年的长期观测孔中地下水流场表明,昌马灌区地下水存在由南向东和西北两个方向的径流,水位变化较大,但区域上并未形成大的降落漏斗。灌区等水位线南部较北部密集,东部较西部密集。1984~2000 年,灌区地下水位逐渐下降,随着昌马水库的建成蓄水,昌马冲洪积扇的补给量锐减,地下水位仍然处于下降趋势。双塔灌区地下水整体流向为自东向西,径流平缓,在中沟一队形成降落漏斗,2004~2012 年地下水位呈下降趋势。花海灌区地下水由西南向东北径流,西南部等水位线较东北部密集,未形成明显的降落漏斗。随着灌区土地面积和地下水开采量的逐渐增加,2004~2012 年地下水位呈下降趋势。

第6章　水化学及同位素历史演变规律

6.1　水化学特征及演变规律

6.1.1　地表水化学特征

祁连山来水是疏勒河流域唯一的地表径流,受第四系地质条件的控制,径流出山后以地表水与地下水两种形式相互重复转化,成为中下游陆地水循环运动的一个重要的组成部分。作为研究区地下水重要的补给来源,地表水(主要指河水)输送的离子浓度和有效通量对地下水化学特征的形成具有重要意义。

地表水的地球化学组成是流域水文、降水、地层、土壤、植被及物理、化学风化和流域的环境变化的综合反映,同时是地形和岩石矿物特征重要响应的表现。疏勒河流域地表水主要由山区降水和冰雪融水组成。从山区到盆地,地表水化学分布受当地气象气候、水文地质的综合影响,一方面在干旱气候下不断蒸发使得地表水矿化度不断增高;另一方面,与地下水多次转化,导致该区地表水水化学在不同地带分布差异较大。

表6-1列出了上游山区地表水的基本化学参数,由于祁连山海拔较高,蒸发相对较弱,山区地表水 TDS 均小于 1 g/L,冰雪融水的 TDS 为 272 ~ 704 mg/L,电导率介于 493 ~ 1 419 μs/cm,pH 为 7.89 ~ 7.95,呈现一定的弱碱性。主要水化学类型是$HCO_3^- \cdot SO_4^{2-}$—$Ca^{2+} \cdot Mg^{2+}$型。河水的矿化度也很低,三条主要河流的 TDS 均小于 500 mg/L。其中,疏勒河上游矿化度最低,为 247 mg/L,榆林河较高,达到 444 mg/L。三个河水样的 pH 平均值为8.38,略大于冰雪融水。

表6-1　疏勒河上游山区地表水基本化学参数

区域	样品类型	温度 (℃)	pH	TDS (mg/L)	电导率 (μs/cm)	水化学类型
山区	冰雪融水	6.5	7.8	272	493	$HCO_3^- \cdot SO_4^{2-}$—$Ca^{2+} \cdot Mg^{2+}$
	冰雪融水	7.1	7.9	341	600	$HCO_3^- \cdot SO_4^{2-}$—$Ca^{2+} \cdot Mg^{2+}$
	冰雪融水	12.3	7.95	704	1 419	$SO_4^{2-} \cdot Cl^-$—$Na^+ \cdot Ca^{2+}$
	党河	15.4	8.55	298	614	HCO_3^-—Ca^{2+}
	疏勒河	15.0	8.41	247	509	HCO_3^-—Ca^{2+}
	榆林河	13.4	8.17	444	906	SO_4^{2-}—$Ca^{2+} \cdot Mg^{2+}$

河流出山进入盆地后,随着蒸发作用的加强,TDS 含量增加。从图 6-1 可以看出,昌

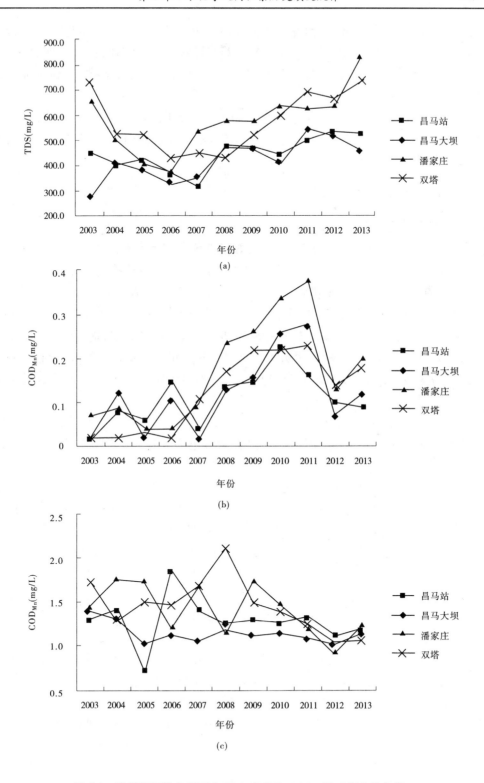

图 6-1　疏勒河干流各断面中 TDS、氨氮和 COD_{Mn} 随时间变化曲线

马站的河水来源于上游河水,在水化学特征和演变上延续了上游河水特性,相比而言,矿化度有所增加,范围为 315～543 mg/L。到下游双塔水库和潘家庄,矿化度明显增加,最高年份达到 839 mg/L。表明地表水沿径流路径表现出明显的富集现象,反应了强烈的蒸发效应。

地表水中氨氮含量较低,均小于 0.5 mg/L,大部分年份在 0.2 mg/L 以下,属于 Ⅰ 类或 Ⅱ 类水。COD$_{Mn}$ 的含量均小于 2.0 mg/L,属于 Ⅰ 类水。总体而言,地表水是较好的淡水资源,适宜灌溉。

6.1.2　地下水化学特征

6.1.2.1　地下水历史演变规律

研究区地下水水质、水化学的历史监测数据来源于甘肃省玉门市疏勒河管理局的多年实测资料,监测时间为 1998～2011 年期间每年的第一季度和第三季度,监测点位置主要分布在冲洪积扇前缘浅埋溢出带和垂直交替带,具体位置见第 3 章表 3-14 和图 3-10。水化学监测内容包括 pH、TDS、阳离子(Na$^+$ + K$^+$、Ca^{2+}、Mg^{2+})、阴离子(Cl$^-$、SO$_4^{2-}$、HCO$_3^-$),其测试结果见第 3 章表 3-16～表 3-21。从表中可以看出,地下水中 pH 变化范围基本在 7～8.5,基本呈弱碱性,少数碱性略强。各监测点处地下水中 pH 随时间波动范围不大,较为稳定,上泉在 2010 年以后地下水 pH 有较为明显的增大,反映了该处地下水在 2010 年后水质变差。

1. 矿化度(TDS)变化规律

溶解性总固体(TDS)指水中溶解组分的总量,包括溶解于地下水中各种离子、分子、化合物的总量,是反映地下水水质好坏的一个重要指标。

地下水中矿化度(TDS)随时间变化如图 6-2 所示。从图中可以看出,各监测点处地下水矿化度总体含量均较高。在洪积扇中部,南干井、总干所和沙地井处地下水中矿化度含量较低,均小于 1 g/L,地下水水质较好。而在洪积扇扇缘处地下水水质变差,尤其是塔儿湾、黄花营、上泉、潘家庄和双塔五处监测点,地下水的矿化度随时间变化起伏变化尤为强烈。其中,塔儿湾和上泉矿化度含量稍低一点,在 0.5～2.5 g/L 波动;潘家庄和双塔较高,在 0.5～3.5 g/L 波动,而黄花营矿化度含量最高,最低都在 2 g/L 以上,最高达到 4.5 g/L 左右,水质最差属于微咸水和咸水,表明昌马洪积扇中地下水向西北和东北径流过程中逐步淋滤积累盐分,盐碱化现象严重。

塔儿湾、黄花营、上泉、潘家庄和双塔五处监测点的地下水矿化度随时间变化规律基本相同,在 1998 年 2 月至 2001 年 4 月地下水矿化度整体呈现波动上升,在 2001 年 4 月至 2003 年 4 月地下水矿化度整体呈现波动下降;在 2003 年 4 月至 2005 年 4 月地下水矿化度整体呈现波动上升,在 2005 年 4 月至 2008 年 3 月地下水矿化度整体呈现波动下降;在 2008 年 3 月至 2009 年地下水矿化度整体呈现波动上升,至 2010 年 8 月地下水矿化度整体呈现波动下降;至 2011 年 4 月上升,2011 年 8 月又下降。在 2008 年以前,地下水矿化度随时间变化周期约 4 年,2008 年以后地下水矿化度随时间变化更加频繁,周期约为 2 年,反映了监测点水质逐渐变差。

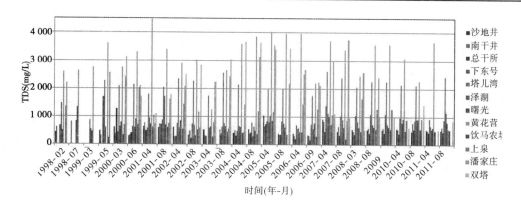

图 6-2　各监测点处矿化度随时间变化图

2. 阳离子变化规律

如图 6-3、图 6-4 所示,从图中可以看出,各监测点处地下水中 Ca^{2+} 和 Mg^{2+} 含量随空间和时间的变化波动强烈,在上游沙地井、南干井、总干所等监测点处,Ca^{2+} 含量均小于 100 mg/L,Mg^{2+} 含量均小于 100 mg/L。在下游的塔儿湾、黄花营、潘家庄和双塔监测点处,Ca^{2+} 和 Mg^{2+} 含量均大于 100 mg/L,尤其是黄花营监测点处最高。其中,上泉 Ca^{2+} 和 Mg^{2+} 含量和波动稍小,塔儿湾、潘家庄和双塔次之,黄花营波动最大。

Ca^{2+} 和 Mg^{2+} 含量随时间变化频繁,周期约为 2 年,1998 年 7 月至 1999 年 5 月波动下降,1999 年 5 月至 2000 年 6 月波动上升;2000 年 6 月至 2001 年 8 月波动下降,2001 年 8 月至 2003 年 4 月波动上升;2003 年 4 月至 2004 年 4 月波动下降,2004 年 4 月至 2005 年 4 月波动上升;2005 年 4 月至 2009 年波动下降,2009 年至 2011 年波动上升;变化规律与矿化度变化规律大致吻合。总体上,地下水中 Ca^{2+}、Mg^{2+} 含量随时间季节波动变化强烈,丰水期(2001 年 8 月、2003 年 8 月、2005 年 8 月、2011 年 8 月)明显高于枯水期(2000 年 3 月、2003 年 4 月、2005 年 4 月、2011 年 4 月)。

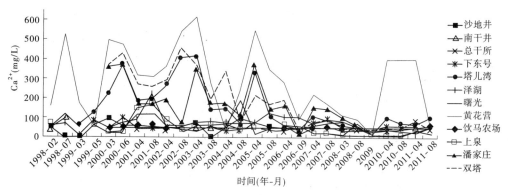

图 6-3　监测点处 Ca^{2+} 含量随时间变化

3. 阴离子变化规律

如图 6-5 所示,绝大多数监测点地下水中 HCO_3^- 含量随空间和时间变化波动都较明显。除沙地井、总干所、下东号和饮马农场四处随时间变化较小,含量一直都较为稳定外,

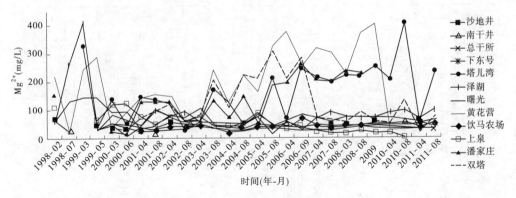

图 6-4　监测点处 Mg^{2+} 含量随空间变化

其余各监测点水中 HCO_3^- 含量随着季节时间变化波动较为明显。HCO_3^- 含量变化与地下水 pH 变化相关,一般弱酸性条件下,水中 HCO_3^- 含量较高;弱碱性条件下,水中除了 HCO_3^- 还有 CO_3^{2-} 存在,碱性增强水中会出现 OH^-。如双塔从 2000 年开始,水中 HCO_3^- 含量总体趋势一直在降低,这与地下水 pH 从 2000 年开始总体趋势一直在增大相关。

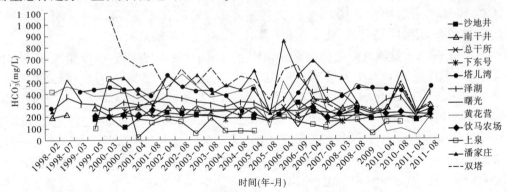

图 6-5　监测点处 HCO_3^- 含量随时间变化

　　Cl^- 在自然界中是相对较为稳定的元素,地下水中 Cl^- 不依赖于其他离子,其含量会随着矿化度的增加而有所增加,但由于氯化物极不容易达到饱和,所以在蒸发作用下,地下水浓度会增高,如图 6-6 所示。从图中可以看出,地下水中 Cl^- 含量的变化和地下水中矿化度的变化密切相关,塔儿湾、黄花营、上泉、潘家庄和双塔五处地下水中 Cl^- 含量随空间和时间变化明显,这与这些监测点的矿化度变化规律基本相同,尤其是黄花营变化尤为明显,黄花营监测点位于冲洪积扇扇缘泉水溢出带前缘,与下游的荒漠细土平原区交界,这里蒸发尤为强烈,蒸发浓缩作用强,使得地下水中矿化度高且水质最差。

　　监测点 SO_4^{2-} 变化见图 6-7,从图中可以看出,除塔儿湾、黄花营、潘家庄和双塔四处监测点外,其余监测点处地下水中 SO_4^{2-} 含量均小于 500 mg/L,且较为稳定,随空间和时间变化不大。塔儿湾、黄花营、潘家庄和双塔四个监测点地下水中 SO_4^{2-} 含量随空间和时间变化尤为明显,这四个监测点均位于冲洪积扇的扇缘泉水溢出带的最边缘地区,处于与下游的荒漠细土平原相交界地带,蒸发浓缩作用强烈,水中 SO_4^{2-} 含量高可能与水岩作用活跃有关,这些地区土层中除了岩盐,可能还含有膏盐层($CaSO_4$)。

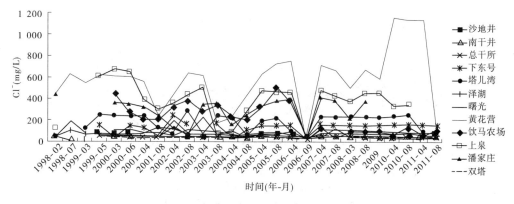

图6-6　各监测点处 Cl^- 含量随时间变化

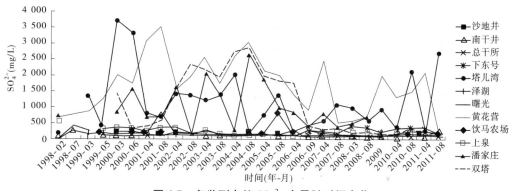

图6-7　各监测点处 SO_4^{2-} 含量随时间变化

6.1.2.2　地下水现状分析

1.水质时空变化特征

野外现场监测点位置如图3-10所示。根据6次采集水样的检测结果,重点分别分析 pH、矿化度和电导率、各阴阳离子的时空变化特征。

1)pH 时空变化规律

水样的 pH 随时间和空间变化如图6-8所示。从图中可以看出,大部分水样为弱碱性,pH 随季节变化范围不大,基本在 7.0～8.5 变化。其中,1 号泉、柳河乡 2 号泉、布隆吉乡 2 组和黄闸湾乡均衡场水样随时间波动略大于其他水样点,3 月水样 pH 高于其他月份。

从图中可以看出,总体上看,位于扇顶和扇中的各个取样点水样的 pH 差异性相对较小,基本稳定在 7.5 上下,表明扇顶到扇中各处取样点水力联系较好,而位于扇缘各处的取样点 pH 差异性较大,其中 1 号泉和柳河乡 2 号泉水样 pH 总体水平相对于扇缘其他取样点略低,黄闸湾乡均衡场和 4 号泉水样 pH 总体水平相对于扇缘其他取样点略高。2014 年 3 月整个冲洪积扇上各个取样点的 pH 较其他月份空间差异性最大。

2)TDS 和电导率时空变化规律

从图6-9 和6-10 可以看出,各取样点的电导率(EC)和矿化度(TDS)随季节变化趋势基本一致,即在 6 月和 9 月各参数值均大于其他月份的各参数值。这是因为研究区降雨

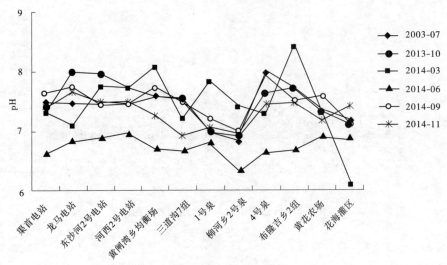

图 6-8　不同时间各取样点 pH 变化曲线

稀少,夏季温度高,蒸发大,蒸发浓缩作用强,故矿化度要高于其他月份。其中 1 号泉、柳河乡 2 号泉、4 号泉和黄花农场的矿化度较高,且随季节变化较其他取样点尤为明显。

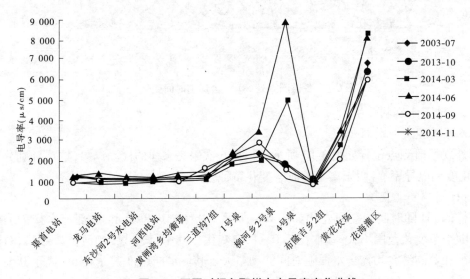

图 6-9　不同时间各取样点电导率变化曲线

　　空间分布上从洪积扇顶部至扇缘及下游的荒漠细土平原区,地下水水质逐渐变差。位于上部的渠首电站、龙马电站、东沙河 2 号电站和河西电站处的地下水中 TDS 基本都稳定在 500～700 mg/L,表明表层潜水属于淡水。地下水向北径流过程中逐步淋滤积累盐分,至黄花农场地下水中 TDS 递增,逐步过渡大于 1 000 mg/L,属于微咸水。在泉水溢出带的柳河乡 2 号泉和 4 号泉处,地下水中 TDS 较高,尤其是 4 号泉,在 2014 年 6 月达到 6 220 mg/L,原因是蒸发浓缩作用强烈。花海灌区表层水蒸发浓缩,TDS 大于 6 000 mg/L。

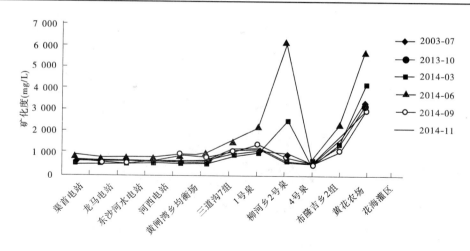

图 6-10　不同时间各取样点矿化度变化曲线

3）阳离子变化规律

各取样点处水样中 Ca^{2+} 含量随时空变化曲线如图 6-11 所示。从图中可以看出，大部分取样点水样中 Ca^{2+} 含量较为稳定，随季节没有明显的变化。其中 1 号泉、柳河乡 2 号泉、4 号泉和黄花农场 Ca^{2+} 含量随季节变动较大，在 3 月含量明显高于其他月份。可能原因是：地下水中 Ca^{2+} 含量受到蒸发浓缩作用的影响。蒸发浓缩作用是指在地下水埋深较浅的地方，地下水因毛细水位上升作用，随着水分的蒸发溶液逐渐浓缩，溶解固体总量增高；与此同时，溶解度较小的盐类（如 Ca^{2+}）在水中达到饱和而相继析出。因此，经过蒸发浓缩作用后，地下水的含盐总量和含盐类型都将发生变化。1 号泉、柳河乡 2 号泉、4 号泉为出露泉，黄花农场地下水埋深浅，受蒸发浓缩作用影响大，3 月相对于其他月份来说温度最低，蒸发强度小，而其他月份温度高，蒸发强度大，尤其是 6 月，由于 Ca^{2+} 溶解度小，很容易受蒸发浓缩作用达到饱和而析出，故而在温度低蒸发小的 3 月 Ca^{2+} 含量高，而其他月份含量低。

从扇顶（昌马水库）到扇中（渠首电站、龙马电站、东沙河 2 号电站、河西电站）Ca^{2+} 含量变化幅度不大，较为稳定，至扇缘（黄花农场）处 Ca^{2+} 含量明显增大，水质变差。扇缘上各取样点 Ca^{2+} 含量变化较大，整体含量较大，其中黄花农场、1 号泉、柳河乡 2 号泉和 4 号泉 Ca^{2+} 含量高于其他各点，尤其是 3 月，含量在 200 mg/L 左右。

各取样点处 Mg^{2+} 含量随时间变化曲线如图 6-12 所示。从图中可以看出，绝大多数取样点 Mg^{2+} 含量随季节变化并不明显，但在温度较低的 3 月、10 月和 11 月，Mg^{2+} 含量要略高于其他月份，原因是其他月份温度高，蒸发浓缩作用强烈，Mg^{2+} 属于溶解度较低的离子，容易在蒸发浓缩作用下达到饱和析出，故温度较高的月份含量要低于温度较低的月份。其中，4 号泉 Mg^{2+} 含量从 2013 年 10 月开始突然增高，2014 年 3 月基本达到浓度最大值直到同年 6 月开始突然降低，至同年 9 月降低至正常水平，可能原因是这段时间 4 号泉有来自外界的 Mg^{2+} 污染所致，属异常情况。

各取样点 Mg^{2+} 含量在冲积扇空间分布差异性与 Ca^{2+} 相似，A 断面上，扇顶（昌马水库）到扇中下游（河西电站）Mg^{2+} 含量十分稳定，基本在 50 mg/L 以下，径流至扇缘（黄花

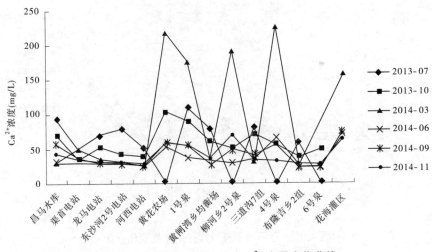

图 6-11　各时段取样点水样 Ca^{2+} 含量变化曲线

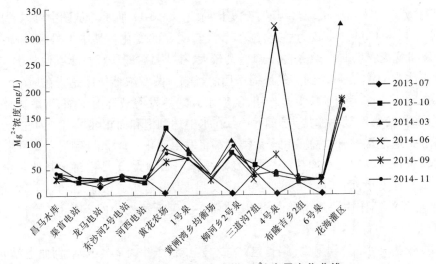

图 6-12　各时段取样点水样 Mg^{2+} 含量变化曲线

农场)处,Mg^{2+} 含量增高。扇缘各处取样点 Mg^{2+} 含量总体水平高于扇顶和扇中。

从图 6-13 和图 6-14 中可以看出,研究区大部分取样点水样中的 Na^+、K^+ 含量都较为稳定,随季节变化不明显,除黄花农场和 4 号泉略有起伏,3 月含量增高。A—A 纵断面上除位于扇缘地带的黄花农场 Na^+、K^+ 含量较高外,其他各点含量较低且基本稳定。B—B 横断面上的 4 号泉和花海灌区处蒸发强烈,蒸发浓缩作用强,Na^+ 含量较高,尤其是花海灌区尤为明显。

4) 阴离子变化规律

从图 6-15 中可以看出,各取样点水中 HCO_3^- 含量随季节变化均不明显,含量都较为稳定,其中在 1 号泉、柳河乡 2 号泉和 4 号泉取样点处水中 HCO_3^- 含量各个月份均较高,其中柳河乡 2 号泉处最高值达到 400 mg/L。A—A 纵断面上,扇顶(昌马水库)到扇中下游(河西电站)HCO_3^- 含量比较稳定,变化范围为 120 ~ 150 mg/L,径流至扇缘(黄花农

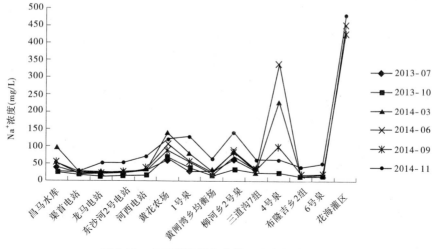

图 6-13　各时段取样点水样 Na$^+$ 含量变化曲线

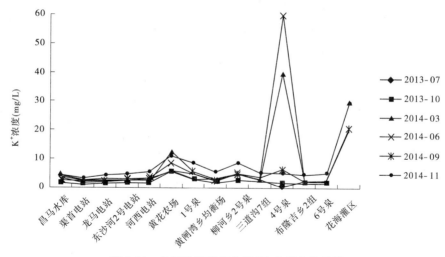

图 6-14　各时段取样点水样 K$^+$ 含量变化曲线

场)处,HCO$_3^-$ 含量增高。

各取样点处 CO$_3^{2-}$ 含量随时间变化曲线如图 6-16 所示。从图中可以看出,各取样点水样中所含 CO$_3^{2-}$ 浓度并不高,除了花海灌区,水样中 CO$_3^{2-}$ 含量最高 35 mg/L 左右,浓度随季节变化也不明显,变动幅度也很小。地下水中 CO$_3^{2-}$ 含量的变化与 pH 有一定的关系,在弱碱性条件下,HCO$_3^-$ 会电出 H$^+$ 和 CO$_3^{2-}$。各取样点 CO$_3^{2-}$ 含量在冲洪积扇上空间分布差异性较大,总体上扇缘各处取样点差异性要大于扇顶和扇中处。

各取样点 Cl$^-$ 含量随时间变化曲线如图 6-17 所示。Cl$^-$ 是自然界中相对比较稳定的保守元素,地下水中 Cl$^-$ 并不依赖其他离子,其含量只随着矿化度的增加而有所增加,但由于氯化物溶解度很高,极不容易达到饱和状态,所以随着蒸发浓缩作用,地下水中 Cl$^-$ 的含量会增高。研究区内大部分取样点由于地下水埋深较深,受蒸发浓缩作用不明显,故而 Cl$^-$ 含量相对稳定,随季节没有明显的变化。其中,1 号泉、柳河乡 2 号泉、4 号泉和黄

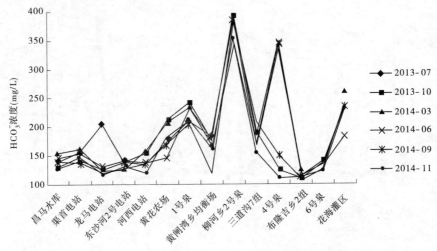

图 6-15　各时段取样点水样 HCO_3^- 含量变化曲线

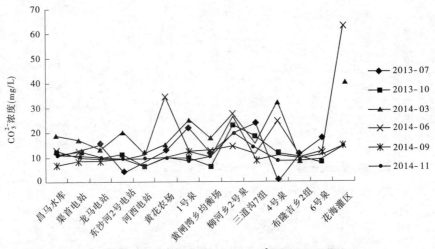

图 6-16　各时段取样点水样 CO_3^{2-} 含量变化曲线

花农场水样中 Cl^- 含量随季节变化尤为明显,1 号泉、柳河乡 2 号泉和 4 号泉为出露泉,黄花农场地下水埋深浅,受蒸发浓缩作用影响大,故而在温度高且蒸发浓缩作用强烈的 6 月、7 月 Cl^- 含量明显高于其他月份。Cl^- 含量随空间变化规律与矿化度变化规律相似。位于扇顶和扇中的取样点 Cl^- 含量较低,较为稳定。扇缘上的取样点 Cl^- 含量总体上较高,空间部分差异性较大。其中黄花农场、柳河乡 2 号泉和 4 号泉 Cl^- 含量较高,尤其是在温度较高的 6 月、7 月,受蒸发浓缩作用影响明显。

从图 6-18 中可以看出,各取样点水中 SO_4^{2-} 含量都较高,但大部分随季节变化不明显,含量较为稳定,只有黄花农场、4 号泉和花海灌区变化较大。黄花农场位于 A—A 纵断面上扇缘与下游荒漠细土平原交界处,水质较差;4 号泉属出露泉,花海灌区位于下游荒漠细土平原区内,这些地区蒸发强烈,蒸发浓缩作用强,矿化度高,水质较差,花海灌区尤为明显。

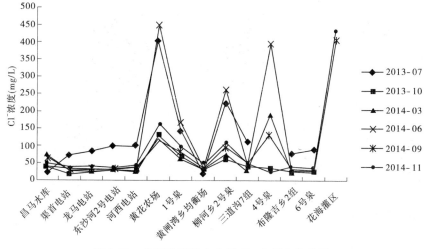

图 6-17　各时段取样点水样 Cl^- 含量变化曲线

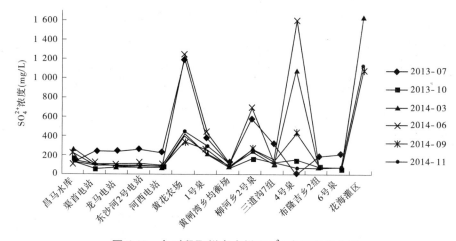

图 6-18　各时段取样点水样 SO_4^{2-} 含量变化曲线

2.地下水水化学特征

地下水水化学类型是地下水化学成分的集中反映,有助于识别区域水文地球化学特征,进而加深对区域地下水补给循环特征的认识,了解水化学的演化规律和影响机制。目前对地下水化学分类有多种方法,其中运用最广的是 Piper 三线图。本次研究将各时段水样结果投射在 Piper 图上(见图 6-19),分析地下水水化学类型。

从图 6-19(a)可以看出,2013 年 7 月地下水样点相对集中,其特点为地下水中的碱土金属离子(Ca^{2+}、Mg^{2+})含量高,超过了碱金属离子(Na^+、K^+);强酸根离子(SO_4^{2-}、Cl^-)多于弱酸根离子(HCO_3^-);非碳酸盐硬度超过 50%。阳离子以 Ca^{2+}、Mg^{2+} 为主,阴离子以 $SO_4^{2-}+Cl^-$ 为主,水质类型多为 $SO_4^{2-}\cdot Cl^-\cdot HCO_3^-$—$Ca^{2+}\cdot Mg^{2+}$ 型水为主,反映了地下水演化过程中的主导因素可能为蒸发浓缩作用。

从图 6-19(b)可以看出,研究区地下水水质较同年 7 月发生了变化,碱土金属离子超过碱金属离子;图中部分水样点下移,弱酸根离子多于强酸根离子,碳酸盐硬度超过

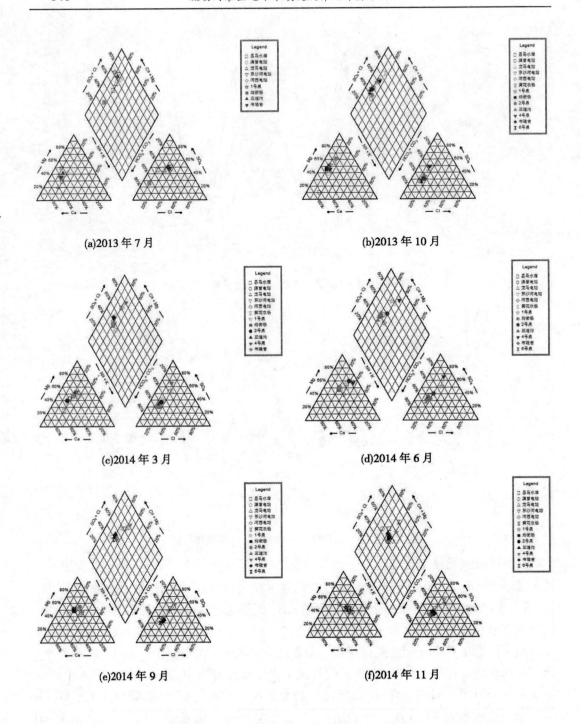

图 6-19　各个取样点处不同时间 Piper 三线图

50%。其他水样点强酸超过弱酸,非碳酸盐硬度超过 50%。渠首电站、黄闸湾乡均衡场、柳河乡 2 号泉、布隆吉乡 2 组和 6 号泉取样点水质为 $HCO_3^- \cdot SO_4^{2-}—Ca^{2+} \cdot Mg^{2+}$ 型水,

其他取样点为 SO_4^{2-}·Cl^-·HCO_3^-—Ca^{2+}·Mg^{2+} 型水,可能原因是 10 月较 7 月蒸发强度减弱导致了部分取样点水质的变化。

图 6-19(c)为 2014 年 3 月各取样点水质测试结果,从图中可以看出其特点与 2013 年 10 月没有较大变化,部分取样点(渠首电站、龙马电站、东沙河 2 号电站、河西电站、黄闸湾乡均衡场、布隆吉乡 2 组)为 HCO_3^-·SO_4^{2-}·Cl^-—Ca^{2+}·Mg^{2+} 型水,其他地下水水质类型仍以 SO_4^{2-}·Cl^-·HCO_3^-—Ca^{2+}·Mg^{2+} 型水为主。

从图 6-19(d)中可以看出,2014 年 6 月研究区地下水水质较同年 3 月发生了变化,整体水样呈现上移趋势,阳离子 Ca^{2+}、Mg^{2+} 含量较 3 月整体呈增大趋势,同时 Na^+、K^+ 含量也有增大,地下水水质以 SO_4^{2-}·Cl^-·HCO_3^-—Ca^{2+}·Mg^{2+} 型水为主。其中,均衡场和 6 号泉为 HCO_3^-·SO_4^{2-}·Cl^-—Ca^{2+}·Mg^{2+} 型水。部分取样点的 Na^+、K^+ 含量较大,如黄花农场和 4 号泉,水质类型向 Cl^-·SO_4^{2-}—Na^+·Mg^{2+} 型水转变。导致水质发生变化的原因可能为研究区降雨稀少,6 月气温升高,蒸发作用加强。

2014 年 9 月研究区地下水水质测试结果如图 6-19(e)所示。从图中可以看出,9 月水质与同年 6 月没有发生太大的变化,地下水整体水平 Na^+、K^+ 含量降低,Ca^{2+} 含量开始增大,地下水水质以 SO_4^{2-}·HCO_3^-·Cl^-—Ca^{2+}·Mg^{2+} 型水为主。其中黄闸湾乡均衡场、6 号泉为 HCO_3^-·SO_4^{2-}·Cl^-—Ca^{2+}·Mg^{2+} 型水。

从图 6-19(f)可以看出,2014 年 11 月地下水水质同 9 月比较略有变化,部分水样点略有下移。阳离子仍以 Ca^{2+}、Mg^{2+} 为主,地下水仍以 SO_4^{2-}·Cl^-·HCO_3^-—Ca^{2+}·Mg^{2+} 型水为主。其中渠首电站、龙马电站、东沙河 2 号电站、河西电站没有较为明显的离子特征。

综合 2013 年 7 月、10 月和 2014 年 3 月、6 月、9 月和 11 月 6 次地下水水质 Piper 三线图来看,在山前冲洪积扇的扇顶,地下水接受河流渗漏补给,地下水 TDS 浓度较低,水化学作用主要以溶滤作用为主,地下水类型以 HCO_3^-·SO_4^{2-}—Ca^{2+}·Mg^{2+} 型水为主。由山前冲积扇到扇缘溢出带,地下水基本以水平径流为主,沿流动途径地下水位逐渐变浅,地下水中矿化度逐渐增大,阳离子由 Ca^{2+} 向 Mg^{2+}、Na^+ 方向演化,阴离子由 HCO_3^- 向 SO_4^{2-} 和 Cl^- 演化。溢出带以下的细土平原区,地下水径流变缓,水位埋深较浅,甚至接近地表,受强烈蒸发作用的影响,同时受灌溉水入渗的影响,矿化度明显变大,水化学类型以 SO_4^{2-}·Cl^-·HCO_3^-—Ca^{2+}·Mg^{2+} 型水为主,局部地段呈 Cl^-(SO_4^{2-})·SO_4^{2-}(Cl^-)·HCO_3^-—Na^+ 型水。这也符合干旱地区从补给区到排泄区地下水演化趋势。

部分取样点水样随着季节的变化发生变化,如渠首电站、河西电站、东沙河 2 号电站、龙马电站在 3 月为 HCO_3^-·SO_4^{2-}·Cl^-—Ca^{2+}·Mg^{2+} 型水,而在 6 月、7 月为 SO_4^{2-}·Cl^-·HCO_3^-—Ca^{2+}·Mg^{2+} 型水,进入 9 月和 11 月,地下水水质变为没有较为明显的离子特征,SO_4^{2-}、Cl^- 和 HCO_3^- 含量没有较大的差异。部分水样随季节变化较小,如黄闸湾乡均衡场和 6 号泉在不同的季节基本都为 HCO_3^-·SO_4^{2-}·Cl^-—Ca^{2+}·Mg^{2+} 型水;黄花农场在不同的季节均为 SO_4^{2-}·Cl^-·HCO_3^-—Ca^{2+}·Mg^{2+} 型水。这反映了研究区地下水演化过程的主导因素为蒸发浓缩作用,6 月、7 月相对于其他月份阴阳离子含量均较高,可能原因是 6 月、7 月温度高,日照强,蒸发浓缩作用更强。

6.1.2.3　地下水演化规律

溶解物质是水体与围岩环境相互作用的结果,因此地下水中的各个离子可以指示水体的来源和演化。本书采用 Cl^- 为示踪元素,通过分析它与其他离子之间的关系,洞察含水层中地下水化学的演化规律。研究区 TDS、SO_4^{2-}、Na^+、K^+、HCO_3^-、NO_3^- 与 Cl^- 的相互关系见图 6-20。

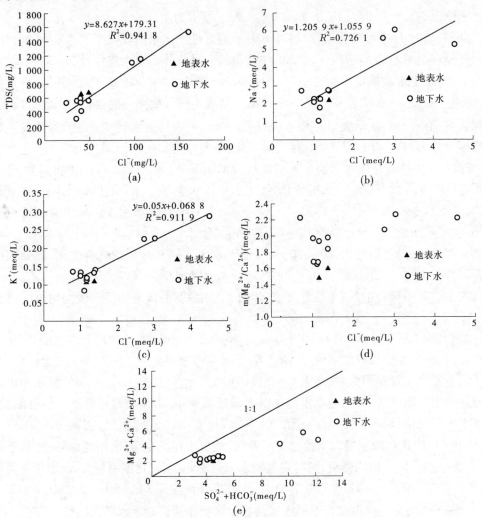

图 6-20　地下水中各种离子的相互关系图

从图 6-20(a)可以看出,研究区地下水中 Cl^- 和 TDS 相关性非常好,相关系数达到 0.941 8,反映了 Cl^- 对地下水含盐量的稳定贡献。同时说明氯元素的保守性,自然水体在演化过程中,氯被保存下来不断地参与地下水矿化度积累。在低矿化度水中,氯离子含量低,随着地下水矿化度程度增强,氯离子的绝对含量和相对含量不断增加,并最终占据主导地位,尤其是在干旱区潜水中,它与矿化度表现出较好的正比关系。图 6-20(b)显示,地下水中 Na^+ 和 Cl^- 具有线性关系,mNa^+/Cl^- 比率是稳定的,满足线性关系 $Na^+ =$

$1.2059Cl^- + 1.0559(R^2 = 0.7261)$,说明地下水中岩盐的溶解是控制 Na^+ 和 Cl^- 浓度的重要因素。但是,几乎研究区所有的水样点 mNa^+/Cl^- 都位于1:1等量线上方,说明除了岩盐溶解外,Na^+ 还有其他来源。图6-20(c)表示地下水中 K^+ 和 Cl^- 浓度也具有相关性($R^2 = 0.9119$),mK^+/Cl^- 比率是0.05。K^+ 的浓度保持了一个较低的增长趋势,mK^+/Cl^- 远远小于1。因为钾大部分分布在硅酸盐矿物中,如长石、白云母、微斜长石等。另外,钾盐常与岩盐、石膏等蒸发岩类矿物共生。研究区 K^+ 的演化指示了微弱的硅酸盐分化作用和钾盐的溶解。

研究区 mMg^{2+}/Ca^{2+} 比率的范围为 1.5~2.2,且大部分值大于1.8,与岩石中镁富集的理论相符。镁的来源以及在地下水中的分布与钙相似,主要来源于白云石、泥灰岩或基性岩、超基性岩,但是相对而言,它的生物活性比钙弱,在岩石吸附综合体中,联系也不如钙。地下水中各元素的丰度取决于含水层介质中该元素的富集程度、溶解性能以及溶解过程中物质的扩散速度。当菱镁矿在水中溶解度大于方解石,含有 $MgCO_3$ 和 $CaCO_3$ 的碳酸盐在水中溶解时,地下水优先选择 $MgCO_3$。碳酸盐岩中 $MgCO_3$ 含量越高,则水中 $MgCO_3$ 也就越高;岩石中 $MgCO_3$ 含量较低时,对 $MgCO_3$ 溶解选择作用会更加明显。研究区中 Mg^{2+} 含量相对较高,说明含水层中富含 $MgCO_3$ 和高镁的碳酸盐。

钙镁的碳酸盐、硫酸盐的溶解作用还可以通过 $(Ca^{2+} + Mg^{2+}) \sim (SO_4^{2-} + HCO_3^-)$ 关系识别,当 $(Ca^{2+} + Mg^{2+})/(SO_4^{2-} + HCO_3^-) = 1$ 时,表示 Ca^{2+}、Mg^{2+}、SO_4^{2-}、HCO_3^- 主要来源于白云石、石膏、方解石,当 $(Ca^{2+} + Mg^{2+})/(SO_4^{2-} + HCO_3^-) \gg 1$ 时,说明 Ca^{2+}、Mg^{2+} 主要来源于碳酸盐矿物溶解;相反,当 $(Ca^{2+} + Mg^{2+})/(SO_4^{2-} + HCO_3^-) \ll 1$ 时,则指示硅酸盐或硫酸盐的溶解。从图6-20(e)来看,随着地下水中 $(Ca^{2+} + Mg^{2+})$ 或者 $(SO_4^{2-} + HCO_3^-)$ 含量的增加,白云石、石膏、方解石的溶解优势被另一种富含 SO_4^{2-} 或 HCO_3^- 的矿物取代,可能是芒硝,这也是研究区地下水最终演化为 $SO_4^{2-} - Na^+$ 型水的原因。

除溶解作用外,离子交换作用在地下水组分中也起到了重要作用。在水文地球化学研究中,地下水中阳离子交换的程度和方向可以根据 Ca^{2+} 和 Na^+ 之间的相互关系及氯碱性指标($CAI1$,$CAI2$)来判断。Schoeller(1965)给出了氯碱性指标的计算公式,如下:

$$CAI1 = Cl^- - (Na^+ + K^+)/Cl^-$$

$$CAI2 = Cl^- - (Na^+ + K^+)/SO_4^{2-} + HCO_3^- + CO_3^{2-} + NO_3^-$$

如果地下水中 Ca^{2+} 和 Mg^{2+} 被含水层介质中的 Na^+ 和 K^+ 置换,则氯碱性指标 $CAI1$ 和 $CAI2$ 都将小于0,说明发生了阳离子交换作用。如果地下水中 Na^+ 和 K^+ 进入到含水层介质中,而含水层介质中的 Ca^{2+} 和 Mg^{2+} 被交换到地下水中,则氯碱性指标都会大于0,反应了反向阳离子交换显著。

研究区地下水中 $m(Na^+/Ca^{2+})$ 与 Cl^-、$(Ca^{2+} + Mg^{2+}) - (HCO_3^- + SO_4^{2-})$ 与 $Na^+ + K^+ - Cl^-$、$CAI1$、$CAI2$ 与 Cl^- 的相互关系见图6-21。研究区地下水 $m(Na^+/Ca^{2+})$ 值随着地下水矿化度的增加不断升高,说明地下水中出现过剩的钠离子,这将直接导致阳离子交换作用的发生。$(Ca^{2+} + Mg^{2+}) - (HCO_3^- + SO_4^{2-})$ 与 $Na^+ + K^+ - Cl^-$ 样点呈规律性的下降,并沿斜率为1的趋势线分布,有力地证明了离子交换作用的发生,说明含水层中与地

下水广泛进行着 Ca^{2+}、Mg^{2+}、Na^+ 及 K^+ 的交换。研究区中所有样品 CAI2 都大于 0,说明地下水中反向阳离子交换显著,前文分析证明芒硝和岩盐的溶解对研究区地下水 Na^+ 浓度具有持续添加作用,导致地下水中钠离子含量升高,过剩 Na^+ 必然向围岩扩散,而地下水中 Ca^{2+}、Mg^{2+} 极易沉淀,因此正反两方面的反应加剧了钙镁进入地下水,使得地下水硬度增大,碳酸盐沉淀。

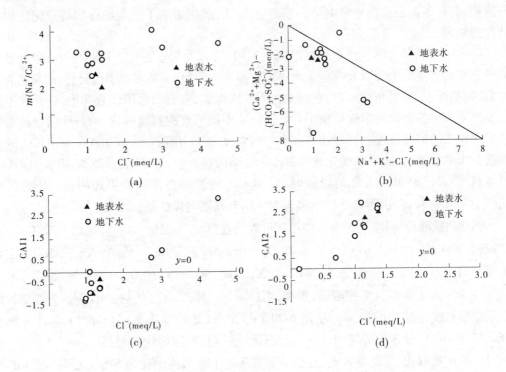

图 6-21　地下水 $m(Na^+/Ca^{2+})$ 与 Cl^-、$(Ca^{2+}+Mg^{2+})-(HCO_3^-+SO_4^{2-})$ 与
$Na^++K^+-Cl^-$、CAI1、CAI2 与 Cl^- 的相互关系

6.1.2.4 · 影响地下水化学演化的机制

地下水化学演化是地下水与其赋存环境在自然历史过程中相互作用的必然趋势,它集中体现了地下水与含水层介质、不同水体系统的物质交换关系,是对区域气象气候、地形地貌、水文地质、环境等因素的直接响应。一般来说,地下水盐分的主要来源,一是通过补给水源的输入,如大气降水的干湿沉降,主要包括海相气溶胶稳定持续的输入和陆地局部天气系统影响下陆源成分的加入,这种情况在各地都很普遍,但是在干旱-半干旱地区,降水的有效补给率往往很低,作为重要的补给源,地表水(主要为河水)的化学组分对地下水可能具有重要的贡献;二是地下水与含水层介质的水岩相互作用,在沉积-变质作用有次序的发展中,地下水直接参与岩石、有机物及气体的地球化学改造,形成地球系统中水的化学循环,使得地壳中物质性质改变,一些物质发生转移,地下水系统也不断演化。因此,影响疏勒河流域地下水化学演化的因素可能包括补给水源、蒸发浓缩作用、溶滤作用、阳离子交换吸附作用、混合作用等。

1. 补给水源

疏勒河流域地下水补给与河水关系密切,地表淡水的输入稀释了地下水,而且通过混合使得地下水特征趋向于地表水。在含水层渗透性很好的地带,例如玉门—踏实盆地的洪积扇地带,地下水水质较好,含有较多的 HCO_3^- 和 Ca^{2+},水化学类型也与地表水类型一致。浅层地下水 NO_3^- 和 K^+ 的浓度也与河水接近,说明河水对地下水化学演化的控制作用。

2. 蒸发浓缩作用

蒸发浓缩作用是形成地表水和潜水水化学成分和矿化度的重要因素之一,尤其是在总蒸发量远远大于总降水量的沙漠、干旱和半干旱地区。蒸发影响的潜水埋藏深度一般小于 3 m。疏勒河流域位于极度干旱地区,其年蒸发量高达 2 500 mm,平原区大气降水仅为 50 mm 左右,年日照时长超过 3 000 h,因此蒸发浓缩作用对该区水体的影响极大。在广大的细土平原区,地下水埋藏较浅,地下水化学成分和 TDS 的形成与改造过程中直接受控于蒸发浓缩作用。本章前文对研究区浅层地下水化学分布特征的研究就表明,洪积扇上部浅层水的矿化度和各离子含量明显小于洪积扇下部地下水中相应组分的浓度,并且越往下游盆地终端地带地下水浅埋区越明显。例如,玉门—踏实盆地北部浅层地下水 TDS 往往超过 2 000 mg/L;花海灌区的蒸发浓缩作用更为强烈,地下水 TDS 超过 5 000 mg/L。在蒸发影响下盐化地下水中难溶盐逐渐析出,溶解度较高的矿物,如硫酸盐和氯盐在地下水化学成分中占的比例不断提高,使得地下水沿演化路径从中游昌马洪积扇地带水化学类型从无明显特征逐渐演化为花海盆地的氯化物型水。此外,地下水的矿化度高值区分布往往也与古湖相沉积区比较吻合,如花海盆地历史上都是河流的终端湖,地势低佳,因此当时的干旱气候可能对水体盐分的富集起到一定作用,致使当时气候条件下形成的地下水矿化度也比较高。

3. 溶滤作用

根据研究区野外调查及前人对含水层地质钻孔资料的分析,研究区常见的矿物主要有方解石、白云石、石膏、芒硝、文石及岩盐等,因此研究区内溶滤作用主要发生在这些矿物之中。利用 Phreeqc 软件,根据水化学分析资料,计算了主要矿物的饱和指数。计算结果表明,方解石、文石、白云石这三种碳酸盐类矿物的饱和指数变化范围较小,平均值接近0,个别样品略大于零,处于过饱和或接近饱和状态。含镁的碳酸盐类矿物的溶解度很小,而且易受温度和 pH 影响。石膏和岩盐则饱和指数数值小于 0,尤其是岩盐,在所有样品中数值都很小,表明这些矿物远未饱和,始终有发生溶解的可能性,这些水文地球化学作用也会间接地引起 Ca^{2+}、Mg^{2+} 的变化,从而扰动碳元素的平衡过程。

因为粗糙的砾石和卵石沉积在昌马洪积扇上部,降水和冰雪融水能迅速渗入到含水层而没有受到显著的蒸发作用影响。此外,由于洪积扇具有较陡的水力梯度和高渗透性,地下水迅速向下运移。昌马洪积扇上部低矿化度的地下水快速进入含水层。沿着地下水流路径,溶解作用是主要的水文地球化学过程,使得含水层中矿物不断溶解进入地下水中。因此,疏勒河下游的 TDS 高于上游地下水中 TDS。

4. 阳离子交换吸附作用

由于岩土颗粒表面往往带负电荷,因此地下水中的某些阳离子在渗流迁移过程中,可以被吸附到岩土颗粒表面,同时相等量的其他类型的阳离子从岩土结构中释放出来,进入地下水系统中,即发生阳离子交换。地下水中常见的阳离子交换主要发生在 K^+、Mg^{2+}、Na^+、Ca^{2+} 四种离子之间。阳离子交换作用在地下水中广泛进行,对浅层水水化学成分的改变,特别是硬度升高方面,都具有重要意义。阳离子交换吸附作用的规模取决于岩土的吸附能力,岩土颗粒越细,比表面积越大,交换吸附作用的规模也就越大。因此,黏土及黏土岩类最容易发生交换吸附作用。在研究区洪积、冲积沉积物及湖相沉积物中,广泛分布黏土层,为阳离子交换吸附作用的进行创造了条件。因此,阳离子交换吸附作用应该是研究区普遍发生的水文地球化学过程。除了受到离子性质的影响,离子浓度的高低对阳离子交换具有决定性作用,浓度大的离子比浓度小的离子更容易被吸附,即发生不同相之间的浓度扩散。研究区地下水中 Na^+ 浓度较高,尤其是下游盆地,随着地下水中 Na^+ 的富集,可能会促进 Na^+—Ca^{2+} 交换,导致地下水硬度的增大,而灌区普遍存在土壤盐碱化现象,也是阳离子交换作用的结果。

5. 混合作用

几种不同化学成分的水体相混合时所形成的地下水,其化学成分与混合前的地下水都有所不同,这种作用称为混合作用。这一作用往往涉及大量的水体交换,常含有很高浓度的氯离子和矿化度。新形成地下水的化学组分并不是简单的原始水体的线性关系。天然水体混合后,可能会加剧混合溶蚀作用,也有可能发生沉淀作用,这与地下水的化学成分以及混合比例有关,对于具体的天然水样混合会发生哪种作用,主要由水样中的 HCO_3^- 和 Ca^{2+} 的质量浓度比例关系及水样的 pH 所决定。在含有对抗性盐的水相互混合时,会强烈地析出沉淀物,从而形成 Na^+—Cl^- 型地下水。无论如何,混合作用都会改造原来地下水的化学组成,特别是对碳酸盐的演化具有重要影响。研究区不同层位地下水可能存在的水体交换,以及各层水质的差异,必然会导致混合过程中化学成分的改变,因此该作用也是影响地下水化学演化的重要因子。

6.2　同位素特征及演变规律

6.2.1　氢氧稳定同位素特征

6.2.1.1　大气降水中氢氧稳定同位素特征

大气降水是区域水资源的主要输入因子,若要精确地调查地下水与大气水相互转化关系、地下水补给过程,最重要的前提就是了解大气降水同位素特征及其来源。疏勒河流域无长期观测系列的降水同位素数据,相关研究成果也较少,由于区内降水很少,且多集中在夏秋季节,次降水历时往往很短,虽然在本次工作中多次开展野外工作,但是仍未获得足够多的降水样品。

距离疏勒河流域较近的全球降水同位素网(GNIP)测站为张掖站,且纬度相近。因此,降水同位素数据依据 IAEA 降水监测站张掖站的数据(1986 ~ 1992 年、1995 ~ 1996 年、2001 ~ 2003 年),根据这些数据绘制了张掖地区降水稳定同位素组成 $\delta D \sim \delta^{18}O$ 关系,见图 6-22,并通过回归分析得到大气降水线方程为

$$\delta D = 6.76\delta^{18}O - 4.50$$

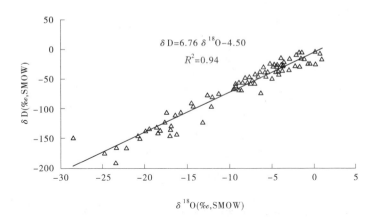

图 6-22 张掖站(IAEA)降水 $\delta D \sim \delta^{18}O$ 关系

其斜率小于8,也小于山区降水线方程的斜率,反映张掖地区干旱区降水特征,降水受到强烈的蒸发影响。

张掖站降水稳定同位素的 δD、$\delta^{18}O$ 的加权平均值分别为 $-106.1‰$和$-14.8‰$。降水稳定同位素组成具有较明显的季节性效应,见图 6-23。从图中可以看出,6~9 月由于气温高,重同位素 δD、$\delta^{18}O$ 富集,δD、$\delta^{18}O$ 的平均值分别为 $-28.4‰$和$-3.63‰$;而其他月份(非汛期)由于气温低,降水同位素组成显著贫重同位素,δD、$\delta^{18}O$ 的平均值分别为 $-96.13‰$和$-13.43‰$。根据历史各月份降水中的 $\delta^{18}O$ 含量可以绘制出研究区各月份大气降水中 $\delta^{18}O$ 含量的对比图(见图 6-23)。由图中可以明显看出,研究区全年大气降水中的 $\delta^{18}O$ 含量都在 $-20‰ \sim -3‰$范围内,其中 1~4 月以及 10~12 月大气降水中的 $\delta^{18}O$ 含量都小于 $-10‰$,5~9 月大气降水中的 $\delta^{18}O$ 含量均大于 $-10‰$,符合研究区干旱半干旱地区夏季蒸发强烈的特点。

6.2.1.2 基于 D 和 ^{18}O 同位素分析昌马灌区地下水来源

δD 和 $\delta^{18}O$ 值由冰冻圈科学国家重点实验室气体稳定同位素比测试组用 MAT253、TC/EA、EQ – UNIT 质谱仪进行分析测得,其中两次测得数据结果见表 3-28。从表中可以看出,在夏季 7 月时研究区地下水中 $\delta^{18}O$ 范围为 $-10.13‰ \sim -8.03‰$,δD 范围在 $-69.15‰ \sim -52.69‰$,而在秋季 10 月时地下水中 $\delta^{18}O$ 范围为 $-10.06‰ \sim -8.26‰$,δD 范围在 $-70.06‰ \sim -52.63‰$。对于大多数取样点,7 月地下水中 $\delta^{18}O$ 和 δD 的值都大于 10 月的值。由于夏季气温高,蒸发强烈,地下水中 δD 和 $\delta^{18}O$ 值增大。各取样点的 $\delta^{18}O$、δD 值相对集中,说明各取样点之间有紧密的水力联系。

通过大气降水线方程、研究区降水线方程,以及表 3-28,可绘制研究区地下水 $\delta^{18}O$ 和 δD 关系(见图 6-24)。图中地下水取样点均位于该地区大气降水线附近,说明研究区地下水起源于大气降水,为现代水循环。图中地下水的样点基本位于降水线之上,对于蒸发强烈的干旱半干旱地区假如地下水是由大气降水补给的,则地下水样点应该位于大气降水线之下,由此可推断地下水的补给与大气降水无直接联系。地下水和地表水取样点的

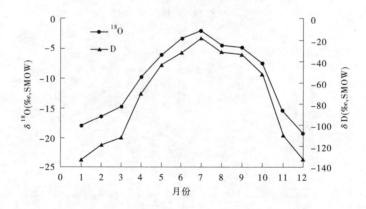

图 6-23　张掖站(IAEA)降水 δD、$\delta^{18}O$ 年内变化

$\delta^{18}O$、δD 值发布规律大致相同,可以判断地表水和地下水之间有直接的水力联系,是研究区地下水的补给来源。说明地下水多为渗入型,主要来源于出山地表水的入渗补给。

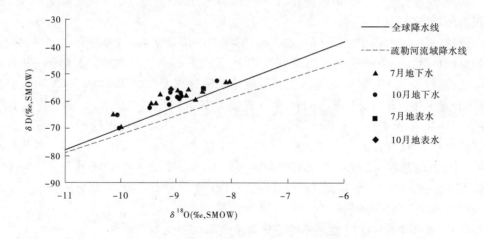

图 6-24　研究区地下水 $\delta^{18}O$ 和 δD 关系

　　研究区中有数处泉水,分别是 1 号泉($\delta^{18}O = -8.89‰$,$\delta D = -57.4‰$)、柳河乡 2 号泉($\delta^{18}O = -8.26‰$,$\delta D = -52.63‰$)、4 号泉($\delta^{18}O = -9.09‰$,$\delta D = -56.72‰$)三者的水样,和绝大部分研究区的水样点相差不多,说明这三处泉水与研究区地下水有着密切的联系。这三处泉水都处于 B—B 监测面上,且地下水补给高程低于洪积扇顶部的补给高程,可知 B—B 监测面的地下水补给来源一定来自于上游的渗透补给。其渗透路径经过 A—A 检测面上的渠首电站、龙马电站、东沙河 2 号电站、河西电站等监测点。

6.2.1.3　地下水补给高程确定

　　理论上,大气降水的稳定同位素 $\delta^{18}O$ 和 δD 随着降水高程的增大而减小,利用大气降水同位素的这种变化规律可确定地下水的补给区和补给高程。地下水补给高程的计算公式为

$$H = \frac{\delta_s - \delta_p}{k} + h \qquad\qquad (6\text{-}1)$$

式中：H 为地下水入渗补给高程，m；h 为地下水取样点地面高程，m；δ_s 为地下水同位素组成；δ_p 为取样点附近大气降水的同位素组成；k 为同位素高度梯度。

　　受局地气候影响，不同地区 $\delta^{18}O$ 高程梯度值一般不同，干旱半干旱典型地区 ^{18}O 的高程梯度值为 $-0.1‰/100\,m \sim -0.155‰/100\,m$。根据上述公式，可以计算各取样点处地下水的补给高程大约为 2 000 m。

6.2.2　地下水年龄确定

6.2.2.1　氚同位素测龄

　　氚（^3H）是放射性元素，半衰期为 12.43 年。氚元素是水分子的组成部分，在水中属于多数物质，抗污染和干扰的能力较强，是地下水运动理想的示踪剂。天然氚元素是大气层中氮原子发生核反应生成的，人工氚元素主要来源于核试验。天然氚和人工氚同大气中的氧原子化合成氚水（HTO）后，与天然水一起参与自然界的水循环，对现代环境起着标记作用。

　　氚法是目前在确定年轻地下水年龄中最为常用的一种同位素方法，其基本原理是根据 20 世纪 60 年代人工核爆试验导致大气氚浓度出现的峰值事件，区分核试验（1952 年）前和核试验后补给的地下水。由于全球范围内禁止核爆炸试验，大气中氚浓度锐减，直至其背景值（约 10TU）。根据我国现有雨水氚浓度分布，对当前实测地下水氚浓度值数据可以做定性判断，一般氚浓度值大于 2TU 都认为是核试验以后的降水入渗，因此氚定年成为判定地下水为近代补给的重要依据。四次野外取样所测氚含量的结果见表 6-2。

　　经验法估算地下水年龄是根据地下水是否受到 20 世纪 60 年代核爆试验期间产生的大量核爆氚的标记，将地下水形成时间划分为核爆试验前和核爆试验后两个阶段。核爆试验前（1963 年前）天然情况下大气降水的氚浓度为 10TU，这种含氚的降水入渗进入地下水之后，按照同位素放射性衰变方程，到 2001 年时，地下水的氚浓度衰减为 0.8TU，小于氚的测试本底。因此，若地下水的氚浓度小于 0.8TU，一般可认为其年龄大于 50 年；若地下水氚浓度大于 0.8TU，则表明地下水为核爆试验开始后补给的，其年龄小于 50 年。对于年龄小于 50 年（核爆以后）的地下水还可以进一步的划分。Ian Clark 和 Peter Fritz 针对大陆地区提出如下的经验划分方案（Ian Clark，1997）：

　　　　<1TU（测试本底值）——1952 年以前补给，地下水年龄大于 50 年；

　　　　1～5TU——年龄 >50 年水，与近代补给水的混合；

　　　　5～15TU——现代水（5～10 年）；

　　　　15～30TU——小部分水为 20 世纪六七十年代补给；

　　　　>30TU——相当一部分可能为 20 世纪六七十年代补给；

　　　　>50TU——主要在 20 世纪六七十年代补给。

表 6-2　取样点处氚同位素含量

编号	名称	2013 年 7 月 15 日		2013 年 10 月 13 日		2014 年 3 月 22 日		2014 年 7 月 1 日	
		Bq/L	TU	Bq/L	TU	Bq/L	TU	Bq/L	TU
1	渠首电站	1.75	14.85	1.71	14.48	1.27	10.79	1.51	12.79
2	龙马电站	1.91	16.16	1.59	13.50	1.68	14.19	1.40	11.82
3	东沙河 2 号电站	2.33	19.76	1.98	16.77	3.33	28.18	1.64	13.86
4	河西电站	0.09	0.80	0.11	0.90	0.15	1.29	0.10	0.87
5	黄花农场	1.67	14.16	1.67	14.18	1.35	11.45	1.24	10.50
6	1 号泉	1.19	10.11	1.36	11.53	1.41	11.97	1.16	9.80
7	黄闸湾乡均衡场	2.16	18.32	1.87	15.84	1.52	12.84	1.64	13.90
8	柳河乡 2 号泉	2.44	20.69	2.08	17.61	1.72	14.59	1.70	14.44
9	三道沟 7 组	3.03	25.69	3.07	25.99	1.99	16.86	2.72	23.07
10	布隆吉乡 2 组	1.05	8.89	1.27	10.74	1.58	13.41	1.36	11.49
11	五四村	—	—	—	—	—	—	1.01	8.55
12	花海灌区	0.55	4.69	0.47	4.00	0.63	5.33	0.35	2.99
13	4 号泉	—	—	1.13	9.60	2.20	18.64	2.17	18.40
14	6 号泉	—	—	0.10	0.87	—	—	0.16	1.32
15	昌马水库	—	—	—	—	1.29	10.91	1.47	12.45
16	河水	—	—	—	—	1.51	12.79	—	—
17	小昌马河	—	—	—	—	—	—	0.71	6.06
18	天生桥	—	—	—	—	—	—	1.95	16.50

　　根据以上现场实测数据(见表 6-2),结合地下水年龄分析原理,整理各取样点地下水年龄,见表 6-3。

　　由表 6-3 可以看出,研究区大部分取样点的 TU 值 >15,地下水年龄为现代水或小部分水为 20 世纪六七十年代补给。地下水的年龄整体比较新,可判断研究区大部分地下水为最近 5 ~ 10 年补给的。冲洪积扇的顶部(深埋带)渠首电站、龙马电站、东沙河 2 号电站的地下水向洪积扇中部(浅埋溢出带)黄闸湾乡均衡场、柳河乡 2 号泉、三道沟 7 组、4号泉,以及布隆吉乡 2 组补给;由于洪积扇的前缘(垂直交替带)受补径排条件的限制,只接受少量浅埋溢出带地下水的补给。

6.2.2.2　CFCs 测龄

　　中国科学院地球环境研究所西安加速器质谱中心实验室完成了水样品的 CFCs 浓度测试,测试项目包括 CFC - 11、CFC - 12 和 CFC - 113。表 6-4 和表 6-5 分别表示 2013 年 7月和 10 月所取地下水的测试结果,将两次所取地下水样品中 CFCs 浓度取平均值,并列入表 6-6。

表 6-3　各取样点地下水年龄

编号	取样断面	取样地点	地下水年龄划分
1		渠首电站	现代水
2		龙马电站	现代水,小部分水为 20 世纪六七十年代补给
3	A—A 断面	东沙河 2 号电站	小部分水为 20 世纪六七十年代补给
4		河西电站	1952 年之前补给
5		黄花农场	现代水
6		1 号泉	现代水
7		黄闸湾乡均衡场	小部分水为 20 世纪六七十年代补给
8	B—B 断面	柳河乡 2 号泉	小部分水为 20 世纪六七十年代补给
9		三道沟 7 组	小部分水为 20 世纪六七十年代补给
10		4 号泉	1952 年之前补给与近代水的混合
11		布隆吉乡 2 组	现代水,小部分水为 20 世纪六七十年代补给
12	出灌区	6 号泉	1952 年之前补给
13	C—C 断面	花海灌区	1952 年之前补给与近代水的混合

表 6-4　2013 年 7 月疏勒河灌区地下水样品 CFCs 测试结果

样品编号	取样地点	水样类型	CFCs 浓度(pmol/kg)		
			R11	R12	R13
1	渠首电站	潜水	4.70	2.41	0.35
2	龙马电站	潜水	5.17	2.97	0.40
3	东沙河 2 号电站	潜水	5.05	3.24	0.46
4	河西电站	承压水	1.78	0.95	0.06
5	黄花农场	潜水	1.90	1.52	0.17
6	1 号泉	泉水	3.58	2.24	0.28
7	黄闸湾乡均衡场	潜水	3.14	2.08	0.25
8	柳河乡 2 号泉	泉水	4.18	2.52	0.34
9	三道沟 7 组	潜水	5.91	2.25	0.22
10	4 号泉	泉水	3.14	3.00	0.28
11	布隆吉村 2 组	潜水	2.58	0.83	0.11
12	6 号泉	泉水	3.71	2.25	0.25
13	花海灌区	潜水	2.70	1.40	0.14

表 6-5　2013 年 10 月疏勒河灌区地下水样品 CFCs 测试结果

样品编号	取样地点	水样类型	CFCs 浓度（pmol/kg）		
			R11	R12	R113
1	渠首电站	潜水	5.95	2.91	0.54
2	龙马电站	潜水	5.50	2.57	0.36
3	东沙河 2 号电站	潜水	5.13	3.09	0.49
4	河西电站	承压水	2.12	1.05	0.18
5	1 号泉	泉水	4.40	2.63	0.34
6	黄闸湾乡均衡场	潜水	3.86	2.07	0.22
7	柳河乡 2 号泉	泉水	3.46	2.68	0.32
8	三道沟 7 组	潜水	7.41	2.29	0.28
9	4 号泉	泉水	0.83	0.54	0.07
10	布隆吉村 2 组	潜水	1.70	0.85	0.10
11	6 号泉	泉水	1.13	0.65	0.09
12	花海灌区	潜水	3.39	1.53	未检出

表 6-6　疏勒河灌区地下水样品 CFCs 的平均值

样品编号	取样地点	水样类型	CFCs 浓度（pmol/kg）		
			R11	R12	R113
1	渠首电站	潜水	5.33	2.66	0.45
2	龙马电站	潜水	5.34	2.77	0.38
3	东沙河 2 号电站	潜水	5.09	3.17	0.48
4	河西电站	承压水	1.95	1.00	0.12
5	黄花农场	潜水	1.90	1.52	0.17
6	1 号泉	泉水	3.99	2.44	0.31
7	黄闸湾乡均衡场	潜水	3.50	2.08	0.24
8	柳河乡 2 号泉	泉水	3.82	2.60	0.33
9	三道沟 7 组	潜水	6.66	2.27	0.25
10	4 号泉	泉水	0.83	0.54	0.07
11	布隆吉村 2 组	潜水	2.14	0.84	0.11
12	6 号泉	泉水	1.13	0.65	0.09
13	花海灌区	潜水	3.05	1.47	0.14

水体在补给到地下后与大气隔绝，水样中的 CFCs 浓度代表了补给时水体中 CFCs 浓

度。定年的依据是亨利定律:在等温等压条件下,某种气体在溶液中的溶解度与液面上该气体的平衡分压成正比。用公式表示:

$$C_i = K_H P_i \qquad (6-2)$$

式中:C_i 为 CFCs 在水中的浓度;K_H 为亨利定律常数,P_i 为大气 – 水平衡时大气中 CFCs 的分压。

利用公式(6-2)将水样中的浓度转化为大气分压,然后与大气中的 CFCs 浓度变化标准曲线进行对比,就可以确定地下水的年龄。

采用浓度法计算地下水年龄分为三步:

(1)计算与水中 C_i 达到平衡时气相中 CFCs 的分压 P_i。亨利定律常数根据公式(6-3)确定

$$\ln K_H = a_1 + a_2\left(\frac{100}{T}\right) + a_3\ln\left(\frac{T}{100}\right) + S\left[b_1 + b_2\left(\frac{T}{100}\right) + b_3\left(\frac{T}{100}\right)^2\right] \qquad (6-3)$$

式中:S 为盐度,由于水体是淡水,所以 $S = 0$,a_1、a_2、a_3 为常数,取值参考表 6-7,补给温度取为 279.3 K。

表 6-7　a_1、a_2、a_3 取值

CFCs	a_1	a_2	a_3
CFC – 11	– 134.154	203.215 6	56.232 0
CFC – 12	– 122.325	182.530 6	50.589 8
CFC – 113	– 134.243	203.898 0	54.958 2

根据公式(6-3)计算 CFC – 11、CFC – 12 和 CFC – 113 的亨利定律常数分别为 0.026、0.007 和 0.008。结合式(6-2)可计算与水中 C_i 达到平衡时气相中 CFC 的分压 P_i。

(2)计算干燥空气中 CFC 的摩尔分数 X'。

计算总大气压 P,根据 $\ln P = -H/8\,300$ 可以计算出总大气压 P。在本书中补给高程为 2 000 m。

计算水蒸气分压 P_{H_2O},P_{H_2O} 根据式(6-4)确定

$$\ln P_{H_2O} = 24.454\,3 - 67.450\,9\left(\frac{100}{T}\right) - 4.848\,9 - \ln\left(\frac{T}{100}\right) = 0.000\,544S \qquad (6-4)$$

计算干燥空气中 CFCs 的摩尔分数 X_i(即大气 CFCs 浓度)

$$P_i = X_i(P - P_{H_2O}) \qquad (6-5)$$

结合式(6-2)和式(6-5),可得

$$X_i = \frac{C_i}{K_H(P - P_{H_2O})} \qquad (6-6)$$

通过式(6-6)计算求出补给发生时干燥空气中 CFCs 的摩尔分数(即 CFCs 在干燥空气中的混合比),与相应的 CFCs 多年大气浓度增长曲线对照,便可确定出地下水的补给时间(日历年龄)。根据日历年龄再换算为地下水的表观年龄(即地下水的平均滞留时间)。由全球大气 CFCs 浓度趋势可知:1960 年以前,CFCs 的浓度较低,检测的相对误差对年龄的影响较大;2000 年以后,CFCs 的浓度趋于水平,浓度对应的年代比较模糊,因此

误差较大。根据上述公式,确定疏勒河灌区地下水年龄,结果见表 6-8 和图 6-25。

表 6-8　疏勒河灌区地下水年龄　　　　　　　　　　　　　　（单位:年）

样品编号	取样地点	浓度法				比值法
		R11	R12	R113	平均	比值年龄
1	渠首电站	26	25	25	25	26
2	龙马电站	26	24	27	26	27
3	东沙河 2 号电站	27	—	26	27	23
4	河西电站	41	42	37	40	41
5	1 号泉	32	27	29	29	31
6	黄闸湾乡均衡场	35	30	30	32	29
7	柳河乡 2 号泉	33	26	28	29	26
8	三道沟 7 组	—	28	30	29	31
9	布隆吉乡 2 组	41	4i	37	40	32
10	花海灌区	37	38	36	37	33
11	4 号泉	46	47	38	44	31
12	桥子 6 号泉	44	45	39	43	46
13	黄花农场	41	37	35	38	32
14	九道沟 4 号泉	36	—	29	33	34
15	桥子 6 号泉	33	29	30	31	31

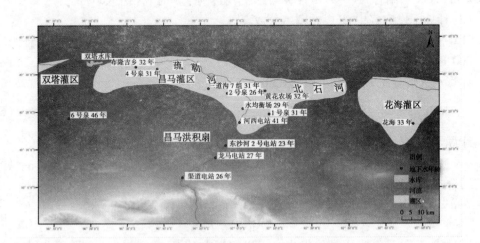

图 6-25　疏勒河灌区地下水年龄分布图

6.3　灌区水循环规律

综合 2013 年和 2014 年的 6 次地下水水质三线图来看,在山前冲洪积扇的扇顶,地下水接受河流渗漏补给,地下水 TDS 较低;由山前冲积扇到扇缘溢出带,地下水基本以水平径流为主,沿流动途径地下水位逐渐变浅,地下水中矿化度逐渐增大;溢出带以下的细土平原区,地下水径流变缓,水位埋深较浅,甚至接近地表,受强烈蒸发作用的影响,同时受灌溉水入渗的影响,矿化度明显变大。

地下水取样点均位于该地区大气降水线附近,说明研究区地下水起源于大气降水,为现代水循环。地下水和地表水取样点的 $\delta^{18}O$、δD 值发布规律大致相同,可以判断地表水和地下水之间有直接的水力联系,是研究区地下水的补给来源。说明地下水多为渗入型,主要来源于出山地表水的入渗补给。氚同位素和 CFCs 同位素显示地下水的年龄整体比较新,表明浅层地下水多为近几十年以来形成的现代水,从洪积扇上游至下游由渠首电站、龙马电站、东沙河 2 号电站至河西电站沿着地下水流向,地下水的年龄逐渐增大。在洪积扇上部渠首电站至东沙河 2 号电站,地下水年龄在 23 ~ 26 年范围变化,表明地下水滞留时间较短,地下水循环速度较快。在河西电站地下水年龄大于 40 年,表明地下水滞留时间较长,推测该处地下水类型是承压水。在泉水溢出带,除 6 号泉年龄偏大,其他几个泉水 1 号泉、柳河乡 2 号泉和 4 号泉地下水年龄相似,在 26 ~ 31 年范围变化,表明昌马洪积扇前缘溢出带地下水滞留时间较洪积扇上部的地下水略长。

6.4　本章小结

(1)疏勒河流域地表水以 HCO_3^- 和 Ca^{2+} 为主。上游山区地表水 TDS 较低,河流出山进入盆地后,随着蒸发作用的加强,TDS 含量增加。地表水是较好的淡水资源,适宜灌溉。

(2)统计 1998 ~ 2011 年历史灌区地下水化学资料,发现在洪积扇中部,南干井、总干所和沙地井处地下水中矿化度含量较低,均小于 1 g/L,地下水水质较好。洪积扇扇缘处地下水水质变差,尤其是塔儿湾、黄花营、上泉、潘家庄和双塔五处监测点,地下水的矿化度随时间变化起伏变化尤为强烈。其中,塔儿湾和上泉矿化度含量稍低一点,在 0.5 ~ 2.5 g/L 波动,潘家庄和双塔较高,在 0.5 ~ 3.5 g/L 波动,而黄花营矿化度含量最高,最低都在 2 g/L 以上,最高达到 4.5 g/L 左右,水质最差属于微咸水和咸水,表明昌马洪积扇中地下水向西北和东北径流过程中逐步淋滤积累盐分,盐碱化现象严重。

(3)综合 2013 年和 2014 年的 6 次地下水水质三线图来看,在山前冲洪积扇的扇顶,地下水接受河流渗漏补给,地下水 TDS 较低,水化学作用主要以溶滤作用为主,地下水类型以 HCO_3^- · SO_4^{2-}—Ca^{2+} · Mg^{2+} 型水为主。由山前冲积扇到扇缘溢出带,地下水基本以水平径流为主,沿流动途径地下水位逐渐变浅,地下水中矿化度逐渐增大,阳离子由 Ca^{2+} 向 Mg^{2+}、Na^+ 方向演化,阴离子由 HCO_3^- 向 SO_4^{2-} 和 Cl^- 演化。溢出带以下的细土平原区,地下水径流变缓,水位埋深较浅,甚至接近地表,受强烈蒸发作用的影响,同时受灌溉水入渗的影响,矿化度明显变大,水化学类型以 SO_4^{2-} · Cl^- · HCO_3^-—Ca^{2+} · Mg^{2+} 型水为主,局部地段呈 $Cl^-(SO_4^{2-})\cdot SO_4^{2-}(Cl^-)\cdot HCO_3^-—Na^+$ 型水。这也符合干旱地区从补给区到排泄区地下水演化趋势。

(4)影响疏勒河流域地下水化学演化的因素主要包括补给水源、蒸发浓缩作用、溶滤作用、阳离子交换吸附作用及混合作用。研究区内溶滤作用主要发生在方解石、石膏、岩盐等矿物中,溶解作用是研究区地下水演化过程中主要地球化学过程。含钠矿物的大量溶解,使得地下水中 Na^+ 含量不断增高,从而加剧了反向阳离子交换作用。研究区地下水中 Na^+ 浓度较高,尤其是下游盆地,随着地下水中 Na^+ 的富集,可能会促进 $Na^+—Ca^{2+}$ 交换,导致地下水硬度的增大,而灌区普遍存在土壤盐碱化现象,也是阳离子交换作用的结果。洪积扇上部浅层水的矿化度和各离子含量明显小于洪积扇下部地下水中相应组分的浓度,并且越往下游盆地终端地带地下水浅埋区越明显,花海灌区的蒸发浓缩作用更为强烈,地下水 TDS 超过 5 000 mg/L。

(5)地下水取样点均位于该地区大气降水线附近,说明研究区地下水起源于大气降水,为现代水循环。地下水和地表水取样点的 $\delta^{18}O$、δD 值发布规律大致相同,可以判断地表水和地下水之间有直接的水力联系,是研究区地下水的补给来源。说明地下水多为渗入型,主要来源于出山地表水的入渗补给。

(6)氚同位素和 CFCs 同位素显示地下水的年龄整体比较新,表明浅层地下水多为近几十年以来形成的现代水,从洪积扇上游至下游由渠首电站、龙马电站、东沙河电站至河西电站沿着地下水流向,地下水的年龄逐渐增大。在洪积扇上部渠首电站至东沙河电站,地下水年龄在 23 ~ 26 年范围变化,表明地下水滞留时间较短,地下水循环速度较快。在河西电站地下水年龄大于 40 年,表明地下水滞留时间较长,推测该处地下水类型是承压水。在泉水溢出带,除 6 号泉年龄偏大,其他几个泉水 1 号泉、柳河乡 2 号泉和 4 号泉地下水年龄相似,在 26 ~ 31 年范围变化,表明昌马洪积扇前缘溢出带地下水滞留时间较洪积扇上部的地下水略长。

第7章 基于水资源系统的地下水资源均衡模型研究

7.1 概念模型

7.1.1 建模缘由

目前,针对地下水资源评价,往往基于地下水系统建立均衡方程,或者使用专门的地下水数值模拟软件,该方法是以地下水系统作为研究对象,确定参数、建立均衡模型、计算补给量和排泄量,不结合地表水循环的约束,或者只是将地表水作为模型的源汇项(输入输出条件),这样只考虑地下水系统自身的平衡,对地表水资源缺乏真正的耦合。这种评价方法,若无人工干扰,无地下水开采,是定量计算地下水资源量的一种方法,但在无水资源总量约束下计算的地下水资源量往往偏大,造成全国普遍超采问题的出现。尤其在我国西部地区,地表水与地下水相互转化频繁,对地下水资源进行评价必须在水资源总量的评价基础上进行,如若只考虑地下水均衡,没有在水资源系统中统筹和协调,没有把水资源总量作为限制因素加以考虑,其结果往往把地下水资源量算大。因此,需要在地下水均衡的基础上增加水资源系统约束,建立基于水资源系统的地下水均衡模型。

疏勒河灌区在历史上曾做过三次地下水流数值模型(中国地质科学院水文地质环境地质研究所、甘肃省第二水文地质工程地质大队,2000年6月;清华大学水利系水文水资源研究所与甘肃省水利水电勘测规划设计研究院,2004年10月;中国地质调查局,2008年12月)。其中,前两次对疏勒河灌区所包含的三个灌区(昌马、花海和双塔)所在的盆地分别进行了地下水流二维模拟。本项目在建立基于水资源系统的地下水均衡模型时,在地下水系统的基础上增加水资源系统约束,进行地下水资源的评价。

结合研究区的实际情况,针对疏勒河灌区水文过程的特点和管理现状,根据水均衡理论,考虑灌区的灌溉系统、排水系统、土地利用、种植结构、供水方式等灌区管理水平因素,将灌区视为一个系统来建立基于水资源系统的地下水资源水均衡模型。灌区是一种人工自然复合型的水循环系统,在灌区系统内水循环是通过地表水系统、土壤水系统、地下水系统和人类农业控制系统的相互作用来实现的,由田间系统、供水系统、排水系统和水库水量平衡系统组成。疏勒河流域灌区水均衡模型结构见图7-1。

7.1.2 基本原理

本项目所提出的基于水资源系统的地下水均衡模型,是利用水均衡原理,在地下水均衡的基础上增加水资源系统约束,建立具有水资源系统约束的水均衡模型。

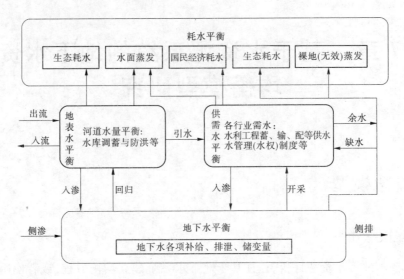

图 7-1　疏勒河流域灌区水均衡模型结构

　　水均衡法是根据水量平衡原理,通过建立水量平衡方程来进行地下水资源评价的,是目前生产中应用最广泛的一种地下水资源评价方法。其原理明确、计算公式简单、适应性强,但计算项目有时较多,有些均衡要素难以准确测定,甚至要花费较大的勘探试验工作量,计算结果能够反映大面积的平均情况,但不能反映出评价区内由于水文地质条件的变化或开采强度的不均所产生的局部水位变化。对于开采强度均匀、地下水补排条件简单、水均衡要素容易确定且开采后变化不大的地区,利用水均衡法评价地下水资源效果良好。尤其当进行多年水均衡分析计算时,由于充分考虑了地下水资源的调蓄性特点,不仅可以分析枯水年所借用的储存量能否在丰水年补偿回来,而且可确定枯水年的最大水位降深,看其是否超过最大允许降深,从而为地下水资源的合理开发利用提供依据。地下水均衡法的计算是基于现状条件进行的,它可以粗略估计出未来地下水的可开采量,但是无法预测含水层中地下水位随空间和时间的变化。

　　对于一个平衡区(或水文地质单元)的含水层组来说,地下水在补给和消耗的动平衡发展过程中,任一时段补给量和消耗量之差,永远等于该时段内单元含水层储存水量的变化量,这就是水量平衡原理。若把地下水的开采量作为消耗量考虑,便可建立开采条件下的水平衡方程:

$$(Q_k - Q_c) + (W - Q_w) = \pm \mu F \Delta H / \Delta t \tag{7-1}$$

其中
$$W = P_r + Q_{cf} + Q_e - E_g \tag{7-2}$$

式中:$Q_k - Q_c$ 为侧向补给量与排泄量之差,m^3/a;$W - Q_w$ 为垂向补给量与消耗量之差,m^3/a;W 为垂向补给量,m^3/a;P_r 为降水入渗补给量,m^3/a;Q_{cf} 为渠系及田间灌溉入渗补给量,m^3/a;Q_e 为越流补给量,m^3/a;E_g 为潜水蒸发量,m^3/a;Q_w 为地下水开采量,m^3/a;$\mu F \Delta H / \Delta t$ 为单位时间内单元含水层(平衡区)中储存量的变化量,m^3/a;μ 为含水层的给水度;F 为平衡区的面积,m^2;Δt 为平衡时段;ΔH 为时段内的水位变幅,m。

　　利用该水量平衡方程既可以根据已知的均衡要素计算开采量或水位变幅,也可以根据地下水动态观测资料反求水文地质参数。

若在均衡期确定了允许的地下水位变幅值后,均衡方程便可写成预测开采量的公式(若在开采过程中,ΔH 为负值):

$$Q_w = (Q_k - Q_c) + W + (\pm \mu F \Delta H / \Delta t) \tag{7-3}$$

可见,区域地下水开采量来源于三部分:侧向补给量 $Q_k - Q_c$、垂向补给量 W、储存量 $\pm \mu F \Delta H / \Delta t$。

若在均衡期确定了允许开采量,则可计算地下水位变幅,即

$$\Delta H = [(Q_k - Q_c) + (W - Q_w)] \Delta t / \mu F \tag{7-4}$$

若计算的地下水位变幅 ΔH 为正,说明均衡区的地下水储量增加,地下水位上升,称为正均衡;若 ΔH 为负,则地下水储量减少,地下水位下降,称为负均衡。

水均衡模型的计算步骤如下:

(1)均衡区的划分。由于均衡方程中的各项补给量和排泄量(均衡要素)是随区域水文地质条件不同而变化的,特别是当评价区面积较大时,其均衡要素差别更大,为了准确地计算均衡要素,应将评价区进行分区(划分均衡区)。均衡区一般可划分为一级、二级区或更次一级的若干分区。一级区一般以地下水类型或含水层成因类型的组合作为分区依据,如山前洪积扇区,可分为基岩裂隙水区、洪积扇顶部潜水区、中下部孔隙潜水 – 承压水区。二级分区是在一级分区内,以水文地质条件作为分区依据,也就是以含水层岩性结构、导水性和给水性,以及地下水埋深等作为指标。

(2)均衡时段的选择。均衡时段最短应选一个水文年,为了使地下水资源评价结果更加具有代表性,力争选用包括丰水年、平水年和枯水年在内的一个多年均衡期。

(3)均衡要素的分析与计算。均衡要素的分析与计算必须在具有一定数量的水文及水文地质资料的基础上进行,常用的方法主要为分项计算法,各均衡要素的具体计算方法可查阅《水文地质手册》。应当指出的是,地下水平衡方程中所列出的均衡要素仅仅是一些最基本的要素,而在实际生产中,往往是根据评价区具体的水文、水文地质条件确定其主要的均衡要素。

(4)地下水资源评价。在给出均衡期地下水位允许变幅值的条件下,将计算的均衡要素代入地下水平衡方程式,计算均衡时段内的地下水开采量,用此量可分析评价地下水资源对用水的保证程度。

在一定的开采(涉及布井方案、开采量、开采时间等)、补给和排泄条件下,将计算的均衡要素代入地下水均衡方程式,计算均衡时段的地下水位变幅值,用该值可分析评价地下水资源开采的合理程度。

7.1.3 构建思路及模型建立

针对疏勒河灌区,基于水资源系统的地下水均衡模型为

$$\text{进入灌区总水量} - \text{流出灌区总水量} \pm \text{储变量} = \text{灌区消耗水总量} \tag{7-5}$$

综合基于水资源均衡和基于地下水系统的均衡模型,将二者联合转化为水资源计算框图(见图 7-2)。

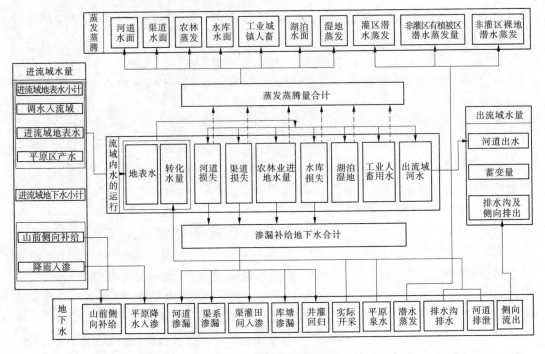

图 7-2 水均衡计算框图

7.1.3.1 进入流域的总水量

进入流域的总水量有地表水量、地下水侧向补给量和大气降水补给量。

1. 地表水量

地表水量包括调入研究区的水量、流入研究区的地表水量以及平原区产水量。其中,调入研究区的水量包括通过渠道等调水工程调入研究区的水量;流入研究区的地表水量主要指通过河道和渠道流入研究区的水量;平原区产水量是指在研究区范围内由降水产生的地面径流水量。

2. 地下水侧向补给量

地下水侧向补给量是指从边界进入研究区的地下水量。在计算侧向径流补给量时,需要确定一个断面及断面的总长度。侧向径流补给量的计算公式如下:

$$Q = KIBM \tag{7-6}$$

式中:Q 为邻区地下水侧向径流补给量,m^3/d;K 为补给边界含水层渗透系数,m/d,根据补给边界含水层岩性,结合勘探资料及收集资料确定;I 为自然状态下地下水水力坡度,在承压水等水压线图上量得;B 为计算断面宽度,m,在 1:10 000 地形图上垂直地下水流向所截断面长度;M 为含水层有效厚度,m。

3. 大气降水补给量

大气降水补给量是指在研究区范围内,降落到地表的水,一部分蒸发返回大气或为植物截留和填洼,一部分产生地表径流,其余部分渗入地下。大气降水是指大气中呈液态或固态降落的水,主要为降水和降雪。降落到地面的大气降水主要有四个去向:转化为地表径流、蒸散发返回大气圈,入渗补足包气带水分亏缺形成土壤水和继续下渗形成地下径流。大气降水达到地表,如果降水强度小于土壤下渗能力,初始时段降水将全部渗入地下,不会产生地面径流;如果降水强度大于土壤下渗能力,则一部分降水形成地面径流,其余部分渗入地下。

7.1.3.2　流出流域的总水量

1. 过境地表水量

过境地表水量是指通过河道、渠道从研究区流出的水量。

2. 地下水侧向从流域排出的水量

地下水侧向从流域排出的水量是指从边界流出研究区的地下水量,与地下水侧向补给量的计算方式相同。

3. 排水渠排水从流域流出的水量

排水渠排水从流域流出的水量是指从排水渠流出研究区的田间排水量。田间排水主要是为除涝、防渍、防止土壤盐碱化、改良盐碱土以及适时耕作创造条件等。农田土壤应具有适宜的含水率才能保证作物的正常生长,如果地下水位过高,作物就会受到渍害而减产,农作物的受淹时间和淹水深度也有一定的限制,轻者减产,重者作物死亡。

4. 平原泉水从流域流出的水量

平原泉水从流域流出的水量是指从研究区流出的泉水溢出量。

7.1.3.3　蒸发蒸腾量

1. 地表水蒸发量

地表水的蒸发量包括研究区内河道水面蒸发量、渠道水面蒸发量、水库水面蒸发量、湖泊水面蒸发量和湿地蒸发量。其中,河道水面蒸发量和渠道水面蒸发量是指地表水在河道或渠道运移过程中蒸发造成的损失量,属于出区水量之一。

2. 植被的蒸发蒸腾量

植被的蒸发蒸腾量主要指研究区内的农林蒸发量,即植被蒸腾量。植被的蒸发蒸腾是植被根系从土壤中吸入体内的水分,通过叶片的气孔扩散到大气中的现象。植物的蒸腾需要消耗大量的水分,作物根系吸入体内的水分有99%以上是消耗于蒸腾,只有不到1%的水量留在植物体内,成为植物体的组成部分。

3. 潜水蒸发量

潜水蒸发量包括灌区潜水蒸发量、非灌区有植被区潜水蒸发量和非灌区裸地潜水蒸发量。其中,灌区潜水蒸发是指在灌区范围内热力作用下水分从潜水面上升到土壤表面进入大气的过程。在浅水埋藏较浅的地区,潜水蒸发量很大,在地下水平衡中是主要支出项。蒸发强度主要取决于水分蒸发能力,潜水埋藏深度决定水分输送到地面的距离,土壤质地决定毛细管上升高度,即水分输送的高度。当地下水埋藏深度达到一定值时,潜水蒸发量将减少到很小或接近于零;非灌区有植被区潜水蒸发是指在灌区范围外,由于植被生长需要吸收水分而产生的蒸发蒸腾;非灌区裸地潜水蒸发是指在灌区范围外热力作用下水分从潜水面上升到土壤表面进入大气的过程。潜水蒸发量与蒸发强度、地下水埋深、土壤质地和气候条件等有密切关系。

4. 工业、人畜用水消耗量

工业、人畜用水消耗量指在工业生产、居民生活以及牲畜生产过程中,输水和用水过程中,通过蒸腾蒸发而消耗,不能回归至地表水体和地下含水层的水量。

7.1.3.4 渗漏补给地下水量

1. 地表水补给量

地表水补给量主要包括河道渗漏、渠系渗漏、田间入渗和库塘渗漏。其中,河道渗漏和渠系渗漏是指地表水在河道或渠道运移过程中,通过下渗补给给地下水的损失量。

2. 地下水补给量

地下水补给量主要包括山前侧向补给量和平原降水入渗补给量。其中,山前侧向补给量指山丘区地下水以地下潜流形式向平原区排泄的水量,它既是山丘区地下水的侧向排泄量,又是平原区地下水的侧向补给量;平原降水入渗补给量是指大气降落到地表的水除地表径流外,渗入补给地下水的量。下渗的水首先补充包气带的水分和产生表层流,多余部分到达潜水面补给地下水。渗入地下的降水,先经过渗润阶段,即下渗水分主要在分子力的作用下,被土壤颗粒吸附形成薄膜水。此后水分继续向下入渗,经历渗漏阶段,并逐步充填土壤孔隙,直到全部孔隙被水充满而饱和。水分在重力作用下呈稳定流动,继续向下到达地下水面。降水入渗补给量取决于某一时段内总雨量、雨日、雨强、包气带的岩性及降水前该带的含水量、地下水埋深和下垫面以及气候等因素。一般采用地下水动态分析法、水量平衡法和降水入渗系数法计算降水入渗补给量。

7.1.3.5 灌区内水资源运行水量

1. 河道水量

河道水量是指从河道进入灌区的水量,灌区内河道的损失的水量包括蒸发损失水量和渗漏补给地下水的量。

2. 渠道水量

渠道水量指进入渠道的水量,渠道中损失的水量包括蒸发损失水量以及渗漏补给地下水量。

3. 田间水量

田间水量分为进入田间水量、田间蒸发蒸腾水量(含灌溉的林木草场)及入渗补给地下水量。

4. 水库水量

水库水量是指进入和调出水库水量,水库损失的水量分为蒸发损失水量和渗漏补给地下水量。

5. 泉水溢出量

研究区内的泉水溢出量包括泉水总量、引用泉水量、泉水蒸发量、泉水下渗补给地下水量、泉水流出流域水量并计入流出流域的地表水量中。

6. 地下水实际开采量

地下水实际开采量是指研究区内地下水开采量,经渠道引入田间包括渠道蒸发损失量和渗漏补给地下水量,进入田间的地下水量包括田间蒸发蒸腾量及入渗补给地下水量。

7. 地下水蒸发量(潜水蒸发量)

地下水蒸发量(潜水蒸发量)包括地下水浅埋区的裸地蒸发量、天然植被蒸发蒸腾量、灌溉作物蒸发蒸腾量。

8. 灌溉退水量

灌溉退水量是指经利用后退入自然水体的水量,该项已列入流域水量项中。

9. 排水渠排水量

排水渠排水量是指从排水沟排出的地下水量。

10. 洼地湿地与排水容泄区蒸发蒸腾水量

洼地湿地与排水容泄区蒸发蒸腾水量包括部分灌溉退水量、泉水量、排水量,地下水排入绿洲洼地中的水量,部分高矿化度排水渠排入人工开挖的排水容泄区的水量,经水面蒸发消耗的水量。

11. 工业、人畜用水消耗量

工业、人畜用水消耗量指在工业生产、居民生活以及牲畜生产过程中,输水和用水过程中,通过蒸腾蒸发、土壤吸收、产品带走、居民和牲畜饮用等多种途径而消耗掉,不能回归至地表水体和地下含水层的水量。

7.2　模型构建

7.2.1　概念模型的数学化

7.2.1.1　水资源系统的均衡模型

由水均衡原理可知,对于一个完整的区域,水资源的补给量主要有降水量 P,地表水的地表进区水量 $Q_{地表进}$,地下进区水量 $Q_{地下进}$,地下水测向入渗量 $Q_{地下侧渗}$;水资源的排泄量主要有总的蒸发量(蒸发蒸腾量) ET,地下出区水量 $Q_{地下出}$,地表出区水量 $Q_{地表出}$;区域内水资源的蓄变量为土壤含水及潜水变化量 ΔQ(见图 7-3),故基于水资源系统的均衡模型为

$$ET = P + Q_{地表进} + Q_{地下进} - Q_{地表出} - Q_{地下出} \pm \Delta Q \tag{7-7}$$

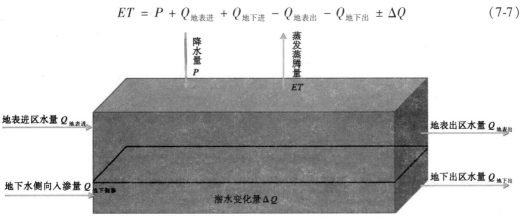

图 7-3　基于水资源系统的均衡模型

7.2.1.2　地下水系统均衡模型

对于地下水含水层任意单元体,任意时间流入和流出单元的水量如图 7-4 所示,流入该单元体的有降水入渗量、河道渗漏量、渠系渗漏量、田间入渗量以及地下水侧向流入量,流出该单元体的有地下水开采量、潜水蒸发蒸腾量、泉水溢出量以及侧向流出量。

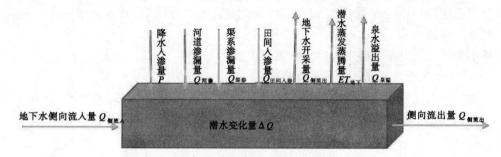

图 7-4　基于地下水系统的均衡模型

$$Q_{\text{侧流入}} + P + Q_{\text{河渗}} + Q_{\text{渠渗}} + Q_{\text{田间入渗}} - Q'_{\text{侧流出}} - ET_{\text{地下}} - Q_{\text{开采}} - Q_{\text{泉溢}} = \mu F \Delta h$$

$$(7\text{-}8)$$

7.2.1.3　基于水资源系统的地下水均衡模型

根据建模思路,在地下水均衡的基础上增加水资源系统均衡模型的约束,建立基于水资源系统的地下水均衡模型,即将上述两个均衡模型进行耦合。为了将两个均衡模型建立联系,进行耦合。

对于水资源系统的均衡模型而言,蒸发蒸腾包括地表水蒸发和地下水蒸发,地表进区水量包括从河道和渠道流入研究区的水量,地表出区水量包括从河道和渠道流出研究区的水量;由于本课题的研究对象为浅层水,故地下水蓄变量 ΔQ 可以用含水层给水度(μ)、研究区面积(F)和地下水位变化量(Δh)来表示,即 $\Delta Q = \mu F \Delta h$。

综上所述,水资源系统均衡模型(式(7-7))可以进一步分解为

$$ET_{\text{地表}} + ET_{\text{地下}} = P + Q_{\text{渠道}} + Q_{\text{河道}} + Q_{\text{地下进}} - Q'_{\text{渠道}} - Q'_{\text{河道}} - Q'_{\text{地下出}} \pm \Delta \mu F \Delta h$$

$$(7\text{-}9)$$

式中:$ET_{\text{地表}}$ 为地表水蒸发量;$ET_{\text{地下}}$ 为地下水蒸发量;P 为降水量;$Q_{\text{渠道}}$ 为渠道流入灌区的水量;$Q_{\text{河道}}$ 为河道流入灌区的水量;$Q_{\text{地下进}}$ 为地下水的侧向流入量;$Q'_{\text{渠道}}$ 为渠道流出灌区的水量;$Q'_{\text{河道}}$ 为河道流出灌区的水量;$Q'_{\text{地下出}}$ 为地下水的侧向流出量;μ 为含水层给水度;F 为研究区面积;Δh 为水位变化量。

从式(7-9)中可以看出,地下水流入量 $Q_{\text{地下进}}$、地下水流出量 $Q'_{\text{地下出}}$ 以及地下水系统储存量的变化量 $\Delta \mu F \Delta h$ 也出现在地下水系统均衡模型中(式(7-7)),故将此三个量与水资源系统和地下水系统的均衡模型建立联系。

7.2.2　数学方程偏微分化

7.2.2.1　地下水流模型

假定研究区含水层为非均质各向同性,为了方便计算,对于含水层任意单元体上,单

位时间进入或排出含水层的水量定义为 $w(\mathrm{m}^3)$，则三维地下水流非稳定运动的数学模型可表示为

$$S\frac{\partial h}{\partial t} = \frac{\partial}{\partial x}\left(K_x\frac{\partial h}{\partial x}\right) + \frac{\partial}{\partial y}\left(K_y\frac{\partial h}{\partial y}\right) + \frac{\partial}{\partial x}\left(K_z\frac{\partial h}{\partial z}\right) + w \quad (x,y,z \in \Omega, t \geqslant 0) \quad (7\text{-}10)$$

$$\mu\frac{\partial h}{\partial t} = K_x\left(\frac{\partial h}{\partial x}\right)^2 + K_y\left(\frac{\partial h}{\partial y}\right)^2 + K_z\left(\frac{\partial h}{\partial z}\right) - \left(\frac{\partial h}{\partial z}\right)^2(K+P) \quad (x,y,z \in \Gamma_0, t \geqslant 0)$$

$$(7\text{-}11)$$

$$h(x,y,z,t)\mid_{t=0} = h_0 \quad (x,y,z \in \Omega, t \geqslant 0) \quad (7\text{-}12)$$

$$K_n\frac{\partial h}{\partial n}\mid_{\Gamma_0} = q(x,y,z,t) \quad (x,y,z \in \Gamma_1, t \geqslant 0) \quad (7\text{-}13)$$

式中：Ω 为渗流区域；h 为含水层的水位标高，m；K_x、K_y、K_z 为 x、y、z 方向的渗透系数，m/d；S 为自由面以下含水层的储水系数，1/m；μ 为潜水含水层中潜水面上的重力给水度；w 为单位时间、单位体积上进入或排出含水层的水量，m^3；Γ_0 为渗流区域的上边界，即地下水的自由表面；P 为潜水面的蒸发和降水补给量，1/d；h_0 为含水层的初始水位分布，m；Γ_1 为渗流区域的二类边界，包括承压含水层底部隔水边界和渗流区域的侧向流量或隔水边界；n 为边界面的法向方向；K_n 为边界面法向方向的渗透系数，m/d；$q(x,y,z,t)$ 为二类边界的单位面积流量，$\mathrm{m}^3/(\mathrm{d}\cdot\mathrm{m}^2)$，流入为正，流出为负，隔水边界为 0。

7.2.2.2　源汇项转换与处理

将含水层任意单元体，单位时间内进入或排出含水层的水量定义为 $w(\mathrm{m}^3/\mathrm{t})$；对于研究区范围，一定时段内流入或流出含水层的水量 Q 为

$$Q = wVT \quad (7\text{-}14)$$

式中：Q 为定时段内进入或排出含水层的水量，m^3；w 为单位时间内进入或排出含水层单元体积的水量，m^3/t；T 为研究时段，t。

对于一个研究区，进入含水层的水量主要包括侧向流入、降水入渗、河道入渗、渠系水渗漏、田间入渗；流出含水层的水量主要包括侧向流出、地下水开采、潜水蒸发以及泉水溢出。

将 ε 定义为单位面积上、单位时间的垂向补给强度，即单位时间、单位面积上从垂直方向上流入或流出含水层的水量（流入为正、流出为负），则对于研究区，一定时段内流入或流出含水层的水量 Q 可以表示为

$$Q = \sum_i \varepsilon S \quad (7\text{-}15)$$

式中：Q 为定时段内进入或排出含水层的水量，m^3；ε 为垂向补给强度，包括 $\varepsilon_{降水}$、$\varepsilon_{河道}$、$\varepsilon_{渠道}$、$\varepsilon_{田间}$、$\varepsilon_{地下水蒸发}$；S 为流入或流出项的面积，包括 $S_{降水}$、$S_{河道}$、$S_{渠道}$、$S_{田间}$、$S_{地下水蒸发}$。

7.2.2.3　参数转换

河道、渠道、田间入渗补给地下水以及地下水蒸发的量，均可以用垂向补给强度与计算区体积求得，即单位时间、单位体积上该补给（或排泄）项从垂直方向上流入或流出含水层的水量（ε），用计算区体积的乘积表示。其中，降水量、河道入渗量、渠系水渗漏量、田间入渗量与蒸发量分别可以写为

河道入渗量 $Q_{河道}$：

$$Q_{河道} = \varepsilon_{河渗} S_{地下} \tag{7-16}$$

渠系水渗漏量 $Q_{渠道}$：

$$Q_{渠道} = \varepsilon_{渠渗} S_{地下} \tag{7-17}$$

地下水蒸发量 $ET_{地下}$：

$$ET_{地下} = \varepsilon_{蒸发} V_{地下} \tag{7-18}$$

基于水资源系统均衡模型（式7-7），进一步分解为

$$\varepsilon_{河渗} S_{河渗} - ET_{河水} + \varepsilon_{河渗} S_{渠渗} - ET_{渠道} + Q_{地下进} - Q_{地下出} - \varepsilon_{蒸发} S_{蒸发} - ET_{其他蒸发} = \pm \mu F \Delta h \tag{7-19}$$

式中：S 为接受流入或流出的计算面积；ε 为垂向补给强度，即单位时间、单位面积上从垂直方向上流入或流出含水层的水量（流入为正，流出为负），包括降水入渗量 $\varepsilon_{降水}$、河道渗漏量 $\varepsilon_{河渗}$、渠系渗漏量 $\varepsilon_{渠渗}$、地下水蒸发量 $\varepsilon_{蒸发}$；$ET_{其他蒸发}$ 为其他蒸发量，包括农林蒸发量、裸地蒸发量等；μ 为含水层给水度；F 为研究区面积；Δh 为水位变化量。

7.3　求解及计算步骤

在本次研究中，课题组提出建立基于水资源系统的地下水均衡模型，并采用集总式和数值模拟相结合的计算方法对区域地下水资源进行评价，旨在建立符合客观规律的地下水资源评价方法。

7.3.1　求解思路

在求解基于水资源系统的地下水均衡模型时，首先利用 FEFLOW 软件构建地下水流模型，再筛选确定地表水系统和地下水系统之间的参数；进一步通过模拟计算，确定与水资源系统相关的参数值；随后利用 Matlab 编程，将确定的参数代入水资源系统的均衡模型，迭代计算，最终确定同时满足地下水流模型和水资源系统均衡模型的参数；最后，以最终确定参数的地下水流模型和水资源系统均衡模型，确定为基于水资源系统的地下水均衡模型，进而进行地下水流模拟和地下水资源量评价。

7.3.2　计算步骤

求解基于水资源系统的地下水均衡模型，计算步骤（见图7-5）如下：

（1）构建水文地质概念模型。水文地质概念模型的构建主要包括两方面内容。

①水动力学边界条件和地下水流动特征。其中边界条件特征包括研究区的边界厚度、流量（流入或流出）、水位等。地下水流动特征是对研究区地下水动态特征的总体认识，查清楚研究区地下水究竟是潜水还是承压水，稳定流还是非稳定流。

②含水岩系的空间布展特征。包括含水层、隔水层、弱透水层分布情况，各种岩性的渗透系数、给水度、储水系数、导水系数等参数的空间分布特征。

（2）建立数值模型。

地下水数值模型建立的一般步骤：研究区的网络剖分，确定边界条件，给定初始条件，源汇项概化，介质参数概化，模型识别与检验。

（3）利用 Matlab 编程,将确定的参数代入水资源系统的均衡模型,迭代计算,最终确定同时满足地下水流模型和水资源系统均衡模型的参数,确定为基于水资源系统的地下水均衡模型。

（4）地下水资源量计算:根据所建立的基于水资源系统的地下水均衡模型,计算并输出不同时期的地下水资源量。

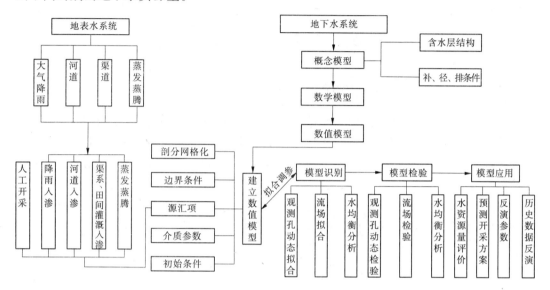

图 7-5　模型计算步骤和方法

7.4　本章小结

（1）构建基于水资源系统的地下水均衡的概念模型。在系统分析疏勒河灌区水资源、用水来源、用水特点、水资源转化规律的基础上,深入研究了水平衡要素的机制和相互关系,提出在水资源总量和地下水资源的双重约束条件下,构建基于水资源系统的地下水均衡模型。进入区域的总水量有地表水量、地下水侧向补给量及降水入渗补给量;流出的水量包括过境地表水量、地下水侧向排出量等;区域内的运行水量包括河道损失量、渠道损失量、农林业的进地水量等。考虑地表水供用平衡、地下水平衡,通过入流、蒸发、入渗、消耗及单元间的水量交换将平衡系统统一联系起来,建立了一套详细计算的水均衡概念模型。

（2）完成概念模型到数值模型的转化。将水均衡概念模型进行数值化,提出基于有限单元法的地下水数值模拟一次均衡和联合地表水系统的二次均衡求解方法。根据灌区的水文地质条件,建立基于有限单元法的地下水数值模型,分析地下水的补给量和排泄量,结合水资源系统的均衡方程校验参数,通过参数的迭代试算,平衡双系统方程,从而得到二次平衡后的补给量及排泄量。

第 8 章　疏勒河灌区地下水资源量评价

8.1　灌区地下水均衡计算(一次平衡)

8.1.1　均衡区及均衡范围的确定

本次研究区主要为疏勒河流域平原区三大灌区,选择花海灌区进行地下水均衡计算。研究区内表层潜水与下部承压水含水层之间的隔水层稳定性差,又受凿井开采及植物根系的影响,二者之间的水力联系密切,故将其视为统一的非均质各向同性的无压含水层系统。

本次均衡计算范围仅是花海盆地的一部分,主要是现灌区和拟开垦区,东起花海乡东部,西至红山峡、壑落山,南部以宽滩山山前断裂为界,北以北石河为界,均衡区面积约851 km²。

8.1.2　均衡方程和均衡期

研究区地下水均衡如图 8-1 所示,花海均衡区为"入渗—径流—蒸发"相平衡。由于降水量稀少,所以忽略降水入渗量,故地下水均衡计算通式为

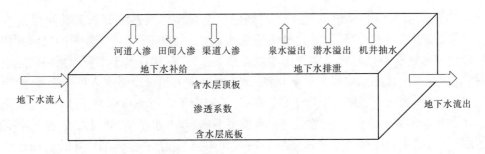

图 8-1　研究区地下水均衡示意图

$$(Q_河 + Q_渠 + Q_田间 + Q_{侧入}) - (Q_泉 + Q_蒸 + Q_开 + Q_{侧出}) = \Delta W \qquad (8-1)$$

式中:$Q_河$ 为河水入渗量,亿 m³/a;$Q_渠$ 为渠系水入渗量,亿 m³/a;$Q_田间$ 为田间灌溉入渗量,亿 m³/a;$Q_{侧入}$ 为地下水侧向流入量,亿 m³/a;$Q_泉$ 为泉水溢出量,亿 m³/a;$Q_蒸$ 为地下水蒸发蒸腾量,亿 m³/a;$Q_开$ 为地下水开采量,亿 m³/a;$Q_{侧出}$ 为地下水侧向流出量,亿 m³/a;ΔW 为均衡期始末地下水储量变化量,亿 m³/a。

本次均衡计算选定的均衡期为 2013 年 1 月 1 日至 12 月 31 日。

8.1.3　地下水均衡计算及评价

8.1.3.1　地下水补给量

根据区内地质、地貌、气象、水文、水文地质等条件分析可知,区内地下水的主要补给来源为河道入渗补给、渠系水渗漏补给、田间灌溉入渗补给及上游断面的地下水侧向流入补给。

1.河道入渗补给

花海灌区河道入渗补给项包括赤金峡水库出库到渠首的河道段入渗补给,北石河的入渗补给,断山口河、宽滩河的河水入渗补给。

1)早期(1983 年)

采用疏勒河流域水利开发及移民安置项目《水利部分初步可行性研究报告》中的计算成果,花海灌区河水入渗补给量为 0.493 5 亿 m³/a。

2)中期(2000 年)

(1)赤金峡水库出库到渠首的河道段入渗补给量。2000 年赤金峡水库下泄水量 0.646 亿 m³/a,花海总干渠引水量 0.568 3 亿 m³/a,取 90% 入渗补给地下水,$Q_1 = (0.646 - 0.568\ 3) \times 90\% = 0.069\ 9$(亿 m³/a)。

(2)北石河的入渗补给量。2000 年北石河径流量为 0.127 亿 m³/a,入渗补给地下水量为 0.107 亿 m³/a。

(3)断山口河、宽滩沟的河水入渗补给量。宽滩沟泄入花海盆地的水量为 0.001 9 亿 m³/a,扣除包气带消耗的 10%,地下水补给量为 0.001 71 亿 m³/a;断山口河泄入河道水量为 0.089 亿 m³/a,扣除包气带消耗的 10%,地下水补给量为 0.080 1 亿 m³/a。

河道入渗补给量为 0.258 7 亿 m³/a。

3)近期(2013 年)

(1)赤金峡水库—花海总干渠河水入渗量。2013 年赤金峡水库下泄量 1.48 亿 m³/a,花海总干渠引水量 1.32 亿 m³/a,其间损失量 0.16 亿 m³/a,按 90% 入渗补给量为 0.144 亿 m³/a。

(2)北石河河水入渗量。北石河年径流量为 0.127 亿 m³/a,入渗率取 84%,补给量为 0.107 亿 m³/a。

河道入渗补给量为 0.251 亿 m³/a。

2.渠系水渗漏补给

疏勒河流域各盆地河水被大量引入渠系后进行农业灌溉,渠系渗漏是地下水资源的重要补给项之一,主要采用渗漏系数法,由下式计算所得

$$Q_{渠渗} = Q_{引} \times m = Q_{引} \times \gamma(1 - \eta) \tag{8-2}$$

式中:$Q_{引}$ 为渠道引水量;m 为渠系渗漏补给系数。

1)早期(1983 年)

采用疏勒河流域水利开发及移民安置项目《水利部分初步可行性研究报告》中计算成果,花海灌区渠系渗漏补给量为 0.105 7 亿 m³/a。

2)中期(2000 年)

2000 年花海灌区渠系水入渗补给量为 0.237 3 亿 m³/a,具体见表 8-1。

表 8-1　花海灌区渠系水入渗量计算结果

渠名	引水量 (亿 m³/a)	渠系水利用系数	修正系数	入渗补给量 (亿 m³/a)
总干渠	0.942 8	0.90	0.90	0.084 8
西干渠	0.153 4	0.80	0.90	0.027 6
东干渠	0.164 9	0.80	0.90	0.029 7
北干渠	0.440 7	0.76	0.90	0.095 2
合计				0.237 3

3)近期(2013 年)

2013 年花海灌区渠系水入渗补给量为 0.305 1 亿 m³/a,具体见表 8-2。

表 8-2　花海灌区渠系水入渗量计算结果

渠名	渠口引水量 (亿 m³/a)	渠系水利用系数	修正系数	入渗补给量 (亿 m³/a)
总干渠	1.320 0	0.90	0.90	0.118 8
西干渠	0.274 4	0.80	0.90	0.049 4
东干渠	0.191 6	0.80	0.90	0.034 5
北干渠	0.568 7	0.80	0.90	0.102 4
合计				0.305 1

3. 田间灌溉入渗补给

渠水进入田间灌溉,一部分消耗于作物生长的生理蒸腾和棵间蒸发;另一部分则渗漏补给地下水,为田间灌溉入渗补给量,由下式计算所得

$$Q_{田渗} = Q_{田} \beta \tag{8-3}$$

式中:$Q_{田}$ 为田间引水量;β 为田间灌溉入渗补给系数。

1)早期(1983 年)

采用疏勒河流域水利开发及移民安置项目《水利部分初步可行性研究报告》中计算成果,花海灌区田间灌溉入渗补给量为 0.098 3 亿 m³/a。

2)中期(2000 年)

灌溉定额为 660 m³/亩,灌溉面积为 9.12 万亩,进地水量为 6 019.2 万 m³,取田间入渗率 0.3,灌溉入渗补给量为 0.180 5 亿 m³。

3)近期(2013 年)

采用实测灌溉定额 400 m³/亩,灌溉面积 17.43 万亩,进地水量为 6 972 万 m³,取田间入渗率 0.3,灌溉入渗补给量为 0.209 1 亿 m³。

4.地下水侧向流入

花海灌区地下水侧向流入量见表 8-3。

表 8-3　花海灌区地下水侧向流入量变化

年份	地下水侧向流入量 （亿 m³/a）	数据或资料来源
1983	0.443 9	疏勒河流域水利开发及移民安置项目 《水利部分初步可行性研究报告》(1991)
2000	0.059 4	甘肃省河西走廊(疏勒河)项目 《灌区地下水动态预测研究》(2004)
2013	0.026 5	《甘肃省玉门市水资源调查评价报告》

8.1.3.2　地下水排泄量

区内地下水的主要排泄方式为潜水蒸发、农业、工业、人畜饮用水开采、泉水溢出以及向下游断面的侧向流出。

1.泉水溢出量

花海灌区泉水溢出量见表 8-4。

表 8-4　花海灌区泉水溢出量变化　　　　　　　（单位:亿 m³/a）

年份	1983	2000	2013
花海灌区	0.003 7	0.000 2	0

2.地下水开采量

灌区为地下水人工开采主要集中区域,随着地区人口的增多与灌溉面积的扩大,地下水开采量日益增长(见表 8-5),现在已成为灌区地下水的主要排泄项之一。

表 8-5　疏勒河灌区地下水开采量变化

灌区	1983 年		2000 年		2013 年	
	机井数 （眼）	开采量 （亿 m³/a）	机井数 （眼）	开采量 （亿 m³/a）	机井数 （眼）	开采量 （亿 m³/a）
花海灌区	16	0.003 4	144	0.5	559	0.148 4

注:机井数为当年灌区内存在的机井总数,非实际开采机井数目。

3.潜水蒸发蒸腾量

潜水蒸发蒸腾量作为灌区内最大的地下水排泄项,其量的变化间接反映了区域地下水位的动态变化。

1)早期(1983 年)

采用疏勒河流域水利开发及移民安置项目《水利部分初步可行性研究报告》中的计算成果,花海灌区潜水蒸发蒸腾量为 0.698 7 亿 m³/a。

2)中期(2000年)

花海灌区潜水蒸发蒸腾量计算见表4-21,2000年花海灌区潜水蒸发量为0.711 8亿 m³/a。

3)近期(2012年)

花海灌区潜水蒸发蒸腾量计算结果见表4-22,2013年花海灌区潜水蒸发量为 0.710 9亿 m³/a。

4.地下水侧向排出量

花海灌区的侧向径流流出量为0。

8.2 基于水资源系统的地下水均衡模型(二次平衡)

8.2.1 有限单元网格剖分及三维模型构建

8.2.1.1 有限单元网格剖分

建立模型的第一步是对二维模拟区域进行有限个三角形单元剖分,而该软件是在超级单元格设计的基础上生成有限元网格的。超级单元网格设计的主要内容就是输入模型边界(见图8-2和图8-3)。

计算区面积为630 km²,采用Feflow软件进行自动三角形网格剖分,剖分单元24 689个,结点13 149个。

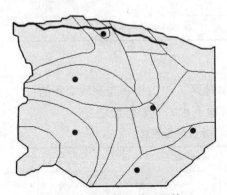
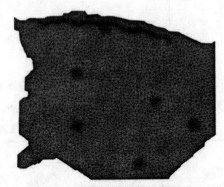

图8-2 设计超级单元网格   图8-3 研究区有限元三角网格剖分

8.2.1.2 三维模型构建

在二维模型构建基础上,开始建立三维模型。在本研究中,研究区三维空间模型由五个片和四个层构成。其中,第一个片是地表面,由于其高程是随地下水位变化的,而Feflow要求其初始高程必须大于模拟期间所有地下水位值,否则系统会出错,因此这里取第一片高程为地面高程。研究区地面高程等值线由谷歌地理信息系统测定的地面高程来确定,采用阿基玛 – 内插外推法(Akima inter/extrapolation)插值生成。第二个片是 Q_4 全新统覆盖层的底板。第三个片是 Q_3 平原组粉质壤土的底板。第四个片是 Q_2 酒泉组砂砾碎石层的底板。第五个片是 Q_1 八格楞组胶结半胶结砾岩,其下部为隔水底板。研究区各层面高程如图8-4所示,研究区的地下水三维模型如图8-5所示。

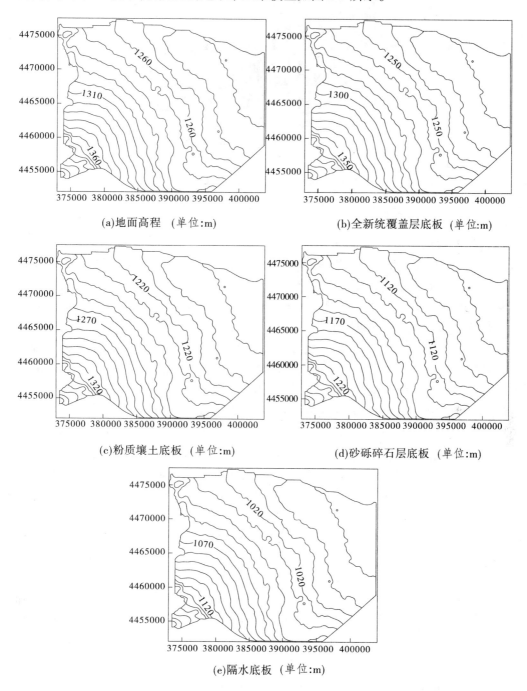

(a)地面高程　(单位:m)

(b)全新统覆盖层底板　(单位:m)

(c)粉质壤土底板　(单位:m)

(d)砂砾碎石层底板　(单位:m)

(e)隔水底板　(单位:m)

图8-4　研究区地面高程和各层底板高程等值线图

图 8-5　研究区地下水三维模型示意图

8.2.2　水文地质参数赋值

8.2.2.1　参数赋值

研究区花海灌区水文地质条件相对复杂。根据研究区地层结构剖面图和地下水位观测值可知,全部 6 口观测井位于潜水含水层,在研究区东北部有部分壤土黏土,其下部地下水可呈现微承压状态,由于相对隔水层在空间上的不连续性及灌溉机井开采地下水,研究区承压水、非承压水水力联系紧密,形成统一的地下水自由面。

根据钻孔资料和野外现场微水试验,将研究区水文地质参数进行规划。水文地质参数主要有渗透系数和给水度,主要根据甘肃省水利水电勘测设计研究院完成的花海灌区水文地质参数分区图(2002 年 10 月),结合该区水文地质勘察、抽水试验资料及对水文地质条件的分析确定。由南西到北东由砂砾、含砾砂、中细砂逐渐过渡到细砂、粉细砂,渗透系数分布在水平方向上基本符合从西南到东北方向逐渐变小的趋势。在垂直方向上由上而下层次逐渐增多,颗粒由粗变细,渗透系数有变小的趋势,但第一层由于覆盖层有粉质壤土、粉质黏土渗透系数相对较小。假设含水层是各向同性的,因此直接将设定的 x 方向的水力传导系数(K_{xx})通过"数据拷贝"拷贝到 y 方向(K_{yy})和 z 方向(K_{zz})中,具体渗透系数分区图如图 8-6 所示。

本次模拟参照前人对给水度的各种试验结果,给水度呈从西南到东北方向逐渐变小的趋势,给水度分区如图 8-7 所示。

8.2.2.2　问题类型定义

在本课题中,首先将问题类型定义为潜水含水层稳定水流模拟,调节各区参数得到研究区的稳定流场。其次在稳定流场的基础上加入源汇项,对研究区进行非稳定流动态模拟,对研究区近十年来地下水动态进行模拟以及为后面地下水动态预测做准备。

8.2.2.3　模拟期的确定

根据现有的观测井中水位动态变化资料和降雨资料,本次研究选取花海灌区水文地质参数分区图的各观测井水位目标,通过稳定流模拟得到稳定流场。通过微调各区的参数使得各观测孔接近观测值。得到较为准确的稳定流场再进行下一步,选取 2001 年 1 月 1 日至 12 月 31 日为非稳定流的模拟时间。在 Feflow 中,时间步长可以是固定的或变化的(步长由用户指定),也可以是自动的(步长由程序自动控制),本研究选择模型自动控

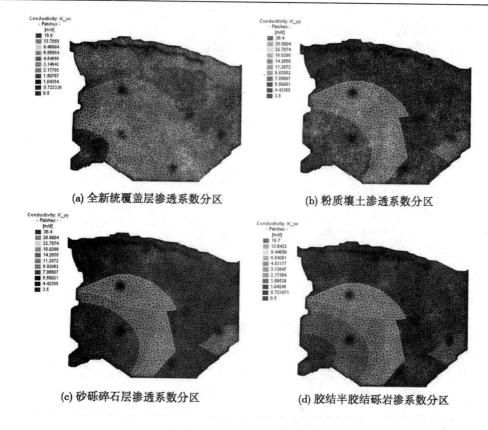

(a) 全新统覆盖层渗透系数分区　　　　　　(b) 粉质壤土渗透系数分区

(c) 砂砾碎石层渗透系数分区　　　　　　　(d) 胶结半胶结砾岩渗透系数分区

图 8-6　花海灌区渗透系数分区

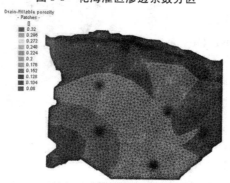

图 8-7　花海灌区给水度分区

制时间步长。在"时序和控制数据"(Temporal&Control Data)菜单中定义模型的时间步长
(Length of time step),每一次运算都严格控制迭代误差。指定模型运行时的初始时间步
长是 0.001d。

8.2.3　初始条件及边界

花海灌区均衡区东起花海乡东部,西至红山峡、青山,南达宽滩山,北以北石河为界,
主要是现灌区和拟开垦区,面积约为 851 km² 。

8.2.3.1　初始流场

采用第一步的稳定流模拟匹配观测孔数据得到初始流场,得到地下潜水位,潜水含水层的初始流场如图8-8所示。

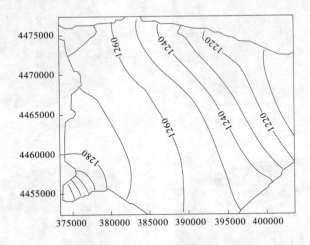

图8-8　研究区潜水含水层初始流场　（单位:m)

8.2.3.2　边界条件

研究区南部宽滩山前巨大的压性断层的存在阻止了地下潜流的补给,仅小部分潜流补给,定为隔水边界;北部边界为北石河以北近北戈壁边缘,作为零流量边界处理,北石河作为一个给定水头的边界进行处理;区域东部花海乡以东边界地下水以潜流形式排泄到研究区外,定为流量边界;西部垂直等高线,也几近与等水位线垂直,定为零流量边界;下部边界为不透水基岩,视为隔水边界。研究区边界条件概化如图8-9所示。

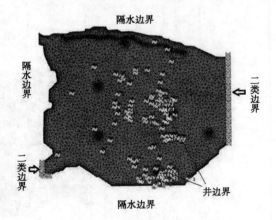

图8-9　研究区边界条件概化图

8.2.4　源汇项计算与处理

8.2.4.1　渠系水入渗处理

渠系水渗漏补给系数是指干、支、斗三级渠系水渗漏补给地下水量占进入研究区渠首引水量的比例,其主要影响因素是渠道衬砌程度、渠道两岸包气带和含水层岩性特征、地下水埋深、包气带含水量、水面蒸发强度、渠系水相对水位和过水时间、渠道两岸地下水埋深等。

$$m = r(1 - \eta) \tag{8-4}$$

式中:η 为干、支渠系综合有效利用系数,按照《甘肃省河西走廊(疏勒河)项目灌区地下水动态预测研究》报告,取0.88;γ 为渠系水下渗时的包气带耗水系数,一般取0.9。

由于研究区仅包含少部分花海总干渠,故渠首来水不能以总供水来考虑,模型以斗口供水量为来水量,渠系分布见图 8-10,主要数据参考历年疏勒河流域灌溉汇总表中花海灌区各项数值(见表 8-6)。

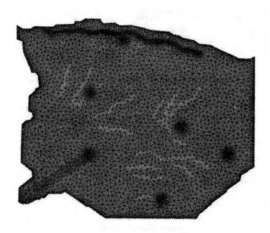

图 8-10　渠系分布图

表 8-6　渠系水入渗补给相关数据

年份	斗口供水量(万 m³)	渠系水渗漏量(万 m³)	总干渠		干渠		支、斗渠	
			渗漏量(万 m³)	入渗强度(×10⁻⁴ m/d)	渗漏量(万 m³)	入渗强度(×10⁻⁴ m/d)	渗漏量(万 m³)	入渗强度(×10⁻⁴ m/d)
2001	5 856.05	632.45	210.82	4.15	210.82	3.52	210.82	1.61
2002	5 367.97	579.74	193.25	3.81	193.25	3.23	193.25	1.48
2003	7 050.96	761.50	253.83	5.00	253.83	4.24	253.83	1.94
2004	7 984.98	862.38	287.46	5.66	287.46	4.80	287.46	2.20
2005	6 709.54	724.63	241.54	4.76	241.54	4.04	241.54	1.85
2006	7 869.44	849.90	283.30	5.58	283.30	4.74	283.30	2.17
2007	9 574.87	1 034.09	344.70	6.79	344.70	5.76	344.70	2.64
2008	9 805.99	1 059.05	353.02	6.95	353.02	5.90	353.02	2.70
2009	9 644.95	1 041.65	347.22	6.84	347.22	5.80	347.22	2.66
2010	8 749.25	944.92	314.97	6.20	314.97	5.26	314.97	2.41
2011	9 736.52	1 051.54	350.51	6.90	350.51	5.86	350.51	2.68
2012	10 301.03	1 112.51	370.84	7.30	370.84	6.20	370.84	2.84
2013	9 280.19	1 002.26	334.09	6.58	334.09	5.58	334.09	2.56

8.2.4.2　田间灌溉入渗处理

　　田间灌溉水入渗补给以及山前洪水散流入渗补给等概化为综合平面补给强度。在Feflow中,用源汇项定义。渠水进入田间灌溉,一部分消耗于作物生长的生理蒸腾和棵间蒸发;另一部分则渗漏补给地下水,为田间灌溉入渗补给量。

　　田间灌溉入渗根据地下水埋深不同会有不同的补给强度(见表8-7),模型中主要依据前文中灌溉入渗补给资料折中设置。

表 8-7　田间灌溉入渗补给

埋深(m)	面积(km²)	强度(m/a)	总量(万 m³)	单日(m³)	强度(×10⁻⁴ m/d)
0 ~ 3	10.571	0.278	293.874	8 051.337	7.616
3 ~ 5	30.981	0.180	557.658	15 278.301	4.932
5 ~ 10	69.980	0.067	468.866	12 845.644	1.836
总计	111.532		1 320.398	36 175.282	

8.2.4.3　潜水蒸发处理

　　潜水蒸发是地下水排泄主要方式之一,主要发生在细土平原地下水浅埋和溢出带。根据酒泉观测站资料,潜水蒸发量与地下水埋深有密切关系。当地下水埋深 1 m 时,潜水蒸发量大,年蒸发量在 90 ~ 160 mm。随地下水埋深的增大,潜水蒸发量急剧减小,当地下水埋深大于 10 m 时,基本没有蒸发。

　　蒸发量的模拟关键是极限蒸发埋深取值。为反映潜水蒸发量随地下水埋深的变化规律,采用分段线性函数处理方法(见图 8-11、图 8-12),按地下水埋深分区定义蒸发量计算参数。在地下水浅埋(<1 m)和溢出带,年水位动态变幅不大,多在 0.5 ~ 1 m,极限蒸发埋深可取相对小的数值(1.5 ~ 2 m),能够更好地反映水位浅时蒸发量大的变化趋势;当地下水埋深为 3 ~ 5 m 时,极限蒸发埋深取 5 m;当地下水埋深大于 5 m 时,极限蒸发埋深取 10 m。

 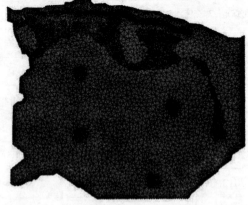

图 8-11　田间地下水埋深 <10 m 区域分布　　　　图 8-12　空地地下水埋深 <10 m 区域分布

模型中地下水蒸发强度值(见表 8-8)主要参照前人各报告中蒸发强度折中设置。

表 8-8 潜水蒸发计算

蒸发类型	埋深(m)	面积(km²)	强度(m/a)	总量(亿 m³)	单日(万 m³)	赋值强度(×10⁻⁴ m/d)
田间蒸发	0~3	10.571	-0.370	-391.127	-10 715.808	-10.137
	3~5	30.981	-0.120	-371.772	-10 185.534	-3.288
	5~10	69.980	-0.030	-209.940	-5 751.781	-0.822
	总计	111.532		-972.839	-26 653.123	
空地蒸发	0~3	18.375	-0.210	-385.875	-10 571.918	-5.753
	3~5	52.203	-0.100	-522.030	-14 302.192	-2.740
	5~10	68.407	-0.020	-136.814	-3 748.329	-0.548
	总计	138.985		-1 044.719	-28 622.439	

在 Feflow 中,对渠系水入渗、田间灌溉入渗与潜水蒸发等进行模拟时,一般将其换算成以(×10⁻⁴)m/d 或 m/d 为单位的量通过表面补给,在赋值时通过 In/Outflow on top/bottom 实现,渠系入渗由于每年都有变化,赋值时通过时间序列数据赋值,入渗及蒸发赋值见图 8-13。

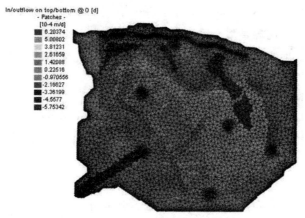

图 8-13 入渗及蒸发赋值图

8.2.4.4 地下水开采处理

灌区为地下水人工开采主要集中区域,随着地区人口的增多与灌溉面积的扩大,地下水开采量日益增长,现在已成为灌区地下水主要排泄项之一。

花海灌区 1996~2006 年共建成机井 431 眼,占现有机电井总数 559 眼的 71%,但研究区共有 120 眼左右的机井,机井开采量不能通过总开采量来估计,由于地下水开采量的 90% 以上都用于灌溉,在历年疏勒河流域灌溉汇总表中找到 2001~2013 年的井水灌溉量,以此作为研究区地下水开采资料(见表 8-9)。考虑到大部分机井井深在 80~100 m,将机井作为井边界赋值到第二层的底板和第三层底板对应的机井位置。由于每年的开采量有所变化,所以地下水开采也通过时间序列数据赋值。

表 8-9　地下水开采量

年份	开采量(万 m³/a)	第二层单井开采量(m³/d)	第三层单井开采量(m³/d)
2001	500.00	54.324 853 23	54.324 853 23
2002	744.00	80.852 359 21	80.852 359 21
2003	1 733.45	188.459 447 7	188.459 447 7
2004	1 580.86	171.869 971 7	171.869 971 7
2005	350.52	38.108 284 41	38.108 284 41
2006	516.70	56.175 255 49	56.175 255 49
2007	2 009.86	218.510 545 8	218.510 545 8
2008	1 301.28	141.474 668 4	141.474 668 4
2009	1 669.56	181.512 937 6	181.512 937 6
2010	491.45	53.430 093 5	53.430 093 5
2011	836.03	181.785 170 7	181.785 170 7
2012	1 484.37	322.759 295 5	322.759 295 5
2013	458.32	99.657 316 81	99.657 316 81

8.2.5　模型识别与检验

8.2.5.1　模型识别准则

模型的识别与检验过程是整个模拟中极为重要的一步工作,通常要进行反复地修改参数和调整某些源汇项才能达到较为理想的拟合结果。此模型的识别与检验过程采用的方法也称试估 - 校正法,它属于反求参数的间接方法之一。该方法预先给定一组参数的估计值,输入模型中进行计算,比较计算结果与实测结果的误差,如果误差没有达到精度要求,则对刚才输入的一组参数做出调整,直到达到一定的精度时停止计算,这时所用一组参数值被认为是符合实际的参数值。模型的识别和验证主要遵循以下原则:模拟的地下水流场的地下水位过程线要与实际地下水流场基本一致,即要求地下水模拟等值线与实测地下水位等值线形状相似;模拟地下水的动态过程要与实测的动态过程基本相似,即要求模拟地下水位过程线与实际地下水位过程线形状相似;从均衡的角度出发,模拟的地下水资源均衡变化与实际要基本相符;识别的水文地质参数要符合实际水文地质条件。

8.2.5.2　模型识别结果评价

模拟模型的识别和检验就是用研究区地下水系统的输入和输出的历史实际观测资料,校正已建立的数学模型,以便使其正确地反映地下水系统的实际状态,检验边界性质和参数的准确性。识别的过程是将模拟的响应(计算水位)和实际观测值进行对比,通过对模型参数不断的修正和改进,使计算的结果控制在合理范围内。

对花海灌区水文地质参数分区图做流场拟合,将 2001 ~ 2013 年共 10 年的水位实测资料采用输入、输出项的多年平均作为补给和排泄项的识别参考值。具体步骤是:首先拟合水位,在参数变化范围内调整模型的运行参数,运行模型求解各时段全区水位,如果观测点水位和计算水位拟合较好,则认为所给参数合理。然后计算模型均衡项,若诸项量值与实际值相近,则认为所选择的这组参数比较可靠。

研究区共选取 6 个观测点,水位拟合整体情况较好(见图 8-14),个别孔水位模拟值与观测值相差略超过 0.5 m,其余水位差值基本都在 0.3 m 以内。孔平均误差为 0.119 m,精度符合计算要求。

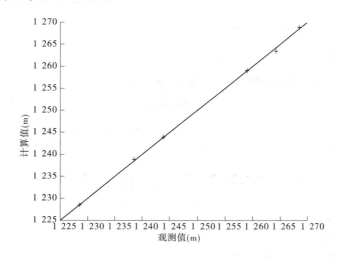

图 8-14 花海盆地观测点计算值和观测值关系曲线

从地下水动态来看,本次模型识别选择 2001～2013 年进行模型识别,该时段历经动态的灌溉入渗和地下水开采,流场的特征能较好地反映出含水层结构、水文地质参数和含水层边界性质的变化。图 8-15 为 6 口观测井的实测地下水动态变化曲线与模型拟合的地下水动态变化曲线。从图中可以看出,水位随地下水开采量的变化明显,地下水开采量总体呈现增加趋势,水位的观测值和模拟值均呈下降或平稳趋势;部分观测数据及模拟数据水位的观测值和模拟值呈升高趋势,原因可能与渠系水入渗量及田间灌溉入渗量的增加有一定关系。从水位过程线拟合程度来看,地下水位的模拟值和观测值变化总体趋势大致相同。

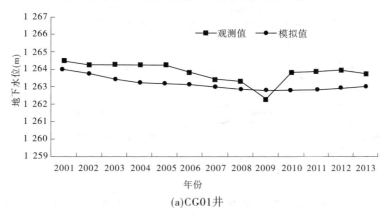

(a)CG01井

图 8-15 各观测井中地下水位过程线拟合

(说明:CG01 孔观测井统计数据里面孔口高程为 1 270.1 m,但模型参照的水文地质图上该孔孔口高程为 1 283.1 m,且与地表高程相近,故以水文地质图为准。该观测孔数据有待查证)

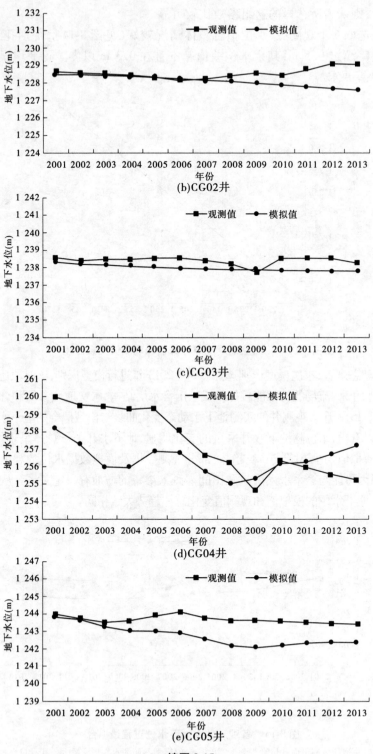

(b)CG02井

(c)CG03井

(d)CG04井

(e)CG05井

续图8-15

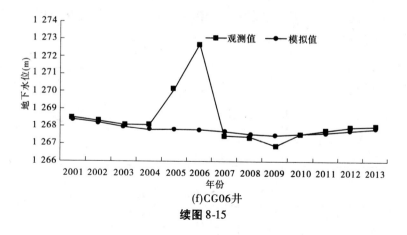

(f)CG06井

续图 8-15

8.2.6　基于水资源系统的地下水均衡计算

8.2.6.1　中期均衡模型求解(2001~2013年)

本次均衡期以 2001~2013 年的水位数据,做 9 年的总的均衡计算再平均到每年。部分数据没有可靠资料参考,通过数值模拟的边界流量得到。

1. 补给项

1)河流流入量

在数值模型结果文件中查看 Rate Budget,其中水头边界的正值为河流流入模型区域量,统计 2002~2013 年的河流补给量,见表 8-10。

表 8-10　河流流入量　　　　　　　　　　　　　(单位:万 m³/a)

年份	2002	2003	2004	2005	2006	2007	2008	2009	2010	2011	2012	2013	总计
河流流入量	3 307.75	3 338.14	3 356.95	3 373.49	3 395.18	3 409.57	3 416.78	3 416.23	3 420.63	3 558.66	3 573.47	3 575.65	41 142.50

2)雨水补给量

由于研究区雨水少,多年平均降雨量小于 100 mm/a,且雨水入渗与地下水埋深有关,研究区雨水补给忽略不计,模型中未考虑降雨补给。

3)渠系水入渗量

灌渠水进入研究区已经接近两河口,总干渠大部分不在研究区内,考虑研究区渠系水入渗主要是干渠、支渠和斗渠,根据渠系水利用系数为 0.88,水面蒸发及包气带耗水10%,经计算渠系水入渗量见表 8-11。

表 8-11　渠系水入渗量　　　　　　　　　　　　(单位:万 m³/a)

年份	2002	2003	2004	2005	2006	2007	2008	2009	2010	2011	2012	2013	总计
渠系水入渗量	579.74	761.50	862.38	724.63	849.90	1 034.09	1 059.05	1 041.65	944.92	1 051.54	1 112.51	1 002.26	11 024.17

4)田间灌溉入渗量

田间灌溉入渗量主要根据地下水埋深不同,会有不同的入渗补给强度,模型赋值强度见表8-12,综合田间灌溉面积以及渠道引水量在2002~2013年变化,计算得到每年的田间灌溉入渗量,见表8-13。

表8-12　模型赋值强度

埋深(m)	强度(m/a)	赋值强度(×10^{-4}m/d)
0~3	0.280	7.62
3~5	0.180	4.93
5~10	0.067	1.84

表8-13　田间灌溉入渗量　　　　　　　　　　　　(单位:万 m³/a)

年份	2002	2003	2004	2005	2006	2007	2008	2009	2010	2011	2012	2013	总计
田间灌溉入渗量	4 817.88	4 170.55	5 725.75	6 827.65	5 415.31	6 359.54	8 024.85	8 273.09	8 258.49	7 233.37	8 136.52	8 801.98	82 045.04

5)侧向流入量

在数值模型结果文件中查看 Rate Budget,其中 Neumann – BCs 的正值为地下水侧向流入模型区域量,在结果文件中统计 2002~2013 年的地下水侧向流入量,见表8-14。

表8-14　侧向流入量　　　　　　　　　　　　(单位:万 m³/a)

年份	2002	2003	2004	2005	2006	2007	2008	2009	2010	2011	2012	2013	总计
侧向流入量	3 179.69	3 179.40	3 187.19	3 179.35	3 181.13	3 182.20	3 179.85	3 185.77	3 178.76	3 181.76	3 179.96	3 185.16	38 180.22

2. 排泄项

1)潜水蒸发排泄量

潜水蒸发是地下水排泄的主要方式之一,主要发生在细土平原地下水浅埋和溢出带。根据酒泉观测站资料,潜水蒸发量与地下水埋深有密切关系。当地下水埋深小于 1 m 时,潜水蒸发量大,年蒸发量为 90~160 mm。随地下水埋深的增大,潜水蒸发量急剧减小,地下水埋深大于 10 m 时,基本无蒸发。

蒸发量的模拟关键是极限蒸发埋深取值。为反映潜水蒸发量随地下水埋深的变化规律,采用分段线性函数处理方法(图),按地下水埋深分区定义蒸发量计算参数。在地下水浅埋(<1 m)和溢出带,年水位动态变幅不大,多在 0.5~1 m,极限蒸发埋深可取相对小的数值(1.5~2 m),能够更好地反映水位浅时蒸发量大的变化趋势;当地下水埋深为 3~5 m 时,极限蒸发埋深取 5 m;当地下水埋深大于 10 m 时,极限蒸发埋深取 10 m。蒸发埋深与面积见表8-17。2002~2013 年每年蒸发强度不同,因此蒸发量亦不同。其中研究区地下 – 地表耦合系统蒸发量亦包括其他蒸发(农林蒸发、工业蒸发等),蒸发计算结果(不包括渠道蒸发与河道蒸发)见表8-15。

表 8-15　　潜水蒸发以及其他蒸发量　　　　（单位：万 m³/a）

年份	2002	2003	2004	2005	2006	2007	2008	2009	2010	2011	2012	2013	总计
潜水蒸发量	7 526.42	7 416.63	7 587.29	7 631.02	7 326.30	7 216.36	7 532.40	7 117.62	7 580.33	7 702.42	7 832.32	7 869.62	90 338.73
其他蒸发量	2 495.31	2 248.39	3 504.41	4 492.81	3 807.06	4 553.06	6 138.59	6 898.16	6 443.65	5 616.47	6 315.47	6 902.02	59 415.41

2）地下水开采量

灌区为地下水人工开采主要集中区域，随着地区人口的增多与灌溉面积的扩大，地下水开采量日益增长，现在已成为灌区地下水主要排泄项之一。

花海灌区 1996～2006 年共建成机井 431 眼，占现有机电井总数 559 眼的 71%。研究区共有 120 眼左右的机井，机井开采量不能通过总开采来估计，地下水开采量的 90% 以上都用于灌溉，在花海灌溉资料表中找到 2001～2013 年的井水灌溉量，以此作为研究区地下水开采资料。考虑到大部分机井井深在 80～100 m，将机井作为井边界赋值到第二层的底板和第三层底板对应的机井位置。由于每年的开采量有所变化，所以地下水开采也通过时间序列数据赋值。地下水开采量见表 8-9。

3）河流流出量

在数值模型结果文件中查看 Rate Budget，其中水头边界的正值为河流流入模型区域量，统计 2002～2013 年的河流补给量，见表 8-16。

表 8-16　　河流流出量　　　　（单位：万 m³/a）

年份	2002	2003	2004	2005	2006	2007	2008	2009	2010	2011	2012	2013	总计
河流流出	4 351.24	4 334.34	4 329.59	4 327.44	4 314.85	4 304.88	4 301.74	4 307.22	4 306.85	4 258.31	4 250.02	4 251.74	51 638.23

4）侧向流出量

在数值模型结果文件中查看 Rate Budget，其中 Neumann - BCs 的负值为地下水侧向流出模型区域量，在结果文件中统计 2002～2013 年的地下水侧向流出量，见表 8-17。

表 8-17　　侧向流出量　　　　（单位：万 m³/a）

年份	2002	2003	2004	2005	2006	2007	2008	2009	2010	2011	2012	2013	总计
侧向流出量	1 922.34	1 922.18	1 922.16	1 922.21	1 922.28	1 922.30	1 922.30	1 922.33	1 922.37	1 922.27	1 922.31	1 922.33	23 067.38

5）河道蒸发量

北石河在疏勒河花海灌区水资源去向为两部分，一部分为入渗补给地下水，另一部分为水面蒸发。2002～2013 年蒸发强度见表 8-18；2002～2013 年河道蒸发量见表 8-19。

表 8-18　　花海灌区 2002～2013 年蒸发强度　　　　（单位：mm/a）

年份	2002	2003	2004	2005	2006	2007	2008	2009	2010	2011	2012	2013	总计
蒸发强度	1 905.7	1 786	1 929.1	1 768.9	1 830.7	1 466.4	1 547	1 548.5	1 284.2	1 405.4	1 528.5	1 478.5	19 478.9

表 8-19　花海灌区 2012 ~ 2013 年北石河河流蒸发量　　　（单位：万 m³/a）

年份	2002	2003	2004	2005	2006	2007	2008	2009	2010	2011	2012	2013	总计
河流蒸发量	233.34	231.25	233.75	230.95	232.03	225.66	227.07	227.09	222.4	224.59	226.74	248.48	2 763.49

6）渠道蒸发量

花海灌区渠道引水来自疏花干渠,再由花海总干渠收水,引入花海灌区。渠道分布如图 8-16 所示,渠道条数与长度如表 8-20 所示。

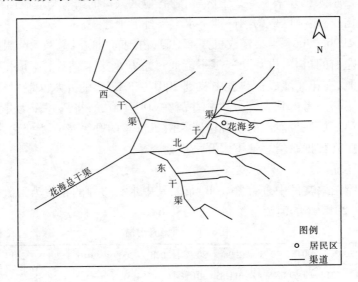

图 8-16　花海渠道分布

表 8-20　渠道基本情况

渠系	条数（条）	总长度（km）
花海灌区	1 056	1 088.20
疏花干渠	1	43.30
总干渠	8	54.36
西干渠	326	245.68
北干渠	373	402.84
东干渠	348	342.02

其中花海盆地渠道总长度为 1 088.20 km,但疏花干渠与部分花海总干渠并不在研究区花海灌区中,经过计算,花海灌区内渠道总长度为 1 023 km。灌区渠道内 2002 ~ 2013 年引水量见表 8-21 所示。

表 8-21　花海灌区 2002 ~ 2013 年渠道引水量　　　（单位：万 m³/a）

年份	2002	2003	2004	2005	2006	2007	2008	2009	2010	2011	2012	2013	总计
渠道引水量	5 856.05	5 367.97	7 050.96	7 984.98	6 709.54	7 869.44	9 574.87	9 805.99	9 644.95	8 749.25	9 736.52	10 301.0	98 651.55

由前文可知,灌区内渠道引水量全部用于蒸发与入渗(渠道入渗、田间灌溉入渗)。渠道蒸发量计算结果与入渗量见表8-22。

表 8-22　花海灌区 2002～2013 年渠道蒸发量　　　（单位:万 m³/a）

年份	2002	2003	2004	2005	2006	2007	2008	2009	2010	2011	2012	2013	总计
渠道蒸发量	458.43	435.91	462.83	432.70	444.32	475.80	490.96	491.24	441.53	464.33	487.48	496.78	5 582.33

3. 均衡差

1)地下水均衡计算

计算均衡为 12 年总值,平均到各年数据为上述补给项合计 14 365.99 万 m³/a,排泄项合计 14 851.71 万 m³/a。均衡结果为 –485.72 万 m³/a,具体数据见表 8-23。

表 8-23　花海灌区数值模型地下水均衡计算结果　　　（单位:万 m³/a）

补给项				
河流流入量	渠系水入渗量	田间灌溉入渗量	侧向流入量	合计
3 428.54	918.68	6 837.08	3 181.69	14 365.99

排泄项				
蒸发量	地下水开采量	河流流出量	侧向流出量	合计
7 528.23	1 098.01	4 303.19	1 922.28	14 851.71
均衡差		–485.72		

地下水均衡计算结果表明,花海灌区 2001～2013 年年平均地下水排泄量略大于补给量,地下水量呈负均衡状态,均衡差为 –485.72 万 m³/a,这与花海灌区地下水位略有下降是相吻合的。

2)地下 – 地表耦合均衡计算

由于地下 – 地表耦合均衡计算区别于传统的水均衡分析,故在此给出 2002～2013 年全部数据进行分析,并进行平均分析。平均均衡差为 –731.29 万 m³/a。详细计算结果如表 8-24 所示。

表 8-24　花海灌溉灌区地下 – 地表耦合均衡计算　　　（单位:万 m³/a）

年份	河道入渗	渠系水入渗	田间灌溉入渗	地下水流入	河水蒸发	渠系水蒸发	地下水蒸发	其他蒸发	地下水流出	水资源变化量
2002	3 307.75	579.74	4 817.88	3 179.69	233.35	458.43	7 526.42	2 495.31	1 922.34	–750.79
2003	3 338.14	761.50	4 170.56	3 179.40	231.26	435.91	7 416.63	2 248.39	1 922.18	–804.78
2004	3 356.95	862.38	5 725.75	3 187.19	233.76	462.83	7 587.30	3 504.41	1 922.16	–578.19
2005	3 373.49	724.63	6 827.65	3 179.35	230.96	432.70	7 631.02	4 492.81	1 922.21	–604.58
2006	3 395.18	849.90	5 415.32	3 181.13	232.04	444.32	7 326.30	3 807.06	1 922.28	–890.47
2007	3 409.57	1 034.09	6 359.55	3 182.20	225.66	475.80	7 216.36	4 553.06	1 922.30	–407.79

续表 8-24

年份	河道入渗	渠系水入渗	田间灌溉入渗	地下水流入	河水蒸发	渠系水蒸发	地下水蒸发	其他蒸发	地下水流出	水资源变化量
2008	3 416.78	1 059.05	8 024.86	3 179.85	227.07	490.96	7 532.40	6 138.59	1 922.30	−630.78
2009	3 416.23	1 041.65	8 273.10	3 185.77	227.10	491.24	7 117.62	6 898.16	1 922.33	−739.71
2010	3 420.63	944.92	8 258.50	3 178.76	222.47	441.53	7 580.34	6 443.65	1 922.37	−807.56
2011	3 558.66	1 051.54	7 233.38	3 181.76	224.59	464.33	7 702.42	5 616.47	1 922.27	−904.74
2012	3 573.47	1 112.51	8 136.53	3 179.96	226.75	487.48	7 832.32	6 315.47	1 922.31	−781.87
2013	3 575.65	1 002.26	8 801.99	3 185.16	248.48	496.78	7 869.62	6 902.02	1 922.33	−874.18
平均	3 428.54	918.68	6 837.09	3 181.69	230.29	465.19	7 528.23	4 951.28	1 922.28	−731.29

4. 地下水储变量

地下水储变量计算公式为

$$Q_{储变} = \mu F \Delta h \tag{8-5}$$

式中：μ 为含水层给水度；F 为计算区面积；Δh 为花海灌区地下水位变化值。

在根据式(8-5)计算地下水储变量时，对于给水度的取值方法为：μ 为给水度，给水度是指饱和岩土体在重力作用下自由排出的重力水的体积与该饱和岩土体的体积的比值，它是衡量岩土体贮水和给水能力的一个指标，其大小的决定因素是饱水带岩性及其结构特征(颗粒级配、孔隙裂隙发育程度及其密实度等)。在水资源评价工作中确定给水度的常用方法有抽水试验法，地中渗透仪测定法和简测法，实际开采量法、水量平衡法和多元回归分析法。针对花海灌区，前人资料的给水度 μ 值有《甘肃省疏勒河流域农业灌溉暨移民安置综合开发项目环境影响报告书》水文地质专题报告中花海灌区给水度 μ 值为0.1，《河西走廊疏勒河流域地下水资源合理开发利用调查评价》(2008)中花海灌区砂砾石的给水度 μ 值为 0.15 ~ 0.25，中细砂、细粉砂的给水度 μ 值为 0.1 ~ 0.15。综合各报告拟初步给定研究区给水度 μ 为 0.12。

当根据式(8-5)计算地下水储变量时，研究区计算面积约为 630 km^2，即 6.3×10^8 m^2。

当根据式(8-5)计算地下水储变量时，花海灌区地下水位变化值 Δh 的确定方法为：结合灌区 6 口观测井 2001 ~ 2013 年水位数据，见表 8-25，12 年灌区地下水位总变化值为 −1.068 m，每年平均变化值为 0.089 m。表中 CG04 监测井地下水位较其他监测井大很多，可能原因是地下水开采导致的局部水位下降较大，利用此数据计算得到的均衡差可能较真实值偏大。

于是，$\mu \Delta h F = 0.12 \times (-0.089) \times 6.3 \times 10^8 = -0.067\ 305 \times 10^8 = -673.05$（万 m^3/a）。

考虑到之前提到的 CG04 监测井水位变化较大，真实数据数值上可能比此值小，这与模型计算的地下水均衡量 −485.72 万 m^3/a 相近，与地下 − 地表耦合均衡计算均衡量 −731.29 万 m^3/a 极为相近。基本认为数值模拟的水均衡数据比较可靠。

表 8-25　地下水位　　　　　　　　（单位:m）

监测井	2001 年水位	2013 年水位	水位变化
CG01	1 264.50	1 263.75	-0.75
CG02	1 228.65	1 229.04	0.39
CG03	1 238.57	1 238.27	-0.30
CG04	1 260.01	1 255.29	-4.72
CG05	1 243.98	1 243.42	-0.56
CG06	1 268.46	1 267.99	-0.47
平均值	-1.068	每年平均值	-0.089

8.2.6.2　早期均衡模型求解(1980~2000 年)

花海灌区 6 口长观孔都是自 2001 年开始投入使用的,对于 2000 年及以前没有水位观测资料。利用前文已建立的地下水动态数值模型,对早期地下水动态信息进行运算。

由于缺少早期灌溉信息,对早期地下水动态模拟时,除了地下水开采量,其他源汇项利用 2001 年的数据。在 20 世纪 80 年代地下水开采机井数量非常少,地下水开采量几乎为零,但没有确切的开采资料,故对机井开采进行概化,以 2001 年开采量 500 万 m³ 为参考,往前每年减少 25 万 m³,到 1980 年正好开采量为零。由数值模型运算结果,研究区 1980~1990 年地下水等水位线见图 8-17。

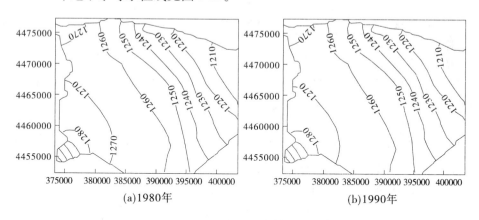

(a)1980年　　　　　　　　　　(b)1990年

图 8-17　地下水等水位线

利用 2001 年地下水位数据值分别减去 1980 年和 1990 年地下水位数据值得到 1980~2000年及 1990~2000 年地下水位变化等值线(见图 8-18)。由图 8-18 可知,1990 ~ 2000 年地下水位总体略有上升趋势,上升区域主要在研究区中北部,最大上升值只有 2 m,其他区域水位变化很小,地下水基本保持稳定状态。1980~2000 年地下水位总体上有升有降,上升区域主要在研究区中北部,最大上升值也只有 2 m,在研究区南部地下水位略有下降,这可能与地下水的开采有关,其他区域水位变化很小,地下水基本保持稳定状态。由两幅地下水位变化图综合来看,地下水在早期基本是稳定的,仅在部分区域有小幅变动。

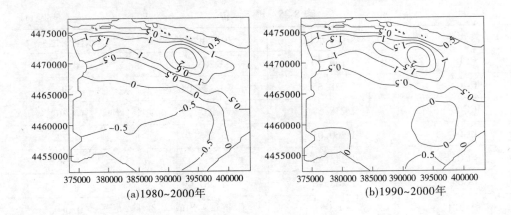

(a)1980~2000年　　　　　　　　　　(b)1990~2000年

图 8-18　地下水位变化等值线

对早期模型地下水进行水均衡计算。

1. 补给项

1) 河流流入量

在数值模型结果文件中查看 Rate Budget,其中水头边界的正值为河流流入模型区域量,统计 1980~1990 年这两年的河流补给量,见表 8-26。

表 8-26　河流流入量　　　　　　　　　　(单位:万 m³/a)

年份	1980	1990
河流流入量	3 507.45	3 507.37

2) 降水补给量

由于研究区降水少,多年平均降水量小于 100 mm/a,且降水入渗与地下水埋深有关,研究区降水补给忽略不计,模型中未考虑降水补给。

3) 渠系水入渗量

灌渠进入研究区已经接近两河口,总干渠大部分不在研究区内,考虑研究区渠系水入渗主要是干渠、支渠和斗渠,根据渠系水利用系数为 0.88,水面蒸发及包气带耗水 10%,经计算渠系水入渗量如表 8-27 所示。

表 8-27　渠系水入渗量　　　　　　　　　　(单位:万 m³/a)

年份	1980	1990
渠系水入渗量	632.45	632.45

4) 田间灌溉入渗量

田间灌溉入渗量主要根据地下水埋深不同,会有不同的入渗补给强度,模型赋值强度见前文,计算得到每年的田间灌溉入渗量见表 8-28。

表 8-28　田间灌溉入渗量　　　　　　　（单位:万 m³/a）

年份	1980	1990
田间灌溉入渗量	3 320.40	3 914.14

5)侧向流入量

在数值模型结果文件中查看 Rate Budget,其中 Neumann – BCs 的正值为地下水侧向流入模型区域量,在结果文件中统计 1980 年及 1990 年的地下水侧向流入补给量,见表 8-29。

表 8-29　侧向流入量　　　　　　　（单位:万 m³/a）

年份	1980	1990
侧向流入量	3 181.81	3 181.55

2. 排泄项

1)潜水蒸发排泄量

潜水蒸发是地下水排泄的主要方式之一,主要发生在细土平原地下水浅埋和溢出带。根据酒泉观测站资料,潜水蒸发量与地下水埋深有密切关系。地下水埋深在小于 1 m 时,潜水蒸发量大,年蒸发量在 90 ~ 160 mm。随地下水埋深的增大,潜水蒸发量急剧减小,地下水埋深大于 10 m 时,基本无蒸发。

蒸发量的模拟关键是极限蒸发埋深取值。为反映潜水蒸发量随地下水埋深变化规律,采用分段线性函数处理方法,按地下水埋深分区定义蒸发量计算参数。在地下水浅埋（<1 m）和溢出带,年水位动态变幅不大,多在 0.5 ~ 1 m,极限蒸发埋深可取相对小的数值(1.5 ~ 2 m),能够更好地反映水位浅时蒸发量大的变化趋势;当地下水埋深为 3 ~ 5 m 时,极限蒸发埋深取 5 m;当地下水埋深大于 10 m 时,极限蒸发埋深取 10 m。

潜水蒸发根据有无植被分为田间蒸发和空地蒸发,具体赋值强度见前文,得到每年的潜水蒸发总量结果见表 8-30。

表 8-30　潜水蒸发量以及其他蒸发量　　　　　　　（单位:万 m³/a）

年份	1980	1990
潜水蒸发量	4 017.56	4 611.30
其他蒸发量	3 611.82	3 817.79

2)地下水开采量

1980 年及 1990 年地下水开采量见表 8-31。

表 8-31　地下水开采量　　　　　　　（单位:万 m³/a）

年份	1980	1990
开采量	0	250

3)河流流出量

在数值模型结果文件中查看 Rate Budget,其中水头边界的负值为河流流出模型区域量,统计 1980 年及 1990 年这两年的河流流出量,见表 8-32。

表 8-32　河流流出量　　　　　　　　（单位:万 m³/a）

年份	1980	1990
河流流出量	4 277.80	4 274.52

4）侧向流出量

在数值模型结果文件中查看 Rate Budget,其中 Neumann – BCs 的负值为地下水侧向流出模型区域量,在结果文件中统计 1980 年及 1990 年的地下水侧向流出量,见表 8-33。

表 8-33　侧向流出量　　　　　　　　（单位:万 m³/a）

年份	1980	1990
侧向流出量	1 922.28	1 922.28

3. 均衡差

1）地下水均衡计算

计算均衡为 12 年总值,平均到各年数据为在 1980 年补给项合计 10 642.11 万 m³/a,排泄项合计 10 217.64 万 m³/a。均衡结果为 424.47 万 m³/a,具体数据见表 8-34。

表 8-34　1980 年花海灌区数值模型地下水均衡计算结果　　（单位:万 m³/a）

补给项				
河流流入量	渠系水入渗量	田间灌溉入渗量	侧向流入量	合计
3 507.45	632.45	3 320.4	3 181.81	10 642.11
排泄项				
蒸发量	地下水开采量	河流流出量	侧向流出量	合计
4 017.56	0	4 277.80	1 922.28	10 217.64
均衡差	424.47			

地下水均衡计算结果表明,花海灌区 1980 年地下水排泄量略小于补给量,地下水量呈正均衡状态,均衡差为 424.47 万 m³/a,这与该时期地下水位略有上升是相吻合的。

1990 年补给项合计 11 235.51 万 m³/a,排泄项合计 11 058.10 万 m³/a。均衡结果为 177.41 万 m³/a,具体数据见表 8-35。

表 8-35　1990 年花海灌区数值模型地下水均衡计算结果　　（单位:万 m³/a）

补给项				
河流流入量	渠系水入渗量	田间灌溉入渗量	侧向流入量	合计
3 507.37	632.45	3 914.14	3 181.55	11 235.51
排泄项				
蒸发量	地下水开采量	河流流出量	侧向流出量	合计
4 611.3	250	4 274.52	1 922.28	11 058.10
均衡差	177.41			

地下水均衡计算结果表明,花海灌区1990年地下水排泄量略小于补给量,地下水量呈正均衡状态,均衡差为177.41万 m³/a,这与该时期地下水位略有上生是相吻合的。

2)地下-地表耦合均衡计算

地下-地表耦合计算结果见表8-36。

表8-36　花海灌区地下-地表耦合均衡计算均衡计算结果　　（单位:万 m³/a）

年份	河道入渗	渠系水入渗	田间灌溉入渗	地下水流入	河水蒸发	渠系水蒸发	地下水蒸发	其他蒸发	地下水流出	水资源变化量
1980	3 507.45	632.45	3 320.40	3 181.81	250.87	487.58	4 017.56	3 611.82	1 922.28	352.00
1990	3 507.37	632.45	3 914.14	3 181.55	247.78	427.57	4 611.30	3 817.79	1 922.28	208.78
平均	3 507.41	632.45	3 617.27	3 181.68	249.33	457.57	4 314.43	3 714.81	1 922.28	280.39

对比地下水均衡计算与地下-地表耦合均衡计算结果可以看出,1980年花海灌区地下水均衡为424.47万 m³/a,地下-地表耦合均衡计算结果为352.00万 m³/a;1990年花海灌区地下水均衡为177.41万 m³/a,地下-地表耦合均衡计算结果为208.78万 m³/a。可知,地下-地表双系统耦合在花海灌区的应用是比较成功的,能准确反映研究区的地表与地下总水资源的变化规律,对比与中期计算结果也可以看出,花海灌区的地下水资源大概总体保持不变,地下水的水量受地表水水量的直接影响。

8.2.6.3　近期均衡模型求解（2013 年以后）

前文地下水动态数值模型已建立完成,本节利用该模型对地下水进行动态预测。上节提到地下水位变化主要与地下水的开采相关,本节主要是结合前面章节的成果对地下水位进行模拟。以2013年为现状年,在保持其他源汇项不变的情况下,改变田间入渗量,对2013年以后的地下水位进行预测,给出预测的地下水位变化等值线图。主要分三种方案对研究区进行模拟:第一种方案是取现状年(2013年)田间灌溉入渗量为后面10年、20年的田间灌溉入渗量数据,其他如渠系水入渗、地下水开采等以现状年的资料为参考;第二种方案是取现状年(2013年)田间灌溉入渗量的80%为后面10年、20年的田间灌溉入渗量数据,其他与第一种相同;第三种方案是取现状年(2013年)田间灌溉入渗量的50%为后面10年、20年的田间灌溉入渗量数据,其他与第一种相同。

1.第一种方案

对现状年方案下地下水动态进行模拟时,所有源汇项利用2013年的数据。由数值模型运算结果,预测研究区2023年及2033年地下水等水位线,见图8-19。

利用模拟的2023年及2033年地下水位数据值分别减去2013年地下水位数据值得到2013~2023年及2013~2033年地下水位变化等值线(见图8-20)。由图8-20可知,2013~2023年地下水位总体略有上升趋势,上升区域主要在研究区中北部及东南部,最大上升值约1.6 m,其他区域水位变化较小,地下水位基本保持稳定状态。2013~2033年地下水位总体也略有上升趋势,总体与前10年的变化大致相同,水位基本保持稳定状态。由图8-20可知,地下水在前10年水位有所上升,在后10年基本是稳定的,仅在部分区域有小幅变动。

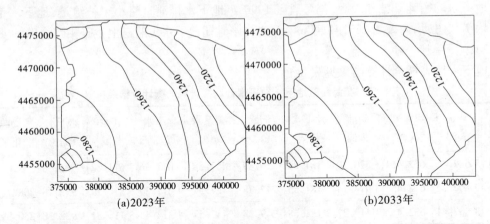

(a)2023年　　　　　　　　　　　　(b)2033年

图 8-19　地下水等水位线

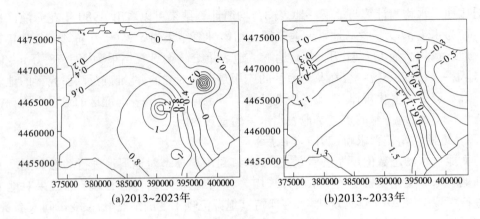

(a)2013~2023年　　　　　　　　　　(b)2013~2033年

图 8-20　地下水位变化等值线

1)补给项

(1)河水流入量。在数值模型结果文件中查看 Rate Budget,其中水头边界的正值为河流流入模型区域量,统计 2023 年及 2033 年这两年的河流补给量,见表 8-37。

表 8-37　河流补给量　　　　　　　　　　　　　　(单位:万 m³/a)

年份	2023	2033
河流流入量	3 552.33	3 526.92

(2)雨水补给。由于研究区雨水少,多年平均降水量小于 100 mm/a,且雨水入渗与地下水埋深有关,研究区雨水补给忽略不计,模型中未考虑降雨补给。

(3)渠系水入渗量。灌渠进入研究区已经接近两河口,总干渠大部分不在研究区内,考虑研究区渠系水入渗主要是干渠、支渠和斗渠,根据渠系水利用系数为 0.88,水面蒸发及包气带耗水 10%,经计算渠系水入渗量见表 8-38。

表 8-38 渠系水入渗量 （单位：万 m³/a）

年份	2023	2033
渠系水入渗量	1 002.26	1 002.26

（4）田间灌溉入渗量。田间灌溉入渗量主要根据地下水埋深不同，会有不同的入渗补给强度，模型赋值强度见前文，计算得到每年的入渗量见表 8-39。

表 8-39 田间灌溉入渗量 （单位：万 m³/a）

年份	2023	2033
田间灌溉入渗量	8 845.78	9 020.40

（5）侧向流入量。在数值模型结果文件中查看 Rate Budget，其中 Neumann – BCs 的正值为地下水侧向流入模型区域量，在结果文件中统计 2023 年及 2033 年的地下水侧向流入补给量，见表 8-40。

表 8-40 侧向流入量 （单位：万 m³/a）

年份	2023	2033
侧向流入量	3 181.81	3 182.98

2）排泄项

（1）潜水蒸发排泄量。潜水蒸发是地下水排泄的主要方式之一，主要发生在细土平原地下水浅埋和溢出带。根据酒泉观测站资料，潜水蒸发量与地下水埋深有密切关系。当地下水埋深在小于 1 m 时，潜水蒸发量大，年蒸发量在 90 ~ 160 mm。随地下水埋深的增大，潜水蒸发量急剧减小，地下水埋深大于 10 m 时，基本蒸发。

蒸发量的模拟关键是极限蒸发埋深取值。为反映潜水蒸发量随地下水埋深变化规律，采用分段线性函数处理方法，按地下水埋深分区定义蒸发量计算参数。在地下水浅埋（ <1 m）带和溢出带，年水位动态变幅不大，多在 0.5 ~ 1 m，极限蒸发埋深可取相对小的数值（1.5 ~ 2 m），能够更好地反映水位浅时蒸发量大的变化趋势；当地下水埋深为 3 ~ 5 m 时，极限蒸发埋深取 5 m；当地下水埋深大于 10 m 时，极限蒸发埋深取 10 m。

潜水蒸发根据有无植被分为田间蒸发和空地蒸发，具体赋值强度见表 8-45，计算得到每年的潜水蒸发总量以及其他蒸发量如表 8-41。

表 8-41 潜水蒸发量以及其他蒸发量 （单位：万 m³/a）

年份	2023	2033
潜水蒸发量	9 542.94	9 717.56
其他蒸发量	3 772.33	4 113.16

（2）地下水开采量。2023 年及 2033 年地下水开采量见表 8-42。

表 8-42　地下水开采量　　　　　　（单位：万 m³/a）

年份	2023	2033
地下水开采量	458.32	458.32

（3）河流流出量。在数值模型结果文件中查看 Rate Budget，其中水头边界的正值为河流流出模型区域量，统计 2023 年及 2033 年这两年的河流流出量，见表 8-43。

表 8-43　河流流出量　　　　　　（单位：万 m³/a）

年份	2023	2033
河流流出量	4 251.08	4 253.31

（4）侧向流出量。在数值模型结果文件中查看 Rate Budget，其中 Neumann - BCs 的负值为地下水侧向流出模型区域量，在结果文件中统计 2023 年及 2033 年的地下水侧向流出量，见表 8-44。

表 8-44　侧向流出量　　　　　　（单位：万 m³/a）

年份	2023	2033
侧向流出量	1 922.63	1 921.70

3）均衡差

（1）地下水均衡计算。计算均衡为 12 年总值，平均到各年数据为 2023 年补给项合计 16 582.18 万 m³/a，排泄项合计 16 174.97 万 m³/a。均衡结果为 407.21 万 m³/a，具体数据见表 8-45。

表 8-45　2023 年花海灌区数值模型地下水均衡计算结果　　（单位：万 m³/a）

补给项				
河流流入量	渠系水入渗量	田间灌溉入渗量	侧向流入量	合计
3 552.33	1 002.26	8 845.78	3 181.81	16 582.18
排泄项				
蒸发量	地下水开采量	河流流出量	侧向流出量	合计
9 542.94	458.32	4 251.08	1 922.63	16 174.97
均衡差	407.21			

地下水均衡计算结果表明，花海灌区 2023 年地下水排泄量略小于补给量，地下水量呈正均衡状态，均衡差为 407.21 万 m³/a，预测结果是该时期地下水位略有上升趋势。

2033 年补给项合计 16 732.56 万 m³/a，排泄项合计 16 350.89 万 m³/a。均衡结果为 381.67 万 m³/a，具体数据见表 8-46。

表 8-46　2033 年花海灌区数值模型地下水均衡计算结果　（单位:万 m³/a）

补给项				
河道流入量	渠系水入渗量	田间灌溉入渗量	侧向流入量	合计
3 526.92	1 002.26	9 020.40	3 182.98	16 732.56
排泄项				
蒸发量	地下水开采量	河流流出量	侧向流出量	合计
9 717.56	458.32	4 253.31	1 921.70	16 350.89
均衡差	381.67			

地下水均衡计算结果表明,花海灌区 2033 年地下水排泄量略小于补给量,地下水量呈正均衡状态,均衡差为 381.67 万 m³/a,预测结果是该时期地下水位略有上升趋势。

（2）地下 - 地表耦合均衡计算。地下 - 地表耦合计算结果见表 8-47。

表 8-47　花海灌区地下 - 地表耦合均衡计算均衡计算结果　（单位:万 m³/a）

年份	河道入渗量	渠系水入渗量	田间灌溉入渗量	地下水流入量	河水蒸发量	渠系水蒸发量	地下水蒸发量	其他蒸发量	地下水流出量	水资源变化量
2023	3 558.33	1 002.26	8 845.78	3 181.80	268.78	453.78	9 542.94	3 772.33	1 922.63	621.71
2033	3 526.92	1 002.26	9 020.40	3 182.98	279.15	483.12	9 717.56	4 113.16	1 921.70	217.87
平均	3 539.62	1 002.26	8 933.09	3 182.39	273.965	468.45	9 630.25	3 942.74	1 922.16	419.79

对比地下水均衡计算与地下 - 地表耦合均衡计算结果可以看出,2023 年花海灌区地下水均衡为 407.21 万 m³/a,地下 - 地表耦合均衡计算结果为 621.71 万 m³/a;2033 年花海灌区地下水均衡为 381.67 万 m³/a,地下 - 地表耦合均衡计算结果为 217.87 万 m³/a。可见,地下 - 地表双系统耦合在花海灌区的应用对花海灌区水量预测是比较成功的,能准确反映研究区的地表与地下总水资源的变化规律,与中期计算结果对比也可以看出,花海灌区的地下水资源大概总体保持不变,地下水的水量受地表水水量的直接影响。

2. 第二种方案

对 80% 田间灌溉入渗方案下地下水动态进行模拟时,除了田间灌溉入渗外,其他源汇项利用 2013 年的数据,田间灌溉入渗量取 2013 年入渗量的 80% 为田间灌溉入渗数据。由数值模型运算结果,预测研究区 2023 年及 2033 年地下水等水位线,见图 8-21。

利用模拟的 2023 年及 2033 年地下水位数据值减去 2013 年地下水位数据值得到 2013 ~ 2023 年及 2013 ~ 2033 年地下水位变化等值线图（见图 8-22）。由图 8-22 可知, 2013 ~ 2023 年地下水位总体略有上升趋势,上升区域主要在研究区中部,最大上升值约 1.3 m,其他区域水位变化较小,地下水位基本保持稳定状态。2013 ~ 2033 年地下水位总体也略有上升趋势,总体与前 10 年的变化大致相同,水位基本保持稳定状态。两幅地下水位变化图来看,地下水在前 10 年水位有所上升,20 年水位变化与 10 年水位变化基本相同,说明后 10 年地下水位基本是稳定的,仅在部分区域有小幅变动。

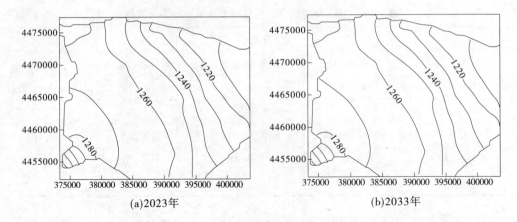

(a)2023年　　　　　　　　　　　(b)2033年

图 8-21　地下水等水位线图

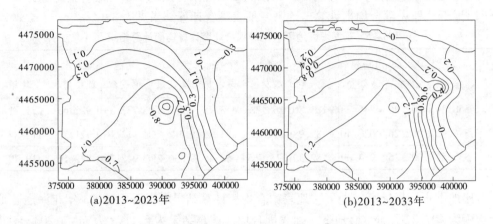

(a)2013~2023年　　　　　　　　(b)2013~2033年

图 8-22　地下水位变化等值线图

1)补给项

(1)河水流入量。在数值模型结果文件中查看 Rate Budget,其中水头边界的正值为河流流入模型区域量,统计 2023 年及 2033 年这两年的河流流入量,见表 8-48。

表 8-48　河流流入量　　　　　　　　　　（单位:万 m³/a）

年份	2023	2033
河流流入量	3 558.33	3 533.39

(2)雨水补给。由于研究区雨水少,多年平均降雨量小于 100 mm/a,且雨水入渗与地下水埋深有关,研究区雨水补给忽略不计,模型中未考虑降雨补给。

(3)渠系水入渗量。灌渠进入研究区已经接近两河口,总干渠大部分不在研究区内,考虑研究区渠系水入渗主要是干渠、支渠和斗渠,根据渠系水利用系数为 0.88,水面蒸发及包气带耗水 10%,经计算渠系水入渗量见表 8-49。

表 8-49　渠系水入渗量　　　　　　　　　　（单位:万 m³/a）

年份	2023	2033
渠系入渗量	1 002.26	1 002.26

（4）田间灌溉水入渗量。田间灌溉入渗量主要根据地下水埋深,会有不同的入渗补给强度,模型赋值强度见前文,计算得到每年的田间灌溉入渗量如表 8-50。

表 8-50　田间灌溉入渗量　　　　　　　　　（单位:万 m³/a）

年份	2023	2033
田间灌溉入渗量	7 076.62	7 216.32

（5）侧向流入量。在数值模型结果文件中查看 Rate Budget,其中 Neumann - BCs 的正值为地下水侧向流入模型区域量,在结果文件中统计 2023 年及 2033 年的地下水侧向流入补给量,见表 8-51。

表 8-51　侧向流入量　　　　　　　　　　　（单位:万 m³/a）

年份	2023	2033
侧向流入量	3 181.97	3 181.12

2）排泄项

（1）潜水蒸发排泄量。潜水蒸发是地下水排泄的主要方式之一,主要发生在细土平原地下水浅埋带和溢出带。根据酒泉观测站资料,潜水蒸发量与地下水埋深有密切关系。当地下水埋深小于 1 m 时,潜水蒸发量大,年蒸发量在 90 ~ 160 mm。随地下水埋深的增大,潜水蒸发量急剧减小,地下水埋深大于 10 m 时,基本无蒸发。

蒸发量的模拟关键是极限蒸发埋深取值。为反映潜水蒸发量随水位埋深变化规律,采用分段线性函数处理方法,按地下水埋深分区定义蒸发量计算参数。在地下水浅埋（<1 m）带和溢出带,年水位动态变幅不大,多在 0.5 ~ 1 m,极限蒸发埋深可取相对小的数值（1.5 ~ 2 m）,能够更好地反映水位浅时蒸发量大的变化趋势;当地下水埋深为 3 ~ 5 m 时,极限蒸发埋深 5 m;当地下水埋深为大于 10 m 时,极限蒸发埋深取 10 m。

潜水蒸发根据有无植被分为田间蒸发和空地蒸发,具体赋值强度见前文,田间灌溉入渗量减少为原来值的 80%,模型中田间蒸发量也相应减少为 80%,计算得到每年的潜水蒸发总量与其他蒸发量如表 8-52 所示。

表 8-52　潜水蒸发量以及其他蒸发量　　　　　（单位:万 m³/a）

年份	2023	2033
潜水蒸发量	7 843.30	7 982.99
其他蒸发量	3 772.33	3 773.82

（2）地下水开采量。2023 年及 2033 年地下水开采量见表 8-53。

表 8-53　地下水开采量　　　　　　　（单位:万 m³/a)

年份	2023	2033
地下水开采量	458.32	458.32

（3）河流流出量。在数值模型结果文件中查看 Rate Budget,其中水头边界的正值为河流流出模型区域量,统计 2023 年及 2033 年这两年的河流流出量,见表 8-54。

表 8-54　河流流出量　　　　　　　（单位:万 m³/a)

年份	2023	2033
河流流出量	4 246.34	4 248.49

（4）侧向流出量。在数值模型结果文件中查看 Rate Budget,其中 Neumann – BCs 的负值为地下水侧向流出模型区域量,在结果文件中统计 2023 年及 2033 年的地下水侧向流出量,见表 8-55。

表 8-55　侧向流出量　　　　　　　（单位:万 m³/a)

年份	2023	2033
侧向流出量	1 922.27	1 922.60

3) 均衡差

（1）地下水均衡计算。计算均衡为 12 年总值,平均到各年数据为 2023 年补给项合计 14 819.18 万 m³/a,排泄项合计 14 482.36 万 m³/a。均衡结果为 346.82 万 m³/a,具体数据见表 8-56。

表 8-56　2023 年花海灌区数值模型地下水均衡计算结果　　（单位:万 m³/a)

补给项				
河流流入量	渠系水入渗量	田间灌溉入渗量	侧向流入量	合计
3 558.33	1 002.26	7 076.62	3 181.97	14 819.18
排泄项				
蒸发量	地下水开采量	河流流出量	侧向流出量	合计
7 843.28	458.32	4 248.49	1 922.27	14 482.36
均衡差	346.82			

由地下水均衡计算结果表明,花海灌区 2023 年地下水排泄量略小于补给量,地下水量呈正均衡状态,均衡差为 346.82 万 m³/a,预测结果是该时期地下水位略有上升趋势。

2033 年补给项合计 14 933.09 万 m³/a,排泄项合计 14 618.22 万 m³/a,均衡结果为 314.87 万 m³/a,具体数据见表 8-57。

表 8-57　2033 年花海灌区数值模型地下水均衡计算结果　　（单位：万 m³/a）

补给项				
河流流入量	渠系水入渗量	田间灌溉入渗量	侧向流入量	合计
3 533.39	1 002.26	7 216.32	3 181.12	14 933.09

排泄项				
蒸发量	地下水开采量	河流流出量	侧向流出量	合计
7 982.82	458.32	4 254.48	1 922.60	14 618.22
均衡差	314.87			

（2）地下－地表耦合均衡计算。地下－地表耦合计算结果见表 8-58。

表 8-58　花海灌区地下－地表耦合均衡计算结果　　（单位：万 m³/a）

年份	河道入渗量	渠系水入渗量	田间灌溉入渗量	地下水流入量	河水蒸发量	渠系水蒸发量	地下水蒸发量	其他蒸发量	地下水流出量	水资源变化量
2023	3 552.33	1 002.26	7 076.62	3 181.97	268.78	453.78	7 843.30	3 772.33	1 922.27	552.72
2033	3 526.39	1 002.26	7 216.32	3 181.12	279.15	483.12	7 982.99	3 773.82	1 922.60	484.58
平均	3 539.36	1 002.26	7 146.47	3 181.54	273.965	468.45	7 913.14	3 773.07	1 922.43	518.65

对比地下水均衡计算与地下－地表耦合均衡计算结果可以看出，2023 年花海灌区地下水均衡为 346.82 万 m³/a，地下－地表耦合均衡计算结果为 552.72 万 m³/a；2033 年花海灌区地下水均衡为 314.87 万 m³/a，地下－地表耦合均衡计算结果为 484.58 万 m³/a。可见，地下－地表双系统耦合在花海灌区的应用对花海灌区水量预测是比较成功的，能准确反映研究区的地表与地下总水资源的变化规律，与中期计算结果对比也可以看出，花海灌区的地下水资源大概总体保持不变，地下水的水量受地表水水量的直接影响。

地下水均衡计算结果表明，花海灌区 2033 年地下水排泄量略小于补给量，地下水量呈正均衡状态，均衡差为 314.87 万 m³/a，预测结果是该时期地下水位略有上升趋势，均衡差与第一种方案相比相对较小，由地下水位变化图可知第二种方案水位恢复较小。

3. 第三种方案

对 50% 田间灌溉入渗方案下地下水动态进行模拟时，除了田间灌溉入渗外，其他源汇项利用 2013 年的数据，田间灌溉入渗量取 2013 年入渗量的 50% 为田间灌溉入渗数据。由数值模型运算结果，预测研究区 2023 年及 2033 年地下水等水位线见图 8-23。

利用模拟的 2023 年及 2033 年地下水位数据值减去 2013 年地下水位数据值得到 2013～2023 年及 2013～2033 年地下水位变化等值线图（见图 8-24）。由图 8-24 可知，2013～2023 年地下水位总体略有上升趋势，上升区域主要在研究区中部，最大上升值约 0.7 m，其他区域水位变化较小，地下水位基本保持稳定状态。2013～2033 年地下水位总体也略有上升趋势，总体与前 10 年的变化几乎相同，水位基本保持稳定状态。综合两幅地下水位变化图来看，地下水在前 10 年水位有所上升，但在后 10 年基本是稳定的，仅在

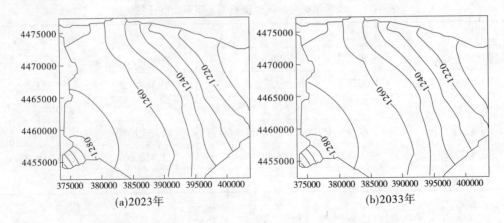

图 8-23　地下水等水位线

部分区域有小幅变动。

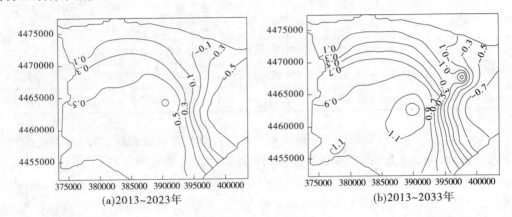

图 8-24　地下水位变化等值线

1)补给项

(1)河水流入量。在数值模型结果文件中查看 Rate Budget,其中水头边界的正值为河流流入模型区域量,统计 2023 年及 2033 年这两年的河流补给量,见表 8-59。

表 8-59　河流补给量　　　　　　　　　　　　　(单位:万 m³/a)

年份	2023	2033
河流流入量	3 565.28	3 550.71

(2)雨水补给。由于研究区雨水少,多年平均降雨量小于 100 mm/a,且雨水入渗与地下水埋深有关,研究区雨水补给忽略不计,模型中未考虑降雨补给。

(3)渠系水入渗量。灌渠进入研究区已经接近两河口,总干渠大部分不在研究区内,考虑研究区渠系水入渗主要是干渠、支渠和斗渠,根据渠系水利用系数为 0.88,水面蒸发及包气带耗水 10%,经计算渠系水入渗量见表 8-60。

表 8-60　渠系水入渗量　　　　　　　（单位:万 m³/a)

年份	2023	2033
渠系水入渗量	1 002.26	1 002.26

（4）田间灌溉入渗量。田间灌溉入渗量主要根据地下水埋深不同,会有不同的入渗补给强度,模型赋值强度见前文,计算得到每年的田间灌溉入渗量见表 8-61。

表 8-61　田间灌溉入渗量　　　　　　　（单位:万 m³/a)

年份	2023	2033
田间灌溉入渗量	4 422.89	4 510.20

（5）侧向流入量。在数值模型结果文件中查看 Rate Budget,其中 Neumann – BCs 的正值为地下水侧向流入模型区域量,在结果文件中统计 2023 年及 2033 年的地下水侧向流入量,见表 8-62。

表 8-62　侧向流入量　　　　　　　　（单位:万 m³/a)

年份	2023	2033
侧向流入量	3 181.68	3 175.97

2）排泄项

（1）潜水蒸发排泄量。潜水蒸发是地下水排泄的主要方式之一,主要发生在细土平原地下水浅埋带和溢出带。根据酒泉观测站资料,潜水蒸发量与地下水埋深有密切关系。当地下水埋深在小于 1 m 时,潜水蒸发量大,年蒸发量在 90 ~ 160 mm。随地下水埋深的增大,潜水蒸发量急剧减小,当地下水埋深大于 10 m 时,基本无蒸发。

蒸发量的模拟关键是极限蒸发埋深取值。为反映潜水蒸发量随地下水埋深变化规律,采用分段线性函数处理方法,按地下水埋深分区定义蒸发量计算参数。在地下水浅埋（<1 m)带和溢出带,年水位动态变幅不大,多在 0.5 ~ 1 m,极限蒸发埋深可取相对小的数值(1.5 ~ 2 m),能够更好地反映水位浅时蒸发量大的变化趋势;当地下水埋深为 3 ~ 5 m 时,极限蒸发埋深取 5 m;当地下水埋深为大于 10 m 时,极限蒸发埋深取 10 m。

潜水蒸发根据有无植被分为田间蒸发和空地蒸发,计算得到每年的潜水蒸发量与其他蒸发量见表 8-63 所示。

表 8-63　潜水蒸发量以及其他蒸发量　　　　　（单位:万 m³/a)

年份	2023	2033
潜水蒸发量	5 293.83	5 381.15
其他蒸发量	3 865.00	3 846.00

（2）地下水开采量。2023 年及 2033 年地下水开采量见表 8-64。

表 8-64　地下水开采量 （单位：万 m³/a）

年份	2023	2033
地下水开采量	458.32	458.32

（3）河流流出量。在数值模型结果文件中查看 Rate Budget，其中水头边界的负值为河流流出模型区域量，统计 2023 年及 2033 年这两年的河流流出量，见表 8-65。

表 8-65　河流流出量 （单位：万 m³/a）

年份	2023	2033
河流流出量	4 246.34	4 248.49

（4）侧向流出量。在数值模型结果文件中查看 Rate Budget，其中 Neumann – BCs 的负值为地下水侧向流出模型区域量，在结果文件中统计 2023 年及 2033 年的地下水侧向流出量，见表 8-66。

表 8-66　侧向流出量 （单位：万 m³/a）

年份	2023	2033
侧向流出	1 922.27	1 922.60

3）均衡差

（1）地下水均衡计算。计算均衡为 12 年总值，平均到各年数据为 2023 年补给项合计 12 172.11 万 m³/a，排泄项合计 11 920.76 万 m³/a。均衡结果为 251.35 万 m³/a，具体数据见表 8-67。

表 8-67　2023 年花海灌区数值模型地下水均衡计算结果 （单位：万 m³/a）

补给项				
河流流入量	渠系水入渗量	田间灌溉入渗量	侧向流入量	合计
3 565.28	1 002.26	4 422.89	3 181.68	12 172.11

排泄项				
蒸发量	地下水开采量	河流流出量	侧向流出量	合计
5 293.83	458.32	4 246.34	1 922.27	11 920.76
均衡差	251.35			

地下水均衡计算结果表明，花海灌区 2023 年地下水排泄量大于补给量，地下水量呈正均衡状态，均衡差为 251.35 万 m³/a，预测结果是该时期地下水位略有上升趋势。2033 年补给项合计 12 239.14 万 m³/a，排泄项合计 12 010.56 万 m³/a。均衡结果为 228.58 万 m³/a，具体数据见表 8-68。

表 8-68　2033 年花海灌区数值模型地下水均衡计算结果　　（单位：万 m³/a）

补给项				
河流流入量	渠系水入渗量	田间灌溉入渗量	侧向流入量	合计
3 550.71	1 002.26	4 510.20	3 175.97	12 239.14

排泄项				
蒸发量	地下水开采量	河流流出量	侧向流出量	合计
5 381.15	458.32	4 248.49	1 922.60	12 010.56
均衡差	228.58			

（2）地下 – 地表耦合均衡计算

地下 – 地表耦合计算结果见表 8-69。

表 8-69　花海灌区地下 – 地表耦合均衡计算结果　　（单位：万 m³/a）

年份	河道入渗量	渠系水入渗量	田间灌溉入渗量	地下水流入量	河水蒸发量	渠系水蒸发量	地下水蒸发量	其他蒸发量	地下水流出量	水资源变化量
2023	3 565.28	1 002.26	4 422.89	3 181.68	268.78	453.78	5 293.83	3 865.00	1 922.27	368.445
2033	3 550.71	1 002.26	4 510.20	3 175.97	279.15	483.12	5 381.15	3 846.00	1 922.60	327.12
平均	3 557.99	1 002.26	4 466.54	3 178.82	273.965	468.45	5 337.49	3 855.50	1 922.43	347.78

对比地下水均衡计算与地下 – 地表耦合均衡计算结果可以看出，2023 年花海灌区地下水均衡为 251.35 万 m³/a，地下 – 地表耦合均衡计算结果为 368.448 万 m³/a；2033 年花海灌区地下水均衡为 228.58 万 m³/a，地下 – 地表耦合均衡计算结果为 327.12 万 m³/a。可见，地下 – 地表双系统耦合在花海灌区的应用是比较成功的，能准确反映研究区的地表与地下总水资源的变化规律，与中期计算结果对比也可以看出，花海灌区的地下水资源大概总体保持不变，地下水的水量受地表水水量的直接影响。

地下水均衡计算结果表明，花海灌区 2033 年地下水排泄量小于补给量，地下水量呈正均衡状态，均衡差为 228.58 万 m³/a，预测结果是该时期地下水位略有上升趋势，均衡差与前两种方案相比相对较小，由地下水位变化图可知第三种方案水位恢复更小。

三种方案下，地下水位在保持总体流场稳定的情况下均有所上升，主要原因是模拟时初始流场采用 2013 年的模拟流场，2001 ~ 2013 年地下水平均开采量为 1 051.98 万 m³/a，而作为预测模拟的现状年 2013 年的地下水开采量为 458.32 万 m³/a，小于模型中期平均值，且经过均衡计算三种方案下地下水均处于正均衡状态，所以地下水位均体现出上升趋势。

8.3　计算结果比较分析

8.3.1　模型计算结果与传统方法比较

8.3.1.1　源汇项

1980 年、2000 年、2013 年源汇项计算结果见表 8-70 ~ 表 8-72。

表 8-70　1980 年源汇项计算结果对比　　（单位:万 m³/a）

年份	1980				
补给项	河道入渗量	渠系水入渗量	田间灌溉入渗量	侧向流入量	合计
传统算法	4 935	1 057	983	4 439	11 414
模拟计算	3 507	632	3 320	3 182	10 641
排泄项	潜水蒸发蒸腾量	地下水开采量	河流流出量	侧向流出量	合计
传统算法	6 987	34	37	0	7 058
模拟计算	4 018	0	4 278	1 922	10 218

表 8-71　2000 年源汇项计算结果对比　　（单位:万 m³/a）

年份	2000				
补给项	河道入渗量	渠系水入渗量	田间灌溉入渗量	侧向流入量	合计
传统算法	2 587	2 373	1 805	594	7 359
模拟计算	3 308	580	4 818	3 180	11 236
排泄项	潜水蒸发蒸腾量	地下水开采量	河流流出量	侧向流出量	合计
传统算法	7 118	2 340	2	0	9 460
模拟计算	10 022	744	4 351	1 922	11 059

表 8-72　2012 年源汇项计算结果对比　　（单位:万 m³/a）

年份	2013				
补给项	河道入渗量	渠系水入渗量	田间灌溉入渗量	侧向流入量	合计
传统算法	2 510	3 051	2 091	265	7 917
模拟计算	3 573	1 113	8 137	3 180	16 003
排泄项	潜水蒸发蒸腾量	地下水开采量	河流流出量	侧向流出量	合计
传统算法	7 109	1 484	0	0	8 593
模拟计算	14 148	1 484	4 250	1 922	21 804

1. 河道入渗量

1980 年、2000 年和 2013 年三个时段内,河道入渗量的传统计算和模拟计算结果分别为 4 935 万 m³ 和 3 507 万 m³、2 587 万 m³ 和 3 308 万 m³、2 510 万 m³ 和 3 573 万 m³。

三个时段内,传统算法和模拟计算结果均相差 1 000 万 m³ 左右。传统算法计算的河道入渗量随时间的推移逐渐减少,而模型计算的河道入渗量在三个时段间相差不大。

在无引水和其他河渠汇入水量的情况下,河道上下两个断面流量差视为河道流经途中的损失量,其中包括水面蒸发量和河道入渗量。一般采用经验公式及经验参数法来计算。在研究区内,是由水库调节后经渠道引水,所以在采用传统方法计算河道入渗量时,以水库下泄水量和总干渠引水量之差,并按经验值,即该差值的 90% 入渗补给地下水,计算河道入渗量。河道入渗量随水库下泄水量的增大而增大。在模型计算中,以水头边界的正值作为河流流入模拟区域量,进一步统计出河流的地下水补给量。

2. 渠系水入渗量

1980 年、2000 年和 2013 年三个时段内,渠系水入渗量的传统计算和模拟计算结果分别为 1 057 万 m³ 和 632 万 m³、2 373 万 m³ 和 580 万 m³、3 051 万 m³ 和 1 113 万 m³。

采用传统方法计算的渠系水入渗量比模型计算结果大 1.6 ~ 4 倍。其中,传统方法计算结果在 1980 年、2000 年和 2013 年期间,随着时间推移而逐年增大,模型的计算结果在 2012 年也较上两个时段大,同时 1980 年和 2000 年的渠系水入渗量相差不大。随着灌区面积的增大、渠系长度的增长,入渗量的也逐渐增大。

传统计算方法中,渠系水入渗量是通过渠系水有效利用系数推求深入补给系数,进而推求渠系水入渗量。在计算渠系水入渗量时,由于不同级别的渠系水利用系数不同,故往往按照不同的渠系级别推求渠系水入渗量。在模型计算中,同样采用渠系有效利用系数计算渠系水入渗量。

3. 田间灌溉入渗量

1980 年、2000 年和 2013 年三个时段内,田间灌溉入渗量的传统计算和模拟计算结果分别为 983 万 m³ 和 3 320 万 m³、1 805 万 m³ 和 4 818 万 m³、2 091 万 m³ 和 8 137 万 m³。

采用模型计算的田间灌溉入渗量比传统方法计算结果大 2.6 ~ 6.5 倍。两种计算结果中,2013 年田间灌溉入渗量均明显大于 1980 年和 2000 年两个时段。影响田间灌溉入渗系数的因素主要有土层质地、地下水埋深、土层含水量、灌溉定额、作物情况和气候条件等,一次适量的灌溉,灌溉水通过入渗补给地下水。1980 年、2001 年(缺少 2000 年灌溉资料,故采用 2001 年灌溉资料代替)和 2013 年花海灌区灌溉面积分别为 3.91 万亩、5.69 万亩和 17.43 万亩。1980 年花海灌区主要作物为小麦、玉米、胡麻,粮食作物的种植面积为 3.5 万亩,经济作物为 0.098 万亩;2001 年粮食作物为小麦、玉米,经济作物为棉花和油料,其中粮食作物种植面积为 1.2 万亩,经济作物种植面积为 4.5 万亩;2013 年主要作物仍为小麦、玉米、棉花和油料,其中粮食作物种植面积为 0.99 万亩,经济作物种植面积为 13.1 万亩。由此可见,花海灌区 1980 ~ 2013 年耕地面积逐渐增大,且粮经比不断下降,这是造成田间灌溉入渗量逐年增大的主要原因。2013 年耕地面积较 2001 年增加 2 倍,较 1980 年增加 3 倍,也是 2013 年田间灌溉入渗量远远大于前两个时段的原因。

4. 地下水侧向流入量

1980 年、2000 年和 2013 年三个时段内,地下水侧向流入量的传统计算和模拟计算结果分别为 4 439 万 m³ 和 3 182 万 m³、594 万 m³ 和 3 180 万 m³、265 万 m³ 和 3 180 万 m³。

传统计算的地下水侧向流入量,1980~2013 年逐渐减少,且 1980 年要比 2013 年大近 17 倍,远大于 2013 年的地下水侧向流入量。而模型计算的地下水侧向流入量在三个时段内几乎没有变化。

根据达西公式,地下水侧向流入量与含水层渗透系数、水力坡度、含水层厚度以及研究区计算断面的宽度有关。在疏勒河灌区,疏勒河移民开发项目于 1997 年修建了昌马水库,并于 2003 年投入使用。昌马水库位于山前冲洪积扇的顶端,花海灌区位于昌马水库下游,洪积扇末端,随着昌马水库的建成,对地表水径流和地下水径流节流,减少了向下的径流量及地下水侧向流入量,故造成了花海灌区地下水侧向流入量在 2000 年后的锐减。

然而模型计算中,地下水侧向流入量随时间的变化不明显。因为在模型计算时,地下水侧向流入量属于比较稳定的边界条件之一,且在模型反算时没有考虑新修水库的影响。

5. 潜水蒸发蒸腾量

1980 年、2000 年和 2013 年三个时段内,潜水蒸发蒸腾量的传统计算和模拟计算结果分别为 6 987 万 m³ 和 4 018 万 m³、7 118 万 m³ 和 10 022 万 m³、7 109 万 m³ 和 14 148 万 m³。

传统方法计算的潜水蒸发蒸腾量在三个时段间相差 1 000 万 m³ 左右,占潜水蒸发蒸腾量的 14%~19%。模型计算结果随着时间的推移逐渐增大,且 2000 年和 2013 年要比 1980 年显著增大。

潜水蒸发蒸腾包括植被的蒸发蒸腾和裸地的潜水蒸发。植被的蒸发蒸腾包括植株蒸腾和株间蒸发。植株蒸腾是作物根系从土壤中吸入体内的水分,通过叶片的气孔扩散到大气中的现象。试验证明,植株蒸腾要消耗大量水分,作物根系中吸入体内的水分有 99% 以上消耗于蒸腾,只有不足 1% 的水量留在植物体内,成为植物的组成部分。

自 1980 年以来,随着耕地面积的增大,传统方法和模型计算的潜水蒸发蒸腾量均逐年增大。由于基于水资源系统的地下水均衡模型同时考虑了地表水系统和地下水系统,在双系统约束下,计算结果中蒸发蒸腾量较传统方法大。

6. 地下水开采量

1980 年、2000 年和 2013 年三个时段内,地下水开采量的传统计算和模型计算结果分别为 34 万 m³ 和 0、2 340 万 m³ 和 744 万 m³、1 484 万 m³ 和 1 484 万 m³。

传统计算和模型计算的地下水开采量 1980~2013 年均逐渐增多,除 1980 年外,模型计算的地下水开采量较传统计算结果小很多。传统计算的地下水开采量是按照不同时期生产井的数量及相关部门的统计资料汇编而来的。模型计算的地下水开采量是根据某年的数据作为输入数据,确定好模型参数,进行反算而来的。

7. 河流流出量

1980 年、2000 年和 2013 年三个时段内,河流流出量的传统计算和模型计算结果分别为 37 万 m³ 和 4 278 万 m³、2 万 m³ 和 4 351 万 m³、0 和 4 250 万 m³。

传统计算的河流流出量,是以泉水溢出量作为河流流出量,1980~2013 年是逐渐减少的。而模型计算的河流流出量几乎没有变化。分析其原因,传统方法没有考虑北石河,是将泉水溢出量作为河流流出,而模型计算时,将北石河的流量作为河流流出量。

8. 侧向流出量

传统计算不考虑地下水的侧向流出量,模型计算 1980 年、2000 年和 2013 年三个时段内,地下水侧向流出量均为 1 922 万 m³。

传统计算选择灌区为研究单元,而模型计算以盆地为研究单元,计算的边界还包括灌区附近的部分自然植被和裸地,故计算结果存在较大差异。

8.3.1.2 均衡计算结果

不同年代地下水资源均衡计算结果见表 8-73。

表 8-73 不同年代地下水资源均衡计算结果 （单位:万 m³/a）

项目	均衡结果					
	1980 年		2000 年		2013 年	
	传统计算	模型计算	传统计算	模型计算	传统计算	模型计算
补给项	11 414	10 642	7 359	11 236	7 917	16 002
排泄项	7 058	10 218	7 820	11 058	8 593	21 804
均衡差	4 356	424	−461	178	−676	−5 802

从地下水资源均衡计算结果来看,模型计算结果与传统计算结果相差较大,1980 年传统计算的均衡差是模型计算的 10 倍,2013 年模型计算的均衡差是传统计算的 8 倍。1980 年和 2000 年两个时段模型的均衡差小于传统计算的计算结果,且模型计算的结果均远小于传统计算的计算结果,即基于水资源系统的地下水均衡模型计算出的结果显示花海灌区处于正均衡,且基本处于采补平衡状态。而 2013 年的计算结果,是模型计算的均衡差远大于传统计算,计算结果是传统计算的 18 倍。

1. 早期(1980 年)

传统计算和模型计算结果的均衡分别为 4 356 万 m³ 和 424 万 m³。均为正均衡,且模型计算的补给项和排泄项相差不大,基本处于均衡状态,即地下水基本处于采补平衡状态。

在该时段,模型计算的补给项略小于传统计算的补给项,而排泄项较传统计算大 3 160 万 m³,由表 8-74 可以看出,模型计算过程中,主要是河流流出和侧向流出这两项的计算结果大于传统计算的计算结果,且模型计算中,在假设条件下,地下水开采量为 0。

2. 中期(2000 年)

传统计算和模型计算结果的均衡分别为 −461 万 m³ 和 177 万 m³,分别为负均衡和正均衡,且模型计算结果基本处于均衡状态,较 1980 年均衡值减小。

在该时段内,模型计算的补给项和排泄项都较传统计算大,补给项大 3 909 万 m³,排泄项大 1 598 万 m³,从表 8-75 中可以看出,模型计算的结果,补给项中的田间灌溉入渗量和侧向流入量,排泄项中的潜水蒸发蒸腾量、河流流出量和侧向流出量较传统计算大。

3. 近期(2013 年)

传统计算和模型计算结果的均衡分别为 −676 万 m³ 和 −5 802 万 m³。模型计算的结果远大于传统计算的计算结果。相较于前两个时段,2013 年的排泄项明显大于 1980 年和 2000 年,但补给项较 2000 年几乎没有变化,所以均衡计算结果由正均衡转变为负均衡。

在该时段内,传统计算中认为河流流出量和地下水侧向流出量为 0,而模型计算中,除地下水开采外,其余排泄项均大于传统计算。

8.3.2　模型计算结果与已有研究成果比较

将基于水资源的地下水均衡模型计算的补给项、排泄项及均衡差与已有研究成果中的均衡计算进行对比,对比 2000 年、2004 年和 2009 年已有研究成果中对花海灌区水均衡计算结果与本专题模型计算结果,详见表 8-74。

表 8-74　模型计算结果与已有研究成果比较　　　　(单位:万 m³/a)

年份	补给项	排泄项	均衡差	来源
1998	8 964.54	9 881.10	−916.56	甘肃省玉门市地下水资源及其开发利用规划报告
2000	8 066	9 460	−1 394	灌区水文地质勘查及地下水动态预测研究报告
	11 236	11 058	178	模型计算
2004	8 127.88	6 379.66	1 748.22	河西走廊疏勒河流域地下水资源合理开发利用调查评价
	13 132.27	18 924.31	−5 792.04	模型计算
2009	12 459.1	15 463.5	−3 004.4	甘肃省玉门市水资源调查评价报告
	15 916.74	21 914.89	−998.15	模型计算

由表 8-78 可见,模型计算结果中,补给项、排泄项均较其他研究成果大,但均衡差除 2004 年较已有研究成果大外,均比其他研究成果小。可见,基于水资源系统的地下水均衡模型,在水资源系统和地下水系统的双重约束下,计算结果要小于以往的常规水资源评价方法。

8.4　本章小结

(1)针对花海灌区,建立了基于水资源系统的地下水均衡模型。通过对基于有限单元法的地下水数值模拟模型的一次均衡计算和联合水资源系统的二次均衡计算结果进行比较,2001~2013 年,花海灌区在一次均衡条件下,地下水资源均衡差为 −486 万 m³,二次均衡条件下,地下水资源均衡差为 −731 万 m³,由此可得,二次均衡条件更为严格。

(2)运用基于水资源系统的地下水均衡模型计算了花海灌区早期、中期、近期的灌区地下水资源量,对不同时期补给量进行对比时,认识到地下水补给量逐年减少。从时间尺度上,自 20 世纪 80 年代(1983 年)至今,随着人类活动的增强,人工绿洲的扩张,需水量的不断增加,不同时期的地下水补给量不断减少;90 年代后期,随着灌溉节水意识加强,田间灌溉入渗量有所减少。

（3）从空间尺度上,由于流域上游山区修建水库调节径流,径流出山口以下修建引水枢纽和引水系统,灌区内建设灌溉网,地表水与地下水之间的转化关系发生明显变化,洪积扇区强补给带丧失较大数量的补给水源,地下水补给条件及更新能力均被削弱。在 1995 年"疏勒河流域农业灌溉暨移民安置综合项目"实施后,花海灌区及双塔灌区耕地面积进一步扩大,同时引水量相应增加,使得花海灌区及双塔灌区田间入渗量有所增加。由于水资源开发和环境变迁的影响,地下水排泄量总体呈减少趋势,这主要是因为人工开采量逐渐增大而天然排泄量大幅减少,同时与地下水补给量减少也存在一定关系。

第9章　疏勒河灌区水资源优化配置模型建构及求解

9.1　水资源优化配置的概念与内涵

9.1.1　水资源优化配置的概念

从广义概念上讲,水资源优化配置就是研究如何利用好水资源,包括对水资源的开发、利用、保护与管理。具体说来,水资源优化配置就是依据可持续发展的需要,通过工程措施与非工程措施,调节水资源的天然时空分布;开源与节流并重,开发利用与保护治理并重,兼顾当前利益与长远利益,处理好经济发展、生态保护、环境治理和资源开发的相互关系;利用系统方法、决策理论和计算机技术,统一调配地表水、地下水、处理后可回用的污水(回用水)、从区域外调入的水(外调水)及微咸水;注重兴利与除弊相结合,协调好各地区及各用水部门间的利益矛盾,尽可能地提高区域整体的用水效率,促进水资源的可持续利用和区域的可持续发展。

水资源的优化配置是由工程措施和非工程措施组成的综合体系实现的。其基本功能涵盖两个方面:在需求方面通过调整产业结构、建设节水型经济并调整生产力布局抑制需水增长势头,以适应较为不利的水资源条件;在供给方面则协调各项竞争性用水加强管理,并通过工程措施改变水资源的天然时空分布来适应生产力布局。两个方面相辅相成,以促进区域的可持续发展。

水资源优化配置中的优化是反映在水资源分配中解决水资源供需矛盾、各类用水竞争、上下游左右岸协调、不同水利工程投资关系、经济与生态环境用水效益、当代社会与未来社会用水、各种水源相互转化等一系列复杂关系中的相对公平可接受的水资源分配方案。优化配置是人们在对稀缺资源进行分配时的目标和愿望。一般而言,优化配置的结果对某一个体或主体的效益或利益并不是最高、最好的,但对整个资源分配体系来说,其总体效益或利益是最高、最好的。

9.1.2　水资源优化配置的内涵

水资源优化配置的概念涵盖了水资源优化配置的范围、目标、措施等,其内涵可以从以下几个方面理解。

9.1.2.1　水资源优化配置的范围

水资源优化配置按照范围可分为流域水资源优化配置、区域水资源优化配置和跨流域水资源优化配置。流域是水循环的基本单元,水资源在流域水文循环过程中产生、运移、转化和消耗,以流域为基本单位的水资源优化配置,是从自然角度对流域水资源演变机制的综合调控。区域水资源优化配置通常在省、市等特定行政区域内进行,配置工作在某种程度上更具有现实意义和可操作性。调水工程的规划和建设使得水资源系统呈现出泛流域特性,以流域为基本单元,弱化流域的互为制约的条件和环境,进行更大尺度和范畴的跨流域水资源优化配置,才能实现国家层面的水资源优化配置和区域协调发展。

9.1.2.2　水资源优化配置的目标

在一定的范围内,水资源总量是有限的,但随着国民经济的发展,各行业的用水需求却是不断增加的,这势必会导致用水矛盾,包括可供水量与需水量之间的矛盾、用水行业(或部门)之间的矛盾。在这种情况下,就存在着一个用水分配问题,包括生活用水、工业用水、农业用水以及生态用水等。可持续发展下的水资源优化配置核心是通过工程措施及管理措施,对水资源在时间、空间、数量、质量以及用途上进行合理分配,做到水资源的供给与社会、经济、生态对水资源的需求基本平衡。

9.1.2.3　水资源优化配置的措施

在水资源复杂系统中,水库、渠道、泵站等水利工程将河流、湖泊以及用水部门连接在一起,构成水资源优化配置的基础网络;水量分配与调度方案、管理制度以及政策法规构成水资源优化配置的保证体系。因此,水资源优化配置是一个系统工程和跨学科课题,随着水资源开发利用程度的提高以及社会经济可持续发展的要求,水资源优化配置将更加注重水资源需求管理、水权制度、水政策法规等非工程措施的综合运用。

总之,水资源优化配置必须从我国国情出发,并与区域社会、经济发展状况和自然条件相适应,因地制宜,以利于社会、经济、生态环境的持续协调发展。

9.1.3　水资源优化配置基本原则

资源配置就是在特定流域或区域内以高效、公平和可持续的原则,对有限的、不同形式的水资源,通过工程措施与非工程措施在各用水户之间进行科学合理的分配。水资源配置需要以区域水资源条件为基础,在符合水量宏观转化关系的基础上,调度各类工程,从时间、空间以及不同类别用户有效合理的各类水源。同时,配置工作应与需水预测、供水预测、节水规划、水资源保护等工作相配合形成配置方案,通过计算、反馈、调整得到各个方案合理的结果,最终采用评价筛选方法得到推荐配置方案。针对这样一个复杂问题,在具体的配置过程中应遵循科学性、整体性等基本原则。

(1)科学性。建立在科学基础上,具有一定的科学内涵,能够度量和反应区域符合系统结构和功能的现状和发展趋势。符合水资源可持续发展理论定义指标的概念和计算方法。

(2)可持续性。对水资源的开发利用要有一定的限度,必须保持在可承载能力之内,以维持自然生态系统的更新能力,实现水资源的可持续利用。

(3)因地制宜。水资源优化配置应与当地社会经济发展状况及自然条件相适应,因地制宜。

(4)开源与节流并重。节约用水、建设节水型社会是实现水资源可持续利用的长久支持,也是社会发展的必然。只有开发与节流并重,才能不断增加可持续发展的支撑能力。

（5）可操作性。要充分考虑到资料来源的可能性和现实操作性。

9.2　配置思路

9.2.1　相邻灌区对比

9.2.1.1　水资源量

河西走廊分布三大内陆河流域,由东向西分别是石羊河流域、黑河流域及疏勒河流域。石羊河流域多年平均地表水资源量 15.6 亿 m^3,与地表水不重复的地下水资源量 0.99 亿 m^3,流域水资源总量 17.75 亿 m^3。黑河流域多年平均地表水资源量 24.75 亿 m^3,与地表水不重复的地下水资源量 3.9 亿 m^3,流域水资源总量 28.65 亿 m^3。

9.2.1.2　现状供水

2013 年,石羊河流域总供水量 23.18 亿 m^3,其中蓄水工程 8.84 亿 m^3,占总供水量的 38.13%;引水工程 3.01 亿 m^3,占 13%;地下水工程 8.27 亿 m^3,占 35.67%。现状蓄水、引水、地下水供水比例约为 38:13:36,以蓄水工程和地下水工程为主。黑河流域总供水量 37.69 亿 m^3,其中蓄水工程 10.00 亿 m^3,占总供水量的 26.53%;引水工程 16.68 亿 m^3,占 44.26%;地下水工程 10.78 亿 m^3,占 28.59%。现状蓄水、引水、地下水供水比例约为 26:44:28,以引水和地下水工程为主。石羊河流域及黑河流域 2013 年供水量统计见表 9-1。

表 9-1　石羊河流域及黑河流域 2013 年供水量统计　　（单位:亿 m^3/%）

流域名称	地表水供水量/供水比例					地下水供水量/供水比例	其他供水量/供水比例	合计
	蓄水	引水	提水	调水	小计			
石羊河流域	8.84/38.1	3.01/13.0	0.37/1.6	2.63/11.3	14.85/64.1	8.27/35.7	0.06/0.3	23.18
黑河流域	10/26.5	16.69/44.3	0.18/0.5		26.86/71.3	10.78/28.6	0.05/0.1	37.69

注:表中数据来自《甘肃省 2013 年水资源公报》。

9.2.1.3　现状用水

2013 年,石羊河流域总用水 23.18 亿 m^3,其中农田灌溉用水量 18.79 亿 m^3,占总用水量的 81.08%;生活用水量 0.46 亿 m^3,占 1.97%;工业生活用水量 2.12 亿 m^3,占 9.17%,见表 9-2。地下水总用水量 8.27 亿 m^3,其中农田灌溉使用地下水量 6.61 亿 m^3,占 80%。流域内农田灌溉用水量明显偏高,且地下水用作农田灌溉比例偏高。黑河流域总用水量 37.69 亿 m^3,其中农田灌溉用水量 30.78 亿 m^3,占总用水量的 81.67%;生活用水量 0.51 亿 m^3,占 1.35%;工业生活用水量 2.10 亿 m^3,占 5.57%。地下水总用水量 10.78 亿 m^3,其中,农田灌溉使用地下水量 7.81 亿 m^3,占 72.49%。流域内地表水主要用于农田灌溉,地下水主要用于农田补充灌溉及城市生活用水、人畜饮用水、城镇公共用水、生态环境用水及部分工业用水。

9.2.1.4　节水情况

2013 年,石羊河流域耕地总面积 457.43 万亩,喷滴灌、微灌、渠道防渗等措施的节水灌溉面积为 296.16 万亩,节水灌溉比例达到 64.74%。黑河流域耕地总面积 524.01 万亩,喷滴灌、微灌、渠道防渗等措施的节水灌溉面积 235.07 万亩,节水灌溉比例达到44.86%。

表 9-2　石羊河流域及黑河流域 2013 年用水量统计　　　　(单位:亿 m³)

流域名称	农田灌溉		林牧渔畜		生活用水		工业用水		城镇公共用水		生态环境用水		总用水量	
	合计	其中地下水	合计	其中地下水	合计	其中地下水	合计	其中地下水	合计	其中地下水	合计	其中地下水	合计	其中地下水
石羊河流域	18.79	6.61	1.37	0.10	0.46	0.31	2.120	0.94	0.22	0.17	0.23	0.14	23.184	8.27
黑河流域	30.78	7.81	3.43	0.28	0.51	0.51	2.103	1.30	0.36	0.36	0.50	0.50	37.690	10.78

注:数据来自《甘肃省 2013 年水资源公报》。

表 9-3　石羊河流域及黑河流域 2013 年节水灌溉面积　　　(单位:万亩)

流域名称	耕地面积	节水灌溉面积						节水灌溉比例(%)
		喷滴灌	微灌	低压管灌	渠道防渗	其他节水	合计	
石羊河流域	457.43	0.45	51.63	33.87	192.78	17.43	296.16	64.74
黑河流域	524.01	1.62	24.54	56.46	152.39	0.06	235.07	44.86

注:数据来自《甘肃省 2013 年水资源公报》。

9.2.1.5　水资源开发利用水平

按 2013 年实际用水量分析,石羊河流域水资源开发利用程度为 131%,按 2013 年实际耗水量分析,石羊河流域水资源利用消耗率为 87%。按 2013 年实际耗水量分析,黑河流域水资源开发利用程度为 132%,黑河流域水资源利用消耗率为 91%。

9.2.2　水资源开发利用存在的主要问题

疏勒河流域地下水资源的开发利用已有两千多年的历史,近几十年来,疏勒河的地表水与地下水资源的开发利用取得了显著的成绩,兴建了一大批水利工程,建设了总面积为134.34 万亩的灌区,取得了巨大的社会效益和经济效益。

(1)水资源浪费严重,开发利用效率低。农业是疏勒河流域的用水大户,地下水开采总量中 70% 以上用于农业灌溉。区内节水灌溉的技术相对落后,绝大部分灌区仍采用粗放低效的大水漫灌,灌溉定额高于河西走廊亩均水平;渠系水利用系数为 0.45 ~ 0.55,部分地区为 0.35 ~ 0.45;每立方米水生产粮食 0.15 ~ 0.3 kg,粮食耗水量为 3.2 ~ 6.8 m³/kg,居于河西走廊之首;在节水灌溉方面,节水灌溉的比例也较石羊河流域和黑河流域低。

(2)耕地面积增长过快,造成部分地区地下水超采。1949 年疏勒河流域农田面积仅为 22.2 万亩,至 1995 年增至 64.5 万亩,2002 年疏勒河流域耕地面积为 78 万亩,由于灌区面积扩大和大规模的开垦荒地,目前流域总耕地面积达 130 万亩左右,造成农业灌溉对水资源的需求量越来越大,地表水被引用过度,地下水开采量逐年增大。2003 年区域内泉水出露量从 20 世纪 50 年代的 2 亿 m³ 减少至 80 年代的 1.4 亿 m³,瓜州的布隆吉乡泉水出露量从 20 世纪 80 年代的 0.1 亿 m³ 减少至 0.05 亿 m³,仅为原来的 42%,造成 26 座塘坝 50% 蓄不上水。根据《甘肃省地下水超采区评价报告》(2014 年),花海灌区和昌马灌区存在地下水超采区,超采面积分别为 623.76 km² 和 674.44 km²。

(3)用水结构不尽合理。区域内单一的农业生产方式使得区内农、林、牧产业结构不相平衡,结构比例失调,降低了水资源的利用程度。统计资料显示,疏勒河流域中下游地区林、牧生产所占比例严重偏小,仅分别为农业总产值的 1.4% 和 19.5%,对于一个宜林土地资源丰富、草场面积巨大的流域来说,发展牧业不仅可利用流域内的草场资源,而且由于牧草对土壤、水质的适应性较广,可利用农业所不能利用的地下水源,从而提高了地下水的利用效率。

(4)水利工程建设及开采井布局不合理。研究区内现有的灌区引水口、开采井多集中在中游的绿洲区。灌区引水口门多,渠系紊乱。区内现有的开采井,大部分是根据耕地所处位置、需水状况随机布设的,没有形成统一的规划管理,1992 年灌区内有 178 眼农灌机井,2001 年增加至 1 537 眼,因而在局部区域出现井点布设密度较高、农灌高峰期井与井之间相互干扰严重的现象。

(5)流域管理不统一,未能形成水资源的优化配置。流域在 2002 年建成昌马水库,实现了昌马、双塔和赤金峡水库的联合调水。由于水库建成控制了出山水资源,地下水资源补给量进一步减少。随着中上游耗水量的逐渐加大,流域下游来水量持续减少,双塔水库以下已经基本断流,下游地区的地下水位持续下降,泉眼干涸,原来的河水、泉水灌溉均变成河水及地下水灌溉。

2008 年成立了疏勒河流域水资源管理局,统一管理和调配流域水资源,负责水资源的保护、监测和评价,但主要职能是对灌区地表水资源的管理与监督,而流域地下水资源的用水及取水许可等仍由地方水务局管理监督。

9.2.3　配置思路

根据灌区供用水现状分析,长期以来农业灌溉用水比例偏高,为保障粮食安全做出了贡献,因此灌溉用水配置是水资源配置中最为重要的一项。根据田块分布及供水工程建设,将水资源分配至各田块,计算得到各田块水资源用量,为水行政管理部门进行灌区配水提供理论依据。

对比分析疏勒河灌区、石羊河流域和黑河流域灌区的节水现状,疏勒河灌区的节水比例明显偏低,从长远发展来看,灌区的出路和前途是建立节水型高效农业,推广应用先进的节水技术,通过田间改造、灌溉制度革新以及发展灌水技术等,提高灌溉用水效益。结合疏勒河灌区的用水实际,灌区内田块面积大,平整度差,粗放的大水漫灌为主要的灌溉方式,要达到石羊河流域及黑河流域的节水比例尚不切实际,因此将区内节水灌溉比例定为 20% 和 50%。

内陆河流域地表水与地下水的反复转化,为目前的反复粗放利用水资源提供了依据。

在水资源优化配置时,需统一考虑地表水与地下水之间的联系,正确计算水资源量。另外,应该无条件限制对地下水资源的超采。

9.3　计算方法

本次优化配置采用加拿大 ALBERTA ENVIRONMENT 所建成的水资源管理模型 WRMM(Water Resource Management Model)。WRMM 是地表水分配模型,以流域为基本研究单元,为水资源规划和利用而开发的规划工具,其计算方法以线性规划理论为基础,水分配的优先权由罚点系统和线性规划技术以整个系统罚值最小来确定,可用于河道取水许可的决定,河流分水、水源运行和项目可行性分析,还可用于预测干旱年不同季节各种水资源运行策略的响应分析中。

9.3.1　模型结构

9.3.1.1　模型的功能
使用该模型模拟现状或规划项目条件下水资源系统,可实现如下物理过程:

(1)由水库、渠首、水源地等的供水过程;

(2)水库的蓄水、泄水和蒸发过程;

(3)天然河道和引水渠道流量过程;

(4)有退水或无退水的灌溉耗水过程;

(5)水电站发电过程;

(6)有退水或无退水的大量耗水,如大城市或工业耗水过程;

(7)无退水的小量耗水,如小城市或工业耗水过程。

WRMM 最多可以模拟 50 个灌区,100 个有退水的大量耗水过程,50 个无退水的小量耗水过程,70 座水库,100 条天然河道和 150 条引水渠道,可含有 202 个节点和 75 座控制性出流建筑。

9.3.1.2　模型的结构
模型由模拟模块、输入参数与数据程序及标准输出模块组成,具体结构示意图如图 9-1 所示。

1. 输入参数与数据程序

1)资料基础

整个配置模型是一项宏观系统的工作,涉及因素众多,需要将综合规划前期各部分工作内容有机组合,得到可供模型计算使用的数据资料。与模型思路和框架相匹配一致的数据资料是保证模型运算能得到正确结果的重要基础。配置模型的基础资料包括工程参数、资源量等,也包括系统概化网络图、各类控制性参数等需要结合实际状况和模型结构分析得到的资料,以及需水量、工程规划等前期工作基础。

2)模型的输入

模型需要输入 4 类基本数据:

(1)水资源系统的物理描述。包括节点定义、水库特性、灌区面积、控制性建筑物出

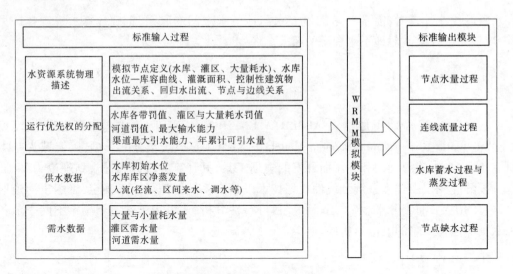

图 9-1　WRMM 结构示意图

流关系、回归水出路、节点与连接线间关系。

（2）运行优先权的分配。包括优先权高低顺序（整数）。

（3）供水数据。包括初始水库蓄水量（水位）、河道或渠道可引水量（流量）、水库库区蒸发与降水量（深度）、地下水可开采量（流量）。

（4）需水数据。包括城市或工业耗水量、灌溉需水量、水电站出力需求、分水比、没有回归水的少量耗水（农村生活耗水）。

2. 模拟模块

模拟模块是模型的计算工具，以用户输入的节点图来识别实际水资源系统及其内部关系，并结合系统中的各种用水、供水、输水工程特征和数学关系、运行规则进行水量平衡，以及用最小费用 out – of – kilter 方法求解最优解。

3. 模型输出

（1）各个节点水量过程；

（2）各个连线流量过程；

（3）电站出力过程；

（4）节点地下水开采量过程；

（5）水库水位变化过程与蒸发量过程；

（6）各需水节点缺水过程。

9.3.2　水资源系统节点图

水资源配置系统是由各种基本元素，如供水水源、灌溉用水、输水调水工程及它们之间的输水连线等组成的实体，通过不同的调度运行策略，对不确定的天然水资源进行时空调节分配，以实现系统调度人员期望达到的目标。系统概化就是以点线概念描述全系统，对整个系统做模式化处理，便于模拟框架的建立和对应数据处理。通过系统概化可以得到设定规模下系统需要处理的各类单元、工程、节点等元素，以及描述这些元素特性的参数和资料。

节点图是系统概化的具体表现。节点图以概化形成的点、线元素为支撑,通过对概化后水资源系统各类主要相关元素依据其功能和对水源运动的影响进行分解,描述出以人工侧支供用耗排循环为主线、结合天然地表水资源量运动过程的水量转化过程。

节点图的绘制需要根据流域水资源系统特点和现状、规划的水利工程情况、用水户分布与特点以及水资源配置的要求等,将流域水资源系统中各类物理元素(重要水利工程、计算单元、河渠道交汇点等)作为节点,各节点间通过概化的各类线段连接,体现概化后的各类水力关系。节点图绘制要求:一是要充分反映灌区水资源系统主要特点(如水资源系统的供用耗排特点)及各种关系(如各级水系关系、各计算单元的地理关系、水利工程与计算单元的水力联系、水流拓扑关系等);二是要正确体现模型系统运行所涉及的各项因素(如水源、水库、灌溉用水以及其水资源传输系统等),恰如其分地满足水资源配置的需要。

9.3.3　主要成分描述

在 WRMM 模拟区转换成水流网络(节点图),水流网络由代表物理通道的流量连线使许多节点相互连接。每个节点或水流连线代表所模拟流域的一个成分。节点(而不是交叉点)代表入流、分水、蓄水或耗水,水流连线确定水量从一个区域向另一个区域运动的方向,即河段、引水渠和退水渠。可用模型表示的成分见表9-4。

表 9-4　模型主要成分描述

成分类型	描述
水库	表示为节点,根据入流、出流、降水和蒸发,用水库特性模拟水库蓄量和水位
灌溉成分	表示为节点,对指定的灌溉面积、需要灌水深和系统效率模拟灌溉成分
重要用水	表示为节点,模拟城市或工业用水
回归水	表示为水流连线,是从灌区或重要用水的回归水,指定为分水的线性函数
水电站	表示为水流连线,根据电站特性、尾水水位流量关系、水头模拟水电站
天然河道	表示为水流连线,模拟天然河段间的水流运动
协议分水渠道	表示为水流连线,作用就像天然河道,但通常在模型中指定分水协议
引水渠	表示为水流连线,模拟节点之间水的输送,需指定最大引水能力。其损失可以指定

此外,没有分类的四个特性必须专门指定,详见表9-5。

表 9-5　模型中专门指定的四个特性

特征	描述
节点上的入流	代表本节点与其上游相邻节点之间的径流,上游没有节点时,它就是源流
节点上的次要用水	用户的净耗水,没有回归水
出流建筑物	对其下游相邻的渠道或水库设置的限制机制
渠道损失	允许用户指定渠道运行的水量损失,即蒸发损失、渗漏损失和蒸散发损失

定义物理系统的运行策略必须与节点图并在一起考虑,只要水量满足所有单元的理想需水,就存在理想状态,水量按照指定的运行策略进行分配。

　　当水量不满足所有单元的理想需水要求时,有的单元甚至所有单元都会背离理想状态,这时必须按照整个系统运行策略指定阈值定义各区的优先权,见表9-6。

　　入流、次要用水和泄水建筑没有运行策略,它们必须得到满足。通过模型自动分配的拒绝罚值,除非极端缺水条件,一般河道损失和回归水都会满足。

　　在节点设置中,主要考虑研究范围内自然情况及特性、资料详细程度与精度、研究内容与深度、工程情况与成果输出要求等。

　　根据流域内实际水力联系及计算要求确定连线。用2～3位阿拉伯数据进行节点、连线与单元编号。

表9-6　各成分定义运行策略

成分类型	运行策略
水库	标准线(设计蓄水位)蓄水位低于或高于标准线表示背离标准线
灌溉	理想耗水要求
重要用水	理想耗水要求
回归水	理想回归水
水电站	理想电力要求
天然河道	理想区满足所有的河段需水
分水协议河道	理想区代表分水协议规定的可引的目标流量 流量区高于或低于理想区表示背离目标流量 最小流量表示按照分水协议规定对下游可以供给的最小流量
引水渠	最大引水流量加最大引水量

9.3.4　系统规则

9.3.4.1　系统规则分类及其意义

　　对于系统节点图中所涉及的各个具体过程还需要设置相应的规则以完成不同情况下的处理。建立模拟计算规则是控制模拟计算过程的有效途径。通过系统水源转化框架和系统节点图确定系统主要元素及其水源转化关系,在宏观上描述了系统水源转换过程的各种可能途径。要得出从宏观到微观层次水源转化的详细计算过程,还需要以实际过程为基础结合经验给出不同情况下的供用耗排水过程。

　　分析模拟所涉及的不同层次问题,可以将模拟规则划分三类,包括基本规则、概化规则和运行规则。其中,基本规则是水资源系统所制定的,在制定其他相应规则时必须遵守;概化规则是对需要进行系统概化、算法等进行的处理和说明,包括为减小系统规模、方便计算而设定的一些假设条件;运行规则是模型系统对水源、用水户、工程等所制定的基本算法。各类规则所包括的具体规则系列及其意义参见表9-7。

　　各类规则构成的规则集为系统模拟提供了不同的约束,使模拟能得到宏观指导思路和微观计算要求。基本规则是系统必须遵守的原则,同时给定了模拟的框架。概化原则给出了实际系统的简化原则,是从实际复杂系统到数学方法描述的映射转换所应遵循的实际存在或假定的依据,是构建模型的基础。而运行规则是模型运行的具体算法,需根据水资源系统基本问题的解决方案及大量的实践经验制定,同时需要相应的专家经验和在运行过程中不断摸索进行反馈修正。

表 9-7　配置模型系统规则分类及其意义

规则	分类规则	意义
基本规则	安全运行要求	确保工程安全条件必须遵守的强制性约束
	地域划分	兼顾流域水资源特性和行政区特性划分计算单元,认为单元内均匀一致
	需水要求及满足顺序	确定需要进行水量供给的河道内和河道外用水户及其用水优先顺序
	按质供水	确定不同类别用水户对供水水质的要求
	水源划分及利用顺序	根据系统概化和实际供水情况划分水源,确定各类水源可以供给的用户和利用顺序
	计算时段划分	适应长系列计算要求,结合资料状况按月和旬划分时段,考虑入流、需水等过程
概化规则	污水退水及污水处理再利用概化	按城镇和农村用水的未消耗水量统计污水和退水。单元概化一个污水处理厂,处理后污水优先被本单元利用,多余水量按系统图确定的走向被其他单元所利用或流入下游节点。污水处理率和再利用率由参数确定。未处理污水和退水按系统图走向排入下游
	需水口径	需水为受水口端净值,故各类供水的传输均需考虑输水损失
	来水确定规则	系统图节点入流为天然入流量,本地地表水资源与系统节点入流之和为系统地表水资源总量
运行规则	地表工程供水	按调度规则以用户优先顺序计算系统图蓄引提工程节点的供水
	外调水利用	跨流域调水工程运行及水量分配计算
	地下水利用	以设定的开采策略以及与地表水利用关系对深浅层地下水开采计算
	非常规水源利用	对海水、雨水及微咸水等数量较小的水源分配利用计算
	地下水地表水影响关系	上游地下水开采利用影响下游节点的地表入流量计算
	污退水产生排放及利用	各类用户实际用水量耗水量、污水退水产生量及下渗水量计算
	地表工程弃水	工程超蓄水量按照超蓄水传递线路进行排放的计算

9.3.4.2　供水优先序的确定

供水优先序是 WRMM 中引入和使用的一个重要概念,它表示供水、蓄水等的优先次序,代表着系统的运行规则和分水政策。模型计算,将根据优先序的高低,依次满足不同用户的需水要求。水库蓄水在模型中作为需水对待,也赋予一定的优先序,以此指导水库的蓄泄。

优先序用一组整数表示,可任意设定,但其相对关系反映了系统运行规则和分水政策。因网络模型采用最小费用最大流原理求解,而优先序是用于代替连线上的费用,所以用户优先序的值越大(表示罚值越大),该用户优先序越高,在水资源分配时,其需水将被优先满足。

模型运行前,要求输入一个完整的优先序确定方案,它包括每个节点上的生活及工业需水、农业需水、水库蓄水等项的优先序。这些优先序年内各月可以不同,以表示年内各月可能不同的运行规则。通过改变模型的各项优先序,可以达到改变所模拟的运行规则及分水政策以进行各种政策试验的目的。

9.4　花海灌区优化配置模型的建立及优化配置方案

9.4.1　模型建立

9.4.1.1　花海灌区水资源系统概化

对花海灌区水资源系统进行概化,以计算单元和重要水利工程作为基本要素建立水资源系统网络图(节点图),明确各水源、用水户和水利工程的相互关系,建立系统供用耗排关系,以此为基础实现天然和人工两侧水资源运移转化的系统模拟。

绘制水资源系统节点图,需考虑与水源传递转化相关的各类元素系统,主要包括计算单元、蓄引提工程、分汇水节点、水汇以及各种水源传输渠道等。其中,计算单元是一个具体干渠控制的灌溉区域;蓄引提工程指系统图上标明的水库及引提水工程,花海灌区主要是以赤金峡水库为主要水源,该类元素主要包括对其特性参数和运用规则要求的概化处理参数;汇流节点包括自然节点和人为设置的节点两类,前者是河流的重要分水或汇水节点,后者是对水量水质有特殊要求或希望了解情况的控制断面,通过计算结果可以看出预设节点处各类水源过程。为清楚起见,将节点图涵盖内容汇总于表 9-8 中。

表 9-8　花海灌区水资源系统节点图涵盖内容汇总

灌区	节点	模拟元素及内容	水源	备注
花海灌区	计算单元	各个渠道控制灌区	赤金峡水库输水	均以疏花干渠和石油河作为赤金峡水库水资源来源
	蓄引提工程	花海新总干渠、总干渠、西干渠、北干渠、东干渠以及各个干渠的支渠	赤金峡水库输水	
	汇流节点	人为节点,自然节点	赤金峡水库输水	

(1)水库:节点描述,研究区包括赤金峡水库,库容 3 878 万 m^3。

(2)引水、分水口:在研究区内有新旧引水渠首 2 座,将其合并,概化为节点,表示分配。

(3)灌区:研究区主要为花海灌区,根据引水渠道并结合乡镇分布,将灌区分为总干渠控制灌区、东干渠控制灌区、西干渠控制灌区及北干渠控制灌区。概化为 4 个灌区,并以节点描述。

(4)天然河道:赤金峡水库到渠首老河道段,在模型中以水流连线表示。

(5)引水渠道:研究区内主要干渠有花海总干渠、东干渠、西干渠及北干渠共 5 条,总长 75.411 km。田间配套工程支渠 13 条、斗渠 83 条、农渠 953 条。将属于相同行政单位的相邻支渠进行合并,合并时过水能力与年最大可供水量相加,共概化 30 条水源连接。

(6)大量耗水:本次研究只考虑灌区内的农业耗水。根据现状花海灌区水资源各控制节点的水资源供、用、耗、排水之间的相互联系,概化出水资源系统节点如图 9-2 所示,节点图所包含主要节点及连线物理意义见表 9-9 ～ 表 9-11。

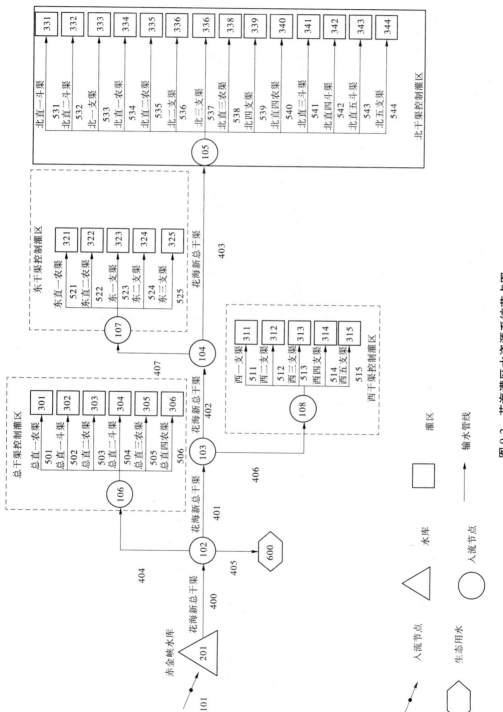

图 9-2　花海灌区水资源系统节点图

表 9-9　花海灌区水资源系统节点图节点统计

节点类型	节点名称	节点代码	面积 （hm²）	死水位 （m）	正常蓄水位 （m）
水库	赤金峡	201		1 555.45	1 569.89
农业灌溉	总干渠	301	610		
		302	1 002		
		303	382		
		304	1 193		
		305	3 394		
		306	733		
	西干渠	311	10 069		
		312	8 406		
		313	13 526		
		314	10 046		
		315	8 325		
	东干渠	321	1 500		
		322	1 000		
		323	7 549		
		324	10 381		
		325	13 661		
	北干渠	331	5 142		
		332	2 166		
		333	35 199		
		334	475		
		335	1 863		
		336	7 110		
		337	7 965		
		338	900		
		339	9 688		
		340	560		
		341	3 358		
		342	7 079		
		343	3 795		
		344	6 008		

表 9-10　花海灌区水资源系统节点图节点统计

节点类型	节点名称	节点代码
入流节点	赤金峡水库	101
分流节点	花海总干渠—总干渠	102
	花海总干渠—西干渠	103
	花海总干渠—东干渠	104
	花海总干渠—北干渠	105
	总干渠—支渠	106
	西干渠—支渠	107
	东干渠—支渠	108

表9-11　花海灌区水资源系统节点图节点统计

连线类型	名称	代码	起点名称	起点代码	起点名称	起点代码	过水能力（m³/s）
渠道	总直一农渠	501	花海新总干渠1		总直一农渠灌区	301	0.10
	总直一斗渠	502	花海新总干渠1		总直一斗渠灌区	302	0.30
	总直二农渠	503	花海新总干渠1	106	总直二农渠灌区	303	0.20
	总直二斗渠	504	花海新总干渠1		总直二斗渠灌区	304	0.30
	总直三农渠	505	花海新总干渠1		总直三农渠灌区	305	0.15
	总直四农渠	506	花海新总干渠1		总直四农渠灌区	306	0.15
	西一支渠	511	花海新总干渠2		西一支渠灌区	311	0.50
	西二支渠	512	花海新总干渠2		西二支渠灌区	312	0.40
	西三支渠	513	花海新总干渠2	107	西三支渠灌区	313	0.50
	西四支渠	514	花海新总干渠2		西四支渠灌区	314	0.50
	西五支渠	515	花海新总干渠2		西五支渠灌区	315	0.40
	东直一农渠	521	花海新总干渠3		东直一农渠灌区	321	0.15
	东直二农渠	522	花海新总干渠3		东直二农渠灌区	322	0.10
	东一支渠	523	花海新总干渠3	108	东一支渠灌区	323	0.40
	东二支渠	524	花海新总干渠3		东二支渠灌区	324	0.55
	东三支渠	525	花海新总干渠3		东三支渠灌区	325	0.60
	北直一斗渠	531	花海新总干渠4		北直一斗渠灌区	331	0.60
	北直二斗渠	532	花海新总干渠4		北直二斗渠灌区	332	0.20
	北一支渠	533	花海新总干渠4		北一支渠灌区	333	2.39
	北直一农渠	534	花海新总干渠4		北直一农渠灌区	334	0.25
	北直二农渠	535	花海新总干渠4		北直二农渠灌区	335	0.25
	北二支渠	536	花海新总干渠4		北二支渠灌区	336	0.55
	北三支渠	537	花海新总干渠4	105	北三支渠灌区	337	0.50
	北直三农渠	538	花海新总干渠4		北直三农渠灌区	338	0.25
	北四支渠	539	花海新总干渠4		北四支渠灌区	339	0.60
	北直四农渠	540	花海新总干渠4		北直四农渠灌区	340	0.25
	北直三斗渠	541	花海新总干渠4		北直三斗渠灌区	341	0.25
	北直四斗渠	542	花海新总干渠4		北直四斗渠灌区	342	0.25
	北直五斗渠	543	花海新总干渠4		北直五斗渠灌区	343	0.40
	北五支渠	544	花海新总干渠4		北五支渠灌区	344	0.25

9.4.1.2　系统处理

1. 系统模拟技术

针对花海灌区作物种植情况、灌溉制度以及资料条件,本次水资源的配置工作采用完全模拟的方式。不同于传统的灌区水资源供需平衡分析,本次配置模型以系统的全部水资源量的运移转化为模拟对象,在以全区域为一个整体的基础上精细模拟水资源转化和供用耗排过程,在模拟系统水量循环中得到各个渠道控制灌溉区域的水资源配置关系,从而可以清楚了解区域间、工程间的相互影响关系。

2. 地表水资源利用

采用 WRMM 配置地表水资源。节点图上的工程供水量以工程来水、受水单元需水和工程调节性能采用水库调节计算得出。对于各个灌区供水量以调度线控制计算。各水库根据其供水能力和单元总需水关系确定其对于受水单元需水最大满足比例,避免超过其实际配套能力的供水结果。另外,工程对各类用户的供水还受渠道过水能力限制。依据计算所选取需水类型不同确定是否考虑供水过程中的水量损失。各时段末工程供水完毕后蓄水超过其蓄水能力部分水量根据系统图水流走向关系排向下游工程、单元或水汇,其中排向单元是指排入单元的河网中,可以通过河网调蓄后再次利用。

水利工程实际入流由天然入库水量扣除上游单元的地表径流利用量和浅层地下水开采影响水量后,再累加上游单元排入的污水和农业退水水量后计算得到。水库时段初始库容由水库上时段末库容累加水库实际入库量得到。水库时段蒸发渗漏损失由时段初库容确定。其中,渗漏损失由水库渗漏系数计算,蒸发由水库水面蒸发系数和水库初始库容对应的水库水面面积计算确定。上述计算对所有水库均在水量分配之前进行,然后得到可进行水量分配的水库库容。由于配置模型为长系列计算,水库初始库容中计算不考虑最大库容的影响,即水库水量分配前的库容仅由上时段末库容和水库当前时段入库水量和水量损失确定。

按照工程调度线对用户逐类进行地表工程存蓄水量的分配,根据现状情况调查,本系统中每个工程设置不同的调度线(2~4 条)、不同的供水区(2~3 区),按照调度线及各供水区主要供水对象各个干渠控制灌溉面积进行分配水源。

3. 地下水资源利用

对地下水的利用,采用如下两种处理方法。

(1)优先利用地下水方法。以各节点所代表区域多年平均地下水可开采量作为年供水量的上限,以月开采能力限定最大月供水量根据需水配给地下水,若仍不能满足该节点综合需水要求,由地表水补充。农村生活用水缺少地表水源而地下水相对丰富城市工业区均采用这种方法。

(2)优先利用地表水方法。首先利用各节点上的地表水可利用量,仍满足不了该节点需水要求时,由地下水补充,以各节点所代表区域多年平均地下水可开采量作为年供水量的上限,以月开采能力限定最大月供水量,根据缺水量配给地下水。

花海灌区以优先利用地表水方法为主的配置方法。

9.4.1.3　资料基础及模型输入

配置模型的基础资料包括工程参数、资源量等,也包括系统概化网络图、各类控制性参数等需要结合实际状况和模型结构分析得到的资料,以及需水量、工程规划等前期工作基础。地表水资源量包括单元控制断面上径流和节点图上的水库及引水节点上的入流,这两部分不重复量是整个花海灌区的水资源总量。工程长系列月过程入流资料主要取自供水预测成果,花海灌区主要是以赤金峡水库输水供应灌溉用水。计算单元需水采用需水预测资料。

现状和规划的工程参数依据现状调查资料和规划资料作为模型输入,并根据不同配置方案进行调整。

9.4.1.4　模型求解

WRMM 将水资源系统概化为流网,流网中的每个水流成分的物理特征以数学关系来描述,地理特征以该成分与其他成分的关系来描述,并且用罚值分配的方法描述各个成分的重要程度。流网分为外网和内网:外网是用户对水资源系统物理特征和地理关系的描述,即流域节点概化图,如图9-3所示;内网程序根据外网而形成的计算网络关系,如图9-4所示。然后,模拟计算程序按照每个成分的数学关系式、优先权平衡供水与需水。

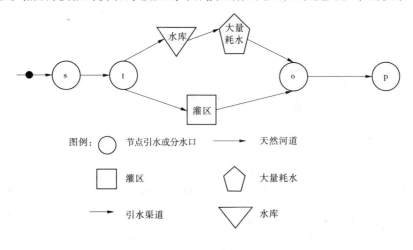

图9-3　流域节点概化图

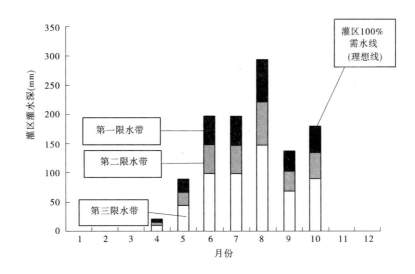

图9-4　灌区需水示意图

WRMM 的每个成分都有一个理想水位或理想带以反映理想的操作方式(状态),如图9-3所示,进一步又分了几个亚带反映在背离理想来水状态时的操作方式(Operational State),即图9-4里的第一限水带、第二限水带和第三限水带。用户必须为各个亚带指定表现其优先权的罚值,罚值系统就形成整个系统的操作规程。

因此,在建模中,要为每个模型成分指定代表供水满足需水理想线或理想带的运作状况,然后指定供水在理想线或理想带以上或以下所需的运行状况,必须按照整个系统的运行政策,指定代表在各理想线或理想带以外的其他区域供水优先级的罚值。

模型中罚值是指单位水流从一点如 i 点到 j 点的虚拟成本。每条弧的费用是指每条弧上的流量与对应虚拟成本的乘积。流网总费用即每一条水流连接上弧费用的总和。每一个流网上都会有很多个流网总费用组合,取其最小费用的那个流量组合即为费用最小流量。

总费用

$$\left.\begin{array}{ll} \sum_{(i,j)} C_{i,j} X_{i,j} & (i,j) \in A \\ \sum_i (X_{i,j} - X_{j,i}) = 0 & i \in N \end{array}\right\} \tag{9-1}$$

约束条件

$$\left.\begin{array}{ll} X_{i,j} \geqslant L_{i,j} & (i,j) \in A \\ X_{i,j} \leqslant K_{i,j} & (i,j) \in A \end{array}\right\} \tag{9-2}$$

式中:A 为水流网络中所有的弧(如(i,j))的集合;N 为水流网络中所有节点(如 i)的集合;(i,j) 为从节点 i 到节点 j 的弧;$X_{i,j}$ 为弧(i,j)上通过的流量;$L_{i,j}$ 为弧(i,j)上通过的最小流量;$K_{i,j}$ 为弧(i,j)上通过的最大流量;$C_{i,j}$ 为弧(i,j)上每单位流量的费用,即罚值。

沿着内网如图 9-5 所示弧,根据上述公式通过 Out – of – Kilter(OKA)线性技术求得一个满足总费用最小的流量,即为最优结果。

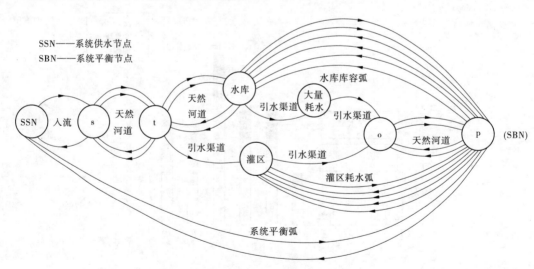

图 9-5　模型计算的内部网络示意图

9.4.1.5　模型参数率定与校正

模型模拟实际过程中,为合理实现各类水量的转移及分配、工程调度,需要采用大量参数控制这些过程,使得模拟过程与实际基本一致,满足合理性要求。为检验模型结构及参数取值的合理性,识别水资源系统中的不可控因素,以实际发生的供用水过程为目标,利用模型反演实际供用水过程,以模拟计算的结果反馈调整各类控制性参数,使得计算结果在一定精度范围内接近实际过程。通过对系统结构和参数的率定和调整,使配置模型最大程度地反映实际系统的性能,为开展各规划水平年水资源配置和供需平衡分析奠定基础。

9.4.2　输入数据的处理

9.4.2.1　水资源量

1. 地表水资源量

昌马水库出库地表水通过疏花干渠调入赤金峡水库,经赤金峡水库调节输入花海灌区,因此赤金峡水库的下泄水量为进入花海盆地的地表水资源量(见表 9-12)。

表 9-12　花海灌区水资源系统地表水可供水量统计　　　(单位:万 m³)

年份	灌溉用水	生态用水	出库水量合计
2000	6 214.71	254.82	6 469.53
2001	7 213.36	257.14	7 470.50
2002	6 656.31	49.37	6 705.68
2003	7 903.17	171.98	8 075.14
2004	9 428.20	2 161.76	11 589.96
2005	9 371.54	1 450.93	10 822.47
2006	10 959.38	3 398.95	14 358.33
2007	10 810.82	2 787.81	13 598.63
2008	12 135.83	1 326.50	13 462.33
2009	12 525.32	2 001.89	14 527.21
2010	11 506.41	2 429.65	13 936.06
2011	13 231.08	1 649.78	14 880.87
2012	13 171.95	1 329.45	14 501.40
多年平均	10 086.78	1 482.31	11 569.09

注:数据来自疏勒河流域管理局。

2. 地下水开采量

根据《疏勒河流域水文资料整编报告》中对灌区地下水开采量资料整理结果,花海灌区多年地下水开采能力以及机井增加数量见表 9-13。

表 9-13　花海灌区多年地下水开采能力以及机井增加数量统计

年份	开采能力（万 m³）	井数（眼）	年份	开采能力（万 m³）	井数（眼）
1972	0	0	1992	1 004.681	52
1973	0	1	1993	1 169.180	55
1974	22.345 3	6	1994	1 441.364	65
1975	44.690 6	9	1995	1 778.531	72
1976	75.035 9	10	1996	2 218.379	83
1977	105.381 2	10	1997	2 822.420	103
1978	135.726 5	10	1998	3 515.562	125
1979	166.071 8	11	1999	4 259.167	135
1980	196.417 1	12	2000	5 040.508	144
1981	229.511 2	13	2001	5 834.684	148
1982	262.605 3	14	2002	6 707.598	174
1983	296.709 3	16	2003	7 591.323	176
1984	341.154 9	21	2004	8 788.068	226
1985	385.600 5	24	2005	11 487.14	390
1986	430.046 1	25	2006	15 218.83	503
1987	481.985 9	32	2007	19 087.73	527
1988	535.059 1	34	2008	23 000.25	537
1989	616.396 1	39	2009	26 961.45	550
1990	728.710 1	44	2010	31 031.68	558
1991	854.452 2	47			

3. 地下水可开采量

1）评价方法

地下水可开采资源是在一定的约束条件和开采方案下，地下水总补给量和总排泄量的差，再加上因水位下降含水层中疏干的水量，计算公式如下

$$Q_允 = Q_{总补} - Q_{总排} + \mu F \Delta H \tag{9-3}$$

式中：$Q_允$ 为地下水可开采资源量；$Q_{总补}$ 为总补给量；$Q_{总排}$ 为总排泄量；$\mu F \Delta H$ 为可开采储存量，其中 μ 为含水层给水度，F 为开采面积，ΔH 为允许的地下水位降深值。

2）可开采储存量计算

（1）允许水位降深值。花海灌区地下水埋深局部地段 3～5 m，以地下水位 10 年下降 1 m 考虑，年降深为 0.1 m/a。

（2）可开采储存量。在水位约束降深条件下，求得花海灌区可开采储存量 8 510 万 m³，见表 9-14。

表 9-14　花海灌区可开采储存量计算结果

面积（km²）	给水度	降深（m）	可开采储存量（万 m³）	年均可开采储存量（万 m³）
851	0.1	1	8 510	851

（3）可开采资源量。利用式（9-3）得到花海灌区地下水可开采资源量为 5 766.71 万

m^3,见表 9-15。

表 9-15　花海灌区可开采量计算结果　　　　　（单位:万 m^3）

补给量	排泄量	补排差	年均可开采储存量	可开采资源量
14 365.99	9 450.28	4 915.71	851	5 766.71

注:补给量及排泄量数据来自专题三。

9.4.2.2　蒸发量

在模型建立的过程中,只需要输入水库的蒸发资料,渠系的蒸发量不用考虑。

由于尚未收集到赤金峡水库实测站点蒸发资料,故以昌马水库年月平均蒸发量为依据,按照昌马水库与赤金峡水库的年出库量的比值作为缩放倍比,根据昌马水库年蒸发量推算出赤金峡水库的年蒸发量,再按照昌马水库的各月平均蒸发量占年总蒸发量的比例将赤金峡水库的年蒸发量分配到各个月,详细计算结果见表 9-16。这将作为模型输入水库蒸发,计入水库蒸发损失。水库渗漏损失在模型当中按照月水库蓄水量的 2% 计。

表 9-16　赤金峡水库蒸发量

蒸发量	1 月	2 月	3 月	4 月	5 月	6 月	7 月	8 月	9 月	10 月	11 月	12 月	合计
赤金峡水库（mm）	2.99	4.84	10.64	19.14	26.97	30.11	30.29	28.66	21.11	13.01	6.30	3.42	197.48
比例（%）	0.02	0.02	0.05	0.10	0.14	0.15	0.15	0.15	0.11	0.07	0.03	0.02	1.00

9.4.2.3　水库渗漏量

水库渗漏损失在模型当中按照月水库蓄水量的 2% 计。

9.4.2.4　灌溉相关数据

1. 灌溉面积

2013 年花海灌区总灌溉面积为 18.32 万亩,田块大、平整度差。各支渠、各种作物的灌溉面积统计详见表 9-17,灌区基本灌溉制度见表 9-18。

2. 灌溉定额

由于模型模拟是以月为单位,故在模型输入文件处理时将灌溉定额拆分后分摊到各个月,见表 9-19,再算出各个月的灌水量占总灌水量的比例,见表 9-20。

3. 需水量

按照模型输入要求,我们需要将各个灌溉渠道逐月需水量计算出来。计算方法如下

$$D_{ij} = \sum_{k=1}^{n} M_{ik} \times G_k \times B_{kj} \tag{9-4}$$

式中: D_{ij} 为第 i 支渠第 j 月需水量,m^3;M_{ik} 为第 i 支渠第 k 种作物灌溉面积,亩;G_k 为第 k 种作物灌溉定额,$m^3/$亩;B_{kj} 为第 k 种作物第 j 月灌水量占总灌溉水量的比例。

按照上述公式计算各个灌溉渠道逐月需水量,汇总结果列于表 9-21。

表 9-17　花海灌溉面积统计

渠道名称	过水能力(m³/s)	总灌溉面积 合计(亩)	河灌(亩)	夏禾 小麦(亩)	秋禾 玉米(亩)	经济作物 合计	首蓿	红花	瓜菜	孜然	棉花	食葵	籽瓜	苋菱	红枣	葡萄	酒花	甘草	枸杞	树苗	其他	林地(亩)
水库出库水量		174 300	174 300	17 617	19 673	141 004	15 788	5 961	6 662	4 035	23 018	57 089	1 581	5 279	3 036	6 800	0	2 903	6 067	1 683	1 102	4 791
总直一农渠	0.10	610	610	137	90	383	55	6				181		114							27	
总直一斗渠	0.30	1 002	1 002	122	32	848	37	1				526	26	257				10			16	
总直二农渠	0.20	382	382	41	12	329	32			1		212		52							7	
总直二斗渠	0.30	1 193	1 193	226	77	890	31	14				564	4	246							31	
总直三农渠	0.15	3 394	3 394	17		3 377	354					259		1 904					860			
总直四农渠	0.15	733	733			733						733										
西一支渠	0.50	10 069	10 069	217	383	9 226	862	276		241		5 448	142	143		171		243	1 700			243
西二支渠	0.40	8 406	8 406	30		7 527	964	520		618	663	1 293	331		2 058			700			380	849
西三支渠	0.50	13 526	13 526	130	250	12 845	210	233		294	4 230	5 248			630	2 000						301
西四支渠	0.50	10 046	10 046		1 064	8 953	700	185	401		3 885	2 901	255					520	106			29
西五支渠	0.40	8 325	8 325		649	7 624		653			3 518	3 453										52
东直一农渠	0.15	1 500	1 500	120	150	1 230	400	150	200		180	300										
东直二农渠	0.10	1 000	1 000	15	100	885	310	30	100		60	300						20		65		
东一支渠	0.40	7 549	7 549	1 400	2 200	3 949	1 152	1 286	100	300	480					50				581		
东二支渠	0.55	10 381	10 381	1 600	3 457	5 267	650	640	756	300	400	1 293		40				100		1 037	51	57

续表9-17

渠道名称	过水能力(m³/s)	总灌溉面积 合计(亩)	河灌(亩)	夏禾 小麦(亩)	秋禾 玉米(亩)	经济作物(亩) 合计	苜蓿	红花	瓜菜	孜然	棉花	食葵	籽瓜	莞荽	红枣	葡萄	酒花	甘草	枸杞	树苗	其他	林地(亩)
东三支渠	0.60	13 661	13 661	177	203	13 281	3 200	8	4 200		2 400	3 295				178						
北直一斗渠	0.60	5 142	5 142	359	761	3 785	578	180	50	196	176	2 030		200		275		100				237
北直二斗渠	0.20	2 166	2 166	120	150	1 783	105		85		70	1 308	75			60			60		20	113
北一支渠	2.39	35 199	35 199	9 329	8 700	15 682	3 130	170		50	4 121	4 160	190	20		100		450	3 291			1 488
北直一农渠	0.25	475	475	40		435		45				315	75									
北直二农渠	0.25	1 863	1 863	165		1 666	498			18	45	885	96	40		84						32
北二支渠	0.55	7 110	7 110	250		6 860	1 740	200		800	1 200	2 200						450			270	
北三支渠	0.50	7 965	7 965	796		6 909	30			394	160	4 377	70	238		1 640						260
北直三农渠	0.25	900	900	151		749	15			13	65	558	37	26		35						
北四支渠	0.60	9 688	9 688	400	700	8 388	390	200	500	190	400	4 458	200	1 000		1 000		50				200
北直四农渠	0.25	560	560	30		530		30			10	454			36							
北直三斗渠	0.25	3 358	3 358	315	212	2 507	159	450	50	260	580	875	50	381	312			30				324
北直四斗渠	0.25	7 079	7 079	445	193	6 120	159	260	50	220	230	4 283	50	381		407		80				321
北直五斗渠	0.40	3 795	3 795	249	120	3 426	81	124	30	90	45	2 188	30	338		450			50			
北五支渠	0.25	6 008	6 008	736	170	4 817	105	300	190	350	100	2 992		280		350		150				285

表 9-18　灌区基本灌溉制度

（单位：m³/亩）

作物种类	1月	2月	3月	4月	5月	6月	7月	8月	9月	10月	11月	12月	合计
小麦					129	125	71						325
玉米					60	119	123	123	60				485
苜蓿					50	100	50	50	50				300
红花					50	100	50	50	50				300
瓜菜				60	100	100	100						360
孜然					131	114							245
棉花						101	121	98					320
食葵				10	50	90	90	20					260
籽瓜				10	50	70	80	70	40	5			326
荒麦				10	50	70	80	70	40	5			325.5
红枣				10	50	70	80	70	40	5			326
葡萄				10	50	70	80	70	40	5			326
酒花					20	50	90	80	20				260
甘草				20	50	60	60	50	30				270
枸杞				20	50	60	60	50	30				270
树苗						75	75	75	75				300
其他					18	56	63	24	5				165
林地						75	75	75	75				300

表 9-19　花海灌区灌溉定额比例分配

作物种类	1月	2月	3月	4月	5月	6月	7月	8月	9月	10月	11月	12月	合计
小麦	0.00	0.00	0.00	0.00	0.40	0.38	0.22	0.00	0.00	0.00	0.00	0.00	1
玉米	0.00	0.00	0.00	0.00	0.12	0.25	0.25	0.25	0.12	0.00	0.00	0.00	1
苜蓿	0.00	0.00	0.00	0.00	0.17	0.33	0.17	0.17	0.17	0.00	0.00	0.00	1
红花	0.00	0.00	0.00	0.00	0.17	0.33	0.17	0.17	0.17	0.00	0.00	0.00	1
瓜菜	0.00	0.00	0.00	0.17	0.28	0.28	0.28	0.00	0.00	0.00	0.00	0.00	1
孜然	0.00	0.00	0.00	0.00	0.53	0.47	0.00	0.00	0.00	0.00	0.00	0.00	1
棉花	0.00	0.00	0.00	0.00	0.00	0.32	0.38	0.31	0.00	0.00	0.00	0.00	1
食葵	0.00	0.00	0.00	0.04	0.19	0.35	0.35	0.08	0.12	0.02	0.00	0.00	1
籽瓜	0.00	0.00	0.00	0.03	0.15	0.22	0.25	0.22	0.12	0.02	0.00	0.00	1
茴香	0.00	0.00	0.00	0.03	0.15	0.22	0.25	0.22	0.12	0.02	0.00	0.00	1
红枣	0.00	0.00	0.00	0.03	0.15	0.22	0.25	0.22	0.12	0.02	0.00	0.00	1
葡萄	0.00	0.00	0.00	0.03	0.15	0.22	0.25	0.22	0.12	0.02	0.00	0.00	1
酒花	0.00	0.00	0.00	0.00	0.08	0.19	0.35	0.31	0.08	0.00	0.00	0.00	1
甘草	0.00	0.00	0.00	0.07	0.19	0.22	0.22	0.19	0.11	0.00	0.00	0.00	1
枸杞	0.00	0.00	0.00	0.07	0.19	0.22	0.22	0.19	0.11	0.00	0.00	0.00	1
树苗	0.00	0.00	0.00	0.00	0.00	0.25	0.25	0.25	0.25	0.00	0.00	0.00	1
其他	0.00	0.00	0.00	0.00	0.11	0.34	0.38	0.14	0.03	0.00	0.00	0.00	1
林地	0.00	0.00	0.00	0.00	0.00	0.25	0.25	0.25	0.25	0.00	0.00	0.00	1

表 9-20　花海灌区各作物比例分配需水量

（单位：万 m³）

渠道名称	总灌溉面积（亩）	夏禾	秋禾	经济作物需水量															林地	引用地表水
		小麦	玉米	合计	苜蓿	红花	瓜菜	孜然	棉花	食葵	籽瓜	芫荽	红枣	葡萄	酒花	甘草	枸杞	树苗	其他		
总直一农渠	610	12.73	8.36	35.58	5.11	0.56	0.00	0.00	0.00	16.82	0.00	10.59	0.00	0.00	0.00	0.00	0.00	0.00	2.51	0.00	56.67
总直一斗渠	1 002	9.79	2.57	68.06	2.97	0.08	0.00	0.08	0.00	42.22	0.00	20.63	0.00	0.00	0.00	0.80	0.00	0.00	1.28	0.00	80.42
总直二农渠	382	9.28	2.72	74.46	7.24	0.00	0.00	0.00	0.00	47.98	5.88	11.77	0.00	0.00	0.00	0.00	0.00	0.00	1.58	0.00	86.45
总直二斗渠	1 193	21.82	7.43	85.91	2.99	1.35	0.00	0.00	0.00	54.44	0.39	23.75	0.00	0.00	0.00	0.00	0.00	0.00	2.99	0.00	115.16
总直三农渠	3 394	0.76	0.00	151.85	15.92	0.00	0.00	0.00	0.00	11.65	0.00	85.62	0.00	0.00	0.00	0.00	38.67	0.00	0.00	0.00	152.62
总直四农渠	733	0.00	0.00	88.02	0.00	0.00	0.00	0.00	0.00	88.02	0.00	0.00	0.00	0.00	0.00	0.00	0.00	0.00	0.00	0.00	88.02
西一支渠	10 069	18.24	32.19	795.94	72.46	23.20	0.00	20.26	0.00	457.95	11.94	12.02	0.00	14.37	0.00	20.43	142.90	0.00	0.00	20.43	846.38
西二支渠	8 406	1.94	0.00	541.38	62.31	33.61	0.00	39.94	42.85	83.57	21.39	0.00	133.02	0.00	0.00	45.24	0.00	0.00	24.56	54.87	543.32
西三支渠	13 526	8.44	16.23	853.26	13.63	15.12	0.00	19.08	274.55	340.63	0.00	0.00	40.89	129.81	0.00	0.00	0.00	0.00	0.00	19.54	877.92
西四支渠	10 046	0.00	101.68	858.37	66.90	17.68	38.32	0.00	371.27	277.24	24.37	0.00	0.00	0.00	0.00	49.69	10.13	0.00	0.00	2.77	960.05
西五支渠	8 325	0.00	45.47	537.79	0.00	45.75	0.00	0.00	246.48	241.92	0.00	0.00	0.00	0.00	0.00	0.00	0.00	0.00	0.00	3.64	583.26
东直一农渠	1 500	10.13	12.66	103.84	33.77	12.66	16.88	0.00	15.20	25.33	0.00	0.00	0.00	0.00	0.00	0.00	0.00	0.00	0.00	0.00	126.64
东直二农渠	1 000	2.93	19.54	172.97	60.59	5.86	19.54	0.00	11.73	58.63	0.00	0.00	0.00	0.00	0.00	3.91	0.00	12.70	0.00	0.00	195.44
东一支渠	7 549	110.49	173.63	311.66	90.92	101.49	7.89	0.00	37.88	0.00	0.00	0.00	0.00	3.95	0.00	0.00	0.00	45.85	23.68	0.00	595.78
东二支渠	10 381	112.16	242.35	373.23	45.57	44.87	53.00	21.03	28.04	90.64	0.00	2.80	0.00	0.00	0.00	7.01	0.00	72.70	3.58	4.00	727.74

续表 9-20

渠道名称	总灌溉面积（亩）	夏禾 小麦	秋禾 玉米	合计	苜蓿	红花	瓜菜	孜然	棉花	食葵	籽瓜	芫荽	红枣	葡萄	酒花	甘草	枸杞	树苗	其他	林地	引用地表水
东三支渠	13 661	11.35	13.01	851.41	205.14	0.51	269.25	0.00	153.86	211.23	0.00	0.00	0.00	11.41	0.00	0.00	0.00	0.00	0.00	0.00	875.77
北直一斗渠	5 142	40.33	85.50	451.86	64.94	20.22	5.62	22.02	19.77	228.06	0.00	22.47	0.00	30.90	0.00	11.23	0.00	0.00	0.00	26.63	577.69
北直二斗渠	2 166	11.05	13.81	174.53	9.67	0.00	7.82	0.00	6.44	120.40	6.90	0.00	0.00	5.52	0.00	0.00	5.52	0.00	1.84	10.40	199.38
北一支渠	35 199	697.12	650.12	1283.1	233.89	12.70	0.00	3.74	307.95	310.86	14.20	1.49	0.00	7.47	0.00	33.63	245.92	0.00	0.00	111.19	2 630.30
北直一农渠	475	4.71	0.00	51.25	0.00	5.30	0.00	0.00	0.00	37.11	8.84	0.00	0.00	0.00	0.00	0.00	0.00	0.00	0.00	0.00	55.96
北直二农渠	1 863	17.16	0.00	176.58	51.79	0.00	0.00	1.87	4.68	92.03	9.98	4.16	0.00	8.74	0.00	0.00	0.00	0.00	0.00	3.33	193.74
北二支渠	7 110	22.52	0.00	618.02	156.76	18.02	0.00	72.07	108.11	198.20	0.00	0.00	0.00	0.00	0.00	40.54	0.00	0.00	24.32	0.00	640.54
北三支渠	7 965	64.69	0.00	582.57	2.44	0.00	0.00	32.02	13.00	355.69	5.69	19.34	0.00	133.27	0.00	0.00	0.00	0.00	0.00	21.13	647.26
北直三农渠	900	11.77	0.00	58.41	1.17	0.00	0.00	1.01	5.07	43.51	2.89	2.03	0.00	2.73	0.00	0.00	0.00	0.00	0.00	0.00	70.18
北四支渠	9 688	33.86	59.26	727.08	33.02	16.93	42.33	16.09	33.86	377.43	16.93	84.66	0.00	84.66	0.00	4.23	0.00	0.00	0.00	16.93	820.21
北直四农渠	560	2.02	0.00	35.77	0.00	2.02	0.00	0.00	0.67	30.64	0.00	0.00	2.43	0.00	0.00	0.00	0.00	0.00	0.00	0.00	37.79
北直三斗渠	3 358	21.29	14.33	191.31	0.00	30.41	0.00	17.57	39.20	59.13	0.00	0.00	21.08	0.00	0.00	2.03	0.00	0.00	0.00	21.90	226.93
北直四斗渠	7 079	33.92	14.71	490.97	12.12	19.82	3.81	16.77	17.53	326.47	3.81	29.04	0.00	31.02	0.00	6.10	0.00	0.00	0.00	24.47	539.60
北直五斗渠	3 795	20.27	9.77	278.96	6.60	10.10	2.44	7.33	3.66	178.16	2.44	27.52	0.00	36.64	0.00	0.00	4.07	0.00	0.00	0.00	309.00
北五支渠	6 008	57.53	13.29	398.81	8.21	23.45	14.85	27.36	7.82	233.87	0.00	21.89	0.00	27.36	0.00	11.73	0.00	0.00	0.00	22.28	469.63
合计	174 300	1 368	1 539	11 423	1 266	462	482	318	1 750	4 640	136	380	197	528	0	237	447	131	86	363	14 329.84

经济作物需水量

表9-21　花海灌区现状年逐月需水情况汇总

渠道名称	过水能力 (m³/s)	灌溉面积 (亩)	逐月需水过程(万 m³)												合计
			1月	2月	3月	4月	5月	6月	7月	8月	9月	10月	11月	12月	
总直一农渠	0.10	610	0	0	0	0.97	12.16	17.78	15.24	7.00	3.36	0.17	0	0	57
总直一斗渠	0.30	1 002	0	0	0	2.32	16.33	25.11	23.68	9.18	3.49	0.32	0	0	80
总直二农渠	0.20	382	0	0	0	2.39	17.33	27.59	25.50	9.61	3.76	0.28	0	0	86
总直二斗渠	0.30	1 193	0	0	0	2.84	24.80	36.71	33.33	12.42	4.70	0.38	0	0	115
总直三农渠	0.15	3 394	0	0	0	5.94	25.51	36.64	36.59	29.12	17.47	1.34	0	0	153
总直四农渠	0.15	733	0	0	0	3.39	16.93	30.47	30.47	6.77	0.00	0.00	0	0	88
西一支渠	0.50	10 069	0	0	0	30.89	162.20	264.39	237.48	102.93	47.89	0.60	0	0	846
西二支渠	0.40	8 406	0	0	0	11.31	88.90	159.00	132.84	94.40	54.45	2.42	0	0	543
西三支渠	0.50	13 526	0	0	0	18.35	112.08	271.85	279.52	160.79	32.66	2.67	0	0	878
西四支渠	0.50	10 046	0	0	0	22.23	105.46	296.16	306.89	191.92	37.01	0.38	0	0	960
西五支渠	0.40	8 325	0	0	0	9.30	59.77	188.85	197.01	114.16	14.16	0.00	0	0	583
东直一农渠	0.15	1 500	0	0	0	3.79	22.89	40.74	32.37	17.55	9.31	0.00	0	0	127
东直二农渠	0.10	1 000	0	0	0	5.80	32.08	61.54	50.88	28.03	17.10	0.00	0	0	195
东一支渠	0.40	7 549	0	0	0	1.44	102.72	183.66	138.24	103.44	66.21	0.06	0	0	596
东二支渠	0.55	10 381	0	0	0	12.92	135.08	220.02	180.53	113.68	65.46	0.04	0	0	728
东三支渠	0.60	13 661	0	0	0	53.35	157.56	275.04	248.96	103.40	37.29	0.18	0	0	876

续表 9-21

逐月需水过程(万 m³)

渠道名称	过水能力(m³/s)	灌溉面积(亩)	1月	2月	3月	4月	5月	6月	7月	8月	9月	10月	11月	12月	合计
北直一斗渠	0.60	5 142	0	0	0	12.18	108.25	182.50	155.00	79.69	39.23	0.84	0	0	578
北直二斗渠	0.20	2 166	0	0	0	6.73	36.16	63.86	61.41	22.91	8.12	0.19	0	0	199
北一支渠	2.39	35 199	0	0	0	33.38	515.34	811.28	677.96	408.75	183.23	0.36	0	0	2 630
北直一农渠	0.25	475	0	0	0	1.70	11.25	18.33	16.94	5.64	1.97	0.14	0	0	56
北直二农渠	0.25	1 863	0	0	0	4.24	37.66	63.82	52.49	22.90	12.27	0.36	0	0	194
北二支渠	0.55	7 110	0	0	0	10.63	124.82	220.38	161.83	88.51	34.37	0.00	0	0	641
北三支渠	0.50	7 965	0	0	0	18.54	135.92	207.14	186.96	71.07	25.14	2.48	0	0	647
北直三农渠	0.25	900	0	0	0	1.91	14.95	23.70	21.63	6.74	1.13	0.12	0	0	70
北四支渠	0.60	9 688	0	0	0	27.61	151.43	250.02	237.14	107.83	43.25	2.92	0	0	820
北直四农渠	0.25	560	0	0	0	1.25	7.41	12.80	12.24	3.42	0.64	0.04	0	0	38
北直三斗渠	0.25	3 358	0	0	0	3.07	39.67	73.31	59.77	35.64	15.13	0.33	0	0	227
北直四斗渠	0.25	7 079	0	0	0	15.61	104.36	175.92	160.41	60.52	21.79	1.00	0	0	540
北直五斗渠	0.40	3 795	0	0	0	9.61	61.88	97.90	90.78	35.16	12.63	1.04	0	0	309
北五支渠	0.25	6 008	0	0	0	13.85	103.22	154.98	129.59	47.36	19.84	0.77	0	0	470
合计	174 300	174 300	0	0	0	348	2 544	4 491	3 994	2 101	833	19	0	0	14 330

9.4.3　模拟运算与结果分析

9.4.3.1　模型运算

WRMM 由两个输入文件（scf、hbdf）、一个执行文件（WRMM. exe）、一个输出文件（outsim）组成。

1. 输入文件

将上节说明的各主要成分描述清楚后，用代码将其编号，按照水资源系统节点图，将水力联系按照一定的格式写进输入文件 scf 当中，并将水库特征水位与特征库容、蒸发与渗漏、分水协议、各个灌区需水量、渠系水利用系数、灌溉面积、供水优先序等资料输入 scf 文件当中，将河道来流量、地下水可供水量等资料输入 hbdf 文件当中，如图 9-6、图 9-7 所示。

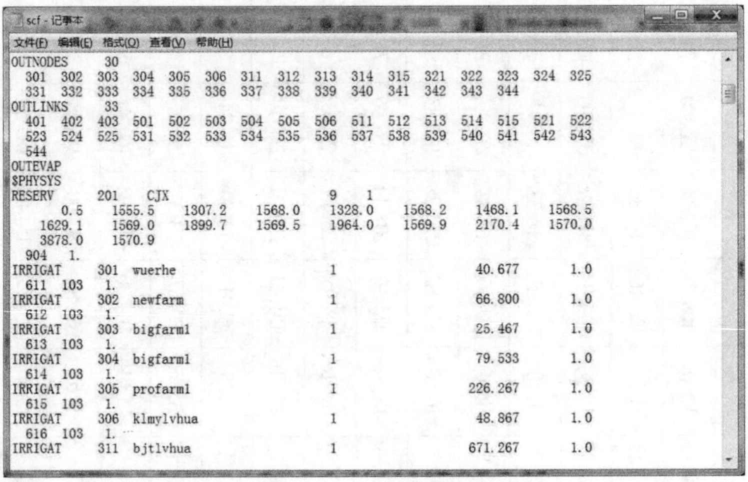

```
OUTNODES      30
  301  302  303  304  305  306  311  312  313  314  315  321  322  323  324  325
  331  332  333  334  335  336  337  338  339  340  341  342  343  344
OUTLINKS      33
  401  402  403  501  502  503  504  505  506  511  512  513  514  515  521  522
  523  524  525  531  532  533  534  535  536  537  538  539  540  541  542  543
  544
OUTEVAP
$PHYSYS
RESERV      201    CJX                    9   1
       0.5     1555.5    1307.2    1568.0    1328.0    1568.2    1468.1    1568.5
    1629.1     1569.0    1899.7    1569.5    1964.0    1569.9    2170.4    1570.0
    3878.0     1570.9
  904   1.
IRRIGAT     301  wuerhe                   1                       40.677      1.0
  611  103   1.
IRRIGAT     302  newfarm                  1                       66.800      1.0
  612  103   1.
IRRIGAT     303  bigfarm1                 1                       25.467      1.0
  613  103   1.
IRRIGAT     304  bigfarm1                 1                       79.533      1.0
  614  103   1.
IRRIGAT     305  profarm1                 1                      226.267      1.0
  615  103   1.
IRRIGAT     306  klmylvhua                1                       48.867      1.0
  616  103   1. …
IRRIGAT     311  bjtlvhua                 1                      671.267      1.0
```

图 9-6　scf 文件示意图

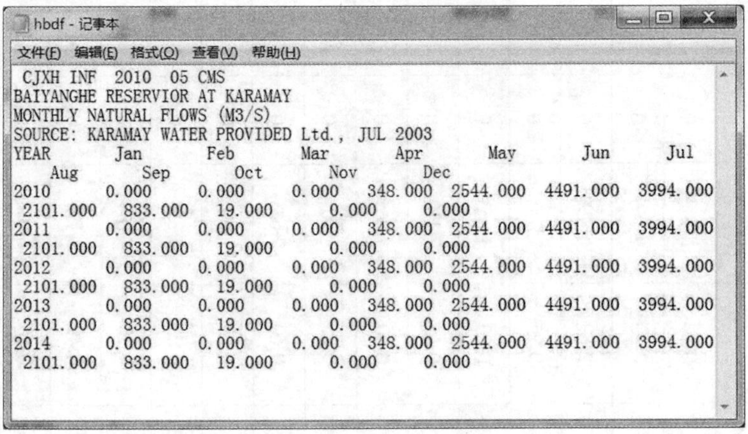

```
 CJXH INF  2010  05 CMS
BAIYANGHE RESERVIOR AT KARAMAY
MONTHLY NATURAL FLOWS (M3/S)
SOURCE: KARAMAY WATER PROVIDED Ltd., JUL 2003
YEAR         Jan        Feb        Mar        Apr        May        Jun        Jul
     Aug         Sep        Oct        Nov        Dec
2010        0.000      0.000      0.000    348.000   2544.000   4491.000   3994.000
  2101.000   833.000    19.000      0.000      0.000
2011        0.000      0.000      0.000    348.000   2544.000   4491.000   3994.000
  2101.000   833.000    19.000      0.000      0.000
2012        0.000      0.000      0.000    348.000   2544.000   4491.000   3994.000
  2101.000   833.000    19.000      0.000      0.000
2013        0.000      0.000      0.000    348.000   2544.000   4491.000   3994.000
  2101.000   833.000    19.000      0.000      0.000
2014        0.000      0.000      0.000    348.000   2544.000   4491.000   3994.000
  2101.000   833.000    19.000      0.000      0.000
```

图 9-7　hbdf 文件示意图

2. 执行文件

准备好两个输入文件后，点击执行文件 WRMM. exe，模型会根据输入的需水资料、河道来水情况、地下水可供水量,按照设置的供水优先序,对各个灌区进行水量分配。运行文件如图 9-8 所示。

图 9-8　运行文件示意图

3. 输出文件

经过运算后,模型会产生一个输出文件 outsim,包括水库运行调度、各个灌区逐月分配水量等内容,如图 9-9 所示。

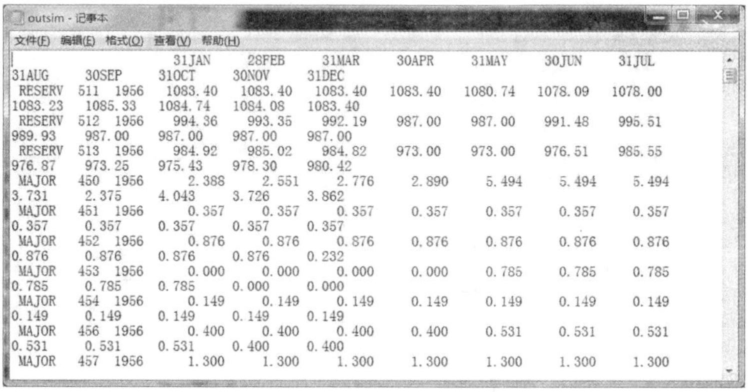

图 9-9　输出文件 outsim 示意图

再将输出文件导入 Excel 文件,进行供需平衡分析。

9.4.3.2　模拟结果分析

以花海灌区 2013 年来水量(石油河、疏花干渠、地下水开采量)和工程现状(库容、引水能力、输水能力)与水量调度方案为供水参数,以 2013 年花海灌区各区灌溉用水量、生态耗水量作为需水,输入 WRMM。

系统中有计量的断面和节点水量与相应的模拟结果对比见图 9-10、表 9-22。

从图 9-10 和表 9-22 来看,模拟值与实测值误差均为 0 ~ 10% ;总的来讲,模拟效果还是比较好的。所以,该模型及其参数可以用于花海灌区水资源配置使用。

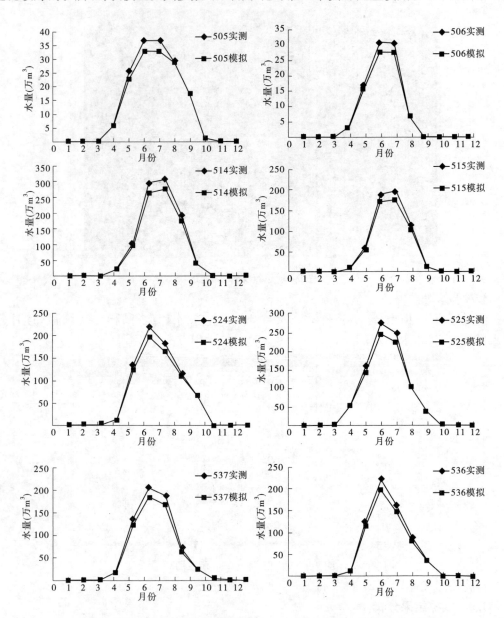

图 9-10　花海灌区水资源配置模型 2013 年典型灌区节点过程对比图

表 9-22　花海灌区水资源系统模型率定检验结果

检验节点或断面	代码	实测 （万 m³）	模拟 （万 m³）	绝对误差 （万 m³）	相对误差（%）
总直三农渠灌区	505	153	142	−10.108	−6.63
总直四农渠灌区	506	88	80	−7.858	−8.93
西四支渠灌区	514	960	868	−92.178	−9.60
西五支渠灌区	515	583	527	−56.007	−9.60
东二支渠灌区	524	728	670	−58.083	−7.98
东三支渠灌区	525	876	807	−69.231	−7.91
北二支渠灌区	536	641	581	−59.584	−9.30
北三支渠灌区	537	647	587	−60.139	−9.29

9.4.4　花海灌区水资源配置方案分析

9.4.4.1　配置方案设置

内陆河流域供用水矛盾日趋加重，在耗水大户农业中普及节水技术是重要的节流手段，从节水灌溉的条件下考虑，设置以下 3 个配置方案：

（1）现状年情况下花海灌区水资源配置方案。

（2）在现状年基础上采用节水方案，进行花海灌区节水 20% 水资源配置方案。

（3）在现状年基础上采用节水方案，进行花海灌区节水 50% 水资源配置方案。

配置工作针对上面各种方案进行计算，得出各个方案的配置结果。

9.4.4.2　各方案供需平衡分析

1. 方案Ⅰ供需分析

以现状模拟作为基本方案，灌区灌溉面积、渠系、引水能力、灌水方法、作物灌溉定额、水利工程及用水管理按 2013 年水平，分析目前用水量需求，并以此作为分析拟订方案的基础。

1）需水量

根据现状年（2013 年）用水量调查，花海灌区各个渠道需水量汇总见表 9-23。灌溉总水量为 14 330 万 m³，生态需水量为 1 100 万 m³。

2）计算结果分析

以节点为计算单元，采用 WRMM，以月为计算时段，利用水资源配置模型进行供需平衡模拟计算。模型中各节点均按进行水量平衡计算，因此各节点的计算成果可以进行历年逐月对应相加，求出各分区及全研究区的平衡成果，而后进行频率分析计算。现状年供需平衡分析方案Ⅰ结果见表 9-24。

表9-23 方案 I 需水情况汇总

渠道名称	过水能力(m³/s)	灌溉面积(亩)	需水量(万 m³)
总直一农渠	0.10	610	57
总直一斗渠	0.30	1002	80
总直二农渠	0.20	382	86
总直二斗渠	0.30	1 193	115
总直三农渠	0.15	3 394	153
总直四农渠	0.15	733	88
西一支渠	0.50	10 069	846
西二支渠	0.40	8 406	543
西三支渠	0.50	13 526	878
西四支渠	0.50	10 046	960
西五支渠	0.40	8 325	583
东直一农渠	0.15	1 500	127
东直二农渠	0.10	1 000	195
东一支渠	0.40	7 549	596
东二支渠	0.55	10 381	728
东三支渠	0.60	13 661	876
北直一斗渠	0.60	5 142	578
北直二斗渠	0.20	2 166	199
北一支渠	2.39	35 199	2 630
北直一农渠	0.25	475	56
北直二农渠	0.25	1 863	194
北二支渠	0.55	7 110	641
北三支渠	0.50	7 965	647
北直三农渠	0.25	900	70
北四支渠	0.60	9 688	820
北直四农渠	0.25	560	38
北直三斗渠	0.25	3 358	227
北直四斗渠	0.25	7 079	540
北直五斗渠	0.40	3 795	309
北五支渠	0.25	6 008	470
总计	—	174 300	14 330

表9-24　方案 I 水资源配置结果　　　　　（单位：万 m³）

灌区代码	方案 I 需水	方案 I 配水		
		小计	地表水	地下水
301	57	57	22	35
302	80	80	29	51
303	86	86	78	8
304	115	115	106	9
305	153	153	142	11
306	88	88	80	8
311	846	846	308	538
312	543	543	233	310
313	878	878	772	106
314	960	960	868	92
315	583	583	527	56
321	127	127	49	78
322	195	195	77	118
323	596	596	543	53
324	728	728	670	58
325	876	876	807	69
331	578	578	124	454
332	199	199	68	131
333	2 630	2 630	1 165	1 465
334	56	56	51	5
335	194	194	176	18
336	641	641	581	60
337	647	647	587	60
338	70	70	63	7
339	820	820	746	74
340	38	38	34	4
341	227	227	206	21
342	540	540	489	51
343	309	309	280	29
344	470	470	426	44
合计	14 330	14 330	10 307	4 023

2. 方案Ⅱ供需分析

方案Ⅱ在现状年基础上采用节水方案,进行花海灌区节水 20% 水资源配置,将方案Ⅰ中的灌溉需水量相应减少,水资源配置结果见表 9-25。

表 9-25　方案Ⅱ水资源配置结果　　　　　　　　（单位:万 m³）

灌区代码	方案Ⅱ需水	方案Ⅱ配水		
		小计	地表水	地下水
301	46	46	22	24
302	64	64	29	35
303	69	69	69	0
304	92	92	92	0
305	122	122	122	0
306	70	70	70	0
311	677	677	308	369
312	434	434	233	201
313	702	702	702	0
314	768	768	768	0
315	466	466	466	0
321	102	102	49	53
322	156	156	77	79
323	477	477	477	0
324	582	582	582	0
325	701	701	701	0
331	462	462	124	338
332	159	159	68	91
333	2 104	2 104	1 165	939
334	45	45	45	0
335	155	155	155	0
336	513	513	513	0
337	518	518	518	0
338	56	56	56	0
339	656	656	656	0
340	30	30	30	0
341	182	182	182	0
342	432	432	432	0
343	247	247	247	0
344	376	376	376	0
合计	11 464	11 464	9 335	2 129

3.方案Ⅲ供需分析

方案Ⅲ在现状年基础上采取节水方案,进行花海灌区节水50%水资源配置,将方案Ⅰ中的灌溉需水量相应减少,水资源配置结果见表9-26。

表9-26　方案Ⅲ水资源配置结果　　　　　　（单位:万 m³）

灌区代码	方案Ⅲ需水	方案Ⅲ配水		
		小计	地表水	地下水
301	29	29	22	7
302	40	40	29	11
303	43	43	43	0
304	58	58	58	0
305	77	77	77	0
306	44	44	44	0
311	423	423	308	115
312	272	272	233	39
313	439	439	439	0
314	480	480	480	0
315	292	292	292	0
321	64	64	49	15
322	98	98	77	21
323	298	298	298	0
324	364	364	364	0
325	438	438	438	0
331	289	289	124	165
332	100	100	68	32
333	1 315	1 315	1 165	150
334	28	28	28	0
335	97	97	97	0
336	321	321	321	0
337	324	324	324	0
338	35	35	35	0
339	410	410	410	0
340	19	19	19	0
341	114	114	114	0
342	270	270	270	0
343	155	155	155	0
344	235	235	235	0
合计	7 165	7 165	6 616	549

9.4.5　方案的比较

以 2013 现状年供需水量作为基础,根据设定的节水灌溉目标,得到节水灌溉 20% 的情况下,灌区需水量为 11 464 万 m^3,地表水供应 9 335 万 m^3,地下水供应 2 129 万 m^3,较现状年分别减少了 9.43% 和 47.1%;在节水灌溉 50% 的情况下,灌区需水量为 7 165 万 m^3,地表水供应 6 616 万 m^3,地下水供应 549 万 m^3,较现状年分别减少了 35.81% 和 86.2%。各方案地表水与地下水的供水量对比见图 9-11 和 9-12。

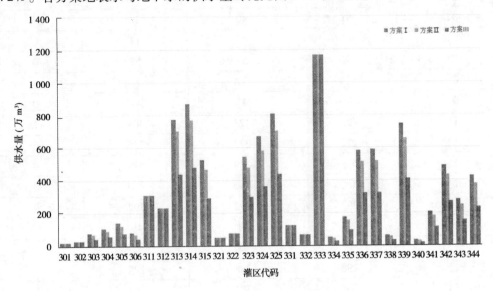

图 9-11　　各方案地表水供应量对比图

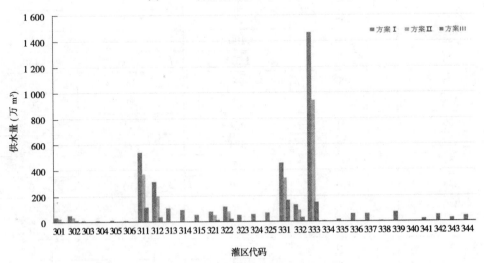

图 9-12　　各方案地下水供应量对比图

由计算结果可以看出,在地表水优先供应的前提下,进行节水灌溉后,部分灌区地表水将满足需要,同时个别灌区考虑到支渠过水能力,需用地下水作为补充水源。

随着经济社会的发展,各部门对水资源将会提出更高的要求,缺水矛盾也将更加尖锐,因此需要大力节约用水,推广节水灌溉,充分挖掘当地水资源的潜力。

9.4.6　水资源优化配置对策

9.4.6.1　加强生态系统保护

疏勒河流域由于降水稀少,蒸发散失强烈,因此生态系统十分脆弱,这要求我们在必须十分注意水资源开发利用中生态环境的变化。新建昌马水库对中游水文地质环境的影响是长期的,昌马洪积扇的地下水位将大幅下降,需要加强生态系统主要指标的动态监测,防止区域生态环境的悄然恶化。

9.4.6.2　强化水资源统一管理和调度

(1)地表水与地下水统一管理。地表水与地下水联系紧密,反复转化为目前的粗放利用水资源提供了依据,应加强地方政府对水资源的管制,包括不同区域之间和不同部门之间优化分配地表水资源,特别要借鉴石羊河流域的经验,严格控制流域地下水开采量。

(2)人口、土地和水资源管理的统一。西北内陆河流域大部分属于没有灌溉就没有农业的绿洲经济区,只要有水,扩大耕地面积就会使经济得到发展。由于水资源短缺的限制,天然绿洲和人工绿洲的用水始终存在矛盾,超过水资源的承载能力,扩大耕地规模,反而会带来生态环境的劣变。因此,要统筹配置天然绿洲和人工绿洲水资源,核定灌溉面积,合理确定灌溉定额,对无申报批准,私自开垦的土地采取不予供水的处罚,严格控制人工绿洲的大规模无序开发。

9.4.6.3　改革灌区用水管理

昌马灌区、花海灌区及双塔灌区气候及土质有明显差异,确定不同地区不同作物的最适宜灌溉定额,制定合理的灌溉制度;确定用水总量指标,将水量层层分解到各用水户,合法水权证,实现限额供水。确定灌区用水定额,通过用水总量和定额管理两套指标体系的建立和实施,并进行定额管理;完善水利工程管理制度,建立水票制灌溉管理及农村用水者协会;合理确定地表水和地下水价格,实行基本水价和超定额加价供水价格,使用水制度进一步规范化、合理化。

9.4.6.4　加大农业结构调整力度,加快农业节水步伐

目前,疏勒河流域的灌区普遍存在灌区配套差、灌溉技术落后、用水效率不高等突出问题,不少地区仍采用大水漫灌方式进行灌溉。今后应借鉴黑河流域、石羊河流域综合治理经验,加大疏勒河灌区节水改造力度,因地制宜采取工程、农艺和管理等节水措施,推广滴灌、微灌等高效节水灌溉技术,合理控制灌溉用水规模。控制用水户的年度用水总量,使灌区群众由被动调整产业向主动调整产业结构转化,引导和动员发展特色产业,逐步实现节水、增收的双赢目标。

9.4.6.5　严格地下水管理

(1)完善地下水观测体系。地下水监测是地下水规划管理、合理开发利用和水资源优化配置调度的重要基础工作,同时监测信息对农田灌溉、生产生活用水及生态环境保护都具有重要作用。目前,疏勒河灌区地下水监测井分布不均,如花海灌区井点相对较少,因此需要加大布设。

（2）强化地下水取水许可，规范地下水取水工程管理。同时，严格地下水开采计量管理，安装计量设施，并完善地下水开采量统计核查机制。

9.5　本章小结

（1）对比相邻石羊河流域和黑河流域供用水现状，提出将水资源分配至各田块及加大节水灌溉的配置思路。

（2）采用 WRMM 构建了花海灌区水资源优化配置模型，并对模型进行了参数分析及率定。应用研究表明，该模型功能较强，模型弹性好，适应性强，模型结构简洁合理，可以很好地模拟水资源分配过程。

（3）根据花海灌区现状水资源利用分析，分别拟订了 3 个不同的水资源配置方案，采用花海灌区水资源合理配置模型对各方案进行求解，并对不同方案进行比较。

（4）从强化水资源管理、改革灌区用水制度、加大农业节水力度等方面提出灌区水资源优化配置的对策。

第 10 章 结论和建议

10.1 结 论

(1)根据研究区地质、地形地貌条件和地下水的补、径、流、排条件,分析评价了研究区的水文地质条件,确定了三个独立的水文地质单元。由于沉积环境、水文地质条件的差异,地下水的埋藏、分布及富水性亦有不同。疏勒河出山后在昌马洪积扇顶部以河渠水的形式大量入渗是地下水补给主要来源,河道、渠系和田间水的渗漏量很大,占总补给量的90%。地下水消耗则依赖于绿洲平原地带泉水的溢出和蒸发。各灌区地下水主要是在地表水的基础上经蒸发富集作用形成的。在盆地南部地下水由南向北径流的同时,在含水层内部还存在由浅部向深部的径流,北部深层地下水又由深部向浅部移,顶托补给表层潜水,同时以泉水形式大量溢出地表形成泉集河,至此水资源完成了"地表水—地下水—地表水"的循环交替的过程。

(2)开展了田间土壤含水量、末端流量的监测,得到了灌区典型作物生长条件下的灌水量,并拟定了灌区作物的灌溉定额。三大灌区由于气候、种植结构、水资源开发利用程度等因素的不同,昌马灌区作物的净灌溉定额平均为 320 m^3/亩、花海灌区为 385 m^3/亩、双塔灌区为 343 m^3/亩,昌马灌区较花海灌区和双塔灌区小。利用振荡试验,现场测定了三大灌区的水文地质参数,计算得到灌区渗透系数,昌马灌区潜水的渗透系数范围为0.28 ~ 88.7 m/d,双塔灌区渗透系数为 5.8 ~ 61.2 m/d;花海灌区渗透系数为 0.4 ~ 10.6 m/d。校核了前人的研究成果,为模型的建立奠定基础。

(3)1987 ~ 2013 年的 26 年间,三大灌区植被面积呈增长趋势,疏勒河灌区总面积从1 019.549 4 km^2 增长到 1 654.202 km^2,总增长率 62.444%,年均增长率 2.401%。其中昌马灌区植被总面积从 810.303 km^2 增长到 1 098.68 km^2,年均增长率 1.369%;双塔灌区植被总面积从 194.726 6 km^2 增长到 415.954 km^2,年均增长率 4.286%;花海灌区植被总面积从 12.519 8 km^2 增长到 141.568 km^2,年均增长率 39.644%。

(4)土地利用面积的不断增加,使得疏勒河灌区地下水开采量呈逐年上升的态势,地下水流场发生显著的变化,其地下水埋深是最直接的表现。土地利用与地下水变化的灰色关联度分析表明,昌马灌区各影响因子与土地利用变化的关联度大小为:渠系水渗漏补给量 r_4 > 泉水溢出量 r_7 > 河道入渗补给量 r_3 > 地下水开采量 r_8;潜水蒸腾蒸发量 r_9 > 地下水侧向补给量 r_6 > 田间灌溉入渗补给量 r_5 > 地下水侧向排出量 r_{10}。在昌马灌区补给系统内土地利用变化对渠系水入渗补给的影响大于其他影响因子;排泄系统内土地利用变化对潜水蒸发蒸腾量变化作用最明显。从双塔灌区的关联度计算结果可以得出各影响因子与土地利用变化的关联度大小为:河道入渗补给量 r_3 > 渠系水渗漏补给量 r_4 > 地下水开采量 r_8;田间灌溉入渗补给量 r_5 > 潜水蒸腾蒸发量 r_9 > 地下水侧向排出量 r_{10}。在双塔灌区补给系统内土地利用变化对田间灌溉入渗补给量变化的影响大于其他影响因子；排泄系统内土地利用变化对潜水蒸发蒸腾量变化作用最明显。从花海灌区的关联度计算结果可以得出各影响因子与土地利用变化的关联度大小为：渠系水渗漏补给量 r_4 > 河道入渗补给量 r_3 > 泉水溢出量 r_7 > 地下水开采量 r_8；潜水蒸腾蒸发量 r_9 > 田间灌溉入渗补给量 r_5 > 地下水侧向补给量 r_6。在花海灌区补给系统内土地利用变化对田间灌溉入渗补给量的影响大于其他影响因子，排泄系统内土地利用变化对潜水蒸发蒸腾量变化作用最明显。

（5）疏勒河河水戈壁带渗漏量从 20 世纪 50 年代的 5.729 亿 m^3/a 减至 2004 年的 2.506 亿 m^3/a，尤其是 2002 年底昌马水库的建成，控制了出山水资源量，昌马、双塔、赤金三库联合调水，使得山前地下水资源的补给量进一步减少，2004 年下泄弃水渗漏量仅占径流量的 25.25%。进入下游双塔灌区和花海灌区的河水，因双塔水库和赤金峡水库的调节，大部分被引入田间灌溉，所以两大灌区的河水入渗量呈逐年减少的趋势。随着疏勒河流域水利化工程及配套项目建设的日臻完善，渠系水入渗补给量呈减少趋势。但近年来，改建、扩建了昌马总干渠、西干渠，双塔南北干渠，花海西干渠及各灌区的支、斗渠，加之渠道引水量的加大，三大灌区的渠系水入渗补给量有所增加。随着节水灌溉意识的加强，田间灌溉入渗补给量有所减少。随着疏勒河地区人口的增多与土地面积的扩大而增加，尤其是"疏勒河流域综合开发项目"的实施，土地开发面积增加迅猛，用水量加大，地下水开采量亦成倍增长，现已成为本区地下水主要排泄项之一。根据不同时期地下水资源量计算结果，灌区地下水长期处于负均衡状态，与区域地下水位总体呈下降趋势表现一致，但各个灌区情况不同。

（6）近 10 年来，三大灌区的地下水动态都呈年际间持续小幅下降的趋势。昌马灌区地下水埋深 2002~2007 年逐渐增大，2007 年后埋深呈逐年减小后增大的趋势。2007 年的地下水埋深值在该时段内达到最大，原因是在 2007 年昌马灌区中井水与泉水的开采量最高值达 10 311.73 万 m^3。双塔灌区在 2003~2008 年各观测井埋深呈增大趋势，基本上到 2008 年达到最大埋深，随后 2009 年地下水埋深除了双 CG08 均有所减小，双 CG08 的数据在 2008 年出现罕见的极小值 4.72 m，与其他年份的平均值（9.5 m）差距较大。花海灌区地下水埋深自 2001~2004 年逐渐增大，水位逐渐下降，2005~2009 年水位埋深减小，地下水位回升，2007 年以后，地下水埋深骤然增大。三大灌区地下水的动态类型主要有渗入-径流型、灌溉型、灌溉-开采型以及蒸发型。近 30 年的长观测孔中地下水位流场变动表明，在昌马洪积扇中部地下水位变化范围为 1 520~1 522 m，而 2005 年水位开始下降，随后至 2009 年达到最低水位 1 512.9 m。近几年来，由于疏勒河连续丰水，地下水位略呈上升趋势。在 1984~2013 年期间地下水位呈下降趋势，尤其是泽湖观测孔中地下水位多年降幅达到 4.0 m。位于灌区东部的沙地和下东号观测孔，在 1984~2007 年期间水位变化范围不大，但 2007 年以后水位略有上升趋势。塔尔湾观测孔中地下水位在 1984~2007 年期间呈下降趋势，而后在 2007~2013 年间上升后又下降。位于灌区北部的黄花营观测孔，多年地下水位变化幅度不大，平均值为 1 345 m。从多年水位变化看，灌区南部降幅大于北部，东部降幅大于西部。

（7）疏勒河流域地表水以 HCO_3^- 和 Ca^{2+} 型为主。上游山区地表水 TDS 较低，河流出山进入盆地后,随着蒸发作用的加强,TDS 含量逐渐增加。地表水是较好的淡水资源,适宜灌溉。地下水水质历史监测点位置主要分布在冲洪积扇前缘浅埋溢出带和垂直交替带。1998～2011 年在洪积扇中部、南干井、总干所和沙地井处地下水中矿化度含量较低,均小于 1 g/L,地下水水质较好。而在洪积扇扇缘处地下水水质变差,尤其是塔尔湾、黄花营、上泉、潘家庄和双塔五处监测点,地下水的矿化度随时间变化起伏变化尤为强烈。其中,塔尔湾和上泉矿化度含量稍低一点,在 0.5～2.5 g/L 波动,潘家庄和双塔较高,在 0.5～3.5 g/L 波动,而黄花营矿化度含量最高,最低都在 2 g/L 以上,最高达到 4.5 g/L 左右,水质最差属于微咸水和咸水,表明昌马洪积扇中地下水向西北和东北径流过程中逐步淋滤积累盐分,盐碱化现象严重。综合 2013 年和 2014 年的 6 次地下水 Piper 三线图来看,在山前冲洪积扇的扇顶,地下水接受河流渗漏补给,地下水 TDS 较低,地下水类型以 $HCO_3^- \cdot SO_4^{2-}—Ca^{2+} \cdot Mg^{2+}$ 型水为主。由山前冲积扇到扇缘溢出带,地下水基本以水平径流为主,沿流动途径地下水位逐渐变浅,地下水中矿化度逐渐增大,阳离子由 Ca^{2+} 向 Mg^{2+}、Na^+ 方向演化,阴离子由 HCO_3^- 向 SO_4^{2-} 和 Cl^- 演化。溢出带以下的细土平原区,地下水径流变缓,水位埋深较浅,甚至接近地表,受强烈蒸发作用的影响,同时受灌溉水入渗的影响,矿化度明显变大,水化学类型以 $SO_4^{2-} \cdot Cl^- \cdot HCO_3^-—Ca^{2+} \cdot Mg^{2+}$ 型水为主,局部地段呈 $Cl^-(SO_4^{2-}) \cdot SO_4^{2-}(Cl^-) \cdot HCO_3^-—Na^+$ 型水。这也符合干旱地区从补给区到排泄区地下水演化趋势。

(8)研究区内溶滤作用主要发生在方解石、石膏、岩盐等矿物中,溶滤作用是研究区地下水演化过程中主要地球化学过程。含钠矿物的大量溶解,使得地下水中 Na^+ 含量不断增高,从而加剧了反向阳离子交换作用。研究区地下水中 Na^+ 浓度较高,尤其是下游盆地,随着地下水中 Na^+ 的富集,可能会促进 $Na^+—Ca^{2+}$ 交换,导致地下水硬度的增大,而灌区普遍存在土壤盐碱化现象,也是阳离子交换作用的结果。洪积扇上部浅层水的矿化度和各离子含量明显小于洪积扇下部地下水中相应组分的浓度,并且越往下游盆地终端地带地下水浅埋区越明显。花海灌区的蒸发浓缩作用更为强烈,地下水 TDS 超过 5 000 mg/L。

(9)地下水取样点均位于该地区大气降水线附近,说明研究区地下水起源于大气降水,为现代水循环。地下水和地表水取样点的 $\delta^{18}O$、δD 值分布规律大致相同,可以判断地表水和地下水之间有直接的水力联系,说明地下水多为渗入型,主要来源于出山地表水的入渗补给。氚同位素和 CFCs 同位素数值显示研究区内地下水的年龄整体比较新,表明浅层地下水多为近几十年以来形成的现代水,从洪积扇上游至下游由渠首电站、龙马电站、东沙河电站至河西电站沿着地下水流向,地下水的年龄逐渐增大。在洪积扇上部渠首电站至东沙河电站,地下水年龄在 23～26 年范围变化,表明地下水滞留时间较短,地下水循环速度较快。在河西电站地下水年龄大于 40 年,表明地下水滞留时间较长,推测该处地下水类型是承压水。在泉水溢出带,除 6 号泉年龄偏大,其他几个泉水 1 号泉、2 号泉和 4 号泉地下水年龄相似,在 26～31 年范围变化,表明昌马洪积扇前缘溢出带地下水滞留时间较洪积扇上部的地下水略长。

(10)在系统分析疏勒河灌区水资源、用水来源、用水特点、水资源转化规律的基础上,深入研究了水平衡要素的机制和相互关系,提出在水资源总量和地下水资源的双重约束条件下,构建基于水资源系统的地下水均衡模型。进入区域的总水量有地表水量、地下水侧向补给量及降水入渗补给量;流出的水量包括过境地表水量、地下水侧向排出量等;区域内的运行水量包括河道损失、渠道损失、农林业的进地水量等。考虑地表水供用平衡、地下水平衡,通过入流、蒸发、入渗、消耗及单元间的水量交换将平衡系统统一联系起来,建立了一套详细计算的水均衡概念模型。

将水均衡概念模型进行数值化,提出基于有限单元法的地下水数值模拟一次均衡和联合地表水系统的二次均衡求解方法。根据灌区的水文地质条件,建立基于有限单元法的地下水数值模型,分析地下水的补给量和排泄量,结合水资源系统的均衡方程校验参数,通过参数的迭代试算,平衡双系统方程,从而得到二次平衡后的补给量及排泄量。

针对花海灌区,建立了基于水资源系统的地下水均衡模型。通过对基于有限单元法的地下水数值模拟模型的一次均衡计算和联合水资源系统的二次均衡计算结果进行比较,2001～2013 年,花海灌区在一次均衡条件下,地下水均衡差为 -486 万 m^3;二次均衡条件下,水资源均衡差为 -731 万 m^3,由此可得,二次均衡条件更为严格。

(11)运用基于水资源系统的地下水均衡模型计算了花海灌区早期、中期、近期的灌区地下水资源量,对不同时期补给量进行对比时,认识到地下水补给量逐年减少。从时间尺度上,自 20 世纪 80 年代(1983 年)至今,随着人类活动的增强,人工绿洲的扩张,需水量的不断增加,不同时期的地下水补给量不断减少。其中,随着人工调蓄力度的不断加大,河水大量引入灌溉渠道,河水入渗补给量不断减少;水利工程及配套设施建设的日益完善,渠系水利用系数不断提高,渠系入渗补给总量也呈减少趋势;90 年代后期,随着灌溉节水意识的加强,田间灌溉入渗补给量有所减少。在空间尺度上,由于流域上游山区修建水库调节径流,径流出山口以下修建引水枢纽和引水系统,灌区内建设灌溉网,地表水与地下水之间的转化关系发生明显变化,洪积扇区强补给带丧失较大数量的补给水源,地下水补给条件及更新能力均被削弱。在"疏勒河流域农业灌溉暨移民安置综合项目"实施后,花海灌区及双塔灌区耕地面积进一步扩大,同时引水量相应增加,使得花海灌区及双塔灌区田间灌溉入渗补给量有所增加。由于水资源开发和环境变迁的影响,地下水排泄量总体呈减少趋势,这主要是因为人工开采量逐渐增大而天然排泄量大幅减少,同时与地下水补给量减少也存在一定关系。

(12)采用 WRMM 构建了花海灌区水资源优化配置模型,并对模型进行了参数分析及率定。应用研究表明,该模型功能较强,模型弹性好,适应性强,模型结构简洁合理,可以很好地模拟水资源分配过程。根据花海灌区现状水资源利用分析,分别拟定了 3 个不同的水资源配置方案,采用花海灌区水资源合理配置模型对各方案进行求解,并对不同方案进行比较。从强化水资源管理、改革灌区用水制度、加大农业节水力度等方面提出灌区水资源优化配置的对策。

10.2　建　议

(1)加大投入,深入研究。疏勒河灌区基础资料较少,工作相对薄弱,加之本项目资金少、时间紧,只能在研究期内大概计算水资源量,所以建议进一步加大对本区的研究力度,增加资金投入,进一步研究地下水资源量。

（2）调整灌溉方式,增加节水措施。目前本研究区采用的是大水漫灌的灌溉方式,在合理利用水资源和维持合理种植面积的同时,使经济维持增长的重要措施之一是调整用水结构和用水方式。建议本研究区调整灌溉方式,进一步推广节水灌溉,并且进一步做节水灌溉制度的分析。

（3）长远规划,建立数据库。根据灌区地下水动态变化规律及发展趋势,科学合理地利用灌区水资源,制订水资源开发利用长远规划,建立水资源信息管理数据库。

（4）完善监测网。建立健全的地下水动态监测网,整合流域内已有的地下水动态监测系统,逐步完善流域内地下水监测技术、方法和新的监测站网的建设,掌握地下水位、水质的动态变化趋势,为保护水资源和合理利用水资源提供可靠的数据。

（5）考虑农业水资源特征。农业水资源优化配置涉及水文、生态、工程等诸多领域,与区域水资源量、水利工程状况等因素密切相关,是一个多阶段、多层次、多目标、多决策主体的问题。对于这样高度复杂的问题,有待于进一步深入研究;作物灌溉是一个复杂的过程,作物生长过程受到多种因素的影响,本次研究针对作物生长过程中的净灌溉定额进行了初步研究,而灌溉制度对作物产量、品质有直接影响,应进一步加大研究,深入研究灌溉用水与作物产量的关系。

附录 1　灌溉定额试验

附表 1-1　选择地块信息汇总表

地块编号	位置	作物	面积（亩）
1	昌马灌区布隆吉乡九上村 1 号	甘草	1.9
2	昌马灌区布隆吉乡九上村 2 号	玉米	3.9
3	昌马灌区布隆吉乡九上村 3 号	小麦	3.2
4	昌马灌区布隆吉乡九上村 4 号	小麦	3.2
5	昌马灌区布隆吉乡九上村 5 号	孜然	0.7
6	昌马灌区布隆吉乡九上村 6 号	孜然	2.3
7	昌马灌区三道沟镇　昌马上	茴香	2.5
8	昌马灌区三道沟镇　昌马上 2	小麦	1.2
9	昌马灌区三道沟镇　昌马上 6	食葵	4.4
10	昌马灌区三道沟镇　昌马上 1	小麦	1.3
11	昌马灌区三道沟镇 昌马上 3	萝卜	2.3
12	昌马灌区三道沟镇 昌马上 5	萝卜	1.2
13	花海灌区南渠八队 3 号	苜蓿	4
14	花海灌区南渠八队 1 号	小麦	4
15	花海灌区南渠八队 2 号	食葵	3.9
16	花海灌区南渠八队 4 号	玉米	2
17	双塔灌区南岔镇八工村三组居民点北 1 号	棉花	1.3
18	双塔灌区南岔镇八工村三组居民点北 2 号	棉花	1.3
19	双塔灌区南岔镇八工村三组居民点北 2 号	瓜	2
20	双塔灌区南岔镇八工村三组居民点北 4 号	蜜瓜	1.5
21	双塔灌区南岔镇八工村三组居民点北 5 号	甘草	5.6
22	双塔灌区南岔镇八工村三组居民点北 6 号	甘草	2.6
23	双塔灌区南岔镇十工村三组瓜敦公路北侧 5 号	棉花	3.6
24	双塔灌区南岔镇十工村三组瓜敦公路北侧 6 号	棉花	21.0
25	双塔灌区南岔镇十工村三组居民点西 1 号	棉花	2.25
26	双塔灌区南岔镇十工村三组居民点西 2 号	棉花	2.25
27	双塔灌区南岔镇十工村三组居民点西 3 号	瓜	2.25
28	双塔灌区南岔镇十工村三组居民点西 4 号	瓜	2.25

附表 1-2　土壤含水量测定表(昌马灌区布隆吉乡九上村 1 号)

取样点	深度(cm)	1水		2水		3水		4水	
		6月2日 灌前(%)	6月19日 灌后(%)	6月29日 灌前(%)	7月6日 灌后(%)	8月10日 灌前(%)	8月20日 灌后(%)	9月9日 灌前(%)	9月15日 灌后(%)
1	0~20	13.81	19.66	10.51	15.53	11.82	23.66	14.41	21.16
	20~40	10.15	24.83	19.09	21.06	14.76	22.63	17.25	22.20
	40~60	15.01	30.83	22.79	25.33	16.00	21.57	17.86	22.09
	60~80	14.38	46.05	26.86	32.67	15.36	22.67	18.58	32.67
	80~100	12.96	29.87	18.16	26.91	19.93	38.32	16.01	26.69
	100~120	18.90	44.11	42.26	47.90	26.74	42.51	27.86	31.71
2	0~20	12.16	22.10	18.02	21.11	11.46	21.82	15.72	20.12
	20~40	14.55	21.43	18.94	24.95	16.06	23.19	16.81	17.77
	40~60	10.06	23.26	20.90	28.18	15.33	25.87	16.96	17.95
	60~80	16.21	46.97	24.96	31.42	18.95	38.54	31.18	34.83
	80~100	13.48	31.39	38.65	47.22	26.54	45.37	22.61	37.29
	100~120	19.75	33.01	28.66	38.92	27.44	39.09	17.62	28.66
3	0~20	16.70	21.72	15.97	24.25	10.81	22.77	12.37	21.60
	20~40	14.23	21.69	18.14	21.75	13.74	21.00	14.36	22.35
	40~60	12.79	23.67	20.39	22.57	14.50	24.59	21.41	23.84
	60~80	15.05	24.70	20.90	47.83	16.26	40.92	29.07	32.50
	80~100	14.62	53.66	22.86	32.93	28.87	33.56	27.52	32.65
	100~120	14.70	31.89	22.20	44.36	22.66	28.73	25.72	28.63

附表1-3 土壤含水量测定表（昌马灌区布隆吉乡九上村2号）

取样点	深度(cm)	1水		2水		3水		4水		5水	
		6月2日 灌前(%)	6月15日 灌后(%)	6月29日 灌前(%)	7月6日 灌后(%)	7月18日 灌前(%)	7月30日 灌后(%)	8月10日 灌前(%)	8月20日 灌后(%)	8月24日 灌前(%)	8月30日 灌后(%)
1	0~20	10.13	25.96	22.97	22.65	13.96	18.40	19.71	19.45	16.81	27.52
	20~40	15.82	28.31	24.79	24.82	15.71	19.14	21.45	19.98	18.84	30.96
	40~60	15.49	41.82	27.48	44.13	19.91	31.24	23.92	23.41	20.21	29.61
	60~80	5.47	28.95	21.72	28.99	29.80	34.87	25.17	41.31	19.93	26.58
	80~100	20.78	42.30	36.71	42.38	19.89	26.44	30.20	37.16	24.99	48.23
	100~120	-14.57	42.07	46.64	43.69	25.46	25.09	27.06	39.15	30.71	44.07
2	0~20	11.45	22.52	18.14	22.78	19.79	24.66	20.31	19.50	19.78	22.83
	20~40	11.93	27.56	19.26	23.62	21.54	21.29	22.33	24.37	18.83	25.20
	40~60	10.10	47.83	20.93	44.97	21.68	26.93	25.71	24.25	19.66	41.70
	60~80	11.41	31.53	28.66	38.42	18.33	26.67	25.97	32.44	20.69	52.18
	80~100	16.28	37.35	40.38	43.20	18.35	23.74	31.30	36.76	28.51	39.19
	100~120	19.31	44.93	41.20	44.79	24.36	31.11	27.98	39.62	29.30	34.26
3	0~20	10.24	23.19	20.40	23.94	21.24	22.12	19.24	21.68	19.55	23.34
	20~40	14.52	23.46	23.13	27.47	22.39	21.73	20.81	22.84	19.03	25.11
	40~60	22.70	49.52	34.82	41.57	21.74	33.29	22.10	26.08	20.90	31.90
	60~80	27.33	27.71	28.60	28.60	20.78	21.59	33.78	37.40	22.30	48.01
	80~100	18.34	33.16	28.38	44.60	21.77	29.26	32.10	40.17	43.79	44.93
	100~120	19.17	27.23	25.34	45.94	23.94	29.84	27.33	33.70	37.73	48.02

附表1-4　土壤含水量测定表（昌马灌区布隆吉乡九上村3号）

取样点	深度(cm)	1水 4月30日 灌前(%)	1水 5月11日 灌后(%)	2水 5月19日 灌前(%)	2水 5月29日 灌后(%)	3水 6月2日 灌前(%)	3水 6月19日 灌后(%)	4水 6月29日 灌前(%)	4水 7月6日 灌后(%)
1	0~20	4.79	19.09	17.33	19.69	26.83	28.13	15.65	24.22
	20~40	6.85	18.53	16.17	21.63	34.67	38.45	16.51	19.46
	40~60	6.22	21.84	14.06	22.22	28.69	32.65	17.13	22.56
	60~80	6.85	31.31	12.56	23.51	38.50	41.97	17.84	29.69
	80~100	5.03	28.87	15.34	39.61	40.59	43.52	19.97	30.48
	100~120	9.51	24.85	16.53	37.68	41.86	43.52	30.69	32.60
2	0~20	6.06	18.22	12.74	20.35	15.86	20.40	24.00	28.60
	20~40	4.20	18.81	13.32	24.44	20.11	21.82	16.10	19.05
	40~60	4.74	18.27	20.08	48.15	24.29	36.73	27.14	28.18
	60~80	2.97	25.40	19.00	28.77	45.66	48.48	33.81	36.35
	80~100	2.60	25.92	24.60	45.29	47.94	52.88	28.08	31.43
	100~120	3.02	19.60	21.92	44.04	44.80	47.87	19.36	33.05
3	0~20	3.20	13.86	14.88	26.70	17.94	28.72	19.28	22.37
	20~40	4.87	22.50	15.39	29.02	11.85	16.68	23.96	28.26
	40~60	3.14	10.54	10.68	29.72	30.18	35.88	25.44	27.77
	60~80	5.83	24.28	18.62	35.15	34.69	47.26	29.28	30.94
	80~100	9.22	21.24	13.22	39.12	36.67	46.36	29.61	42.68
	100~120	5.47	20.25	17.79	35.67	39.40	42.89	32.44	35.33

附表 1-5　土壤含水量测定表（昌马灌区布隆吉乡九上村 4 号）

取样点	深度(cm)	1水 4月30日 灌前(%)	1水 5月11日 灌后(%)	2水 5月19日 灌前(%)	2水 5月29日 灌后(%)	3水 6月2日 灌前(%)	3水 6月19日 灌后(%)	4水 6月29日 灌前(%)	4水 7月6日 灌后(%)
1	0~20	6.59	24.70	24.70	29.20	20.22	22.91	17.47	27.45
	20~40	5.42	32.64	25.47	32.64	24.53	25.45	27.75	35.74
	40~60	5.40	26.42	26.42	32.43	25.32	42.62	28.04	31.99
	60~80	5.19	22.23	22.23	22.97	35.96	37.81	28.55	32.80
	80~100	8.62	23.94	23.94	25.22	32.47	44.08	31.11	38.02
	100~120	13.04	38.82	31.82	35.40	40.10	47.40	30.81	36.63
2	0~20	3.00	24.71	20.71	22.40	27.19	33.88	21.24	25.06
	20~40	2.70	29.67	29.67	33.47	34.35	38.19	22.45	36.26
	40~60	5.51	23.84	23.84	37.69	30.07	37.62	25.33	31.15
	60~80	18.13	30.34	30.34	33.07	30.10	37.57	30.01	34.29
	80~100	6.97	36.43	36.43	36.73	31.13	38.34	25.87	29.12
	100~120	5.49	32.61	32.61	40.18	32.16	43.76	30.74	33.02
3	0~20	2.41	21.93	21.93	23.39	19.24	21.79	22.95	28.69
	20~40	4.22	30.84	25.84	27.30	27.41	31.83	21.38	30.56
	40~60	4.78	30.05	30.05	35.17	28.40	46.11	25.43	28.25
	60~80	5.98	27.20	27.20	32.02	35.67	41.58	27.97	31.64
	80~100	3.35	36.90	26.90	28.88	44.19	47.37	30.15	34.16
	100~120	9.13	33.60	30.60	32.41	40.16	44.77	30.12	34.35

附表1-6 土壤含水量测定表（昌马灌区布隆吉乡九上村5号）

取样点	深度(cm)	1水		2水		3水	
		4月30日 灌前(%)	6月19日 灌后(%)	7月6日 灌前(%)	7月11日 灌后(%)	7月18日 灌前(%)	7月30日 灌后(%)
1	0~20	9.61	17.70	14.45	20.97	13.68	15.18
	20~40	10.08	23.96	16.45	23.09	16.26	18.23
	40~60	5.78	23.54	26.66	27.58	10.49	23.07
	60~80	5.61	22.85	22.53	28.16	14.27	27.33
	80~100	8.50	29.21	21.36	25.07	18.71	21.40
	100~120	7.97	28.01	20.64	24.00	19.33	23.75
2	0~20	7.24	19.04	15.51	20.71	14.78	20.78
	20~40	4.65	21.03	20.22	20.64	17.39	21.52
	40~60	4.47	28.48	22.47	26.99	19.67	19.70
	60~80	5.07	34.08	27.79	32.82	21.91	24.38
	80~100	4.15	35.28	22.71	24.68	21.00	23.75
	100~120	4.80	27.22	26.61	27.22	20.91	26.75
3	0~20	2.02	23.51	12.17	21.36	13.23	14.10
	20~40	3.33	28.68	20.04	21.80	15.01	19.77
	40~60	2.64	30.07	21.30	37.33	16.60	17.90
	60~80	3.66	18.10	21.46	23.73	19.91	24.61
	80~100	1.97	28.05	22.06	29.05	17.50	35.55
	100~120	3.91	27.84	23.26	26.26	19.46	20.70

附表 1-7　土壤含水量测定表（昌马灌区布隆吉乡九上村 6 号）

取样点	深度 (cm)	1水		2水		3水	
		4月30日 灌前 (%)	5月11日 灌后 (%)	7月6日 灌前 (%)	7月11日 灌后 (%)	7月18日 灌前 (%)	7月30日 灌后 (%)
1	0~20	1.58	23.94	21.23	27.79	19.67	23.29
	20~40	2.93	22.98	27.99	38.71	22.06	22.77
	40~60	3.10	19.08	26.86	34.72	22.43	24.20
	60~80	4.19	28.38	22.08	36.03	10.79	29.64
	80~100	5.35	22.51	17.36	20.47	16.36	28.69
	100~120	1.64	27.42	14.94	19.22	17.16	19.03
2	0~20	3.67	23.70	16.64	17.02	19.78	21.35
	20~40	4.49	27.31	21.47	34.82	10.43	38.66
	40~60	4.46	22.22	19.60	31.52	12.01	40.14
	60~80	4.26	13.63	10.56	29.75	13.38	36.33
	80~100	5.66	7.95	17.54	19.09	16.58	31.30
	100~120	3.78	8.75	19.75	23.97	18.27	29.49
3	0~20	3.26	24.62	16.63	20.71	22.31	23.26
	20~40	6.95	21.82	19.59	23.14	27.00	36.07
	40~60	3.41	21.72	21.40	29.27	14.76	35.06
	60~80	2.90	21.04	28.42	31.58	19.99	29.96
	80~100	3.83	22.54	16.69	24.89	20.14	20.33
	100~120	3.45	24.16	22.63	28.85	17.13	20.13

附表 1-8　土壤含水量测定表（昌马灌区三道沟镇昌马上 4 号）

取样点	深度(cm)	1水		2水		3水	
	日期	5月5日 灌前(%)	6月10日 灌后(%)	7月1日 灌前(%)	7月4日 灌后(%)	7月22日 灌前(%)	7月27日 灌后(%)
1	0~20	11.51	14.52	7.43	14.89	7.30	17.73
	20~40	10.61	15.12	12.69	13.93	10.07	18.79
	40~60	8.78	11.34	9.78	14.53	8.24	22.74
	60~80	17.56	18.52	9.80	16.28	12.52	25.82
	80~100	10.00	17.90	12.93	27.16	12.86	19.22
	100~120	11.74	16.55	16.96	26.18	15.32	19.47
2	0~20	14.44	15.49	10.04	17.52	7.01	17.55
	20~40	14.41	20.91	9.49	18.09	9.39	20.94
	40~60	22.77	25.98	9.19	25.50	16.73	26.04
	60~80	23.23	24.38	17.76	20.77	10.21	23.33
	80~100	17.39	22.41	16.18	17.74	14.95	22.91
	100~120	14.70	20.22	11.92	14.60	20.14	22.79
3	0~20	14.01	14.27	7.60	17.22	7.57	15.80
	20~40	13.41	17.64	7.52	14.51	7.70	11.87
	40~60	12.61	19.99	14.07	19.95	3.80	20.63
	60~80	16.91	21.03	9.89	23.16	12.24	20.29
	80~100	13.84	21.44	11.32	26.12	11.79	25.18
	100~120	19.88	24.97	22.55	23.61	8.38	26.66

附表 1-9　土壤含水量测定表（昌马灌区三道沟镇昌马上 2 号）

取样点	深度(cm)	1水		2水		3水		4水		5水	
		4月29日 灌前(%)	5月5日 灌后(%)	5月12日 灌前(%)	5月17日 灌后(%)	5月26日 灌前(%)	6月3日 灌后(%)	6月11日 灌前(%)	6月15日 灌后(%)	7月1日 灌前(%)	7月4日 灌后(%)
1	0~20	9.13	9.85	11.17	13.33	9.48	13.79	9.47	16.20	8.46	18.73
	20~40	11.77	12.42	20.20	22.06	15.61	17.00	19.12	24.63	10.39	22.15
	40~60	13.82	23.02	12.69	26.52	17.21	21.42	21.19	26.99	13.77	23.49
	60~80	24.74	34.44	20.04	39.07	21.55	38.03	23.88	24.61	24.62	28.24
	80~100	23.26	33.07	21.14	45.10	29.06	35.97	26.96	29.80	36.62	36.80
	100~120	19.07	27.17	24.00	33.58	27.77	30.38	26.72	29.34	31.62	32.29
2	0~20	10.24	10.92	14.07	14.83	10.10	16.79	11.00	18.83	10.40	16.80
	20~40	11.17	13.16	11.11	14.22	10.97	14.22	17.91	17.31	11.72	12.12
	40~60	15.02	20.99	14.07	21.18	12.92	19.52	13.08	21.73	15.84	28.51
	60~80	19.72	21.10	25.74	42.30	28.31	31.51	25.72	39.06	12.89	15.56
	80~100	19.47	27.93	24.08	36.87	26.30	29.12	20.05	27.09	15.60	28.63
	100~120	17.95	27.17	16.72	27.17	19.95	24.10	16.36	32.53	15.29	25.18
3	0~20	10.77	11.09	12.57	13.23	12.88	16.19	14.43	19.01	10.66	16.18
	20~40	10.67	13.83	12.39	27.31	12.62	21.41	18.40	22.03	17.72	21.55
	40~60	14.44	21.47	28.08	50.15	20.99	25.78	23.79	25.41	18.05	22.95
	60~80	20.16	25.69	22.96	39.14	24.71	25.43	26.56	28.17	22.63	23.43
	80~100	21.99	36.55	20.22	32.26	24.05	27.50	25.89	30.97	18.25	23.06
	100~120	15.06	22.29	21.59	36.98	26.02	28.48	25.55	31.62	27.99	30.21

附表1-10 土壤含水量测定表（昌马灌区三道沟镇昌马上6号）

取样点	深度(cm)	1水		2水		3水	
		5月5日 灌前(%)	6月14日 灌后(%)	7月1日 灌前(%)	7月10日 灌后(%)	7月22日 灌前(%)	7月29日 灌后(%)
1	0~20	9.26	13.73	9.66	18.38	9.58	16.79
	20~40	10.21	14.00	10.29	19.46	7.12	13.71
	40~60	8.46	9.78	10.56	11.94	7.57	9.12
	60~80	17.44	18.42	10.91	10.37	15.79	17.32
	80~100	15.68	23.72	16.34	16.65	11.49	22.07
	100~120	11.23	19.64	13.14	18.02	11.75	13.43
2	0~20	11.81	14.78	9.55	17.93	5.65	18.27
	20~40	12.52	24.00	9.17	12.70	6.48	6.51
	40~60	11.49	21.92	9.63	14.06	8.51	9.74
	60~80	14.33	19.33	11.33	13.94	12.66	17.28
	80~100	16.66	18.74	14.08	21.51	20.71	27.49
	100~120	15.73	26.11	14.78	18.88	11.73	15.61
3	0~20	10.77	13.22	8.43	16.10	9.66	15.89
	20~40	12.56	19.31	9.75	12.20	11.32	14.80
	40~60	12.00	18.43	13.89	20.42	13.18	16.75
	60~80	16.12	21.99	15.42	22.67	16.09	19.82
	80~100	21.01	22.33	16.68	22.15	24.21	25.59
	100~120	15.40	20.01	15.75	19.06	12.60	18.85

附表 1-11　土壤含水量测定表（昌马灌区三道沟镇昌马上 1 号）

取样点	深度(cm)	1水		2水		3水		4水		5水	
		3月12日 灌前(%)	5月5日 灌后(%)	5月12日 灌前(%)	5月17日 灌后(%)	5月26日 灌前(%)	6月3日 灌后(%)	6月11日 灌前(%)	6月15日 灌后(%)	7月1日 灌前(%)	7月4日 灌后(%)
1	0~20	15.42	16.30	11.82	15.53	13.08	14.77	9.94	14.88	11.66	15.69
	20~40	16.66	17.79	12.25	13.27	14.20	14.39	13.81	16.54	10.55	12.07
	40~60	18.45	19.36	11.53	14.03	12.60	16.04	13.71	17.64	12.00	12.99
	60~80	30.73	36.49	14.39	45.30	14.06	28.62	15.04	36.27	18.31	25.27
	80~100	26.58	32.23	30.03	51.82	25.82	34.54	16.21	35.59	22.41	28.13
	100~120	21.29	19.90	31.61	38.24	30.81	30.92	14.51	33.62	26.45	28.32
2	0~20	12.41	15.70	12.18	15.90	13.59	18.56	13.36	14.26	11.04	18.83
	20~40	11.26	15.88	16.75	20.59	14.90	17.00	11.50	13.50	10.91	17.41
	40~60	18.60	29.67	25.99	35.88	29.58	36.14	14.24	33.30	19.87	29.30
	60~80	21.42	29.23	27.74	31.46	24.20	28.17	20.15	27.68	11.05	26.83
	80~100	13.47	23.27	16.39	27.08	23.18	25.32	12.53	20.27	8.11	23.65
	100~120	15.28	24.83	18.98	27.59	23.14	27.03	15.33	21.71	8.97	21.51
3	0~20	15.72	16.99	10.68	14.12	13.26	15.94	12.41	12.39	13.99	18.30
	20~40	16.67	22.11	11.45	12.82	12.76	14.48	10.78	14.37	11.71	16.70
	40~60	16.79	18.15	18.74	43.73	15.86	22.66	14.33	17.66	13.39	17.22
	60~80	14.10	38.20	26.14	33.43	28.85	30.75	16.14	33.63	30.98	33.87
	80~100	13.59	25.63	34.57	36.81	26.57	29.89	14.37	27.85	27.60	29.30
	100~120	13.57	19.12	29.42	39.29	25.81	27.62	14.93	23.25	23.88	27.59

附表1-12 土壤含水量测定表（昌马灌区三道沟镇昌马上3号）

取样点	深度(cm)	1水 4月29日 灌前(%)	1水 5月18日 灌后(%)	2水 5月27日 灌前(%)	2水 6月3日 灌后(%)	3水 6月11日 灌前(%)	3水 6月15日 灌后(%)	4水 6月30日 灌前(%)	4水 7月4日 灌后(%)	5水 7月13日 灌前(%)	5水 7月19日 灌后(%)
1	0~20	9.24	16.00	8.11	17.93	14.11	18.13	7.49	14.76	12.81	18.67
	20~40	6.61	13.64	10.18	21.35	11.26	15.25	12.84	19.34	12.48	21.36
	40~60	12.50	18.84	16.02	17.79	14.45	17.44	11.72	18.37	7.53	18.81
	60~80	15.86	16.83	19.04	22.36	20.02	25.48	11.16	23.84	16.46	17.41
	80~100	35.27	36.60	26.37	30.19	38.79	41.06	25.08	40.91	18.33	19.16
	100~120	23.36	35.85	25.37	37.59	36.31	39.11	32.18	36.55	14.52	39.54
2	0~20	13.29	15.47	13.43	20.40	15.67	18.60	10.58	18.80	12.38	19.24
	20~40	13.06	16.87	13.97	17.59	15.63	16.51	15.23	20.87	7.18	19.45
	40~60	14.91	19.63	15.07	25.97	15.55	20.87	13.59	18.09	6.86	15.75
	60~80	15.05	17.12	18.31	29.44	15.43	24.85	12.81	19.18	10.16	13.10
	80~100	17.93	25.68	23.54	26.46	15.71	30.45	16.78	33.09	17.72	21.75
	100~120	32.83	41.88	38.11	40.27	16.31	45.58	38.31	46.75	14.34	21.08
3	0~20	11.90	14.29	13.85	19.06	11.67	14.49	11.27	16.71	11.87	16.90
	20~40	12.05	16.96	16.34	18.19	12.23	14.23	10.46	14.64	11.52	15.90
	40~60	7.51	15.89	15.26	27.24	8.24	9.30	7.70	15.22	10.85	17.83
	60~80	10.60	21.14	11.83	24.80	5.41	12.41	7.60	14.32	11.35	19.96
	80~100	15.89	23.40	12.78	25.45	16.35	17.01	6.65	17.82	11.52	18.43
	100~120	11.99	23.74	20.20	24.09	23.70	38.69	13.75	16.84	8.49	17.66

附表 1-13　土壤含水量测定表（昌马灌区三道沟镇昌马上 5 号）

取样点	深度(cm)	1水 5月5日 灌前(%)	1水 5月18日 灌后(%)	2水 5月27日 灌前(%)	2水 6月3日 灌后(%)	3水 6月11日 灌前(%)	3水 6月15日 灌后(%)	4水 6月28日 灌前(%)	4水 7月4日 灌后(%)	5水 7月13日 灌前(%)	5水 7月19日 灌后(%)
1	0~20	12.72	13.69	11.21	20.25	11.64	18.45	10.08	11.63	10.23	19.76
	20~40	13.59	15.31	12.08	17.25	12.05	17.10	9.09	13.22	12.73	19.42
	40~60	11.15	12.68	14.44	18.06	10.29	16.57	5.96	12.29	11.07	15.86
	60~80	10.45	13.09	14.40	15.00	13.25	18.57	7.52	10.67	10.78	14.97
	80~100	19.50	20.72	17.16	21.66	13.97	18.08	9.46	11.98	10.89	30.45
	100~120	14.22	18.15	14.98	21.89	14.31	15.78	9.78	28.81	12.63	33.61
2	0~20	13.40	15.43	10.41	19.11	14.56	19.70	9.83	13.47	13.02	19.50
	20~40	12.74	14.56	16.73	20.94	15.50	17.93	9.11	16.00	7.19	19.50
	40~60	5.60	19.08	15.80	19.65	17.13	18.97	7.15	13.75	9.21	18.73
	60~80	19.53	24.22	22.90	28.36	25.85	27.58	12.43	13.85	12.38	18.57
	80~100	16.70	22.18	20.12	21.72	17.96	19.08	15.54	24.50	17.58	35.91
	100~120	14.31	15.42	18.95	21.60	19.33	23.52	11.37	30.14	13.67	42.70
3	0~20	12.41	15.96	12.27	18.26	12.68	16.64	9.65	10.31	8.93	16.36
	20~40	12.82	15.27	15.93	18.35	10.97	17.16	10.80	17.43	5.48	12.35
	40~60	13.85	15.52	15.29	20.84	12.33	20.99	10.22	17.31	11.73	15.44
	60~80	7.42	14.02	17.14	23.97	14.89	20.08	10.91	12.88	14.52	16.06
	80~100	12.67	20.92	16.47	24.62	15.21	22.92	14.25	16.00	11.13	25.95
	100~120	16.14	19.56	20.04	23.06	16.08	26.58	19.99	21.81	7.07	16.71

附表1-14 土壤含水量测定表（花海灌区南渠八队3号）

取样点	深度(cm)	1水 5月15日灌前(%)	1水 5月21日灌后(%)	2水 6月4日灌前(%)	2水 6月10日灌后(%)	3水 6月21日灌前(%)	3水 6月28日灌后(%)	4水 7月14日灌前(%)	4水 7月21日灌后(%)	5水 8月8日灌前(%)	5水 8月16日灌后(%)
1	0~20	5.51	11.79	6.80	9.72	3.91	9.40	4.01	7.52	8.06	13.89
	20~40	3.43	16.00	2.69	13.10	4.80	20.06	2.85	10.75	8.77	12.49
	40~60	6.66	14.51	9.67	16.70	5.87	22.93	4.65	15.39	8.97	9.22
	60~80	6.38	18.14	18.45	20.78	4.32	22.14	4.49	11.82	13.28	15.61
	80~100	3.90	17.10			5.75	16.52	3.11	13.29	15.23	23.05
	100~120										
2	0~20	6.26	9.85	6.44	13.84	3.25	11.02	4.42	6.67	7.55	7.31
	20~40	4.18	13.68	15.98	17.25	4.00	12.20	3.27	8.34	7.46	8.37
	40~60	3.52	16.99	24.27	26.20	5.30	21.38	2.90	9.78	6.67	9.54
	60~80	4.42	13.91	12.94	18.40	3.74	9.14	3.40	13.40	7.01	13.09
	80~100	9.75	16.70			6.44	24.19	6.36	17.08	14.84	18.56
	100~120										
3	0~20	7.31	14.09	6.37	13.49	5.44	13.34	5.01	8.52	7.36	15.18
	20~40	7.64	16.70	3.62	7.88	5.99	6.75	5.19	9.65	7.05	14.93
	40~60	6.22	12.84	20.38	25.24	4.88	24.92	4.40	14.11	9.54	13.11
	60~80	6.15	19.42	26.75	28.17	4.37	24.83	4.36	19.17	7.79	9.56
	80~100	5.92	14.33			8.80	23.54	4.23	15.25	6.19	11.23
	100~120										

附表 1-15　土壤含水量测定表（花海灌区南渠八队 1 号）

取样点	深度 (cm)	1水 3月14日 灌前 (%)	1水 4月3日 灌后 (%)	2水 5月1日 灌前 (%)	2水 5月8日 灌后 (%)	3水 5月15日 灌前 (%)	3水 5月21日 灌后 (%)	4水 5月30日 灌前 (%)	4水 6月7日 灌后 (%)
1	0～20	11.20	17.67	26.23	26.26	7.68	23.91	15.49	18.44
	20～40	16.83	21.46	16.59	23.14	20.57	23.35	14.73	22.89
	40～60			11.65	17.36	12.19	16.02	15.89	16.92
	60～80			14.39	19.55	14.78	25.43	14.94	21.60
	80～100								
	100～120								
2	0～20	12.68	19.29	12.81	23.94	11.36	16.08	15.53	20.34
	20～40	14.88	18.93	17.50	22.46	15.37	16.18	20.69	19.92
	40～60	7.67	18.93	15.29	25.67	22.12	23.96	17.85	19.91
	60～80			25.33	26.70	20.27	25.56	13.80	19.60
	80～100							17.48	24.45
	100～120								
3	0～20	11.24	25.46	6.86	8.79	5.38	9.43	7.79	15.84
	20～40	9.86	18.93	9.98	12.44	17.93	18.19	8.56	8.16
	40～60			9.49	19.69	15.18	21.80	7.22	8.93
	60～80			12.60	18.48	11.27	18.61	5.92	13.05
	80～100								
	100～120								

附表 1-16　土壤含水量测定表（花海灌区南渠八队 2 号）

取样点	日期 深度(cm)	1 水		2 水		3 水		4 水		5 水	
		3 月 16 日 灌前 (%)	3 月 28 日 灌后 (%)	6 月 4 日 灌前 (%)	6 月 10 日 灌后 (%)	6 月 10 日 灌前 (%)	6 月 25 日 灌后 (%)	7 月 4 日 灌前 (%)	7 月 11 日 灌后 (%)	7 月 22 日 灌前 (%)	8 月 2 日 灌后 (%)
1	0~20	7.13	11.78	7.22	11.97	4.31	11.37	4.07	13.64	5.70	10.25
	20~40	8.50	26.80	4.23	25.04	5.00	22.92	2.85	15.34	5.99	10.04
	40~60	7.86	25.17	4.64	22.60	6.79	21.67	3.44	16.68	6.08	10.29
	60~80	8.53	19.42	4.99	26.46	5.01	17.24	4.67	16.24	5.16	10.34
	80~100	7.78	8.84	3.93	8.30	7.52	9.11	4.49	13.72	9.65	12.90
	100~120										
2	0~20	6.32	12.99	3.39	10.99	12.73	12.30	4.35	13.38	5.03	13.76
	20~40	4.13	24.18	3.45	8.14	12.04	20.91	3.75	13.77	9.67	12.20
	40~60	5.19	24.26	4.52	24.03	17.99	20.97	2.81	14.51	8.53	15.90
	60~80	7.40	30.50	5.43	25.94	9.63	25.77	3.41	14.89	9.57	15.63
	80~100	7.08	29.25	5.37	24.98	17.89	24.81	6.43	13.42	14.18	20.47
	100~120										
3	0~20	9.10	18.60	7.18	13.90	5.30	16.62	5.15	18.60	8.58	14.38
	20~40	9.58	21.68	5.69	25.08	5.54	18.99	4.41	16.04	11.77	12.98
	40~60	5.31	16.96	4.09	26.29	3.41	15.36	4.36	13.51	15.31	16.31
	60~80	7.21	20.64	4.58	21.70	4.35	18.19	4.48	16.26	10.68	16.07
	80~100	10.03	21.03	5.65	24.05	5.77	18.49	5.83	14.94	13.60	20.42
	100~120										

附表1-17 土壤含水量测定表（花海灌区南渠八队4号）

取样点	深度(cm)	1水 灌前 3月16日(%)	1水 灌后 3月28日(%)	2水 灌前 5月30日(%)	2水 灌后 6月7日(%)	3水 灌前 6月19日(%)	3水 灌后 6月25日(%)	4水 灌前 7月8日(%)	4水 灌后 7月15日(%)	5水 灌前 8月1日(%)	5水 灌后 8月9日(%)
1	0~20	7.64	10.80	6.34	8.64	6.15	7.75	7.55	17.49	4.51	10.15
	20~40	8.02	10.71	4.89	8.58	6.39	11.90	15.58	19.12	6.99	13.50
	40~60	7.47	11.27	3.85	8.98	4.17	18.74	12.31	20.58	10.48	13.53
	60~80	9.55	15.51	7.42	12.01	7.34	14.61	16.07	24.58	10.83	12.02
	80~100	9.82	18.48	1.73	14.13	7.51	11.43	7.48	15.86	14.91	19.64
	100~120										
2	0~20	7.57	9.50	5.33	7.71	7.86	9.50	7.04	15.87	6.73	20.32
	20~40	6.55	7.24	5.42	6.10	4.84	9.69	12.39	17.25	10.62	15.61
	40~60	6.63	8.46	3.51	6.97	6.77	15.71	10.20	18.50	11.81	22.67
	60~80	7.66	10.13	5.89	8.17	6.16	9.97	14.05	21.89	15.08	22.21
	80~100	7.49	10.68	3.90	8.56	4.81	21.34	14.48	18.40	18.35	32.39
	100~120										
3	0~20	4.44	11.61	4.24	9.22	4.15	7.42	7.02	11.11	8.80	16.83
	20~40	3.60	12.69	3.29	9.99	3.62	9.13	4.65	5.64	10.80	13.40
	40~60	10.01	19.09	2.79	21.71	7.63	8.37	7.99	9.01	15.08	18.55
	60~80	8.24	22.04	2.71	16.67	5.27	7.82	5.91	13.61	16.23	18.21
	80~100	7.80	23.39	2.14	17.64	5.00	7.90	15.79	16.39	25.42	28.64
	100~120										

附表 1-18　土壤含水量测定表（双塔灌区南岔镇八工村三组居民点北 1 号）

取样点	深度(cm)	1 水		2 水		3 水		4 水	
		3 月 24 日 灌前(%)	4 月 6 日 灌后(%)	6 月 11 日 灌前(%)	6 月 17 日 灌后(%)	7 月 1 日 灌前(%)	7 月 7 日 灌后(%)	7 月 17 日 灌前(%)	7 月 24 日 灌后(%)
1	0~20	14.47	14.99	10.59	12.03	9.78	15.46	8.56	14.56
	20~40	13.13	14.36	9.59	13.34	8.82	12.76	9.22	13.88
	40~60	13.52	16.64	11.18	14.94	11.42	15.83	11.19	21.44
	60~80	15.19	15.88	13.64	15.38	15.44	17.99	13.77	14.62
	80~100	17.37	19.14	14.41	15.77	17.73	19.09	17.30	17.79
	100~120	14.41	42.50	14.27	15.17	16.51	18.36	17.20	19.53
2	0~20	13.93	19.21	9.74	11.96	12.14	15.74	8.77	19.44
	20~40	16.73	18.97	8.09	13.11	9.94	13.89	8.08	14.57
	40~60	13.70	16.17	9.39	12.27	11.46	13.72	13.74	14.92
	60~80	10.84	13.93	15.36	16.23	14.96	16.06	14.59	15.04
	80~100	11.65	13.37	8.54	14.98	17.48	18.41	16.81	19.95
	100~120	12.14	13.95	9.60	14.87	16.94	17.89	17.23	18.58
3	0~20	12.75	16.02	10.01	13.31	12.48	16.41	10.52	15.74
	20~40	13.22	14.13	10.48	11.94	11.58	16.26	10.94	15.61
	40~60	9.60	12.62	9.77	14.16	11.16	15.75	10.31	14.21
	60~80	9.51	21.24	12.70	15.43	14.46	15.13	14.62	14.51
	80~100	11.61	15.71	13.31	13.49	15.42	17.02	15.73	19.16
	100~120	10.81	18.18	13.39	15.75	16.18	17.42	16.67	15.98

附表 1-19 土壤含水量测定表（双塔灌区南岔镇八工村三组居民点北 2 号）

取样点	深度 (cm)	1水		2水		3水		4水	
		3月24日 灌前 (%)	4月5日 灌后 (%)	6月11日 灌前 (%)	6月17日 灌后 (%)	7月1日 灌前 (%)	7月7日 灌后 (%)	7月17日 灌前 (%)	7月24日 灌后 (%)
1	0~20	9.22	10.22	8.22	14.37	9.00	14.57	8.40	14.89
	20~40	9.60	13.21	10.38	14.33	8.63	14.02	9.37	14.24
	40~60	9.02	15.32	10.66	15.70	12.54	15.71	9.76	16.13
	60~80	11.16	17.47	12.60	15.76	14.29	17.27	10.31	14.90
	80~100	9.73	16.25	15.91	16.92	16.35	21.71	16.36	17.47
	100~120	9.60	15.98	16.76	17.19	18.01	18.48	18.56	20.24
2	0~20	13.98	14.01	8.99	15.36	14.17	15.59	7.36	13.95
	20~40	13.16	18.25	11.15	15.41	9.64	14.41	8.77	14.75
	40~60	13.05	15.00	11.54	15.94	12.39	15.70	10.05	17.61
	60~80	14.89	17.37	12.93	15.97	13.77	16.67	10.37	16.22
	80~100	13.54	14.58	14.78	16.09	12.83	16.45	14.14	16.61
	100~120	15.73	18.36	16.01	19.51	17.07	17.45	16.98	23.23
3	0~20	10.56	11.39	8.89	13.27	10.21	15.87	6.92	16.98
	20~40	10.13	13.63	10.94	11.73	11.06	15.14	9.21	14.30
	40~60	10.45	18.90	11.35	15.36	13.98	16.40	10.32	15.80
	60~80	11.73	18.48	12.20	15.79	15.05	15.61	12.92	16.47
	80~100	13.41	15.00	13.66	14.12	14.62	14.91	14.66	17.97
	100~120	12.32	14.50	11.78	14.04	12.44	14.03	16.23	21.95

附表 1-20　土壤含水量测定表（双塔灌区南岔镇八工村三组居民点北 3 号）

取样点	深度 (cm)	1水		2水		3水		4水		5水	
		灌前 3月24日 (%)	灌后 4月6日 (%)	灌前 6月15日 (%)	灌后 6月21日 (%)	灌前 6月26日 (%)	灌后 7月3日 (%)	灌前 7月10日 (%)	灌后 7月17日 (%)	灌前 7月20日 (%)	灌后 7月25日 (%)
1	0～20	14.35	16.59	8.23	8.68	10.13	16.41	10.20	9.70	11.36	15.63
	20～40	16.99	-17.56	8.25	11.52	12.44	21.43	8.16	17.11	12.10	15.37
	40～60	11.03	13.45	8.43	10.26	13.09	16.80	7.93	14.66	13.00	13.72
	60～80	11.39	16.07	11.74	12.24	14.48	19.16	10.91	13.82	14.00	15.68
	80～100	15.08	17.82	8.04	11.31	16.12	19.15	11.75	17.31	12.29	15.99
	100～120	16.92	18.60	10.81	15.62	14.97	22.15	11.99	14.46	16.35	16.30
2	0～20	13.36	14.76	7.60	9.31	13.11	19.51	10.12	10.09	12.18	12.96
	20～40	13.14	13.46	7.98	14.19	13.39	16.01	10.56	14.05	11.67	13.16
	40～60	10.32	13.41	7.73	13.29	14.17	17.60	11.09	13.33	14.06	17.18
	60～80	12.92	13.61	7.23	10.84	14.86	18.49	11.31	16.80	11.06	13.52
	80～100	16.90	19.67	9.47	12.55	16.19	17.47	12.54	14.02	11.87	13.42
	100～120	12.65	15.05	12.32	13.42	16.15	20.05	11.68	20.48	12.92	13.93
3	0～20	12.69	18.27	7.86	9.69	11.72	16.02	9.75	17.04	9.70	10.24
	20～40	15.06	17.73	9.61	10.71	12.39	17.24	10.68	15.71	12.76	13.84
	40～60	15.37	17.57	11.30	10.94	13.24	16.94	9.91	17.78	8.89	14.42
	60～80	16.22	17.63	6.61	10.92	13.78	17.75	11.28	18.91	7.55	16.22
	80～100	16.41	16.69	8.59	12.35	16.08	19.71	11.72	25.23	7.64	16.40
	100～120	15.26	19.51	6.13	8.94	15.72	19.99	11.56	21.30	8.43	16.18

附表 1-21 土壤含水量测定表（双塔灌区南岔镇八工村三组居民点北 4 号）

样点	深度(cm)	1水 3月24日 灌前(%)	1水 4月6日 灌后(%)	2水 6月15日 灌前(%)	2水 6月21日 灌后(%)	3水 6月26日 灌前(%)	3水 7月3日 灌后(%)	4水 7月10日 灌前(%)	4水 7月17日 灌后(%)	5水 7月20日 灌前(%)	5水 7月25日 灌后(%)
1	0~20	13.12	13.49	11.03	14.66	10.60	12.19	10.60	16.64	10.42	11.55
	20~40	13.04	13.83	9.47	15.49	10.29	14.31	12.73	16.14	10.28	12.71
	40~60	13.47	12.76	15.12	15.99	11.81	18.15	19.46	18.82	11.26	13.61
	60~80	10.04	11.31	15.83	15.63	13.53	31.12	15.18	20.27	10.08	13.30
	80~100	10.99	12.15	11.07	16.98	16.03	17.56	18.71	19.37	12.94	18.25
	100~120	11.72	16.54	13.98	17.66	16.51	16.78	21.43	22.16	14.19	18.25
2	0~20	10.63	10.03	11.64	12.90	8.28	11.14	10.91	14.28	8.58	10.87
	20~40	9.62	15.74	11.71	13.98	8.95	13.51	14.45	17.55	9.81	13.63
	40~60	9.04	12.15	14.41	15.02	10.42	16.43	13.90	16.66	14.02	14.17
	60~80	10.14	11.14	9.52	13.37	13.37	19.73	12.23	17.27	12.50	12.90
	80~100	8.90	12.92	7.90	14.93	14.12	20.11	13.37	15.68	10.47	10.47
	100~120	8.62	11.17	11.07	17.46	15.86	19.30	18.69	17.43	12.12	14.09
3	0~20	10.41	13.41	7.45	10.26	9.45	12.30	13.22	14.25	9.00	9.74
	20~40	8.69	18.71	11.13	12.15	12.28	11.30	12.64	16.14	10.61	13.34
	40~60	9.22	17.28	8.12	12.32	13.81	15.42	16.88	17.06	14.23	14.65
	60~80	8.19	12.26	15.19	16.58	13.35	14.12	16.62	18.86	13.05	14.85
	80~100	7.75	11.26	10.90	15.89	15.24	16.13	19.42	19.00	11.97	15.54
	100~120	10.01	13.27	12.21	14.62	15.27	16.25	20.31	16.84	15.13	17.16

附表 1-22　土壤含水量测定表（双塔灌区南岔镇八工村三组居民点北 5 号）

取样点	深度(cm)	1水		2水		3水		4水	
		3月24日灌前(%)	4月13日灌后(%)	6月25日灌前(%)	7月4日灌后(%)	7月17日灌前(%)	7月26日灌后(%)	8月20日灌前(%)	8月29日灌后(%)
1	0~20	11.42	13.31	7.26	17.31	9.90	15.32	9.21	10.62
	20~40	13.52	13.86	6.89	13.77	8.58	16.06	8.69	9.05
	40~60	8.36	14.83	12.95	16.22	10.64	18.17	9.01	11.91
	60~80	17.47	18.15	12.92	21.48	12.24	15.43	8.15	12.90
	80~100	20.97	21.46	12.76	27.13	14.04	16.85	10.24	13.69
	100~120	14.00	22.00	11.07	23.83	14.68	20.67	9.04	15.41
2	0~20	13.98	14.67	7.38	22.11	9.94	15.39	8.34	10.66
	20~40	14.18	18.82	7.76	19.09	8.73	16.00	9.25	9.13
	40~60	15.24	18.23	9.00	19.18	8.44	16.82	8.33	10.88
	60~80	11.97	15.26	9.83	20.32	11.79	18.22	10.46	12.22
	80~100	18.66	20.27	11.77	20.87	16.21	19.38	8.68	17.42
	100~120	19.46	20.48	15.62	21.78	20.98	20.70	13.32	22.60
3	0~20	12.09	14.44	5.61	14.91	9.09	13.88	7.77	10.13
	20~40	9.85	15.24	9.97	16.18	8.30	16.04	9.71	13.48
	40~60	13.76	18.20	8.00	17.58	9.19	16.31	9.74	11.47
	60~80	15.68	16.62	10.77	17.90	19.53	18.83	11.17	23.19
	80~100	17.01	20.58	13.78	20.42	20.28	22.17	14.67	20.32
	100~120	18.51	23.36	15.32	24.18	20.40	24.36	12.98	24.38

附表 1-23　土壤含水量测定表（双塔灌区南岔镇八工村三组居民点北 6 号）

取样点	深度(cm)	1 水		2 水		3 水		4 水	
	日期	3 月 24 日 灌前(%)	4 月 13 日 灌后(%)	6 月 25 日 灌前(%)	7 月 4 日 灌后(%)	7 月 17 日 灌前(%)	7 月 26 日 灌后(%)	8 月 20 日 灌前(%)	8 月 29 日 灌后(%)
1	0~20	16.45	15.97	13.36	15.91	18.74	17.06	19.15	18.90
	20~40	11.83	18.06	14.01	17.27	10.36	16.93	10.96	19.54
	40~60	12.71	17.65	13.75	21.06	11.54	15.25	10.15	17.48
	60~80	11.05	17.49	12.30	18.45	14.41	19.15	11.90	19.28
	80~100	12.77	17.26	16.33	19.63	15.56	20.86	14.43	20.74
	100~120	12.87	17.83	15.71	20.99	18.66	26.66	19.63	20.92
2	0~20	11.87	14.44	8.77	15.33	9.84	15.16	11.52	14.62
	20~40	14.32	13.14	7.62	17.27	10.08	14.31	9.79	12.51
	40~60	10.71	17.82	10.66	17.31	13.36	15.54	13.63	14.25
	60~80	14.91	18.86	14.96	21.40	11.22	15.46	9.88	16.05
	80~100	11.45	18.74	14.66	22.18	11.25	20.42	7.72	19.74
	100~120	13.02	17.16	14.16	22.88	17.99	18.82	17.92	16.09
3	0~20	11.15	14.05	8.84	17.33	9.76	18.33	10.15	15.99
	20~40	12.44	13.39	8.38	16.82	10.39	17.24	9.15	15.82
	40~60	15.05	14.94	8.37	23.01	12.08	16.38	12.46	16.75
	60~80	14.18	17.16	9.07	23.00	14.78	16.72	12.67	12.70
	80~100	11.83	19.43	23.95	23.46	19.93	19.97	21.12	17.61
	100~120	12.00	19.66	14.01	24.61	20.43	29.58	23.72	24.30

附表 1-24　土壤含水量测定表（双塔灌区南岔镇十工村三组瓜敦公路北侧 5 号）

取样点	深度(cm)	春水		1 水		2 水		3 水		4 水	
		3 月 25 日 灌前(%)	4 月 5 日 灌后(%)	6 月 18 日 灌前(%)	6 月 23 日 灌后(%)	7 月 5 日 灌前(%)	7 月 10 日 灌后(%)	7 月 25 日 灌前(%)	7 月 29 日 灌后(%)	8 月 27 日 灌前(%)	9 月 2 日 灌后(%)
1	0～20	10.36	17.85	6.11	13.47	9.78	11.71	15.49	13.82	13.83	14.94
	20～40	11.34	18.38	5.71	13.70	11.88	12.69	13.50	15.05	11.74	16.41
	40～60	6.58	18.72	7.11	13.51	9.92	14.66	15.60	13.34	11.06	15.27
	60～80	7.61	20.33	4.90	12.77	12.39	14.00	13.79	13.93	12.46	13.57
	80～100	13.09	17.98	4.97	13.88	11.73	11.90	15.60	13.01	13.54	15.12
	100～120	11.66	17.54	5.25	12.24	11.53	13.95	13.57	12.28	12.51	12.90
2	0～20	15.16	17.46	14.19	18.71	11.68	14.60	12.40	13.75	11.91	13.51
	20～40	12.67	21.40	8.95	16.03	9.43	12.68	12.49	14.07	12.69	15.31
	40～60	10.38	18.16	14.02	15.34	7.96	10.98	13.00	12.89	13.81	14.55
	60～80	14.23	18.05	13.87	15.88	8.00	12.79	13.79	14.18	13.76	14.55
	80～100	18.14	19.65	17.30	17.37	7.63	15.68	16.01	15.13	13.61	14.56
	100～120	16.07	18.33	17.94	22.19	6.65	14.99	14.13	14.03	10.60	15.65
3	0～20	18.08	17.39	12.12	15.88	10.90	13.49	9.70	12.90	13.84	15.62
	20～40	15.83	19.38	11.77	17.87	11.64	15.00	11.77	13.54	12.93	13.63
	40～60	12.95	16.90	14.03	16.90	11.60	15.37	12.61	13.61	13.87	14.09
	60～80	14.09	17.85	15.78	17.84	10.95	15.21	14.86	14.74	14.97	15.93
	80～100	14.14	17.39	14.37	23.63	11.79	11.28	13.23	13.23	11.83	13.18
	100～120	7.75	22.98	16.41	23.19	8.30	14.67	13.02	14.10	13.74	14.39

附表 1-25　土壤含水量测定表（双塔灌区南岔镇十工村三组瓜敦公路北侧 6 号）

取样点	深度(cm)	春水 3月25日 灌前(%)	春水 4月5日 灌后(%)	1水 6月17日 灌前(%)	1水 6月21日 灌后(%)	2水 7月5日 灌前(%)	2水 7月12日 灌后(%)	3水 7月25日 灌前(%)	3水 7月29日 灌后(%)	4水 8月27日 灌前(%)	4水 9月2日 灌后(%)
1	0~20	16.38	18.78	14.22	14.93	10.23	15.84	13.02	11.32	13.31	15.11
	20~40	15.75	18.15	10.07	14.04	4.31	11.59	13.60	9.19	13.91	14.67
	40~60	14.98	17.89	7.34	13.60	9.20	13.75	10.02	10.08	14.52	16.76
	60~80	15.02	17.67	4.05	15.30	6.73	14.97	13.49	9.57	14.38	17.80
	80~100	2.35	18.18	2.76	10.18	6.91	15.82	13.61	10.06	14.12	19.55
	100~120	4.18	19.04	6.56	9.89	7.34	14.16	14.46	10.31	14.91	15.02
2	0~20	16.50	19.23	10.40	13.39	10.57	15.44	10.22	10.54	14.33	17.80
	20~40	17.17	21.86	11.74	12.63	14.02	15.86	14.13	10.14	13.39	15.60
	40~60	6.42	19.99	4.04	10.90	9.71	13.82	13.56	9.67	13.73	14.02
	60~80	5.27	17.41	4.75	9.91	11.50	12.30	13.47	9.64	14.47	16.02
	80~100	5.91	20.18	9.85	11.21	8.30	40.35	13.70	11.43	13.92	14.19
	100~120	5.10	21.41	8.98	10.35	9.83	12.13	12.96	11.77	14.29	22.51
3	0~20	14.06	19.34	10.16	11.39	8.83	15.60	11.06	13.74	12.78	14.96
	20~40	9.53	18.54	5.03	10.05	6.29	14.98	10.75	12.51	13.55	19.86
	40~60	11.54	19.43	4.42	12.64	3.21	19.01	10.92	15.86	13.11	16.65
	60~80	4.81	15.26	2.35	10.18	5.78	15.03	10.52	12.73	14.57	14.61
	80~100	9.78	18.03	6.83	12.72	2.67	13.78	10.99	12.26	14.52	17.70
	100~120	13.29	19.69	7.20	9.85	9.04	12.46	11.37	11.43	14.12	19.22

附表1-26 土壤含水量测定表（双塔灌区南岔镇十工村三组居民西点西1号）

取样点	深度(cm)	春水 3月31日 灌前(%)	春水 4月5日 灌后(%)	1水 6月16日 灌前(%)	1水 6月19日 灌后(%)	2水 6月30日 灌前(%)	2水 7月4日 灌后(%)	3水 7月21日 灌前(%)	3水 7月26日 灌后(%)	4水 8月26日 灌前(%)	4水 8月31日 灌后(%)
1	0~20	9.05	20.25	10.14	11.82	12.44	14.55	10.85	14.21	10.14	13.17
	20~40	11.71	20.01	11.42	11.00	12.38	15.67	11.53	17.38	11.42	14.98
	40~60	11.53	21.28	11.92	12.55	12.24	13.41	12.81	15.87	11.92	13.53
	60~80	10.57	20.74	11.58	11.34	13.96	14.36	13.34	15.41	11.58	22.83
	80~100	20.47	26.66	12.98	13.94	13.67	15.44	11.49	14.38	12.98	14.42
	100~120	19.17	19.37	10.57	17.08	14.11	14.91	12.42	15.76	10.57	16.02
2	0~20	10.70	22.90	10.19	12.99	14.92	16.63	12.33	15.44	10.19	17.13
	20~40	11.98	20.87	11.32	13.98	14.47	17.49	14.92	15.82	11.32	14.90
	40~60	13.84	20.56	10.80	14.61	14.46	15.28	14.41	15.39	10.80	11.17
	60~80	12.46	22.88	10.79	17.67	14.05	15.82	13.21	16.12	10.79	20.26
	80~100	21.04	23.82	11.23	18.45	7.99	12.04	15.24	15.96	11.23	14.95
	100~120	12.95	21.91	10.04	17.50	8.35	10.95	15.85	15.90	10.04	12.92
3	0~20	12.04	20.24	11.27	12.93	13.54	16.69	13.03	13.79	11.27	12.85
	20~40	13.23	19.17	11.72	14.33	15.96	17.88	14.82	15.29	11.72	13.18
	40~60	11.63	19.35	12.42	20.07	15.33	18.80	12.84	18.43	12.42	11.96
	60~80	16.25	19.67	10.34	16.42	10.77	18.75	12.65	22.73	10.34	14.14
	80~100	15.83	21.89	13.33	17.46	16.34	19.19	12.73	14.76	13.33	17.33
	100~120	13.91	20.17	11.11	17.22	13.89	14.08	13.65	20.66	11.11	12.67

附表 1-27　土壤含水量测定表（双塔灌区南岔镇十工村三组居民点西 2 号）

取样点	深度 (cm)	春水 3月31日 灌前 (%)	春水 4月4日 灌后 (%)	1水 6月16日 灌前 (%)	1水 6月19日 灌后 (%)	2水 6月30日 灌前 (%)	2水 7月4日 灌后 (%)	3水 7月21日 灌前 (%)	3水 7月26日 灌后 (%)	4水 8月26日 灌前 (%)	4水 8月31日 灌后 (%)
1	0~20	11.66	18.27	12.33	15.95	14.87	16.85	13.13	17.33	10.94	15.21
	20~40	13.99	21.05	10.22	16.55	16.26	17.56	13.70	14.46	11.25	14.29
	40~60	13.43	18.51	14.52	19.91	14.61	16.21	10.41	12.26	11.00	13.84
	60~80	12.93	18.62	12.73	19.23	14.11	16.28	12.41	14.48	11.52	18.15
	80~100	12.75	19.65	11.17	16.04	15.33	18.55	12.81	15.62	12.80	14.17
	100~120	18.49	21.76	16.45	18.79	15.30	17.61	13.51	13.95	11.29	14.52
2	0~20	15.44	16.30	10.17	16.62	17.49	16.16	12.22	12.81	12.69	15.59
	20~40	13.22	19.32	11.71	15.54	12.64	17.21	12.36	14.43	12.15	13.71
	40~60	13.92	21.97	13.36	16.58	13.46	14.34	12.79	13.92	11.08	17.30
	60~80	13.12	15.15	6.79	15.89	14.16	16.50	13.95	13.06	10.16	13.50
	80~100	13.71	21.63	11.16	14.33	15.33	14.60	14.00	14.64	10.88	14.24
	100~120	15.51	20.14	12.08	13.93	14.66	15.78	14.36	16.62	12.68	13.02
3	0~20	14.77	17.17	8.35	18.26	15.56	17.19	11.25	13.90	11.07	13.89
	20~40	12.82	19.99	15.07	15.47	13.41	16.92	12.17	14.16	10.69	14.79
	40~60	13.69	21.46	16.16	16.31	14.12	15.79	12.43	14.78	10.47	17.62
	60~80	14.44	17.00	21.15	22.57	14.79	14.99	12.30	13.69	11.44	13.45
	80~100	16.46	19.21	15.71	23.46	16.81	17.08	14.69	18.02	10.35	13.43
	100~120	16.79	19.16	19.25	25.33	11.96	15.27	13.87	15.58	10.74	13.89

附表 1-28　土壤含水量测定表(双塔灌区南岔镇十工村三组居民点西 3 号)

取样点	深度(cm)	春水 灌前 3月31日(%)	春水 灌后 4月3日(%)	1水 灌前 6月15日(%)	1水 灌后 6月19日(%)	2水 灌前 6月29日(%)	2水 灌后 7月4日(%)	3水 灌前 7月20日(%)	3水 灌后 7月25日(%)	4水 灌前 8月1日(%)	4水 灌后 8月5日(%)	5水 灌前 8月10日(%)	5水 灌后 8月15日(%)
1	0~20	15.08	20.98	12.50	13.19	19.00	24.16	10.14	15.00	10.62	14.35	11.73	12.99
	20~40	14.44	20.58	11.94	12.48	14.83	15.86	11.75	14.91	12.17	16.80	9.97	12.29
	40~60	12.18	21.64	17.54	17.59	12.25	21.30	10.41	14.93	10.69	14.19	10.88	14.01
	60~80	15.19	21.41	15.35	19.45	7.86	17.21	10.70	15.13	12.75	12.74	11.34	13.61
	80~100	19.00	19.69	19.00	22.55	12.63	16.27	10.35	17.71	11.93	14.32	10.51	10.73
	100~120	15.40	19.39	18.70	19.13	15.88	18.19	11.16	16.12	11.37	14.49	11.42	12.15
2	0~20	14.15	20.59	11.44	12.12	12.81	17.39	10.72	16.17	9.16	13.92	12.80	13.68
	20~40	13.54	19.09	11.31	12.40	11.99	17.93	10.30	21.62	11.14	13.54	12.73	14.79
	40~60	14.26	23.29	11.39	28.91	15.22	21.17	11.05	23.75	10.78	13.14	11.22	12.10
	60~80	13.29	20.99	13.14	17.79	14.60	23.66	10.92	20.21	11.02	13.81	8.89	12.60
	80~100	17.86	22.88	15.66	16.07	14.12	15.57	10.33	26.20	10.76	13.33	10.90	10.93
	100~120	13.98	71.81	14.06	18.10	13.76	17.00	9.86	19.79	10.56	14.27	10.69	11.46
3	0~20	14.88	20.31	11.59	13.75	17.41	24.01	10.30	16.55	11.94	14.97	10.81	12.00
	20~40	14.65	21.49	14.11	15.69	25.65	30.89	10.24	15.54	10.82	13.96	12.66	13.09
	40~60	14.57	20.58	13.86	16.93	17.96	19.61	10.63	13.98	11.46	11.37	11.08	10.87
	60~80	13.21	15.29	13.83	16.47	11.10	17.59	10.67	14.40	11.41	15.11	10.16	10.22
	80~100	14.18	22.15	17.28	25.24	17.11	17.36	10.58	14.69	11.42	13.92	11.35	12.04
	100~120	17.00	19.69	16.65	23.63	16.08	18.18	10.17	20.81	10.75	11.83	10.78	11.32

附表 1-29　土壤含水量测定表（双塔灌区南岔镇十工村三组居民点西 4 号）

取样点	深度(cm)	春水		1 水		2 水		3 水		4 水		5 水	
		3月31日 灌前(%)	4月4日 灌后(%)	6月15日 灌前(%)	6月19日 灌后(%)	6月29日 灌前(%)	7月4日 灌后(%)	7月19日 灌前(%)	7月25日 灌后(%)	8月1日 灌前(%)	8月5日 灌后(%)	8月10日 灌前(%)	8月15日 灌后(%)
1	0~20	9.86	17.94	12.11	12.05	13.38	14.97	11.59	12.62	10.82	13.84	11.50	14.61
	20~40	11.68	19.19	12.35	12.57	16.08	16.66	11.70	13.51	9.66	14.89	12.24	14.11
	40~60	9.62	17.84	11.58	13.96	15.51	18.02	11.13	14.21	11.26	11.82	10.70	14.51
	60~80	13.59	21.70	12.80	14.63	22.46	25.48	8.89	13.70	11.13	12.78	11.13	11.53
	80~100	19.39	23.93	4.34	16.18	15.15	18.03	10.50	13.92	11.01	11.25	10.79	11.53
	100~120	19.63	23.20	15.70	18.59	12.74	14.34	11.10	13.25	10.98	11.14	10.52	12.29
2	0~20	10.32	18.56	12.61	14.07	12.49	15.19	14.65	14.74	11.29	10.92	11.06	12.86
	20~40	10.68	18.46	12.37	12.90	13.65	19.25	13.76	15.29	12.01	12.09	11.17	14.54
	40~60	11.80	16.84	13.40	13.51	20.15	19.61	12.91	13.22	11.49	13.43	12.67	12.35
	60~80	10.70	12.49	15.52	19.21	17.01	21.69	13.55	14.57	10.65	13.20	11.12	12.68
	80~100	17.30	22.40	13.77	38.09	12.51	19.55	12.46	13.58	10.79	12.65	12.38	13.77
	100~120	17.96	24.59	17.91	24.11	19.68	26.99	12.51	14.35	11.14	13.03	10.87	11.48
3	0~20	10.52	17.27	11.70	11.94	16.83	28.67	14.16	16.69	11.08	12.37	6.18	12.53
	20~40	10.76	22.52	11.83	13.22	9.66	16.03	15.76	17.53	10.40	11.18	10.11	10.45
	40~60	13.21	16.88	12.63	12.73	18.99	18.93	13.75	14.98	11.22	14.06	10.33	10.53
	60~80	14.17	19.98	14.91	17.68	17.02	20.24	13.15	15.87	11.65	12.03	10.29	12.83
	80~100	11.16	17.34	16.68	24.04	15.43	15.07	12.22	13.24	10.44	13.25	8.91	10.07
	100~120	19.10	19.87	17.26	25.28	15.32	16.12	12.91	15.58	11.02	13.03	10.82	12.85

附表 1-30　试验田块的田间持水率监测结果汇总

（%）

地块编号	位置	作物	面积（亩）	0～20 cm	20～40 cm	40～60 cm	60～80 cm	80～100 cm	100～120 cm	平均
1	昌马灌区布隆吉乡九上村 1 号	甘草	1.9	19.66	24.83	30.83	46.05	29.87	44.11	32.56
2	昌马灌区布隆吉乡九上村 2 号	玉米	3.9	22.78	23.62	44.97	38.42	43.20	44.79	36.30
3	昌马灌区布隆吉乡九上村 3 号	小麦	3.2	28.13	38.45	32.65	41.97	43.52	43.52	38.04
4	昌马灌区布隆吉乡九上村 4 号	小麦	3.2	22.91	25.45	42.62	37.81	44.08	47.40	36.71
5	昌马灌区布隆吉乡九上村 5 号	孜然	0.7	19.04	21.03	28.48	34.08	35.28	27.22	27.52
6	昌马灌区布隆吉乡九上村 6 号	孜然	2.3	20.71	23.14	29.27	31.58	24.89	28.85	26.41
7	昌马灌区三道沟镇昌马上村 4 号	茴香	2.5	17.55	20.94	26.04	23.33	22.91	22.79	22.26
8	昌马灌区三道沟镇昌马上村 2 号	小麦	1.2	18.73	22.15	23.49	28.24	36.80	32.29	26.95
9	昌马灌区三道沟镇昌马上村 6 号	食葵	4.4	14.78	24.00	21.92	19.33	16.66	26.11	20.47
10	昌马灌区三道沟镇昌马上村 1 号	小麦	1.3	18.30	16.70	17.22	33.87	29.30	27.59	23.83
11	昌马灌区三道沟镇昌马上村 3 号	萝卜	2.3	18.80	20.87	18.09	19.18	33.09	46.75	26.13
12	昌马灌区三道沟镇昌马上村 5 号	萝卜	1.2	19.11	20.94	19.65	28.36	21.72	21.60	21.89
13	花海灌区南渠八队 3 号	苜蓿	4.0	13.84	17.25	26.20	18.40	0.00	0.00	18.92
14	花海灌区南渠八队 1 号	小麦	4.0	23.94	22.46	25.67	26.70			24.69
15	花海灌区南渠八队 2 号	食葵	3.9	13.90	25.08	26.29	21.70	24.05		22.21
16	花海灌区南渠八队 4 号	玉米	2.0	20.32	15.61	22.67	22.21	32.39		22.64
17	双塔灌区南岔镇八工村三组居民点北 1 号	棉花	1.3	19.44	14.57	14.92	15.04	19.95	18.58	17.08
18	双塔灌区南岔镇八工村三组居民点北 2 号	棉花	1.3	16.98	14.30	15.80	16.47	17.97	21.95	17.25

续附表 1-30

地块编号	位置	作物	面积（亩）	0～20 cm	20～40 cm	40～60 cm	60～80 cm	80～100 cm	100～120 cm	平均
19	双塔灌区南岔镇八工村三组居民点北 3 号	瓜	2	18.27	17.73	17.57	17.63	16.69	19.51	17.90
20	双塔灌区南岔镇八工村三组居民点北 4 号	蜜瓜	1.5	16.64	16.14	18.82	20.27	19.37	22.16	18.90
21	双塔灌区南岔镇八工村三组居民点北 5 号	甘草	5.6	22.11	19.09	19.18	20.32	20.87	21.78	20.56
22	双塔灌区南岔镇八工村三组居民点北 6 号	甘草	2.6	17.33	16.82	23.01	23.00	23.46	24.61	21.37
23	双塔灌区南岔镇十工村三组瓜敦公路北侧 5 号	棉花	3.6	17.46	21.40	18.16	18.05	19.65	18.33	18.84
24	双塔灌区南岔镇十工村三组瓜敦公路北侧 6 号	棉花	21.0	19.23	21.86	19.99	17.41	20.18	21.41	20.01
25	双塔灌区南岔镇十工村三组居民点西 1 号	棉花	2.25	20.25	20.01	21.28	20.74	26.66	19.37	21.39
26	双塔灌区南岔镇十工村三组居民点西 2 号	棉花	2.25	16.30	19.32	21.97	10.15	21.63	20.14	18.25
27	双塔灌区南岔镇十工村三组居民点西 3 号	瓜	2.25	20.31	21.49	20.58	15.29	22.15	19.69	19.92
28	双塔灌区南岔镇十工村三组居民点西 4 号	瓜	2.25	17.27	22.52	16.88	19.98	17.34	19.87	18.98

附表 1-31　试验田块的土壤容量监测结果汇总

地块编号	位置	作物	面积（亩）	0～20 cm	20～40 cm	40～60 cm	平均
1	昌马灌区布隆吉乡九上村 1 号	甘草	1.9	1.46	1.35	1.19	1.33
2	昌马灌区布隆吉乡九上村 2 号	玉米	3.9	1.37	1.36	1.23	1.32
3	昌马灌区布隆吉乡九上村 3 号	小麦	3.2	1.23	0.99	0.94	1.05
4	昌马灌区布隆吉乡九上村 4 号	小麦	3.2	1.31	1.37	1.02	1.23
5	昌马灌区布隆吉乡九上村 5 号	孜然	0.7	1.35	0.92	1.06	1.11
6	昌马灌区布隆吉乡九上村 6 号	孜然	2.3	1.34	1.19	1.20	1.24
7	昌马灌区三道沟镇昌马 4 号	茴香	2.5	1.59	1.59	1.51	1.56
8	昌马灌区三道沟镇昌马 2 号	小麦	1.2	1.55	1.53	1.15	1.41
9	昌马灌区三道沟镇昌马 6 号	食葵	4.4	1.57	1.59	1.48	1.55
10	昌马灌区三道沟镇昌马 1 号	小麦	1.3	1.63	1.55	1.59	1.59
11	昌马灌区三道沟镇昌马 3 号	萝卜	2.3	1.51	1.58	1.55	1.55
12	昌马灌区三道沟镇昌马 5 号	萝卜	1.2	1.51	1.50	1.51	1.51
13	花海灌区南渠八队 3 号	苜蓿	4.0	1.64	1.65	1.62	1.64
14	花海灌区南渠八队 1 号	小麦	4.0	1.69	1.70	1.53	1.64
15	花海灌区南渠八队 2 号	食葵	3.9	1.56	1.54	1.43	1.51
16	花海灌区南渠八队 4 号	玉米	2.0	1.72	1.55	1.57	1.61
17	双塔灌区南岔镇八工村三组居民点北 1 号	棉花	1.3	1.55	1.51	1.53	1.53
18	双塔灌区南岔镇八工村三组居民点北 2 号	棉花	1.3	1.56	1.56	1.52	1.55
19	双塔灌区南岔镇八工村三组居民点北 3 号	瓜	2.0	1.60	1.54	1.58	1.57

续附表 1-31

地块编号	位置	作物	面积(亩)	0~20 cm	20~40 cm	40~60 cm	平均
20	双塔灌区南岔镇八工村三组居民点北4号	蜜瓜	1.5	1.57	1.53	1.50	1.53
21	双塔灌区南岔镇八工村三组居民点北5号	甘草	5.6	1.61	1.59	1.53	1.58
22	双塔灌区南岔镇八工村三组居民点北6号	甘草	2.6	1.68	1.58	1.60	1.62
23	双塔灌区南岔镇十工村三组瓜敦公路北侧5号	棉花	3.6	1.55	1.50	1.59	1.54
24	双塔灌区南岔镇十工村三组瓜敦公路北侧6号	棉花	21.0	1.64	1.67	1.66	1.66
25	双塔灌区南岔镇十工村三组居民点西1号	棉花	2.25	1.44	1.60	1.54	1.53
26	双塔灌区南岔镇十工村三组居民点西2号	棉花	2.25	1.49	1.65	1.55	1.56
27	双塔灌区南岔镇十工村三组居民点西3号	瓜	2.25	1.45	1.62	1.57	1.55
28	双塔灌区南岔镇十工村三组居民点西4号	瓜	2.25	1.50	1.55	1.60	1.55

附表 1-32　地面灌农渠末端流量测定表（昌马灌区布隆吉乡九上村 1 号 1 水 6 月 11 日）

序号	时间 （时:分）	左尺水位 （cm）	右尺水位 （cm）	流量 Q （m^3/s）	时段 T （min）	水量 W （m^3）
1	19:28	23.00	22.00	0.10		
2	19:33	23.00	22.00	0.10	5.00	29.78
3	19:38	23.00	22.00	0.10	5.00	29.78
4	19:43	24.00	23.00	0.11	5.00	29.78
结束	19:49				6.00	38.14
合计					21.00	127.48

附表 1-33　地面灌农渠末端流量测定表（昌马灌区布隆吉乡九上村 1 号 2 水 7 月 1 日）

序号	时间 （时:分）	左尺水位 （cm）	右尺水位 （cm）	流量 Q （m^3/s）	时段 T （min）	水量 W （m^3）
1	00:01	21.00	20.00	0.09		
2	00:05	22.00	21.00	0.09	4.00	20.72
3	00:10	22.00	21.00	0.09	5.00	27.81
4	00:15	22.00	21.00	0.09	5.00	27.81
5	00:20	22.00	21.00	0.09	5.00	27.81
结束	00:25				5.00	27.81
合计					24.00	131.96

附表 1-34　地面灌农渠末端流量测定表（昌马灌区布隆吉乡九上村 1 号 3 水 8 月 11 日）

序号	时间 （时:分）	左尺水位 （cm）	右尺水位 （cm）	流量 Q （m^3/s）	时段 T （min）	水量 W （m^3）
1	00:40	16.70	16.30	0.06		
2	00:45	22.80	22.40	0.10	5.00	18.70
3	00:50	22.80	22.40	0.10	5.00	29.98
4	00:55	22.80	22.40	0.10	5.00	29.98
5	01:00	22.80	22.40	0.10	5.00	29.98
6	01:05	22.80	22.40	0.10	5.00	29.98
结束	01:08				3.00	17.99
合计					28.00	156.61

附表 1-35　地面灌农渠末端流量测定表（昌马灌区布隆吉乡九上村 1 号 4 水 9 月 10 日）

序号	时间（时:分）	左尺水位（cm）	右尺水位（cm）	流量 Q（m³/s）	时段 T（min）	水量 W（m³）
1	07:33	13.40	13.00	0.04		
2	07:38	20.70	20.30	0.09	5.00	13.38
3	07:43	20.70	20.30	0.09	5.00	25.90
4	07:48	20.70	20.30	0.09	5.00	25.90
5	07:53	20.70	20.30	0.09	5.00	25.90
6	07:58	20.70	20.30	0.09	5.00	25.90
结束	08:01				3.00	15.54
合计					28.00	132.52

附表 1-36　地面灌农渠末端流量测定表（昌马灌区布隆吉乡九上村 2 号 1 水 6 月 11 日）

序号	时间（时:分）	左尺水位（cm）	右尺水位（cm）	流量 Q（m³/s）	时段 T（min）	水量 W（m³）
1	18:48	18.00	15.00	0.06		
2	18:53	22.00	19.00	0.09	5.00	18.70
3	18:58	22.00	19.00	0.09	5.00	25.90
4	19:03	22.00	19.00	0.09	5.00	25.90
5	19:08	22.00	19.00	0.09	5.00	25.90
6	19:13	22.00	19.00	0.09	5.00	25.90
7	19:23	20.00	17.00	0.07	10.00	51.79
8	19:33	20.00	17.00	0.07	10.00	44.40
结束	19:40				7.00	31.08
合计					52.00	249.57

附表 1-37　地面灌农渠末端流量测定表（昌马灌区布隆吉乡九上村 2 号 2 水 7 月 1 日）

序号	时间（时:分）	左尺水位（cm）	右尺水位（cm）	流量 Q（m³/s）	时段 T（min）	水量 W（m³）
1	23:09	10.00	10.00	0.03		
2	23:17	18.00	16.00	0.07	8.00	14.12
3	23:22	19.00	17.00	0.07	5.00	19.56
4	23:27	22.00	20.00	0.09	5.00	21.31

续附表 1-37

序号	时间 （时:分）	左尺水位 （cm）	右尺水位 （cm）	流量 Q （m³/s）	时段 T （min）	水量 W （m³）
5	23:32	22.00	20.00	0.09	5.00	26.85
6	23:37	22.00	20.00	0.09	5.00	26.85
7	23:42	22.00	20.00	0.09	5.00	26.85
8	23:47	22.00	20.00	0.09	5.00	26.85
9	23:52	22.00	20.00	0.09	5.00	26.85
10	00:02	22.00	20.00	0.09	10.00	53.70
结束	00:12				10.00	53.70
合计					63.00	296.64

附表 1-38　地面灌农渠末端流量测定表（昌马灌区布隆吉乡九上村 2 号 3 水 7 月 23 日）

序号	时间 （时:分）	左尺水位 （cm）	右尺水位 （cm）	流量 Q （m³/s）	时段 T （min）	水量 W （m³）
1	18:40	13.20	11.50	0.04		
2	18:45	15.50	13.80	0.05	5.00	12.11
3	18:50	22.80	21.20	0.10	5.00	15.64
4	18:55	22.80	21.20	0.10	5.00	28.79
5	19:00	22.80	21.20	0.10	5.00	28.79
6	19:05	28.70	27.00	0.14	5.00	28.79
7	19:15	28.70	27.00	0.14	10.00	82.01
结束	19:25				10.00	82.01
合计					45.00	278.14

附表 1-39　地面灌农渠末端流量测定表（昌马灌区布隆吉乡九上村 2 号 4 水 8 月 11 日）

序号	时间 （时:分）	左尺水位 （cm）	右尺水位 （cm）	流量 Q （m³/s）	时段 T （min）	水量 W （m³）
1	00:24	29.30	27.60	0.14		
2	00:29	29.30	27.60	0.14	5.00	42.34
3	00:39	29.30	27.60	0.14	10.00	84.68
4	00:49	29.30	27.60	0.14	10.00	84.68
结束	00:54				5.00	42.34
合计					30.00	254.04

附表1-40　地面灌农渠末端流量测定表（昌马灌区布隆吉乡九上村 2 号 5 水 8 月 26 日）

序号	时间 （时:分）	左尺水位 （cm）	右尺水位 （cm）	流量 Q （m³/s）	时段 T （min）	水量 W （m³）
1	01:23	22.70	21.00	0.09		
2	01:28	29.80	28.10	0.14	5.00	28.50
3	01:38	29.80	28.10	0.14	10.00	86.92
4	01:48	29.80	28.10	0.14	10.00	86.92
结束	02:00				12.00	104.30
合计					37.00	306.64

附表1-41　地面灌农渠末端流量测定表（昌马灌区布隆吉乡九上村 3 号 1 水 4 月 25 日）

序号	时间 （时:分）	左尺水位 （cm）	右尺水位 （cm）	流量 Q （m³/s）	时段 T （min）	水量 W （m³）
1	13:00	11.00	11.00	0.03		
2	13:05	19.00	19.00	0.08	5.00	10.18
3	13:10	19.00	19.00	0.08	5.00	23.11
4	13:15	19.00	19.00	0.08	5.00	23.11
5	13:20	19.00	19.00	0.08	5.00	23.11
6	13:25	19.00	19.00	0.08	5.00	23.11
7	13:30	19.00	19.00	0.08	5.00	23.11
8	13:35	19.00	19.00	0.08	5.00	23.11
9	13:40	19.00	19.00	0.08	5.00	23.11
10	13:45	19.00	19.00	0.08	5.00	23.11
结束						0.00
合计					45.00	195.06

附表1-42　地面灌农渠末端流量测定表（昌马灌区布隆吉乡九上村 3 号 2 水 5 月 5 日）

序号	时间 （时:分）	左尺水位 （cm）	右尺水位 （cm）	流量 Q （m³/s）	时段 T （min）	水量 W （m³）
1	13:48	29.00	28.00	0.14		
2	13:53	29.00	28.00	0.14	5.00	42.45
3	13:58	29.00	28.00	0.14	5.00	42.45
4	14:03	29.00	28.00	0.14	5.00	42.45
5	14:08	29.00	28.00	0.14	5.00	42.45
结束	14:11				3.00	25.47
合计					23.00	195.27

附表 1-43　地面灌农渠末端流量测定表(昌马灌区布隆吉乡九上村 3 号 3 水 5 月 22 日)

序号	时间 (时:分)	左尺水位 (cm)	右尺水位 (cm)	流量 Q (m^3/s)	时段 T (min)	水量 W (m^3)
1	13:02	29.00	28.00	0.14		
2	13:07	33.00	32.00	0.17	5.00	42.45
3	13:12	33.00	32.00	0.17	5.00	51.69
4	13:17	33.00	32.00	0.17	5.00	51.69
5	13:20	34.00	33.00	0.18	3.00	31.02
结束	13:23				3.00	32.46
合计					21.00	209.31

附表 1-44　地面灌农渠末端流量测定表(昌马灌区布隆吉乡九上村 3 号 4 水 6 月 11 日)

序号	时间 (时:分)	左尺水位 (cm)	右尺水位 (cm)	流量 Q (m^3/s)	时段 T (min)	水量 W (m^3)
1	18:48	18.00	18.00	0.07		
2	18:53	22.00	22.00	0.10	5.00	21.31
3	18:58	22.00	22.00	0.10	5.00	28.79
4	19:03	22.00	22.00	0.10	5.00	28.79
5	19:08	22.00	22.00	0.10	5.00	28.79
6	19:13	22.00	22.00	0.10	5.00	28.79
7	19:18	20.00	20.00	0.08	5.00	28.79
8	19:23	20.00	20.00	0.08	5.00	24.95
结束	19:28				5.00	24.95
合计					40.00	215.16

附表 1-45　地面灌农渠末端流量测定表(昌马灌区布隆吉乡九上村 3 号 5 水 7 月 1 日)

序号	时间 (时:分)	左尺水位 (cm)	右尺水位 (cm)	流量 Q (m^3/s)	时段 T (min)	水量 W (m^3)
1	23:12	11.00	11.00	0.03		
2	23:17	19.00	19.00	0.08	5.00	10.18
3	23:22	19.00	19.00	0.08	5.00	23.11
4	23:27	19.00	19.00	0.08	5.00	23.11
5	23:32	19.00	19.00	0.08	5.00	23.11

续附表 1-45

序号	时间 (时:分)	左尺水位 (cm)	右尺水位 (cm)	流量 Q (m^3/s)	时段 T (min)	水量 W (m^3)
6	23:37	19.00	19.00	0.08	5.00	23.11
7	23:42	19.00	19.00	0.08	5.00	23.11
8	23:47	19.00	19.00	0.08	5.00	23.11
9	23:52	19.00	19.00	0.08	5.00	23.11
10	23:57	19.00	19.00	0.08	5.00	23.11
结束	23:59				2.00	9.24
合计					47.00	204.30

附表 1-46 地面灌农渠末端流量测定表(昌马灌区布隆吉乡九上村 4 号 1 水 4 月 24 日)

序号	时间 (时:分)	左尺水位 (cm)	右尺水位 (cm)	流量 Q (m^3/s)	时段 T (min)	水量 W (m^3)
1	11:40	18.00	17.00	0.07		
2	11:45	18.00	17.00	0.07	5.00	20.42
3	11:50	18.00	17.00	0.07	5.00	20.42
4	11:55	18.00	17.00	0.07	5.00	20.42
5	12:00	18.00	17.00	0.07	5.00	20.42
6	12:05	18.00	17.00	0.07	5.00	20.42
7	12:10	34.00	33.00	0.18	5.00	20.42
8	12:15	34.00	32.00	0.18	5.00	54.10
结束	12:20				5.00	52.89
合计					40.00	229.51

附表 1-47 地面灌农渠末端流量测定表(昌马灌区布隆吉乡九上村 4 号 2 水 5 月 5 日)

序号	时间 (时:分)	左尺水位 (cm)	右尺水位 (cm)	流量 Q (m^3/s)	时段 T (min)	水量 W (m^3)
1	13:47	20.00	21.00	0.09		
2	13:52	28.00	29.00	0.14	5.00	25.90
3	13:57	28.00	29.00	0.14	5.00	42.45
4	14:02	28.00	29.00	0.14	5.00	42.45
5	14:07	28.00	29.00	0.14	5.00	42.45
结束	14:11				4.00	33.96
合计					24.00	187.21

附表 1-48　地面灌农渠末端流量测定表（昌马灌区布隆吉乡九上村 4 号 3 水 5 月 23 日）

序号	时间 （时:分）	左尺水位 （cm）	右尺水位 （cm）	流量 Q （m³/s）	时段 T （min）	水量 W （m³）
1	13:02	26.00	27.00	0.13		
2	13:07	30.00	31.00	0.16	5.00	38.06
3	13:12	31.00	32.00	0.16	5.00	47.00
4	13:17	31.00	32.00	0.16	5.00	49.33
5	13:20	28.00	29.00	0.14	3.00	29.60
结束	13:23				3.00	25.47
合计					21.00	189.46

附表 1-49　地面灌农渠末端流量测定表（昌马灌区布隆吉乡九上村 4 号 4 水 6 月 11 日）

序号	时间 （时:分）	左尺水位 （cm）	右尺水位 （cm）	流量 Q （m³/s）	时段 T （min）	水量 W （m³）
1	18:48	18.00	17.00	0.07		
2	18:53	18.00	17.00	0.07	5.00	20.42
3	18:58	18.00	17.00	0.07	5.00	20.42
4	19:03	18.00	17.00	0.07	5.00	20.42
5	19:08	18.00	17.00	0.07	5.00	20.42
6	19:13	18.00	17.00	0.07	5.00	20.42
7	19:18	34.00	33.00	0.18	5.00	20.42
8	19:23	34.00	32.00	0.18	5.00	54.10
结束	19:28				5.00	52.89
合计					40.00	229.51

附表 1-50　地面灌农渠末端流量测定表（昌马灌区布隆吉乡九上村 4 号 5 水 7 月 1 日）

序号	时间 （时:分）	左尺水位 （cm）	右尺水位 （cm）	流量 Q （m³/s）	时段 T （min）	水量 W （m³）
1	23:12	10.00	10.00	0.03		
2	23:17	18.00	18.00	0.07	5.00	8.82
3	23:22	20.00	20.00	0.08	5.00	21.31
4	23:27	20.00	20.00	0.08	5.00	24.95
5	23:32	20.00	20.00	0.08	5.00	24.95

续表 1-50

序号	时间 (时:分)	左尺水位 (cm)	右尺水位 (cm)	流量 Q (m^3/s)	时段 T (min)	水量 W (m^3)
6	23:37	20.00	20.00	0.08	5.00	24.95
7	23:42	20.00	20.00	0.08	5.00	24.95
8	23:47	18.00	18.00	0.07	5.00	24.95
9	23:52	18.00	18.00	0.07	5.00	21.31
10	23:57	18.00	18.00	0.07	5.00	21.31
结束	23:59				2.00	8.52
合计					47.00	206.02

附表 1-51　地面灌农渠末端流量测定表(昌马灌区布隆吉乡九上村 5 号 1 水 6 月 10 日)

序号	时间 (时:分)	左尺水位 (cm)	右尺水位 (cm)	流量 Q (m^3/s)	时段 T (min)	水量 W (m^3)
1	07:20	10.00	10.80	0.03		
2	07:25	10.00	10.80	0.03	5.00	9.36
3	07:30	10.00	10.80	0.03	5.00	9.36
4	07:35	10.00	10.80	0.03	5.00	9.36
5	07:45	10.00	10.80	0.03	10.00	18.71
6	07:50	10.00	10.80	0.03	5.00	9.36
结束	07:55				5.00	9.36
合计					35.00	65.51

附表 1-52　地面灌农渠末端流量测定表(昌马灌区布隆吉乡九上村 5 号 2 水 7 月 6 日)

序号	时间 (时:分)	左尺水位 (cm)	右尺水位 (cm)	流量 Q (m^3/s)	时段 T (min)	水量 W (m^3)
1	22:19	5.50	6.80	0.01		
2	22:29	5.50	6.80	0.01	10.00	8.51
3	22:39	6.00	7.20	0.02	10.00	8.51
4	22:49	6.00	7.20	0.02	10.00	9.46
5	22:59	6.00	7.20	0.02	10.00	9.46
6	23:09	6.00	7.20	0.02	10.00	9.46
结束	23:15				6.00	5.68
合计					56.00	51.08

附表 1-53　地面灌农渠末端流量测定表(昌马灌区布隆吉乡九上村 5 号 3 水 7 月 22 日)

序号	时间 (时:分)	左尺水位 (cm)	右尺水位 (cm)	流量 Q (m³/s)	时段 T (min)	水量 W (m³)
1	00:35	10.20	11.30	0.03		
2	00:45	10.20	11.30	0.03	10.00	19.67
3	00:54	10.20	11.30	0.03	9.00	17.70
结束	00:58				4.00	7.87
合计					23.00	45.24

附表 1-54　地面灌农渠末端流量测定表(昌马灌区布隆吉乡九上村 6 号 1 水 5 月 6 日)

序号	时间 (时:分)	左尺水位 (cm)	右尺水位 (cm)	流量 Q (m³/s)	时段 T (min)	水量 W (m³)
1	18:00	13.00	3.00	0.02		
2	18:10	20.00	5.00	0.04	10.00	12.63
3	18:20	21.00	6.00	0.05	10.00	24.66
4	18:30	20.00	5.00	0.04	10.00	27.68
5	18:40	19.00	5.00	0.04	10.00	24.66
6	18:50	18.00	4.00	0.03	10.00	23.20
结束	19:00				10.00	20.36
合计					60.00	133.19

附表 1-55　地面灌农渠末端流量测定表(昌马灌区布隆吉乡九上村 6 号 2 水 7 月 6 日)

序号	时间 (时:分)	左尺水位 (cm)	右尺水位 (cm)	流量 Q (m³/s)	时段 T (min)	水量 W (m³)
1	22:48	3.80	8.80	0.01		
2	22:58	3.80	8.80	0.01	10.00	8.82
3	23:08	3.80	8.80	0.01	10.00	8.82
4	23:18	3.80	8.80	0.01	10.00	8.82
5	23:28	3.80	8.80	0.01	10.00	8.82
6	23:38	3.80	8.80	0.01	10.00	8.82
7	23:48	3.80	8.80	0.01	10.00	8.82
8	23:58	3.80	8.80	0.01	10.00	8.82
9	00:08	3.80	8.80	0.01	10.00	8.82

续表 1-55

序号	时间 （时:分）	左尺水位 （cm）	右尺水位 （cm）	流量 Q （m³/s）	时段 T （min）	水量 W （m³）
10	00:18	3.80	8.80	0.01	10.00	8.82
11	00:28	3.80	8.80	0.01	10.00	8.82
12	00:38	3.80	8.80	0.01	10.00	8.82
13	00:48	3.80	8.80	0.01	10.00	8.82
14	00:58	3.80	8.80	0.01	10.00	8.82
15	01:08	3.80	8.80	0.01	10.00	8.82
16	01:18	3.80	8.80	0.01	10.00	8.82
17	01:28	3.20	7.50	0.01	10.00	8.82
18	01:38	3.20	7.50	0.01	10.00	6.91
19	01:48	3.20	7.50	0.01	10.00	6.91
20	01:58	2.70	6.80	0.01	10.00	6.91
21	02:08	2.70	6.80	0.01	10.00	5.78
22	02:18	2.70	6.80	0.01	10.00	5.78
23	02:28	2.70	6.80	0.01	10.00	5.78
结束	02:40				12.00	6.93
合计					232.00	186.12

附表 1-56　地面灌农渠末端流量测定表（昌马灌区布隆吉乡九上村 6 号 3 水 7 月 22 日）

序号	时间 （时:分）	左尺水位 （cm）	右尺水位 （cm）	流量 Q （m³/s）	时段 T （min）	水量 W （m³）
1	00:01	12.20	2.80	0.02		
2	00:11	17.80	3.60	0.03	10.00	11.46
3	00:21	17.80	3.60	0.03	10.00	19.53
4	00:31	17.80	3.60	0.03	10.00	19.53
5	00:41	17.80	3.60	0.03	10.00	19.53
6	00:56	17.80	3.60	0.03	15.00	29.30
7	01:11	17.80	3.60	0.03	15.00	29.30
8	01:26	17.80	3.60	0.03	15.00	29.30
结束	01:39	17.80	3.60		13.00	25.39
合计					98.00	183.34

附表 1-57　地面灌农渠末端流量测定表（昌马灌区三道沟镇昌马上 4 号 1 水 6 月 7 日）

序号	时间 （时:分）	左尺水位 （cm）	右尺水位 （cm）	流量 Q （m^3/s）	时段 T （min）	水量 W （m^3）
1	18:00	13.00	3.00	0.02		
2	18:10	20.00	5.00	0.04	10.00	12.63
3	18:20	21.00	6.00	0.05	15.00	36.99
4	18:30	20.00	5.00	0.04	15.00	41.52
5	18:40	19.00	5.00	0.04	15.00	36.99
6	18:50	18.00	4.00	0.03	15.00	34.79
结束	19:00				10.00	20.36
合计					60.00	183.28

附表 1-58　地面灌农渠末端流量测定表（昌马灌区三道沟镇昌马上 4 号 2 水 7 月 1 日）

序号	时间 （时:分）	左尺水位 （cm）	右尺水位 （cm）	流量 Q （m^3/s）	时段 T （min）	水量 W （m^3）
1	23:28	3.8	8.8	0.01		
2	23:38	3.8	8.8	0.01	10	8.82
3	23:48	3.8	8.8	0.01	10	8.82
4	23:58	3.8	8.8	0.01	10	8.82
5	00:08	3.8	8.8	0.01	10	8.82
6	00:18	3.8	8.8	0.01	10	8.82
7	00:28	3.8	8.8	0.01	10	8.82
8	00:38	3.8	8.8	0.01	10	8.82
9	00:48	3.8	8.8	0.01	10	8.82
10	00:58	3.8	8.8	0.01	10	8.82
11	01:08	3.8	8.8	0.01	10	8.82
12	01:18	3.8	8.8	0.01	10	8.82
13	01:28	3.8	8.8	0.01	10	8.82
14	01:38	3.8	8.8	0.01	10	8.82
15	01:48	3.8	8.8	0.01	10	8.82
16	01:58	3.8	8.8	0.01	10	8.82
17	02:08	3.2	7.5	0.01	10	8.82
18	02:18	3.2	7.5	0.01	10	6.91

续表 1-58

序号	时间 （时:分）	左尺水位 （cm）	右尺水位 （cm）	流量 Q （m³/s）	时段 T （min）	水量 W （m³）
19	02:28	3.2	7.5	0.01	10	6.91
20	02:38	2.7	6.8	0.01	10	6.91
21	02:48	2.7	6.8	0.01	10	5.78
22	02:58	2.7	6.8	0.01	10	5.78
23	03:08	2.7	6.8	0.01	10	5.78
结束	03:23				15	8.66
合计					235	187.85

附表 1-59　地面灌农渠末端流量测定表（昌马灌区三道沟镇昌马上 4 号 3 水 7 月 22 日）

序号	时间 （时:分）	左尺水位 （cm）	右尺水位 （cm）	流量 Q （m³/s）	时段 T （min）	水量 W （m³）
1	15:10	12.20	2.80	0.02		
2	15:20	17.80	3.60	0.03	10.00	11.46
3	15:30	17.80	3.60	0.03	10.00	19.53
4	15:40	17.80	3.60	0.03	10.00	19.53
5	15:50	17.80	3.60	0.03	10.00	19.53
6	16:05	17.80	3.60	0.03	15.00	29.30
7	16:20	17.80	3.60	0.03	15.00	29.30
8	16:35	17.80	3.60	0.03	15.00	29.30
结束	16:52	17.80	3.60		17.00	33.20
合计					102.00	191.15

附表 1-60　地面灌农渠末端流量测定表（昌马灌区三道沟镇昌马上 2 号 1 水 4 月 29 日）

序号	时间 （时:分）	左尺水位 （cm）	右尺水位 （cm）	流量 Q （m³/s）	时段 T （min）	水量 W （m³）
1	10:00	13.00	3.00	0.02		
2	10:05	20.00	5.00	0.04	5.00	6.31
3	10:10	21.00	6.00	0.05	5.00	12.33
4	10:15	20.00	5.00	0.04	5.00	13.84
5	10:20	19.00	5.00	0.04	5.00	12.33
6	10:25	18.00	4.00	0.03	5.00	11.60
结束	10:30				5.00	10.18
合计					30.00	66.59

附表 1-61　地面灌农渠末端流量测定表（昌马灌区三道沟镇昌马上 2 号 2 水 5 月 13 日）

序号	时间（时:分）	左尺水位（cm）	右尺水位（cm）	流量 Q（m³/s）	时段 T（min）	水量 W（m³）
1	20:20	3.80	8.80	0.01		
2	20:30	3.80	8.80	0.01	10.00	8.82
3	20:40	3.80	8.80	0.01	10.00	8.82
4	20:50	3.80	8.80	0.01	10.00	8.82
5	21:00	3.80	8.80	0.01	10.00	8.82
6	21:10	3.80	8.80	0.01	10.00	8.82
7	21:20	3.80	8.80	0.01	10.00	8.82
8	21:30	3.80	8.80	0.01	10.00	8.82
9	21:40	3.80	8.80	0.01	10.00	8.82
10	21:50	3.80	8.80	0.01	10.00	8.82
结束	22:00				10.00	8.82
合计					100.00	88.20

附表 1-62　地面灌农渠末端流量测定表（昌马灌区三道沟镇昌马上 2 号 3 水 5 月 29 日）

序号	时间（时:分）	左尺水位（cm）	右尺水位（cm）	流量 Q（m³/s）	时段 T（min）	水量 W（m³）
1	13:10	12.20	2.80	0.02		
2	13:15	17.80	3.60	0.03	5.00	5.73
3	13:20	17.80	3.60	0.03	5.00	9.77
4	13:25	17.80	3.60	0.03	5.00	9.77
5	13:30	17.80	3.60	0.03	5.00	9.77
6	13:35	17.80	3.60	0.03	5.00	9.77
7	13:40	17.80	3.60	0.03	5.00	9.77
8	13:45	17.80	3.60	0.03	5.00	9.77
结束	13:50	17.80	3.60		5.00	9.77
合计					40.00	74.09

附表 1-63　地面灌农渠末端流量测定表（昌马灌区三道沟镇昌马上 2 号 4 水 6 月 12 日）

序号	时间（时:分）	左尺水位（cm）	右尺水位（cm）	流量 Q（m³/s）	时段 T（min）	水量 W（m³）
1	11:30	3.80	8.80	0.01		
2	11:40	3.80	8.80	0.01	10.00	8.82
3	11:50	3.80	8.80	0.01	10.00	8.82
4	12:00	3.80	8.80	0.01	10.00	8.82
5	12:10	3.80	8.80	0.01	10.00	8.82
6	12:20	3.80	8.80	0.01	10.00	8.82
7	12:30	3.80	8.80	0.01	10.00	8.82
8	12:40	3.80	8.80	0.01	10.00	8.82
9	12:50	3.80	8.80	0.01	10.00	8.82
10	13:00	3.80	8.80	0.01	10.00	8.82
11	13:05	3.80	8.80	0.01	5.00	4.41
合计					95.00	83.82

附表 1-64　地面灌农渠末端流量测定表（昌马灌区三道沟镇昌马上 2 号 5 水 7 月 1 日）

序号	时间（时:分）	左尺水位（cm）	右尺水位（cm）	流量 Q（m³/s）	时段 T（min）	水量 W（m³）
1	15:30	12.20	2.80	0.02		
2	15:35	17.80	3.60	0.03	5.00	5.73
3	15:40	17.80	3.60	0.03	5.00	9.77
4	15:45	17.80	3.60	0.03	5.00	9.77
5	15:50	17.80	3.60	0.03	5.00	9.77
6	15:55	17.80	3.60	0.03	5.00	9.77
7	16:00	17.80	3.60	0.03	5.00	9.77
8	16:05	17.80	3.60	0.03	5.00	9.77
结束	16:10	17.80	3.60		5.00	9.77
合计					40.00	74.09

附表 1-65　地面灌农渠末端流量测定表(昌马灌区三道沟镇昌马上 6 号 1 水 6 月 11 日)

序号	时间 (时:分)	左尺水位 (cm)	右尺水位 (cm)	流量 Q (m³/s)	时段 T (min)	水量 W (m³)
1	13:00	18.00	15.00	0.06		
2	13:06	22.00	19.00	0.09	6.00	22.44
3	13:16	22.00	19.00	0.09	10.00	51.79
4	13:26	22.00	19.00	0.09	10.00	51.79
5	13:36	22.00	19.00	0.09	10.00	51.79
6	13:46	22.00	19.00	0.09	10.00	51.79
7	13:56	20.00	17.00	0.07	10.00	51.79
8	14:06	20.00	17.00	0.07	10.00	44.40
结束	14:21				15.00	66.60
合计					81.00	392.40

附表 1-66　地面灌农渠末端流量测定表(昌马灌区三道沟镇昌马上 6 号 2 水 7 月 1 日)

序号	时间 (时:分)	左尺水位 (cm)	右尺水位 (cm)	流量 Q (m³/s)	时段 T (min)	水量 W (m³)
1	20:05	10.00	10.00	0.03		
2	20:10	18.00	16.00	0.07	5.00	8.82
3	20:15	19.00	17.00	0.07	5.00	19.56
4	20:20	22.00	20.00	0.09	5.00	21.31
5	20:30	22.00	20.00	0.09	10.00	53.70
6	20:40	22.00	20.00	0.09	10.00	53.70
7	20:50	22.00	20.00	0.09	10.00	53.70
8	21:00	22.00	20.00	0.09	10.00	53.70
9	21:10	22.00	20.00	0.09	10.00	53.70
10	21:20	22.00	20.00	0.09	10.00	53.70
结束	21:34				14.00	75.18
合计					89.00	447.05

附表 1-67 地面灌农渠末端流量测定表（昌马灌区三道沟镇昌马上 6 号 3 水 7 月 23 日）

序号	时间 （时:分）	左尺水位 （cm）	右尺水位 （cm）	流量 Q （m³/s）	时段 T （min）	水量 W （m³）
1	18:40	13.20	11.50	0.04		
2	18:45	15.50	13.80	0.05	5.00	12.11
3	18:50	22.80	21.20	0.10	5.00	15.64
4	19:00	22.80	21.20	0.10	10.00	57.58
5	19:10	22.80	21.20	0.10	10.00	57.58
6	19:20	28.70	27.00	0.14	10.00	57.58
7	19:30	28.70	27.00	0.14	10.00	82.01
结束	19:40				10.00	82.01
合计					60.00	364.51

附表 1-68 地面灌农渠末端流量测定表（昌马灌区三道沟镇昌马上 6 号 4 水 8 月 11 日）

序号	时间 （时:分）	左尺水位 （cm）	右尺水位 （cm）	流量 Q （m³/s）	时段 T （min）	水量 W （m³）
1	14:20	29.30	27.60	0.14		
2	14:30	29.30	27.60	0.14	10.00	84.68
3	14:40	29.30	27.60	0.14	10.00	84.68
4	14:50	29.30	27.60	0.14	10.00	84.68
结束	15:04				14.00	118.55
合计					44.00	372.57

附表 1-69 地面灌农渠末端流量测定表（昌马灌区三道沟镇昌马上 6 号 5 水 8 月 26 日）

序号	时间 （时:分）	左尺水位 （cm）	右尺水位 （cm）	流量 Q （m³/s）	时段 T （min）	水量 W （m³）
1	01:23	22.70	21.00	0.09		
2	01:33	29.80	28.10	0.14	10.00	56.99
3	01:43	29.80	28.10	0.14	10.00	86.92
4	01:53	29.80	28.10	0.14	15.00	130.38
结束	02:03				15.00	130.38
合计					50.00	404.66

附表 1-70　地面灌农渠末端流量测定表(昌马灌区三道沟镇昌马上 1 号 1 水 4 月 29 日)

序号	时间 (时:分)	左尺水位 (cm)	右尺水位 (cm)	流量 Q (m^3/s)	时段 T (min)	水量 W (m^3)
1	18:00	13.00	3.00	0.02		
2	18:05	20.00	5.00	0.04	5.00	6.31
3	18:10	21.00	6.00	0.05	5.00	12.33
4	18:15	20.00	5.00	0.04	5.00	13.84
5	18:25	19.00	5.00	0.04	10.00	24.66
6	18:35	18.00	4.00	0.03	10.00	23.20
结束	18:45				10.00	20.36
合计					45.00	100.70

附表 1-71　地面灌农渠末端流量测定表(昌马灌区三道沟镇昌马上 1 号 2 水 5 月 13 日)

序号	时间 (时:分)	左尺水位 (cm)	右尺水位 (cm)	流量 Q (m^3/s)	时段 T (min)	水量 W (m^3)
1	20:20	3.80	8.80	0.01		
2	20:30	3.80	8.80	0.01	10.00	8.82
3	20:40	3.80	8.80	0.01	10.00	8.82
4	20:50	3.80	8.80	0.01	10.00	8.82
5	21:00	3.80	8.80	0.01	10.00	8.82
6	21:10	3.80	8.80	0.01	10.00	8.82
7	21:20	3.80	8.80	0.01	10.00	8.82
8	21:30	3.80	8.80	0.01	10.00	8.82
9	21:40	3.80	8.80	0.01	10.00	8.82
10	21:50	3.80	8.80	0.01	10.00	8.82
结束	22:00				10.00	8.82
合计					100.00	88.24

附表 1-72　地面灌农渠末端流量测定表(昌马灌区三道沟镇昌马上 1 号 3 水 5 月 29 日)

序号	时间 (时:分)	左尺水位 (cm)	右尺水位 (cm)	流量 Q (m^3/s)	时段 T (min)	水量 W (m^3)
1	15:10	12.20	2.80	0.02		
2	15:15	17.80	3.60	0.03	5.00	5.73
3	15:20	17.80	3.60	0.03	5.00	9.77
4	15:25	17.80	3.60	0.03	5.00	9.77

续表 1-72

序号	时间 (时:分)	左尺水位 (cm)	右尺水位 (cm)	流量 Q (m^3/s)	时段 T (min)	水量 W (m^3)
5	15:30	17.80	3.60	0.03	5.00	9.77
6	15:35	17.80	3.60	0.03	5.00	9.77
7	15:40	17.80	3.60	0.03	5.00	9.77
8	15:45	17.80	3.60	0.03	5.00	9.77
结束	15:50	17.80	3.60	0.03	5.00	9.77
合计					40.00	74.09

附表 1-73　地面灌农渠末端流量测定表(昌马灌区三道沟镇昌马上 1 号 4 水 6 月 12 日)

序号	时间 (时:分)	左尺水位 (cm)	右尺水位 (cm)	流量 Q (m^3/s)	时段 T (min)	水量 W (m^3)
1	12:20	3.80	8.80	0.01		
2	12:30	3.80	8.80	0.01	10.00	8.82
3	12:40	3.80	8.80	0.01	10.00	8.82
4	12:50	3.80	8.80	0.01	10.00	8.82
5	13:00	3.80	8.80	0.01	10.00	8.82
6	13:10	3.80	8.80	0.01	10.00	8.82
7	13:20	3.80	8.80	0.01	10.00	8.82
8	13:30	3.80	8.80	0.01	10.00	8.82
9	13:40	3.80	8.80	0.01	10.00	8.82
10	13:50	3.80	8.80	0.01	10.00	8.82
11	13:58	3.80	8.80	0.01	8.00	7.06
合计					98.00	86.47

附表 1-74　地面灌农渠末端流量测定表(昌马灌区三道沟镇昌马上 1 号 5 水 7 月 1 日)

序号	时间 (时:分)	左尺水位 (cm)	右尺水位 (cm)	流量 Q (m^3/s)	时段 T (min)	水量 W (m^3)
1	09:10	12.20	2.80	0.02		
2	09:15	17.80	3.60	0.03	5.00	5.73
3	09:20	17.80	3.60	0.03	5.00	9.77
4	09:25	17.80	3.60	0.03	5.00	9.77

续表1-74

序号	时间 （时:分）	左尺水位 （cm）	右尺水位 （cm）	流量 Q （m³/s）	时段 T （min）	水量 W （m³）
5	09:30	17.80	3.60	0.03	5.00	9.77
6	09:35	17.80	3.60	0.03	5.00	9.77
7	09:40	17.80	3.60	0.03	5.00	9.77
8	09:45	17.80	3.60	0.03	5.00	9.77
结束	09:55	17.80	3.60		10.00	19.53
合计					45.00	83.85

附表1-75　地面灌农渠末端流量测定表（昌马灌区三道沟镇昌马上3号1水5月13日）

序号	时间 （时:分）	左尺水位 （cm）	右尺水位 （cm）	流量 Q （m³/s）	时段 T （min）	水量 W （m³）
1	08:35	20.00	20.00	0.04		
2	08:40	23.00	23.00	0.05	5.00	12.48
3	09:00	23.00	23.00	0.05	20.00	61.55
4	09:20	23.00	23.00	0.05	20.00	61.55
5	09:40	23.00	23.00	0.05	20.00	61.55
结束	09:50				10.00	30.77
合计					75.00	227.90

附表1-76　地面灌农渠末端流量测定表（昌马灌区三道沟镇昌马上3号2水6月1日）

序号	时间 （时:分）	左尺水位 （cm）	右尺水位 （cm）	流量 Q （m³/s）	时段 T （min）	水量 W （m³）
1	06:10	20.00	20.00	0.04		
2	06:25	23.00	23.00	0.05	15.00	37.43
3	06:40	23.00	23.00	0.05	15.00	46.16
4	06:55	23.00	23.00	0.05	15.00	46.16
5	07:10	23.00	23.00	0.05	15.00	46.16
结束	07:30				20.00	61.55
合计					80.00	237.47

附表 1-77　地面灌农渠末端流量测定表（昌马灌区三道沟镇昌马上 3 号 3 水 6 月 12 日）

序号	时间 （时:分）	左尺水位 （cm）	右尺水位 （cm）	流量 Q （m³/s）	时段 T （min）	水量 W （m³）
1	15:00	20.00	20.00	0.04		
2	15:10	23.00	23.00	0.05	10.00	24.95
3	15:20	23.00	23.00	0.05	10.00	30.77
4	15:30	23.00	23.00	0.05	10.00	30.77
5	15:40	23.00	23.00	0.05	10.00	30.77
结束	16:00				20.00	61.55
合计					60.00	178.83

附表 1-78　地面灌农渠末端流量测定表（昌马灌区三道沟镇昌马上 3 号 4 水 6 月 30 日）

序号	时间 （时:分）	左尺水位 （cm）	右尺水位 （cm）	流量 Q （m³/s）	时段 T （min）	水量 W （m³）
1	07:20	20.00	20.00	0.04		
2	07:30	23.00	23.00	0.05	10.00	24.95
3	07:50	23.00	23.00	0.05	20.00	61.55
4	08:10	23.00	23.00	0.05	20.00	61.55
5	08:30	23.00	23.00	0.05	20.00	61.55
结束	08:40				10.00	30.77
合计					80.00	240.38

附表 1-79　地面灌农渠末端流量测定表（昌马灌区三道沟镇昌马上 3 号 5 水 7 月 16 日）

序号	时间 （时:分）	左尺水位 （cm）	右尺水位 （cm）	流量 Q （m³/s）	时段 T （min）	水量 W （m³）
1	10:10	20.00	20.00	0.04		
2	10:21	23.00	23.00	0.05	11.00	27.45
3	10:31	23.00	23.00	0.05	10.00	30.77
4	10:46	23.00	23.00	0.05	15.00	46.16
5	11:01	23.00	23.00	0.05	15.00	46.16
结束	11:19				18.00	55.39
合计					69.00	205.94

附表 1-80 地面灌农渠末端流量测定表（昌马灌区三道沟镇昌马上 5 号 1 水 5 月 13 日）

序号	时间 （时：分）	左尺水位 （cm）	右尺水位 （cm）	流量 Q （m³/s）	时段 T （min）	水量 W （m³）
1	08：00	20.00	20.00	0.04		
2	08：05	23.00	23.00	0.05	5.00	12.48
3	08：15	23.00	23.00	0.05	10.00	30.77
4	08：25	23.00	23.00	0.05	10.00	30.77
5	08：35	23.00	23.00	0.05	10.00	30.77
结束						
合计					35.00	104.80

附表 1-81 地面灌农渠末端流量测定表（昌马灌区三道沟镇昌马上 5 号 2 水 6 月 1 日）

序号	时间 （时：分）	左尺水位 （cm）	右尺水位 （cm）	流量 Q （m³/s）	时段 T （min）	水量 W （m³）
1	06：10	20.00	20.00	0.04		
2	06：15	23.00	23.00	0.05	5.00	12.48
3	06：25	23.00	23.00	0.05	10.00	30.77
4	06：35	23.00	23.00	0.05	10.00	30.77
5	06：45	23.00	23.00	0.05	10.00	30.77
结束	06：55				10.00	30.77
合计					45.00	135.58

附表 1-82 地面灌农渠末端流量测定表（昌马灌区三道沟镇昌马上 5 号 3 水 6 月 12 日）

序号	时间 （时：分）	左尺水位 （cm）	右尺水位 （cm）	流量 Q （m³/s）	时段 T （min）	水量 W （m³）
1	11：00	20.00	20.00	0.04		
2	11：10	23.00	23.00	0.05	10.00	24.95
3	11：20	23.00	23.00	0.05	10.00	30.77
4	11：30	23.00	23.00	0.05	10.00	30.77
5	11：40	23.00	23.00	0.05	10.00	30.77
结束						
合计					40.00	117.28

附表 1-83　地面灌农渠末端流量测定表(昌马灌区三道沟镇昌马上 5 号 4 水 6 月 30 日)

序号	时间 (时:分)	左尺水位 (cm)	右尺水位 (cm)	流量 Q (m³/s)	时段 T (min)	水量 W (m³)
1	12:05	20.00	20.00	0.04		
2	12:10	23.00	23.00	0.05	5.00	12.48
3	12:20	23.00	23.00	0.05	10.00	30.77
4	12:30	23.00	23.00	0.05	10.00	30.77
5	12:40	23.00	23.00	0.05	10.00	30.77
结束						0.00
合计					35.00	104.80

附表 1-84　地面灌农渠末端流量测定表(昌马灌区三道沟镇昌马上 5 号 5 水 7 月 15 日)

序号	时间 (时:分)	左尺水位 (cm)	右尺水位 (cm)	流量 Q (m³/s)	时段 T (min)	水量 W (m³)
1	15:01	20.00	20.00	0.04		
2	15:10	23.00	23.00	0.05	9.00	22.94
3	15:15	23.00	23.00	0.05	5.00	15.39
4	15:20	23.00	23.00	0.05	5.00	15.39
5	15:25	23.00	23.00	0.05	5.00	15.39
结束	15:30				5.00	15.39
合计					29.00	84.49

附表 1-85　地面灌农渠末端流量测定表(花海灌区南渠八队 3 号 1 水 5 月 16 日)

序号	时间 (时:分)	左尺水位 (cm)	右尺水位 (cm)	流量 Q (m³/s)	时段 T (min)	水量 W (m³)
1	17:25	21.00	19.00	0.08		
2	17:35	21.00	19.00	0.08	10.00	49.91
3	17:45	21.00	19.00	0.08	10.00	49.91
4	17:55	21.00	19.00	0.08	10.00	49.91
5	19:05	21.00	19.00	0.08	10.00	49.91
结束	19:15				10.00	49.91
合计					50.00	249.55

附表 1-86　地面灌农渠末端流量测定表（花海灌区南渠八队 3 号 2 水 6 月 5 日）

序号	时间 （时：分）	左尺水位 （cm）	右尺水位 （cm）	流量 Q （m^3/s）	时段 T （min）	水量 W （m^3）
1	19：25	22.00	20.00	0.09		
2	19：35	22.00	20.00	0.09	10.00	53.70
3	19：45	22.00	20.00	0.09	10.00	53.70
4	19：55	22.00	20.00	0.09	10.00	53.70
5	20：05	22.00	20.00	0.09	10.00	53.70
结束	20：15	22.00	20.00 .	0.09	10.00	53.70
合计					50.00	268.49

附表 1-87　地面灌农渠末端流量测定表（花海灌区南渠八队 3 号 3 水 6 月 23 日）

序号	时间 （时：分）	左尺水位 （cm）	右尺水位 （cm）	流量 Q （m^3/s）	时段 T （min）	水量 W （m^3）
1	14：20	20.00	19.00	0.08		
2	14：30	20.00	19.00	0.08	10.00	48.05
3	14：40	20.00	19.00	0.08	10.00	48.05
4	14：50	20.00	19.00	0.08	10.00	48.05
5	15：00	20.00	19.00	0.08	10.00	48.05
结束	15：05	20.00	19.00	0.08	5.00	24.02
合计					45.00	216.22

附表 1-88　地面灌农渠末端流量测定表（花海灌区南渠八队 3 号 4 水 7 月 15 日）

序号	时间 （时：分）	左尺水位 （cm）	右尺水位 （cm）	流量 Q （m^3/s）	时段 T （min）	水量 W （m^3）
1	13：30	9.00	9.50	0.03		
2	13：40	9.00	9.50	0.03	10.00	15.7
3	13：50	9.00	9.50	0.03	10.00	15.7
4	14：00	9.00	9.50	0.03	10.00	15.7
5	14：10	9.00	9.50	0.03	10.00	15.7
6	14：20	9.00	9.50	0.03	10.00	15.7
7	14：30	9.00	9.50	0.03	10.00	15.7
8	14：40	9.00	9.50	0.03	10.00	15.7
9	14：50	9.00	9.50	0.03	10.00	15.7
结束	15：00				10.00	15.7
合计					90.00	141.3

附表 1-89　地面灌农渠末端流量测定表（花海灌区南渠八队 3 号 5 水 8 月 10 日）

序号	时间 （时:分）	左尺水位 （cm）	右尺水位 （cm）	流量 Q （m³/s）	时段 T （min）	水量 W （m³）
1	15:10	9.00	9.50	0.03		
2	15:20	9.00	9.50	0.03	10.00	15.7
3	15:30	9.00	9.50	0.03	10.00	15.7
4	15:40	9.00	9.50	0.03	10.00	15.7
5	15:50	9.00	9.50	0.03	10.00	15.7
结束	16:00	9.00	9.50	0.03	10.00	15.7
合计					50.00	78.5

附表 1-90　地面灌农渠末端流量测定表（花海灌区南渠八队 3 号 6 水 10 月 28 日）

序号	时间 （时:分）	左尺水位 （cm）	右尺水位 （cm）	流量 Q （m³/s）	时段 T （min）	水量 W （m³）
1	14:10	22.00	21.00	0.09		
2	14:20	22.00	21.00	0.09	10.00	55.6
3	14:30	22.00	21.00	0.09	10.00	55.6
4	14:40	22.00	21.00	0.09	10.00	55.6
5	14:50	22.00	21.00	0.09	10.00	55.6
6	15:00	22.00	21.00	0.09	10.00	55.6
7	15:10	22.00	21.00	0.09	10.00	55.6
8	15:20	22.00	21.00	0.09	10.00	55.6
9	15:30	22.00	21.00	0.09	10.00	55.6
结束	15:40	22.00	21.00	0.09	10.00	55.6
合计					90.00	500.7

附表 1-91　地面灌农渠末端流量测定表（花海灌区南渠八队 1 号 1 水 3 月 16 日）

序号	时间 （时:分）	左尺水位 （cm）	右尺水位 （cm）	流量 Q （m³/s）	时段 T （min）	水量 W （m³）
1	02:40	9.00	8.00	0.02		
2	02:50	9.00	8.00	0.02	10.00	13.83
3	03:00	9.00	8.00	0.02	10.00	13.83
4	03:10	9.00	8.00	0.02	10.00	13.83

续表 1-91

序号	时间 （时∶分）	左尺水位 （cm）	右尺水位 （cm）	流量 Q （m³/s）	时段 T （min）	水量 W （m³）
5	03∶20	9.00	8.00	0.02	10.00	13.83
6	03∶30	9.00	8.00	0.02	10.00	13.83
7	03∶40	9.00	8.00	0.02	10.00	13.83
8	03∶50	9.00	8.00	0.02	10.00	13.83
9	04∶00	9.00	8.00	0.02	10.00	13.83
10	04∶10	9.00	8.00	0.02	10.00	13.83
结束	04∶20				10.00	13.83
合计					100.00	138.30

附表 1-92　地面灌农渠末端流量测定表（花海灌区南渠八队 1 号 2 水 5 月 2 日）

序号	时间 （时∶分）	左尺水位 （cm）	右尺水位 （cm）	流量 Q （m³/s）	时段 T （min）	水量 W （m³）
1	14∶30	20.00	18.00	0.08		
2	14∶40	20.00	18.00	0.08	10.00	46.21
3	14∶50	20.00	18.00	0.08	10.00	46.21
4	15∶00	20.00	18.00	0.08	10.00	46.21
5	15∶10	20.00	18.00	0.08	10.00	46.21
6	15∶20	20.00	18.00	0.08	10.00	46.21
结束	15∶30				10.00	46.21
合计					60.00	277.26

附表 1-93　地面灌农渠末端流量测定表（花海灌区南渠八队 1 号 3 水 5 月 16 日）

序号	时间 （时∶分）	左尺水位 （cm）	右尺水位 （cm）	流量 Q （m³/s）	时段 T （min）	水量 W （m³）
1	18∶35	22.00	20.00	0.09		
2	18∶45	22.00	20.00	0.09	10.00	53.70
3	18∶55	22.00	20.00	0.09	10.00	53.70
4	19∶05	22.00	20.00	0.09	10.00	53.70
5	19∶15	22.00	20.00	0.09	10.00	53.70
6	19∶25	22.00	20.00	0.09	10.00	53.70
结束	19∶30				5.00	26.85
合计					55.00	295.35

附表 1-94　地面灌农渠末端流量测定表（花海灌区南渠八队 1 号 4 水 5 月 31 日）

序号	时间 （时:分）	左尺水位 （cm）	右尺水位 （cm）	流量 Q （m³/s）	时段 T （min）	水量 W （m³）
1	15:20	21.00	20.00	0.09		
2	15:30	21.00	20.00	0.09	10.00	51.79
3	15:40	21.00	20.00	0.09	10.00	51.79
4	15:50	21.00	20.00	0.09	10.00	51.79
5	16:00	21.00	20.00	0.09	10.00	51.79
6	16:10	21.00	20.00	0.09	10.00	51.79
7	16:20	21.00	20.00	0.09	10.00	51.79
8	16:30	21.00	20.00	0.09	10.00	51.79
结束	16:35				5.00	25.90
合计					75.00	388.43

附表 1-95　地面灌农渠末端流量测定表（花海灌区南渠八队 1 号 5 水 6 月 20 日）

序号	时间 （时:分）	左尺水位 （cm）	右尺水位 （cm）	流量 Q （m³/s）	时段 T （min）	水量 W （m³）
1	09:00	20.00	19.00	0.08		
2	09:10	20.00	19.00	0.08	10.00	48.0
3	09:20	20.00	19.00	0.08	10.00	48.0
4	09:30	20.00	19.00	0.08	10.00	48.0
5	09:40	20.00	19.00	0.08	10.00	48.0
6	09:50	20.00	19.00	0.08	10.00	48.0
7	10:00	20.00	19.00	0.08	10.00	48.0
8	10:10	20.00	19.00	0.08	10.00	48.0
结束	10:20				10.00	48.0
合计					80.00	384.0

附表 1-96　地面灌农渠末端流量测定表（花海灌区南渠八队 2 号 1 水 3 月 20 日）

序号	时间 （时:分）	左尺水位 （cm）	右尺水位 （cm）	流量 Q （m³/s）	时段 T （min）	水量 W （m³）
1	12:07	19.00	19.00	0.08		
2	12:17	19.00	19.00	0.08	10.00	46.21
3	12:27	19.00	19.00	0.08	10.00	46.21
4	12:37	19.00	19.00	0.08	10.00	46.21
5	12:47	19.00	19.00	0.08	10.00	46.21
结束	13:00				13.00	60.08
合计					53.00	244.92

附表 1-97　地面灌农渠末端流量测定表（花海灌区南渠八队 2 号 2 水 6 月 5 日）

序号	时间 （时:分）	左尺水位 （cm）	右尺水位 （cm）	流量 Q （m³/s）	时段 T （min）	水量 W （m³）
1	04:10	21.00	20.00	0.09		
2	04:20	21.00	20.00	0.09	10.00	51.79
3	04:30	21.00	20.00	0.09	10.00	51.79
4	04:40	21.00	20.00	0.09	10.00	51.79
5	04:50	21.00	20.00	0.09	10.00	51.79
6	05:00	21.00	20.00	0.09	10.00	51.79
7	05:10	21.00	20.00	0.09	10.00	51.79
8	05:20	21.00	20.00	0.09	10.00	51.79
9	05:30	21.00	20.00	0.09	10.00	51.79
10	05:40	21.00	20.00	0.09	10.00	51.79
11	05:50	21.00	20.00	0.09	10.00	51.79
结束	06:00				10.00	51.79
合计					110.00	569.69

附表 1-98　地面灌农渠末端流量测定表（花海灌区南渠八队 2 号 3 水 6 月 20 日）

序号	时间 （时:分）	左尺水位 （cm）	右尺水位 （cm）	流量 Q （m³/s）	时段 T （min）	水量 W （m³）
1	16:40	22.00	20.00	0.09		
2	16:50	22.00	20.00	0.09	10.00	53.70
3	17:00	22.00	20.00	0.09	10.00	53.70
4	17:10	22.00	20.00	0.09	10.00	53.70
5	17:20	22.00	20.00	0.09	10.00	53.70
6	17:30	22.00	20.00	0.09	10.00	53.70
7	17:40	22.00	20.00	0.09	10.00	53.70
8	17:50	22.00	20.00	0.09	10.00	53.70
结束	18:00				10.00	53.70
合计					80.00	429.60

附表 1-99　地面灌农渠末端流量测定表（花海灌区南渠八队 2 号 4 水 7 月 5 日）

序号	时间 （时:分）	左尺水位 （cm）	右尺水位 （cm）	流量 Q （m³/s）	时段 T （min）	水量 W （m³）
1	19:40	9.00	10.00	0.03		
2	19:50	9.00	10.00	0.03	10.00	16.34
3	20:00	9.00	10.00	0.03	10.00	16.34
4	20:10	9.00	10.00	0.03	10.00	16.34
5	20:20	9.00	10.00	0.03	10.00	16.34
6	20:30	9.00	10.00	0.03	10.00	16.34
7	20:40	9.00	10.00	0.03	10.00	16.34
8	20:50	9.00	10.00	0.03	10.00	16.34
9	21:00	9.00	10.00	0.03	10.00	16.34
10	21:10	9.00	10.00	0.03	10.00	16.34
11	21:20	9.00	10.00	0.03	10.00	16.34
12	21:30	9.00	10.00	0.03	10.00	16.34
13	21:40	9.00	10.00	0.03	10.00	16.34
14	21:50	9.00	10.00	0.03	10.00	16.34
15	22:00	9.00	10.00	0.03	10.00	16.34
16	22:10	9.00	10.00	0.03	10.00	16.34

续表 1-99

序号	时间 (时:分)	左尺水位 (cm)	右尺水位 (cm)	流量 Q (m³/s)	时段 T (min)	水量 W (m³)
17	22:20	9.00	10.00	0.03	10.00	16.34
18	22:30	9.00	10.00	0.03	10.00	16.34
19	22:40	9.00	10.00	0.03	10.00	16.34
20	22:50	9.00	10.00	0.03	10.00	16.34
21	23:00	9.00	10.00	0.03	10.00	16.34
22	23:10	9.00	10.00	0.03	10.00	16.34
结束	23:20				10.00	16.34
合计					220.00	359.48

附表 1-100　地面灌农渠末端流量测定表(花海灌区南渠八队 2 号 5 水 7 月 25 日)

序号	时间 (时:分)	左尺水位 (cm)	右尺水位 (cm)	流量 Q (m³/s)	时段 T (min)	水量 W (m³)
1	10:30	20.00	19.00	0.08		
2	10:40	20.00	19.00	0.08	10.00	48.05
3	10:50	20.00	19.00	0.08	10.00	48.05
4	11:00	20.00	19.00	0.08	10.00	48.05
5	11:10	20.00	19.00	0.08	10.00	48.05
6	11:20	20.00	19.00	0.08	10.00	48.05
7	11:30	20.00	19.00	0.08	10.00	48.05
8	11:40	20.00	19.00	0.08	10.00	48.05
结束	11:50				10.00	48.05
合计					80.00	384.40

附表 1-101　地面灌农渠末端流量测定表(花海灌区南渠八队 4 号 1 水 3 月 20 日)

序号	时间 (时:分)	左尺水位 (cm)	右尺水位 (cm)	流量 Q (m³/s)	时段 T (min)	水量 W (m³)
1	11:20	20.00	20.00	0.08		
2	11:30	20.00	20.00	0.08	10.00	49.91
3	11:40	20.00	20.00	0.08	10.00	49.91
4	11:50	20.00	20.00	0.08	10.00	49.91
结束	11:55	20.00	20.00	0.08	5.00	24.95
合计					35.00	174.68

附表 1-102　　地面灌农渠末端流量测定表（花海灌区南渠八队 4 号 2 水 5 月 31 日）

序号	时间 （时:分）	左尺水位 （cm）	右尺水位 （cm）	流量 Q （m³/s）	时段 T （min）	水量 W （m³）
1	02:00	21.00	20.00	0.09		
2	02:10	21.00	20.00	0.09	10.00	51.8
3	02:20	21.00	20.00	0.09	10.00	51.8
4	02:30	21.00	20.00	0.09	10.00	51.8
结束	02:40	21.00	20.00	0.09	10.00	51.8
合计					40.00	207.2

附表 1-103　　地面灌农渠末端流量测定表（花海灌区南渠八队 4 号 3 水 6 月 20 日）

序号	时间 （时:分）	左尺水位 （cm）	右尺水位 （cm）	流量 Q （m³/s）	时段 T （min）	水量 W （m³）
1	07:20	20.00	19.00	0.08		
2	07:30	20.00	19.00	0.08	10.00	48.0
3	07:40	20.00	19.00	0.08	10.00	48.0
4	07:50	20.00	19.00	0.08	10.00	48.0
5	08:00	20.00	19.00	0.08	10.00	48.0
结束	08:10	20.00	19.00		10.00	48.0
合计					50.00	240.0

附表 1-104　　地面灌农渠末端流量测定表（花海灌区南渠八队 4 号 4 水 7 月 10 日）

序号	时间 （时:分）	左尺水位 （cm）	右尺水位 （cm）	流量 Q （m³/s）	时段 T （min）	水量 W （m³）
1	14:40	10.00	11.00	0.03		
2	14:50	10.00	11.00	0.03	10.00	19.0
3	15:00	10.00	11.00	0.03	10.00	19.0
4	15:10	10.00	11.00	0.03	10.00	19.0
5	15:20	10.00	11.00	0.03	10.00	19.0
6	15:30	10.00	11.00	0.03	10.00	19.0
7	15:40	10.00	11.00	0.03	10.00	19.0
8	15:50	10.00	11.00	0.03	10.00	19.0
结束	16:00	10.00	11.00	0.03	10.00	19.0
合计					80.00	151.9

附表 1-105　地面灌农渠末端流量测定表(花海灌区南渠八队 4 号 5 水 8 月 3 日)

序号	时间 (时:分)	左尺水位 (cm)	右尺水位 (cm)	流量 Q (m³/s)	时段 T (min)	水量 W (m³)
1	10:30	21.00	20.00	0.09		
2	10:40	21.00	20.00	0.09	10.00	51.8
3	10:50	21.00	20.00	0.09	10.00	51.8
结束	11:00	21.00	20.00	0.09	10.00	51.8
合计					30.00	155.4

附表 1-106　地面灌农渠末端流量测定表(双塔灌区南岔镇八工村三组居民点北 1 号 1 水 4 月 1 日)

序号	时间 (时:分)	左尺水位 (cm)	右尺水位 (cm)	流量 Q (m³/s)	时段 T (min)	水量 W (m³)
1	19:10	11.00	11.00	0.02		
2	19:15	11.00	11.00	0.02	5.00	5.09
3	19:20	11.00	11.00	0.02	5.00	5.09
4	19:25	11.00	11.00	0.02	5.00	5.09
5	19:30	11.00	11.00	0.02	5.00	5.09
6	19:35	11.00	11.00	0.02	5.00	5.09
7	19:40	11.00	11.00	0.02	5.00	5.09
8	19:45	11.00	11.00	0.02	5.00	5.09
9	19:50	11.00	11.00	0.02	5.00	5.09
10	19:55	11.00	11.00	0.02	5.00	5.09
11	20:00	11.00	11.00	0.02	5.00	5.09
12	20:05	11.00	11.00	0.02	5.00	5.09
13	20:10	11.00	11.00	0.02	5.00	5.09
14	20:15	11.00	11.00	0.02	5.00	5.09
15	20:20	11.00	11.00	0.02	5.00	5.09
16	20:25	11.00	11.00	0.02	5.00	5.09
结束					5.00	5.09
合计					80.00	81.44

附表 1-107　地面灌农渠末端流量测定表（双塔灌区南岔镇八工村三组居民点北 1 号 2 水 6 月 14 日）

序号	时间 （时:分）	左尺水位 （cm）	右尺水位 （cm）	流量 Q （m^3/s）	时段 T （min）	水量 W （m^3）
1	06:20	16.00	20.00	0.04		
2	06:25	16.00	20.00	0.04	5.00	10.65
3	06:30	18.00	22.00	0.04	5.00	10.65
4	06:35	18.00	22.00	0.04	5.00	12.48
5	06:40	18.00	22.00	0.04	5.00	12.48
6	06:45	18.00	22.00	0.04	5.00	12.48
7	06:50	18.00	22.00	0.04	5.00	12.48
结束					5.00	12.48
合计					35.00	83.70

附表 1-108　地面灌农渠末端流量测定表（双塔灌区南岔镇八工村三组居民点北 1 号 3 水 7 月 3 日）

序号	时间 （时:分）	左尺水位 （cm）	右尺水位 （cm）	流量 Q （m^3/s）	时段 T （min）	水量 W （m^3）
1	06:50	13.00	15.00	0.02		
2	06:55	13.00	15.00	0.02	5.00	7.31
3	07:00	16.00	20.00	0.04	5.00	7.31
4	07:05	15.00	18.00	0.03	5.00	10.65
5	07:10	15.00	18.00	0.03	5.00	9.35
6	07:15	15.00	18.00	0.03	5.00	9.35
7	07:20	16.00	18.00	0.03	5.00	9.35
8	07:25	16.00	18.00	0.03	5.00	9.78
9	07:30	16.00	18.00	0.03	5.00	9.78
10	07:35	16.00	18.00	0.03	5.00	9.78
11	07:40	16.00	18.00	0.03	5.00	9.78
12	07:45	16.00	18.00	0.03	5.00	9.78
13	07:50	16.00	18.00	0.03	5.00	9.78
结束					5.00	9.78
合计					65.00	121.78

附表 1-109　地面灌农渠末端流量测定表(双塔灌区南岔镇八工村三组居民点北 1 号 4 水 7 月 19 日)

序号	时间 (时:分)	左尺水位 (cm)	右尺水位 (cm)	流量 Q (m³/s)	时段 T (min)	水量 W (m³)
1	10:05	7.00	8.00	0.01		
2	10:10	9.00	10.00	0.01	5.00	2.87
3	10:20	10.00	11.00	0.02	10.00	8.17
4	10:30	10.00	11.00	0.02	10.00	9.49
5	10:35	10.00	11.00	0.02	5.00	4.75
6	10:40	10.00	11.00	0.02	5.00	4.75
7	10:50	10.00	11.00	0.02	10.00	9.49
8	11:00	10.00	11.00	0.02	10.00	9.49
9	11:10	10.00	11.00	0.02	10.00	9.49
10	11:20	10.00	11.00	0.02	10.00	9.49
11	11:25	10.00	11.00	0.02	5.00	4.75
12	11:30	10.00	11.00	0.02	5.00	4.75
13	11:35	10.00	11.00	0.02	5.00	4.75
14	11:40	10.00	11.00	0.02	5.00	4.75
15	11:45	10.00	11.00	0.02	5.00	4.75
结束					5.00	4.75
合计					105.00	96.49

附表 1-110　地面灌农渠末端流量测定表(双塔灌区南岔镇八工村三组居民点北 2 号 1 水 4 月 1 日)

序号	时间 (时:分)	左尺水位 (cm)	右尺水位 (cm)	流量 Q (m³/s)	时段 T (min)	水量 W (m³)
1	12:50	10.00	10.00	0.01		
2	12:55	10.00	10.00	0.01	5.00	4.41
3	13:00	10.50	11.00	0.02	5.00	4.41
4	13:05	10.50	11.00	0.02	5.00	4.92
5	13:10	10.50	11.00	0.02	5.00	4.92
6	13:15	10.50	11.00	0.02	5.00	4.92
7	13:20	10.50	11.00	0.02	5.00	4.92
8	13:25	11.00	11.50	0.02	5.00	4.92
9	13:30	11.00	11.50	0.02	5.00	5.26

续附表 1-110

序号	时间 （时：分）	左尺水位 （cm）	右尺水位 （cm）	流量 Q （m³/s）	时段 T （min）	水量 W （m³）
10	13:35	11.00	11.50	0.02	5.00	5.26
11	13:40	11.00	11.50	0.02	5.00	5.26
12	13:45	11.00	11.50	0.02	5.00	5.26
13	13:50	11.00	11.50	0.02	5.00	5.26
14	13:55	11.00	11.50	0.02	5.00	5.26
15	14:00	11.00	11.50	0.02	5.00	5.26
16	14:05	11.00	11.50	0.02	5.00	5.26
17	14:10	11.00	11.50	0.02	5.00	5.26
18	14:15	11.00	11.50	0.02	5.00	5.26
19	14:20	11.00	11.50	0.02	5.00	5.26
20	14:25	11.00	11.50	0.02	5.00	5.26
21	14:30	11.00	11.50	0.02	5.00	5.26
22	14:35	11.00	11.50	0.02	5.00	5.26
23	14:40	11.00	11.50	0.02	5.00	5.26
24	14:45	11.00	11.50	0.02	5.00	5.26
25	14:50	11.00	11.50	0.02	5.00	5.26
26	14:55	11.00	11.50	0.02	5.00	5.26
27	15:00	11.00	11.50	0.02	5.00	5.26
28	15:05	11.00	11.50	0.02	5.00	5.26
29	15:10	11.00	11.50	0.02	5.00	5.26
30	15:15	11.00	11.50	0.02	5.00	5.26
结束						
合计					145.00	149.21

附表 1-111　地面灌农渠末端流量测定表（双塔灌区南岔镇八工村三组居民点北 2 号 2 水 6 月 14 日）

序号	时间 （时：分）	左尺水位 （cm）	右尺水位 （cm）	流量 Q （m³/s）	时段 T （min）	水量 W （m³）
1	05:40	20.00	19.00	0.04		
2	05:45	20.00	20.00	0.04	5.00	12.01
3	05:50	22.00	24.00	0.05	5.00	12.48

续附表 1-111

序号	时间 (时:分)	左尺水位 (cm)	右尺水位 (cm)	流量 Q (m³/s)	时段 T (min)	水量 W (m³)
4	05:55	22.00	24.00	0.05	5.00	15.39
5	06:00	22.00	24.00	0.05	5.00	15.39
6	06:05	22.00	24.00	0.05	5.00	15.39
7	06:10	22.00	24.00	0.05	5.00	15.39
8	06:15	22.00	24.00	0.05	5.00	15.39
9	06:20	22.00	24.00	0.05	5.00	15.39
10	06:25	22.00	24.00	0.05	5.00	15.39
结束						
合计					45.00	132.20

附表 1-112 地面灌农渠末端流量测定表(双塔灌区南岔镇八工村三组居民点北 2 号 3 水 7 月 3 日)

序号	时间 (时:分)	左尺水位 (cm)	右尺水位 (cm)	流量 Q (m³/s)	时段 T (min)	水量 W (m³)
1	06:50	13.00	14.00	0.02		
2	06:55	13.00	14.00	0.02	5.00	6.92
3	07:00	13.00	14.00	0.02	5.00	6.92
4	07:05	14.00	15.00	0.03	5.00	6.92
5	07:10	14.00	15.00	0.03	5.00	7.70
6	07:15	14.00	15.00	0.03	5.00	7.70
7	07:20	16.00	16.00	0.03	5.00	7.70
8	07:25	16.00	16.00	0.03	5.00	8.93
9	07:30	16.00	16.00	0.03	5.00	8.93
10	07:35	16.00	16.00	0.03	5.00	8.93
11	07:40	16.00	16.00	0.03	5.00	8.93
12	07:45	16.00	16.00	0.03	5.00	8.93
13	07:50	16.00	16.50	0.03	5.00	8.93
14	07:55	16.00	16.50	0.03	5.00	9.14
15	08:00	16.00	16.50	0.03	5.00	9.14
结束						
合计					70.00	115.71

附表 1-113　　地面灌农渠末端流量测定表(双塔灌区南岔镇八工村三组居民点北 2 号 4 水 7 月 19 日)

序号	时间 (时:分)	左尺水位 (cm)	右尺水位 (cm)	流量 Q (m³/s)	时段 T (min)	水量 W (m³)
1	11:30	7.00	6.00	0.01		
2	11:35	9.00	8.00	0.01	5.00	2.31
3	11:40	10.00	9.00	0.01	5.00	3.46
4	11:45	10.00	9.00	0.01	5.00	4.08
5	11:50	10.00	9.00	0.01	5.00	4.08
6	11:55	10.00	9.00	0.01	5.00	4.08
7	12:00	10.00	9.00	0.01	5.00	4.08
8	12:05	10.00	9.00	0.01	5.00	4.08
9	12:10	10.00	9.00	0.01	5.00	4.08
10	12:15	10.00	9.00	0.01	5.00	4.08
11	12:20	10.00	9.00	0.01	5.00	4.08
12	12:25	10.00	9.00	0.01	5.00	4.08
13	12:30	10.00	9.00	0.01	5.00	4.08
14	12:35	10.00	9.00	0.01	5.00	4.08
15	12:40	10.00	9.00	0.01	5.00	4.08
16	12:45	10.00	9.00	0.01	5.00	4.08
17	12:50	10.00	9.00	0.01	5.00	4.08
18	12:55	10.00	9.00	0.01	5.00	4.08
19	13:00	10.00	9.00	0.01	5.00	4.08
20	13:05	10.00	9.00	0.01	5.00	4.08
21	13:10	10.00	9.00	0.01	5.00	4.08
22	13:15	10.00	9.00	0.01	5.00	4.08
23	13:20	10.00	9.00	0.01	5.00	4.08
结束					5.00	4.08
合计					115.00	91.55

附表1-114 地面灌农渠末端流量测定表(双塔灌区南岔镇八工村三组居民点北3号1水4月1日)

序号	时间 （时：分）	左尺水位 （cm）	右尺水位 （cm）	流量 Q （m³/s）	时段 T （min）	水量 W （m³）
1	15:20	11.00	11.00	0.02		
2	15:25	11.00	11.00	0.02	5.00	5.09
3	15:30	11.50	11.50	0.02	5.00	5.09
4	15:35	11.50	11.50	0.02	5.00	5.44
5	15:40	11.50	11.50	0.02	5.00	5.44
6	15:45	11.50	11.50	0.02	5.00	5.44
7	15:50	11.50	11.50	0.02	5.00	5.44
8	15:55	11.50	11.50	0.02	5.00	5.44
9	16:00	11.50	11.50	0.02	5.00	5.44
10	16:05	11.50	11.50	0.02	5.00	5.44
11	16:10	11.50	11.50	0.02	5.00	5.44
12	16:15	11.50	11.50	0.02	5.00	5.44
13	16:20	11.50	11.50	0.02	5.00	5.44
14	16:25	11.50	11.50	0.02	5.00	5.44
15	16:30	11.50	11.50	0.02	5.00	5.44
16	16:35	11.50	11.50	0.02	5.00	5.44
17	16:40	11.50	11.50	0.02	5.00	5.44
18	16:45	11.50	11.50	0.02	5.00	5.44
19	16:50	11.50	11.50	0.02	5.00	5.44
20	16:55	11.50	11.50	0.02	5.00	5.44
21	17:00	11.50	11.50	0.02	5.00	5.44
22	17:05	11.50	11.50	0.02	5.00	5.44
23	17:10	11.50	11.50	0.02	5.00	5.44
24	17:15	11.50	11.50	0.02	5.00	5.44
25	17:20	11.50	11.50	0.02	5.00	5.44
26	17:25	11.50	11.50	0.02	5.00	5.44
27	17:30	11.50	11.50	0.02	5.00	5.44
结束						
合计					130.00	140.74

附表 1-115　地面灌农渠末端流量测定表(双塔灌区南岔镇八工村三组居民点北 3 号 2 水 6 月 17 日)

序号	时间 (时:分)	左尺水位 (cm)	右尺水位 (cm)	流量 Q (m^3/s)	时段 T (min)	水量 W (m^3)
1	06:00	10.00	9.00	0.01		
2	06:20	11.00	10.00	0.02	20.00	16.34
3	06:40	12.00	11.00	0.02	20.00	18.99
4	07:20	12.00	11.00	0.02	40.00	43.52
5	08:00	12.00	11.00	0.02	40.00	43.52
结束						
合计					120.00	122.37

附表 1-116　地面灌农渠末端流量测定表(双塔灌区南岔镇八工村三组居民点北 3 号 3 水 6 月 29 日)

序号	时间 (时:分)	左尺水位 (cm)	右尺水位 (cm)	流量 Q (m^3/s)	时段 T (min)	水量 W (m^3)
1	07:00	9.00	8.00	0.01		
2	07:05	10.00	9.00	0.01	5	3.46
3	07:10	12.00	11.00	0.02	5	4.08
4	07:20	12.50	11.50	0.02	10	10.88
5	07:30	12.50	11.50	0.02	10	11.60
6	07:50	12.50	11.50	0.02	20	23.20
7	08:10	12.50	11.50	0.02	20	23.20
8	08:30	12.50	11.50	0.02	20	23.20
结束	08:50	12.50	11.50	0.02	20	23.20
合计					110.00	122.82

附表 1-117　地面灌农渠末端流量测定表(双塔灌区南岔镇八工村三组居民点北 3 号 4 水 7 月 13 日)

序号	时间 (时:分)	左尺水位 (cm)	右尺水位 (cm)	流量 Q (m^3/s)	时段 T (min)	水量 W (m^3)
1	06:40	8.00	6.00	0.01		
2	06:50	10.00	9.00	0.01	10.00	5.17
3	07:00	11.00	10.00	0.02	10.00	8.17
4	07:10	11.00	10.00	0.02	10.00	9.49
5	07:20	11.00	10.00	0.02	10.00	9.49

续附表 1-117

序号	时间（时:分）	左尺水位（cm）	右尺水位（cm）	流量 Q（m³/s）	时段 T（min）	水量 W（m³）
6	07:30	11.00	10.00	0.02	10.00	9.49
7	07:40	11.00	10.00	0.02	10.00	9.49
8	07:50	11.00	10.00	0.02	10.00	9.49
9	08:00	11.00	10.00	0.02	10.00	9.49
10	08:10	11.00	10.00	0.02	10.00	9.49
11	08:20	11.00	10.00	0.02	10.00	9.49
12	08:30	11.00	10.00	0.02	10.00	9.49
13	08:40	11.00	10.00	0.02	10.00	9.49
14	08:50	11.00	10.00	0.00	10.00	9.49
合计					130.00	117.73

附表 1-118　地面灌农渠末端流量测定表（双塔灌区南岔镇八工村三组居民点北 3 号 5 水 7 月 21 日）

序号	时间（时:分）	左尺水位（cm）	右尺水位（cm）	流量 Q（m³/s）	时段 T（min）	水量 W（m³）
1	19:40	9.00	8.00	0.01		
2	19:50	10.00	9.00	0.01	10.00	6.91
3	20:00	11.00	10.00	0.02	10.00	8.17
4	20:10	11.00	10.00	0.02	10.00	9.49
5	20:20	11.00	10.00	0.02	10.00	9.49
6	20:30	11.00	10.00	0.02	10.00	9.49
7	20:40	11.00	10.00	0.02	10.00	9.49
8	20:50	11.00	10.00	0.02	10.00	9.49
9	21:00	11.00	10.00	0.02	10.00	9.49
10	21:10	11.00	10.00	0.02	10.00	9.49
11	21:20	11.00	10.00	0.02	10.00	9.49
12	21:30	11.00	10.00	0.02	10.00	9.49
13	21:40	11.00	10.00	0.02	10.00	9.49
14	21:50	11.00	10.00	0.02	10.00	9.49
结束	22:00	11.00	10.00	0.02	10.00	9.49
合计					140.00	128.96

附表 1-119　地面灌农渠末端流量测定表(双塔灌区南岔镇八工村三组居民点北 4 号 1 水 4 月 1 日)

序号	时间 (时:分)	左尺水位 (cm)	右尺水位 (cm)	流量 Q (m³/s)	时段 T (min)	水量 W (m³)
1	17:30	12	12	0.02		
2	17:35	12	12	0.02	5.00	5.80
3	17:40	11.5	11.5	0.02	5.00	5.80
4	17:45	11.5	11.5	0.02	5.00	5.44
5	17:50	11.5	11.5	0.02	5.00	5.44
6	17:55	11.5	11.5	0.02	5.00	5.44
7	18:00	11.5	11.5	0.02	5.00	5.44
8	18:05	11.5	11.5	0.02	5.00	5.44
9	18:10	11.5	11.5	0.02	5.00	5.44
10	18:15	11.5	11.5	0.02	5.00	5.44
11	18:20	11.5	11.5	0.02	5.00	5.44
12	18:25	11.5	11.5	0.02	5.00	5.44
13	18:30	11.5	11.5	0.02	5.00	5.44
14	18:35	11.5	11.5	0.02	5.00	5.44
15	18:40	11.5	11.5	0.02	5.00	5.44
16	18:45	11.5	11.5	0.02	5.00	5.44
17	18:50	11.5	11.5	0.02	5.00	5.44
18	18:55	11.5	11.5	0.02	5.00	5.44
19	19:00	11.5	11.5	0.02	5.00	5.44
20	19:05	11.5	11.5	0.02	5.00	5.44
结束	19:10				5.00	5.44
合计					100.00	109.52

附表 1-120　地面灌农渠末端流量测定表(双塔灌区南岔镇八工村三组居民点北 4 号 2 水 6 月 17 日)

序号	时间 (时:分)	左尺水位 (cm)	右尺水位 (cm)	流量 Q (m³/s)	时段 T (min)	水量 W (m³)
1	08:05	11	10.5	0.02		
2	08:15	11	10.5	0.02	10.00	9.83
3	08:25	11.5	11	0.02	10.00	9.83
4	08:35	12	11.5	0.02	10.00	10.53

续附表 1-120

序号	时间 （时:分）	左尺水位 （cm）	右尺水位 （cm）	流量 Q （m³/s）	时段 T （min）	水量 W （m³）
8	08:50	12	11.5	0.02	15.00	16.86
10	09:05	12	11.5	0.02	15.00	16.86
11	09:20	12	11.5	0.02	15.00	16.86
结束	09:35				15.00	16.86
合计					90.00	97.63

附表 1-121　地面灌农渠末端流量测定表（双塔灌区南岔镇八工村三组居民点北 4 号 3 水 6 月 29 日）

序号	时间 （时:分）	左尺水位 （cm）	右尺水位 （cm）	流量 Q （m³/s）	时段 T （min）	水量 W （m³）
1	08:40	8	8	0.01		
2	09:00	11	11	0.02	20.00	12.63
3	09:20	11	11	0.02	20.00	20.36
4	09:40	11	11	0.02	20.00	20.36
5	10:00	11	11	0.02	20.00	20.36
6	10:20	11	11	0.02	20.00	20.36
结束	10:25				5.00	5.09
合计					105.00	99.16

附表 1-122　地面灌农渠末端流量测定表（双塔灌区南岔镇八工村三组居民点北 4 号 4 水 7 月 13 日）

序号	时间 （时:分）	左尺水位 （cm）	右尺水位 （cm）	流量 Q （m³/s）	时段 T （min）	水量 W （m³）
1	07:50	8	8	0.01		
2	07:55	10	10	0.01	5.00	3.16
3	08:00	11	11	0.02	5.00	4.41
4	08:05	12	12	0.02	5.00	5.09
5	08:10	12	12	0.02	5.00	5.80
6	08:15	12	12	0.02	5.00	5.80
7	08:25	12	12	0.02	10.00	11.60
8	08:35	12	12	0.02	10.00	11.60
9	08:45	12	12	0.02	10.00	11.60

续附表 1-122

序号	时间 （时：分）	左尺水位 （cm）	右尺水位 （cm）	流量 Q （m³/s）	时段 T （min）	水量 W （m³）
10	08：55	12	12	0.02	10.00	11.60
11	09：05	12	12	0.02	10.00	11.60
12	09：15	12	12	0.02	10.00	11.60
13	09：25	12	12	0.02	10.00	11.60
结束	09：35				10.00	11.60
合计					105.00	117.06

附表 1-123　地面灌农渠末端流量测定表（双塔灌区南岔镇八工村三组居民点北 4 号 5 水 7 月 21 日）

序号	时间 （时：分）	左尺水位 （cm）	右尺水位 （cm）	流量 Q （m³/s）	时段 T （min）	水量 W （m³）
1	20：45	8	8	0.01		
2	20：50	10	10	0.01	5.00	3.16
3	21：00	11	11	0.02	10.00	8.82
4	21：10	12	12	0.02	10.00	10.18
5	21：20	12	12	0.02	10.00	11.60
6	21：30	12	12	0.02	10.00	11.60
7	21：40	12	12	0.02	10.00	11.60
8	21：50	12	12	0.02	10.00	11.60
9	22：00	12	12	0.02	10.00	11.60
10	22：10	12	12	0.02	10.00	11.60
结束	22：20				10.00	11.60
合计					95.00	103.36

附表 1-124　地面灌农渠末端流量测定表（双塔灌区南岔镇八工村三组居民点北 5 号 1 水 4 月 8 日）

序号	时间 （时：分）	左尺水位 （cm）	右尺水位 （cm）	流量 Q （m³/s）	时段 T （min）	水量 W （m³）
1	13：30	4	4	0.004		
2	13：40	8	8	0.011	10	2.23
3	13：45	11	10	0.016	5	3.16
4	13：50	12	11	0.018	5	4.75

续附表 1-124

序号	时间 （时：分）	左尺水位 （cm）	右尺水位 （cm）	流量 Q （m^3/s）	时段 T （min）	水量 W （m^3）
5	13：55	12	11.5	0.019	5	5.44
6	14：00	13	12.5	0.021	5	5.62
7	14：05	13	12.5	0.021	5	6.35
8	14：10	13	12.5	0.021	5	6.35
9	14：15	14	13	0.023	5	6.35
10	14：20	14	13.5	0.024	5	6.92
11	14：25	14	13.5	0.024	5	7.11
12	14：30	14	13.5	0.024	5	7.11
13	14：35	14	13.5	0.024	5	7.11
14	14：40	14	13.5	0.024	5	7.11
15	14：45	14	13.5	0.024	5	7.11
16	14：50	14	13.5	0.024	5	7.11
17	14：55	14	13.5	0.024	5	7.11
18	15：00	14	13.5	0.024	5	7.11
19	15：05	14	13.5	0.024	5	7.11
20	15：10	14	13.5	0.024	5	7.11
21	15：15	14	13.5	0.024	5	7.11
22	15：20	14	13.5	0.024	5	7.11
23	15：25	14	13.5	0.024	5	7.11
24	15：30	14	13.5	0.024	5	7.11
25	15：35	14	13.5	0.024	5	7.11
26	15：40	14	13.5	0.024	5	7.11
27	15：45	14	13.5	0.024	5	7.11
28	15：50	14	13.5	0.024	5	7.11
29	15：55	14	13.5	0.024	5	7.11
30	16：00	14	13.5	0.024	5	7.11
31	16：05	14	13.5	0.024	5	7.11
32	16：10	14	13.5	0.024	5	7.11
33	16：15	14	13.5	0.024	5	7.11
34	16：20	14	13.5	0.024	5	7.11

续附表 1-124

序号	时间 （时:分）	左尺水位 （cm）	右尺水位 （cm）	流量 Q （m³/s）	时段 T （min）	水量 W （m³）
35	16:25	14	13.5	0.024	5	7.11
36	16:30	14	13.5	0.024	5	7.11
37	16:35	14	13.5	0.024	5	7.11
38	16:40	14	13.5	0.024	5	7.11
39	16:45	14	13.5	0.024	5	7.11
40	16:50	14	13.5	0.024	5	7.11
41	16:55	14	13.5	0.024	5	7.11
42	17:00	14	13.5	0.024	5	7.11
43	17:05	14	13.5	0.024	5	7.11
44	17:10	14	13.5	0.024	5	7.11
45	17:15	14	13.5	0.024	5	7.11
46	17:20	14	13.5	0.024	5	7.11
47	17:25	14	13.5	0.024	5	7.11
48	17:30	14	13.5	0.024	5	7.11
49	17:35	14	13.5	0.024	5	7.11
50	17:40	14.5	14	0.025	5	7.11
51	17:45	14.5	14	0.025	5	7.5
52	17:50	14.5	14	0.025	5	7.5
53	17:55	14.5	14	0.025	5	7.5
54	18:00	14.5	14	0.025	5	7.5
55	18:05	14.5	14	0.025	5	7.5
56	18:10	14.5	14	0.025	5	7.5
57	18:15	14.5	14	0.025	5	7.5
58	18:20	14.5	14	0.025	5	7.5
59	18:25	14.5	14	0.025	5	7.5
60	18:30	14.5	14	0.025	5	7.5
61	18:35	14.5	14	0.025	5	7.5
62	18:40	14.5	14	0.025	5	7.5
63	18:45	14.5	14	0.025	5	7.5
64	18:50	15	14.5	0.026	5	7.5

续附表 1-124

序号	时间 (时:分)	左尺水位 (cm)	右尺水位 (cm)	流量 Q (m^3/s)	时段 T (min)	水量 W (m^3)
65	18:55	15	14.5	0.026	5	7.9
66	19:00	15	14.5	0.026	5	7.9
67	19:05	15	14.5	0.026	5	7.9
68	19:10	15	14.5	0.026	5	7.9
69	19:15	15	14.5	0.026	5	7.9
70	19:20	15	14.5	0.026	5	7.9
71	19:25	15	14.5	0.026	5	7.9
72	19:30	15	14.5	0.026	5	7.9
73	19:35	15	14.5	0.026	5	7.9
74	19:40	15	14.5	0.026	5	7.9
75	19:45	15	14.5	0.026	5	7.9
76	19:50	15	14.5	0.026	5	7.9
77	19:55	15	14.5	0.026	5	7.9
78	20:00	15	14.5	0.026	5	7.9
79	20:05	15	14.5	0.026	5	7.9
80	20:10	15	14.5	0.026	5	7.9
81	20:15	15	14.5	0.026	5	7.9
82	20:20	15	14.5	0.026	5	7.9
83	20:25	15	14.5	0.026	5	7.9
84	20:30				5	7.9
结束						0
合计					420	594.77

附表 1-125　地面灌农渠末端流量测定表(双塔灌区南岔镇八工村三组居民点北 5 号 2 水 6 月 28 日)

序号	时间 (时:分)	左尺水位 (cm)	右尺水位 (cm)	流量 Q (m^3/s)	时段 T (min)	水量 W (m^3)
1	07:00	4.00	4.00	0.004		
2	07:05	9.00	8.00	0.012	5.00	1.12
3	07:10	11.00	10.00	0.016	5.00	3.46
4	07:15	12.00	11.00	0.018	5.00	4.75

续附表 1-125

序号	时间 （时：分）	左尺水位 （cm）	右尺水位 （cm）	流量 Q （m³/s）	时段 T （min）	水量 W （m³）
5	07:20	12.50	11.50	0.019	5.00	5.44
6	07:25	13.00	12.00	0.021	5.00	5.80
7	07:45	13.50	12.00	0.021	20.00	24.66
8	07:55	13.50	12.50	0.022	10.00	12.70
9	08:20	14.00	13.00	0.023	25.00	32.69
10	08:50	14.00	13.00	0.023	30.00	41.52
11	09:20	14.00	13.00	0.023	30.00	41.52
12	09:50	14.00	13.00	0.023	30.00	41.52
13	10:10	14.50	13.50	0.024	20.00	27.68
14	10:30	14.50	13.50	0.024	20.00	29.23
15	10:50	14.50	13.50	0.024	20.00	29.23
16	11:10	14.50	13.50	0.024	20.00	29.23
17	11:40	14.50	13.50	0.024	30.00	43.84
18	12:10	14.50	13.50	0.024	30.00	43.84
19	12:20	15.00	14.00	0.026	10.00	14.61
20	12:40	15.00	14.00	0.026	20.00	30.81
21	13:00	15.00	14.00	0.026	20.00	30.81
22	13:30	15.00	14.00	0.026	30.00	46.21
23	13:50	15.00	14.00	0.026	20.00	30.81
24	14:10	15.00	14.00	0.026	20.00	30.81
25	14:20	15.50	14.50	0.027	10.00	15.40
26	14:30	15.50	14.50	0.027	10.00	16.21
27	15:00	15.50	14.50	0.027	30.00	48.63
结束						
合计					480.00	682.53

附表 1-126 地面灌农渠末端流量测定表(双塔灌区南岔镇八工村三组居民点北 5 号 3 水 7 月 20 日)

序号	时间 (时:分)	左尺水位 (cm)	右尺水位 (cm)	流量 Q (m^3/s)	时段 T (min)	水量 W (m^3)
1	21:25	4.00	4.00	0.004		
2	21:30	8.00	9.00	0.012	5.00	1.12
3	21:35	9.00	9.00	0.013	5.00	3.46
4	21:40	11.00	10.00	0.016	5.00	3.77
5	21:45	11.00	10.00	0.016	5.00	4.75
6	21:50	11.00	10.00	0.016	5.00	4.75
7	21:55	12.00	11.00	0.018	5.00	4.75
8	22:00	12.00	11.00	0.018	5.00	5.44
9	22:05	12.00	11.00	0.018	5.00	5.44
10	22:10	12.00	11.00	0.018	5.00	5.44
11	22:15	13.00	12.00	0.021	5.00	5.44
12	22:20	13.00	12.00	0.021	5.00	6.17
13	22:25	13.00	12.00	0.021	5.00	6.17
14	22:30	13.00	12.00	0.021	5.00	6.17
15	22:35	13.00	12.00	0.021	5.00	6.17
16	22:40	13.00	12.00	0.021	5.00	6.17
17	22:45	13.00	12.00	0.021	5.00	6.17
18	22:50	13.00	12.00	0.021	5.00	6.17
19	22:55	13.00	12.00	0.021	5.00	6.17
20	23:00	13.50	12.00	0.021	5.00	6.17
21	23:05	13.50	12.00	0.021	5.00	6.35
22	23:10	13.50	12.00	0.021	5.00	6.35
23	23:20	13.50	12.00	0.021	10.00	12.70
24	23:30	13.50	12.00	0.021	10.00	12.70
25	23:40	13.50	12.00	0.021	10.00	12.70
26	23:50	13.50	12.00	0.021	10.00	12.70
27	00:00	13.50	12.00	0.021	10.00	12.70
28	00:10	13.50	12.00	0.021	10.00	12.70
29	00:20	13.50	12.00	0.021	10.00	12.70
30	00:30	13.50	12.00	0.021	10.00	12.70

续附表 1-126

序号	时间 （时:分）	左尺水位 （cm）	右尺水位 （cm）	流量 Q （m^3/s）	时段 T （min）	水量 W （m^3）
31	00:40	13.50	12.00	0.021	10.00	12.70
32	00:50	13.50	12.00	0.021	10.00	12.70
33	01:00	13.50	12.00	0.021	10.00	12.70
34	01:10	13.50	12.00	0.021	10.00	12.70
35	01:20	14.00	13.00	0.023	10.00	12.70
36	01:30	14.00	13.00	0.023	10.00	13.84
37	01:40	14.00	13.00	0.023	10.00	13.84
38	01:50	14.00	13.00	0.023	10.00	13.84
39	02:00	14.00	13.00	0.023	10.00	13.84
40	02:10	15.00	14.00	0.026	10.00	13.84
41	02:20	15.00	14.00	0.026	10.00	15.40
42	02:30	15.00	14.00	0.026	10.00	15.40
43	02:40	15.00	14.00	0.026	10.00	15.40
44	02:50	15.00	14.00	0.026	10.00	15.40
45	03:00	15.00	14.00	0.026	10.00	15.40
46	03:10	15.00	14.00	0.026	10.00	15.40
47	03:20	15.00	14.00	0.026	10.00	15.40
48	03:30	15.00	14.00	0.026	10.00	15.40
49	03:40	15.50	14.00	0.026	10.00	15.40
50	03:50	15.50	14.50	0.027	10.00	15.80
51	04:00	15.50	14.50	0.027	10.00	16.21
52	04:10	15.50	14.50	0.027	10.00	16.21
53	04:20	15.50	14.50	0.027	10.00	16.21
54	04:30	15.50	14.50	0.027	10.00	16.21
55	04:40	15.50	14.50	0.027	10.00	16.21
56	04:50	15.50	14.50	0.027	10.00	16.21
结束						
合计					445.00	598.55

附表 1-127　地面灌农渠末端流量测定表(双塔灌区南岔镇八工村三组居民点北 5 号 4 水 8 月 23 日)

序号	时间 (时:分)	左尺水位 (cm)	右尺水位 (cm)	流量 Q (m³/s)	时段 T (min)	水量 W (m³)
1	08:20	4.00	4.00	0.004		
2	08:25	7.00	8.00	0.010	5.00	1.12
3	08:30	10.00	9.00	0.014	5.00	2.87
4	08:35	11.00	10.00	0.016	5.00	4.08
5	08:40	11.00	10.00	0.016	5.00	4.75
6	08:45	12.00	11.00	0.018	5.00	4.75
7	08:50	12.00	11.00	0.018	5.00	5.44
8	08:55	12.00	11.00	0.018	5.00	5.44
9	09:00	12.00	11.00	0.018	5.00	5.44
10	09:05	12.00	11.00	0.018	5.00	5.44
11	09:10	13.00	12.00	0.021	5.00	5.44
12	09:15	13.00	12.00	0.021	5.00	6.17
13	09:20	13.00	12.00	0.021	5.00	6.17
14	09:25	13.00	12.00	0.021	5.00	6.17
15	09:30	13.00	12.00	0.021	5.00	6.17
16	09:35	13.00	12.00	0.021	5.00	6.17
17	09:40	13.00	12.00	0.021	5.00	6.17
18	09:45	13.00	12.00	0.021	5.00	6.17
19	09:50	13.00	12.00	0.021	5.00	6.17
20	09:55	13.00	12.00	0.021	5.00	6.17
21	10:00	13.00	12.00	0.021	5.00	6.17
22	10:05	13.00	12.00	0.021	5.00	6.17
23	10:10	13.00	12.00	0.021	5.00	6.17
24	10:15	13.00	12.00	0.021	5.00	6.17
25	10:20	13.00	12.00	0.021	5.00	6.17
26	10:25	13.00	12.00	0.021	5.00	6.17
27	10:30	13.00	12.00	0.021	5.00	6.17
28	10:35	13.00	12.00	0.021	5.00	6.17
29	10:40	13.00	12.00	0.021	5.00	6.17
30	10:45	13.00	12.00	0.021	5.00	6.17

续附表 1-127

序号	时间 （时:分）	左尺水位 （cm）	右尺水位 （cm）	流量 Q （m^3/s）	时段 T （min）	水量 W （m^3）
31	10:50	13.00	12.00	0.021	5.00	6.17
32	10:55	13.00	12.00	0.021	5.00	6.17
33	11:00	13.00	12.00	0.021	5.00	6.17
34	11:05	13.00	12.00	0.021	5.00	6.17
35	11:10	13.00	12.00	0.021	5.00	6.17
36	11:15	13.00	12.00	0.021	5.00	6.17
37	11:20	13.00	12.00	0.021	5.00	6.17
38	11:25	13.00	12.00	0.021	5.00	6.17
39	11:30	13.00	12.00	0.021	5.00	6.17
40	11:35	13.00	12.00	0.021	5.00	6.17
41	11:40	13.00	12.00	0.021	5.00	6.17
42	11:45	13.00	12.00	0.021	5.00	6.17
43	11:50	13.00	12.00	0.021	5.00	6.17
44	11:55	13.00	12.00	0.021	5.00	6.17
45	12:00	13.00	12.00	0.021	5.00	6.17
46	12:05	13.00	12.00	0.021	5.00	6.17
47	12:10	13.00	12.00	0.021	5.00	6.17
48	12:15	13.00	12.00	0.021	5.00	6.17
49	12:20	13.00	12.00	0.021	5.00	6.17
50	12:25	13.00	12.00	0.021	5.00	6.17
51	12:30	13.50	12.00	0.021	5.00	6.17
52	12:35	13.50	12.00	0.021	5.00	6.35
53	12:40	14.00	13.00	0.023	5.00	6.35
54	12:45	14.00	13.00	0.023	5.00	6.92
55	12:50	14.00	13.00	0.023	5.00	6.92
56	12:55	14.00	13.00	0.023	5.00	6.92
57	13:00	14.00	13.00	0.023	5.00	6.92
58	13:05	14.00	13.00	0.023	5.00	6.92
59	13:10	14.00	13.00	0.023	5.00	6.92
60	13:15	14.00	13.00	0.023	5.00	6.92

续附表 1-127

序号	时间 （时:分）	左尺水位 （cm）	右尺水位 （cm）	流量 Q （m^3/s）	时段 T （min）	水量 W （m^3）
61	13:20	14.00	13.00	0.023	5.00	6.92
62	13:25	14.00	13.00	0.023	5.00	6.92
63	13:30	14.00	13.00	0.023	5.00	6.92
64	13:35	14.00	13.00	0.023	5.00	6.92
65	13:40	14.00	13.00	0.023	5.00	6.92
66	13:45	14.00	13.00	0.023	5.00	6.92
67	13:50	14.00	13.00	0.023	5.00	6.92
68	13:55	14.00	13.00	0.023	5.00	6.92
69	14:00	15.00	14.00	0.026	5.00	6.92
70	14:05	15.00	14.00	0.026	5.00	7.70
71	14:10	15.00	14.00	0.026	5.00	7.70
72	14:15	15.00	14.00	0.026	5.00	7.70
73	14:20	15.00	14.00	0.026	5.00	7.70
74	14:25	15.00	14.00	0.026	5.00	7.70
75	14:30	15.00	14.00	0.026	5.00	7.70
76	14:35	15.00	14.00	0.026	5.00	7.70
77	14:40	15.00	14.00	0.026	5.00	7.70
78	14:45	15.00	14.00	0.026	5.00	7.70
79	14:50	15.00	14.00	0.026	5.00	7.70
80	14:55	15.00	14.00	0.026	5.00	7.70
81	15:00	15.50	14.50	0.027	5.00	7.70
82	15:05	15.50	14.50	0.027	5.00	8.10
83	15:10	15.50	14.50	0.027	5.00	8.10
84	15:15	15.50	14.50	0.027	5.00	8.10
85	15:20	15.50	14.50	0.027	5.00	8.10
86	15:25	15.50	14.50	0.027	5.00	8.10
87	15:30	15.50	14.50	0.027	5.00	8.10
88	15:35	15.50	14.50	0.027	5.00	8.10
89	15:40	16.00	15.00	0.028	5.00	8.10
90	15:45	16.00	15.00	0.028	5.00	8.51
91	15:50	16.00	15.00	0.028	5.00	8.51
结束						
合计					450.00	589.07

附表 1-128　地面灌农渠末端流量测定表(双塔灌区南岔镇八工村三组居民点北 6 号 1 水 4 月 8 日)

序号	时间 (时:分)	左尺水位 (cm)	右尺水位 (cm)	流量 Q (m^3/s)	时段 T (min)	水量 W (m^3)
1	20:35	14	14	0.024		
2	20:40	14	14	0.024	5.00	7.31
3	20:45	13	13	0.022	5.00	7.31
4	20:50	13	13	0.022	5.00	6.54
5	20:55	12	12	0.019	5.00	6.54
6	21:00	12	12	0.019	5.00	5.80
7	21:05	12	12	0.019	5.00	5.80
8	21:10	12	12	0.019	5.00	5.80
9	21:15	12	12	0.019	5.00	5.80
10	21:20	11	11	0.017	5.00	5.80
11	21:25	11	11	0.017	5.00	5.09
12	21:30	11	11	0.017	5.00	5.09
13	21:35	11	11	0.017	5.00	5.09
14	21:40	11	11	0.017	5.00	5.09
15	21:45	11	11	0.017	5.00	5.09
16	21:50	11	11	0.017	5.00	5.09
17	21:55	11	11	0.017	5.00	5.09
18	22:00	11	11	0.017	5.00	5.09
19	22:05	11	11	0.017	5.00	5.09
20	22:10	11	11	0.017	5.00	5.09
21	22:15	11	11	0.017	5.00	5.09
22	22:20	11	11	0.017	5.00	5.09
23	22:25	11	11	0.017	5.00	5.09
24	22:30	11	11	0.017	5.00	5.09
25	22:35	11	11	0.017	5.00	5.09
26	22:40	11	11	0.017	5.00	5.09
27	22:45	11	11	0.017	5.00	5.09
28	22:50	11	11	0.017	5.00	5.09
29	22:55	11	11	0.017	5.00	5.09
30	23:00	11	11	0.017	5.00	5.09

续附表 1-128

序号	时间 （时:分）	左尺水位 （cm）	右尺水位 （cm）	流量 Q （m³/s）	时段 T （min）	水量 W （m³）
31	23:05	11	11	0.017	5.00	5.09
32	23:10	11	11	0.017	5.00	5.09
33	23:15	11	11	0.017	5.00	5.09
34	23:20	11	11	0.017	5.00	5.09
35	23:25	11	11	0.017	5.00	5.09
36	23:30	11	11	0.017	5.00	5.09
37	23:35	11	11	0.017	5.00	5.09
38	23:40	11	11	0.017	5.00	5.09
39	23:45	11	11	0.017	5.00	5.09
40	23:50	11	11	0.017	5.00	5.09
结束	23:55				5.00	5.09
合计					200.00	214.49

附表 1-129　地面灌农渠末端流量测定表（双塔灌区南岔镇八工村三组居民点北 6 号 2 水 6 月 28 日）

序号	时间 （时:分）	左尺水位 （cm）	右尺水位 （cm）	流量 Q （m³/s）	时段 T （min）	水量 W （m³）
1	03:00	14	13	0.023		
2	03:05	12	11	0.018	5.00	6.92
3	03:15	12	11	0.018	10.00	10.88
4	03:35	12	11	0.018	20.00	21.76
8	03:55	12	11	0.018	20.00	21.76
10	04:35	12	11	0.018	40.00	43.52
11	05:05	12	11	0.018	30.00	32.64
12	05:35	12	11	0.018	30.00	32.64
13	06:35	12	11	0.018	60.00	65.28
14	07:00	12	11	0.018	25.00	27.20
结束	07:05				5.00	5.44
合计					245.00	268.04

附表 1-130　地面灌农渠末端流量测定表（双塔灌区南岔镇八工村三组居民点北 6 号 3 水 7 月 21 日）

序号	时间 （时:分）	左尺水位 （cm）	右尺水位 （cm）	流量 Q （m³/s）	时段 T （min）	水量 W （m³）
1	04:55	14	13	0.023		
2	05:00	14	13	0.023	5.00	6.92
3	05:05	12	11	0.018	5.00	6.92
4	05:10	12	11	0.018	5.00	5.44
5	05:15	12	11	0.018	5.00	5.44
6	05:20	12	11	0.018	5.00	5.44
7	05:25	12	11	0.018	5.00	5.44
8	05:30	12	11	0.018	5.00	5.44
9	05:35	12	11	0.018	5.00	5.44
10	05:40	12	11	0.018	5.00	5.44
11	05:45	12	11	0.018	5.00	5.44
12	05:50	12	11	0.018	5.00	5.44
13	05:55	12	11	0.018	5.00	5.44
14	06:00	12	11	0.018	5.00	5.44
15	06:05	12	11	0.018	5.00	5.44
16	06:10	12	11	0.018	5.00	5.44
17	06:15	12	11	0.018	5.00	5.44
18	06:20	12	11	0.018	5.00	5.44
19	06:25	12	11	0.018	5.00	5.44
20	06:30	12	11	0.018	5.00	5.44
21	06:35	12	11	0.018	5.00	5.44
22	06:40	12	11	0.018	5.00	5.44
23	06:45	12	11	0.018	5.00	5.44
24	06:50	12	11	0.018	5.00	5.44
25	06:55	12	11	0.018	5.00	5.44
26	07:00	12	11	0.018	5.00	5.44
27	07:05	12	11	0.018	5.00	5.44
28	07:10	12	11	0.018	5.00	5.44
29	07:15	12	11	0.018	5.00	5.44
30	07:20	12	11	0.018	5.00	5.44
31	07:25	12	11	0.018	5.00	5.44
32	07:30	12	11	0.018	5.00	5.44
33	07:35	12	11	0.018	5.00	5.44
34	07:40	12	11	0.018	5.00	5.44
结束	07:45				5.00	5.44
合计					170.00	187.92

附表 1-131　地面灌农渠末端流量测定表(双塔灌区南岔镇八工村三组居民点北 6 号 4 水 8 月 23 日)

序号	时间 (时:分)	左尺水位 (cm)	右尺水位 (cm)	流量 Q (m³/s)	时段 T (min)	水量 W (m³)
1	15:55	15	14	0.026		
2	16:00	15	14	0.026	5.00	7.70
3	16:05	14	13	0.023	5.00	7.70
4	16:10	14	13	0.023	5.00	6.92
5	16:15	14	13	0.023	5.00	6.92
6	16:20	13	12	0.021	5.00	6.92
7	16:25	12	11	0.018	5.00	6.17
8	16:30	12	11	0.018	5.00	5.44
9	16:35	12	11	0.018	5.00	5.44
10	16:40	12	11	0.018	5.00	5.44
11	16:45	12	11	0.018	5.00	5.44
12	16:50	12	11	0.018	5.00	5.44
13	16:55	12	11	0.018	5.00	5.44
14	17:00	12	11	0.018	5.00	5.44
15	17:05	12	11	0.018	5.00	5.44
16	17:10	12	11	0.018	5.00	5.44
17	17:15	12	11	0.018	5.00	5.44
18	17:20	12	11	0.018	5.00	5.44
19	17:25	12	11	0.018	5.00	5.44
20	17:30	12	11	0.018	5.00	5.44
21	17:35	12	11	0.018	5.00	5.44
22	17:40	12	11	0.018	5.00	5.44
23	17:45	12	11	0.018	5.00	5.44
24	17:50	12	11	0.018	5.00	5.44
25	17:55	12	11	0.018	5.00	5.44
26	18:00	12	11	0.018	5.00	5.44
27	18:05	12	11	0.018	5.00	5.44
28	18:10	12	11	0.018	5.00	5.44
29	18:15	12	11	0.018	5.00	5.44
30	18:20	12	11	0.018	5.00	5.44

续附表 1-131

序号	时间 (时:分)	左尺水位 (cm)	右尺水位 (cm)	流量 Q (m³/s)	时段 T (min)	水量 W (m³)
31	18:25	12	11	0.018	5.00	5.44
32	18:30	12	11	0.018	5.00	5.44
33	18:35	12	11	0.018	5.00	5.44
34	18:40	12	11	0.018	5.00	5.44
35	18:45	12	11	0.018	5.00	5.44
36	18:50	12	11	0.018	5.00	5.44
37	18:55	12	11	0.018	5.00	5.44
38	19:00	12	11	0.018	5.00	5.44
39	19:05	12	11	0.018	5.00	5.44
40	19:10	12	11	0.018	5.00	5.44
41	19:15	12	11	0.018	5.00	5.44
42	19:20	12	11	0.018	5.00	5.44
43	19:25	12	11	0.018	5.00	5.44
44	19:30	12	11	0.018	5.00	5.44
结束	19:35				5.00	5.44
合计					205.00	249.05

附表 1-132 地面灌农渠末端流量测定表(双塔灌区南岔镇十工村
三组瓜敦公路北侧 5 号 1 水 3 月 25 日)

序号	时间 (时:分)	左尺水位 (cm)	右尺水位 (cm)	流量 Q (m³/s)	时段 T (min)	水量 W (m³)
1	08:10	20.00	20.10	0.04		
2	08:25	20.00	20.10	0.04	15.00	37.57
3	10:05	20.00	20.10	0.04	100.00	250.48
4	11:10	20.00	20.10	0.04	65.00	162.81
5	11:15	20.00	20.10	0.04	5.00	12.52
结束						
合计					185.00	463.38

附表 1-133　地面灌农渠末端流量测定表（双塔灌区南岔镇十工村
三组瓜敦公路北侧 5 号 2 水 6 月 18 日）

序号	时间 （时:分）	左尺水位 （cm）	右尺水位 （cm）	流量 Q （m³/s）	时段 T （min）	水量 W （m³）
1	18:30	20.00	20.10	0.04		
2	18:40	20.00	20.10	0.04	10.00	25.05
3	19:00	20.00	20.10	0.04	20.00	50.10
4	20:05	20.00	20.10	0.04	65.00	162.81
5	20:10	20.00	20.10	0.04	5.00	12.52
结束						0
合计					100.00	250.48

附表 1-134　地面灌农渠末端流量测定表（双塔灌区南岔镇十工村
三组瓜敦公路北侧 5 号 3 水 7 月 5 日）

序号	时间 （时:分）	左尺水位 （cm）	右尺水位 （cm）	流量 Q （m³/s）	时段 T （min）	水量 W （m³）
1	18:30	20.00	20.10	0.04		
2	18:35	20.00	20.10	0.04	5.00	12.52
3	18:40	20.00	20.10	0.04	5.00	12.52
4	18:55	20.00	20.10	0.04	15.00	37.57
5	19:00	20.00	20.10	0.04	5.00	12.52
结束						0
合计					30.00	75.13

附表 1-135　地面灌农渠末端流量测定表（双塔灌区南岔镇十工村
三组瓜敦公路北侧 5 号 4 水 7 月 25 日）

序号	时间 （时:分）	左尺水位 （cm）	右尺水位 （cm）	流量 Q （m³/s）	时段 T （min）	水量 W （m³）
1	04:50	20.00	20.10	0.04		
2	04:55	20.00	20.10	0.04	5.00	12.52
3	05:00	20.00	20.10	0.04	5.00	12.52
4	07:10	20.00	20.10	0.04	130.00	325.63
结束						0
合计					140.00	350.67

附表 1-136　地面灌农渠末端流量测定表（双塔灌区南岔镇十工村
三组瓜敦公路北侧 5 号 5 水 8 月 27 日）

序号	时间 （时:分）	左尺水位 （cm）	右尺水位 （cm）	流量 Q （m³/s）	时段 T （min）	水量 W （m³）
1	20:30	20.00	20.10	0.04		
2	20:35	20.00	20.10	0.04	5.00	12.52
3	23:20	20.00	20.10	0.04	165.00	413.29
4	23:25	20.00	20.10	0.04	5.00	12.52
5	23:30	20.00	20.10	0.04	5.00	12.52
结束						0
合计					180.00	450.85

附表 1-137　地面灌农渠末端流量测定表（双塔灌区南岔镇十工村
三组瓜敦公路北侧 6 号 1 水 3 月 25 日）

序号	时间 （时:分）	左尺水位 （cm）	右尺水位 （cm）	流量 Q （m³/s）	时段 T （min）	水量 W （m³）
1	11:10	9.00	9.00	0.03		
2	11:15	10.00	10.00	0.03	5.00	7.53
3	11:45	10.00	10.00	0.03	30.00	52.94
4	12:05	10.00	10.00	0.03	20.00	35.29
5	14:05	10.00	10.00	0.03	120.00	211.75
结束	14:10				5.00	8.82
合计					180.00	316.33

附表 1-138　地面灌农渠末端流量测定表（双塔灌区南岔镇十工村
三组瓜敦公路北侧 6 号 2 水 6 月 17 日）

序号	时间 （时:分）	左尺水位 （cm）	右尺水位 （cm）	流量 Q （m³/s）	时段 T （min）	水量 W （m³）
1	21:20	9.00	9.00	0.03		
2	21:25	10.00	10.00	0.03	5.00	7.53
3	21:50	10.00	10.00	0.03	25.00	44.11
4	22:00	10.00	10.00	0.03	10.00	17.65
5	22:20	10.00	10.00	0.03	20.00	35.29
结束	22:25				5.00	8.82
合计					65.00	113.40

附表 1-139 地面灌农渠末端流量测定表（双塔灌区南岔镇十工村
三组瓜敦公路北侧 6 号 3 水 7 月 5 日）

序号	时间（时:分）	左尺水位（cm）	右尺水位（cm）	流量 Q（m³/s）	时段 T（min）	水量 W（m³）
1	19:00	9.00	9.00	0.03		
2	19:05	10.00	10.00	0.03	5.00	7.53
3	19:10	10.00	10.00	0.03	5.00	8.82
4	19:15	10.00	10.00	0.03	5.00	8.82
5	19:20	10.00	10.00	0.03	5.00	8.82
结束	20:00				40.00	70.58
合计					60.00	104.57

附表 1-140 地面灌农渠末端流量测定表（双塔灌区南岔镇十工村
三组瓜敦公路北侧 6 号 4 水 7 月 25 日）

序号	时间（时:分）	左尺水位（cm）	右尺水位（cm）	流量 Q（m³/s）	时段 T（min）	水量 W（m³）
1	07:10	9.00	9.00	0.03		
2	07:20	10.00	10.00	0.03	10.00	15.07
3	07:25	10.00	10.00	0.03	5.00	8.82
4	07:30	10.00	10.00	0.03	5.00	8.82
5	07:35	10.00	10.00	0.03	5.00	8.82
结束	08:00				25.00	44.11
合计					50.00	85.64

附表 1-141 地面灌农渠末端流量测定表（双塔灌区南岔镇十工村
三组瓜敦公路北侧 6 号 5 水 8 月 27 日）

序号	时间（时:分）	左尺水位（cm）	右尺水位（cm）	流量 Q（m³/s）	时段 T（min）	水量 W（m³）
1	23:30	9.00	9.00	0.03		
2	23:35	10.00	10.00	0.03	5.00	7.53
3	02:05	10.00	10.00	0.03	150.00	264.68
4	02:10	10.00	10.00	0.03	5.00	8.82
5	02:15	10.00	10.00	0.03	5.00	8.82
结束						0
合计					165.00	289.85

附表 1-142　地面灌农渠末端流量测定表（双塔灌区南岔镇十工村
三组居民点西 1 号 1 水 3 月 31 日）

序号	时间 （时:分）	左尺水位 （cm）	右尺水位 （cm）	流量 Q （m³/s）	时段 T （min）	水量 W （m³）
1	06:10	24.90	25.00	0.06		
2	06:15	25.00	25.00	0.06	5.00	17.39
3	06:20	25.00	25.00	0.06	5.00	17.44
4	06:45	25.00	25.00	0.06	25.00	87.19
5	06:55	25.00	25.00	0.06	10.00	34.88
合计					45.00	156.90

附表 1-143　地面灌农渠末端流量测定表（双塔灌区南岔镇十工村
三组居民点西 1 号 2 水 6 月 16 日）

序号	时间 （时:分）	左尺水位 （cm）	右尺水位 （cm）	流量 Q （m³/s）	时段 T （min）	水量 W （m³）
1	12:00	24.90	25.00	0.06		
2	12:10	25.00	25.00	0.06	10.00	34.77
3	12:15	25.00	25.00	0.06	5.00	17.44
4	12:20	25.00	25.00	0.06	5.00	17.44
5	12:25	25.00	25.00	0.06	5.00	17.44
合计					25.00	87.09

附表 1-144　地面灌农渠末端流量测定表（双塔灌区南岔镇十工村三组
居民点西 1 号 3 水 6 月 30 日）

序号	时间 （时:分）	左尺水位 （cm）	右尺水位 （cm）	流量 Q （m³/s）	时段 T （min）	水量 W （m³）
1	11:05	25.00	25.00	0.06		
2	11:20	25.00	25.00	0.06	15.00	52.31
3	11:50	25.00	25.00	0.06	30.00	104.63
4	12:40	25.00	25.00	0.06	50.00	174.38
5	12:45	25.00	25.00	0.06	5.00	17.44
合计					100.00	348.76

附表 1-145　地面灌农渠末端流量测定表（双塔灌区南岔镇十工村
三组居民点西 1 号 4 水 7 月 21 日）

序号	时间 （时:分）	左尺水位 （cm）	右尺水位 （cm）	流量 Q （m³/s）	时段 T （min）	水量 W （m³）
1	07:00	25.00	25.00	0.06		
2	07:05	25.00	25.00	0.06	5.00	17.44
3	07:10	25.00	25.00	0.06	5.00	17.44
4	07:15	25.00	25.00	0.06	5.00	17.44
5	07:50	25.00	25.00	0.06	35.00	122.06
合计					50.00	174.38

附表 1-146　地面灌农渠末端流量测定表（双塔灌区南岔镇十工村
三组居民点西 1 号 5 水 8 月 26 日）

序号	时间 （时:分）	左尺水位 （cm）	右尺水位 （cm）	流量 Q （m³/s）	时段 T （min）	水量 W （m³）
1	16:40	25.00	25.00	0.06		
2	16:45	25.00	25.00	0.06	5.00	17.44
3	17:30	25.00	25.00	0.06	45.00	156.94
4	17:35	25.00	25.00	0.06	5.00	17.44
5	18:00	25.00	25.00	0.06	25.00	87.19
合计					80.00	279.01

附表 1-147　地面灌农渠末端流量测定表（双塔灌区南岔镇十工村
三组居民点西 2 号 1 水 3 月 31 日）

序号	时间 （时:分）	左尺水位 （cm）	右尺水位 （cm）	流量 Q （m³/s）	时段 T （min）	水量 W （m³）
1	07:20	20.0	20.1	0.04		
2	07:25	20.0	20.1	0.04	5.00	12.52
3	07:45	20.0	20.1	0.04	20.00	50.10
4	07:50	20.0	20.1	0.04	5.00	12.52
5	07:55	20.0	20.1	0.04	5.00	12.52
结束	08:00				5.00	12.52
合计					40.00	100.18

附表 1-148　地面灌农渠末端流量测定表（双塔灌区南岔镇十工村
三组居民点西 2 号 2 水 6 月 16 日）

序号	时间 （时:分）	左尺水位 （cm）	右尺水位 （cm）	流量 Q （m^3/s）	时段 T （min）	水量 W （m^3）
1	10:25	20.0	20.1	0.04		
2	10:35	20.0	20.1	0.04	10.00	25.05
3	10:40	20.0	20.1	0.04	5.00	12.52
4	10:55	20.0	20.1	0.04	15.00	37.57
5	11:00	20.0	20.1	0.04	5.00	12.52
结束	11:05				5.00	12.52
合计					40.00	100.19

附表 1-149　地面灌农渠末端流量测定表（双塔灌区南岔镇十工村
三组居民点西 2 号 3 水 6 月 30 日）

序号	时间 （时:分）	左尺水位 （cm）	右尺水位 （cm）	流量 Q （m^3/s）	时段 T （min）	水量 W （m^3）
1	09:20	20.0	20.1	0.04		
2	09:25	20.0	20.1	0.04	5.00	12.52
3	10:50	20.0	20.1	0.04	85.00	212.91
4	11:00	20.0	20.1	0.04	10.00	25.05
5	11:05	20.0	20.1	0.04	5.00	12.52
结束	11:10				5.00	12.52
合计					110.00	275.52

附表 1-150　地面灌农渠末端流量测定表（双塔灌区南岔镇十工村
三组居民点西 2 号 4 水 7 月 21 日）

序号	时间 （时:分）	左尺水位 （cm）	右尺水位 （cm）	流量 Q （m^3/s）	时段 T （min）	水量 W （m^3）
1	09:10	20.0	20.1	0.04		
2	09:15	20.0	20.1	0.04	5.00	12.52
3	09:20	20.0	20.1	0.04	5.00	12.52
4	09:25	20.0	20.1	0.04	5.00	12.52
5	10:00	20.0	20.1	0.04	35.00	87.67
结束	10:05				5.00	12.52
合计					55.00	137.75

附表 1-151　地面灌农渠末端流量测定表（双塔灌区南岔镇十工村
三组居民点西 2 号 5 水 8 月 26 日）

序号	时间 （时：分）	左尺水位 （cm）	右尺水位 （cm）	流量 Q （m³/s）	时段 T （min）	水量 W （m³）
1	18：10	20.0	20.1	0.04		
2	18：35	20.0	20.1	0.04	25.00	62.62
3	19：00	20.0	20.1	0.04	25.00	62.62
4	19：05	20.0	20.1	0.04	5.00	12.52
5	19：10	20.0	20.1	0.04	5.00	12.52
结束	19：15				5.00	12.52
合计					65.00	162.80

附表 1-152　地面灌农渠末端流量测定表（双塔灌区南岔镇十工村
三组居民点西 3 号 1 水 3 月 31 日）

序号	时间 （时：分）	左尺水位 （cm）	右尺水位 （cm）	流量 Q （m³/s）	时段 T （min）	水量 W （m³）
1	08：05	20.00	20.00	0.04		
2	08：25	23.00	23.00	0.05	20.00	49.91
3	08：35	23.00	23.00	0.05	10.00	30.77
4	08：55	23.00	23.00	0.05	20.00	61.55
5	09：00	23.00	23.00	0.05	5.00	15.39
合计					55.00	157.62

附表 1-153　地面灌农渠末端流量测定表（双塔灌区南岔镇十工村
三组居民点西 3 号 2 水 6 月 15 日）

序号	时间 （时：分）	左尺水位 （cm）	右尺水位 （cm）	流量 Q （m³/s）	时段 T （min）	水量 W （m³）
1	08：35	20.00	20.00	0.04		
2	08：40	23.00	23.00	0.05	5.00	12.48
3	09：00	23.00	23.00	0.05	20.00	61.55
4	09：10	23.00	23.00	0.05	10.00	30.77
5	09：50	23.00	23.00	0.05	40.00	123.10
合计					75.00	227.90

附表 1-154　地面灌农渠末端流量测定表（双塔灌区南岔镇十工村
三组居民点西 3 号 3 水 6 月 29 日）

序号	时间（时:分）	左尺水位（cm）	右尺水位（cm）	流量 Q（m³/s）	时段 T（min）	水量 W（m³）
1	00:26	20.00	20.00	0.04		
2	00:26	23.00	23.00	0.05	5.00	12.48
3	00:26	23.00	23.00	0.05	5.00	15.39
4	00:27	23.00	23.00	0.05	5.00	15.39
5	00:27	23.00	23.00	0.05	5.00	15.39
6	00:27	23.00	23.00	0.05	5.00	15.39
7	00:28	23.00	23.00	0.05	5.00	15.39
8	00:28	23.00	23.00	0.05	5.00	15.39
9	00:28	23.00	23.00	0.05	5.00	15.39
结束	00:29	23.00	23.00	0.05	5.00	15.39
合计					45.00	135.60

附表 1-155　地面灌农渠末端流量测定表（双塔灌区南岔镇十工村
三组居民点西 3 号 4 水 7 月 20 日）

序号	时间（时:分）	左尺水位（cm）	右尺水位（cm）	流量 Q（m³/s）	时段 T（min）	水量 W（m³）
1	18:00	20.00	20.00	0.04		
2	18:05	23.00	23.00	0.05	5.00	12.48
3	18:10	23.00	23.00	0.05	5.00	15.39
4	18:15	23.00	23.00	0.05	5.00	15.39
5	19:05	23.00	23.00	0.05	45.00	138.49
合计					60.00	181.75

附表 1-156　地面灌农渠末端流量测定表(双塔灌区南岔镇十工村
三组居民点西 3 号 5 水 8 月 1 日)

序号	时间 (时:分)	左尺水位 (cm)	右尺水位 (cm)	流量 Q (m^3/s)	时段 T (min)	水量 W (m^3)
1	07:20	20.00	20.00	0.04		
2	07:25	23.00	23.00	0.05	5.00	12.48
3	07:30	23.00	23.00	0.05	5.00	15.39
4	07:35	23.00	23.00	0.05	5.00	15.39
5	07:40	23.00	23.00	0.05	5.00	15.39
6	07:45	23.00	23.00	0.05	5.00	15.39
7	07:50	23.00	23.00	0.05	5.00	15.39
8	07:55	23.00	23.00	0.05	5.00	15.39
结束	08:00	23.00	23.00	0.05	5.00	15.39
合计					40.00	120.21

附表 1-157　地面灌农渠末端流量测定表(双塔灌区南岔镇十工村
三组居民点西 4 号 1 水 3 月 31 日)

序号	时间 (时:分)	左尺水位 (cm)	右尺水位 (cm)	流量 Q (m^3/s)	时段 T (min)	水量 W (m^3)
1	09:10	22.0	20.1	0.04		
2	09:25	22.0	20.1	0.04	15.00	40.42
3	09:40	22.0	20.1	0.04	15.00	40.42
4	09:55	22.0	20.1	0.04	15.00	40.42
5	10:00	22.0	20.1	0.04	5.00	13.47
6	10:20	22.0	20.1	0.04	20.00	53.89
结束	10:25				5.00	13.47
合计					75.00	202.09

附表 1-158　　地面灌农渠末端流量测定表（双塔灌区南岔镇十工村
三组居民点西 4 号 2 水 6 月 15 日）

序号	时间 （时：分）	左尺水位 （cm）	右尺水位 （cm）	流量 Q （m³/s）	时段 T （min）	水量 W （m³）
1	07：05	22.0	20.1	0.04		
2	07：20	22.0	20.1	0.04	15.00	40.42
3	07：50	22.0	20.1	0.04	30.00	80.84
4	08：00	22.0	20.1	0.04	10.00	26.95
8	08：05	22.0	20.1	0.04	5.00	13.47
结束	08：10				5.00	13.47
合计					65.00	175.15

附表 1-159　　地面灌农渠末端流量测定表（双塔灌区南岔镇十工村
三组居民点西 4 号 3 水 6 月 29 日）

序号	时间 （时：分）	左尺水位 （cm）	右尺水位 （cm）	流量 Q （m³/s）	时段 T （min）	水量 W （m³）
1	07：45	22.0	20.1	0.04		
2	07：50	22.0	20.1	0.04	5.00	13.47
3	08：20	22.0	20.1	0.04	30.00	80.84
4	09：00	22.0	20.1	0.04	40.00	107.78
5	09：40	22.0	20.1	0.04	40.00	107.78
结束	09：45				5.00	13.47
合计					120.00	323.34

附表 1-160　　地面灌农渠末端流量测定表（双塔灌区南岔镇十工村
三组居民点西 4 号 4 水 7 月 19 日）

序号	时间 （时：分）	左尺水位 （cm）	右尺水位 （cm）	流量 Q （m³/s）	时段 T （min）	水量 W （m³）
1	21：20	22.0	20.1	0.04		
2	21：25	22.0	20.1	0.04	5.00	13.47
3	21：30	22.0	20.1	0.04	5.00	13.47
4	10：00	22.0	20.1	0.04	30.00	80.84
5	10：05	22.0	20.1	0.04	5.00	13.47
结束	10：10				5.00	13.47
合计					50.00	134.72

附表 1-161 地面灌农渠末端流量测定表(双塔灌区南岔镇十工村
三组居民点西 4 号 5 水 8 月 1 日)

序号	时间 (时:分)	左尺水位 (cm)	右尺水位 (cm)	流量 Q (m³/s)	时段 T (min)	水量 W (m³)
1	00:35	22.00	20.10	0.04		
2	00:36	22.00	20.10	0.04	5.00	13.47
3	00:36	22.00	20.10	0.04	5.00	13.47
4	00:36	22.00	20.10	0.04	5.00	13.47
5	00:37	22.00	20.10	0.04	5.00	13.47
6	00:37	22.00	20.10	0.04	5.00	13.47
7	00:38	22.00	20.10	0.04	5.00	13.47
8	00:38	22.00	20.10	0.04	5.00	13.47
9	00:38	22.00	20.10	0.04	5.00	13.47
10	00:39	22.00	20.10	0.04	5.00	13.47
结束	00:39	22.00	20.10	0.04	5.00	13.47
合计					50.00	134.70

附表 1-162　地面灌亩均净灌水量（计量到农渠末端）

地块编号	位置	作物	面积（亩）	1水（m³）	2水（m³）	3水（m³）	4水（m³）	5水（m³）	6水（m³）	合计（m³）	亩均（m³/亩）
1	昌马灌区布隆吉乡九上村1号	甘草	1.9	127.5	132.0	156.6	132.5			548.5	288.7
2	昌马灌区布隆吉乡九上村2号	玉米	3.9	249.6	296.6	278.1	254.0	306.6		1 385.0	355.1
3	昌马灌区布隆吉乡九上村3号	小麦	3.2	195.1	195.3	209.3	215.2	204.3		1 019.2	318.5
4	昌马灌区布隆吉乡九上村4号	小麦	3.2	229.5	187.2	189.5	229.5	206.0		1 041.7	325.6
5	昌马灌区布隆吉乡九上村5号	孜然	0.7	65.5	51.1	45.2				161.8	231.2
6	昌马灌区布隆吉乡九上村6号	孜然	2.3	133.2	186.1	183.3				502.6	218.5
7	昌马灌区三道沟镇昌马上村4号	茴香	2.5	183.3	187.9	191.1				562.3	224.9
8	昌马灌区三道沟镇昌马上村2号	小麦	1.2	66.6	88.2	74.1	83.8	74.1		386.8	322.4
9	昌马灌区三道沟镇昌马上村6号	食葵	4.4	392.4	447.1	364.5	372.6	404.7		1 981.2	450.3
10	昌马灌区三道沟镇昌马上村1号	小麦	1.3	100.7	88.2	74.1	86.5	83.9		433.4	333.3
11	昌马灌区三道沟镇昌马上村3号	萝卜	2.3	227.9	237.5	178.8	240.4	205.9		1 090.5	474.1
12	昌马灌区三道沟镇昌马上村5号	萝卜	1.2	104.8	135.6	117.3	104.8	84.5		547.0	455.8
13	花海灌区南渠八队3号	苜蓿	4.0	249.5	268.5	216.2	141.3	78.5	500.7	1 454.8	363.7
14	花海灌区南渠八队1号	小麦	4.0	138.3	277.3	295.3	388.4	384.0		1 483.3	370.8
15	花海灌区南渠八队2号	食葵	3.9	244.9	569.7	429.6	359.5	384.4		1 988.1	509.8
16	花海灌区南渠八队4号	玉米	2.0	174.7	207.2	240.0	152.0	155.4		929.3	464.7
17	双塔灌区南岔镇八工村三组居民点北1号	棉花	1.3	81.4	83.7	121.8	96.5			383.4	294.9
18	双塔灌区南岔镇八工村三组居民点北2号	棉花	1.3	149.2	132.2	115.7	91.5			488.6	375.9

续附表 1-162

地块编号	位置	作物	面积（亩）	1水（m³）	2水（m³）	3水（m³）	4水（m³）	5水（m³）	6水（m³）	合计（m³）	亩均（m³/亩）
19	双塔灌区南岔镇八工村三组居民点北3号	瓜	2.0	140.7	122.4	122.8	117.7	129.0		632.6	316.3
20	双塔灌区南岔镇八工村三组居民点北4号	蜜瓜	1.5	109.5	97.6	99.2	117.1	103.4		526.8	351.2
21	双塔灌区南岔镇八工村三组居民点北5号	甘草	5.6	594.8	682.5	598.6	589.1			2 465.0	440.2
22	双塔灌区南岔镇八工村三组居民点北6号	甘草	2.6	214.5	268.0	187.9	249.1			919.5	353.7
23	双塔灌区南岔镇十工村三组瓜敦公路北侧5号	棉花	3.6	463.4	250.5	75.1	350.7	450.9		1 590.6	441.8
24	双塔灌区南岔镇十工村三组瓜敦公路北侧6号	棉花	21.0	316.3	113.4	104.6	85.6	289.9		909.8	433.3
25	双塔灌区南岔镇十工村三组居民点西1号	棉花	2.25	156.9	87.1	348.8	174.4	279.0		1 046.1	464.9
26	双塔灌区南岔镇十工村三组居民点西2号	棉花	2.25	100.2	100.2	275.5	137.8	162.8		776.5	345.1
27	双塔灌区南岔镇十工村三组居民点西3号	瓜	2.25	157.6	227.9	135.6	181.7	120.2		823.0	365.8
28	双塔灌区南岔镇十工村三组居民点西4号	瓜	2.25	202.1	175.1	323.3	134.7	134.7		969.9	431.1

附录 2　振荡试验配线图

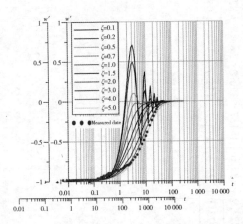

附图 2-1　昌 CG15 测试井注水式振荡试验配线图　　附图 2-2　总干所测试井抽水式振荡试验配线图

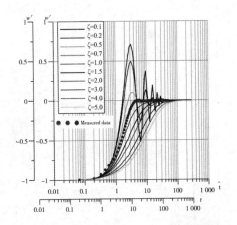

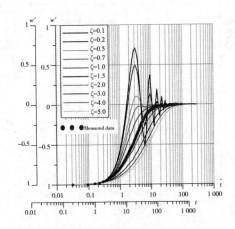

附图 2-3　沙地测试井注水式振荡试验配线图　　附图 2-4　昌 CG05 测试井注水式振荡试验配线图

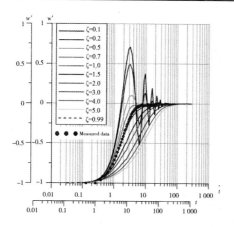

附图 2-5 昌 CG01 测试井注水式振荡试验配线图　附图 2-6 下东号测试井注水式振荡试验配线图

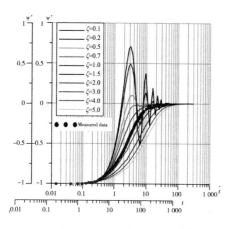
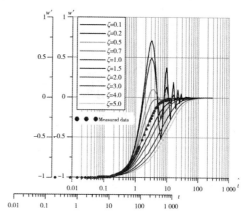

附图 2-7 昌 CG06 观测井注水式振荡试验配线图　附图 2-8 昌 CG07 观测井注水式振荡试验配线图

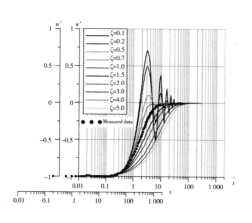
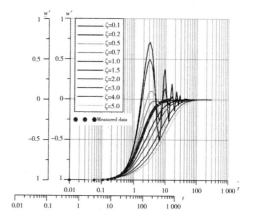

附图 2-9 花 CG03 观测井注水式振荡试验配线图　附图 2-10 花 CG04 观测井注水式振荡试验配线图

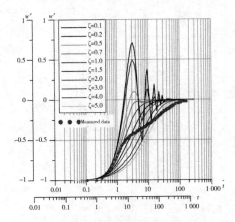

附图 2-11 H20 观测井注水式振荡试验配线图

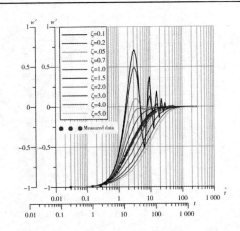

附图 2-12 H19 观测井注水式振荡试验配线图

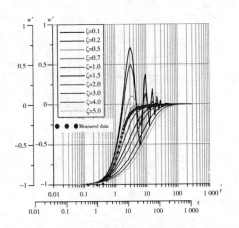

附图 2-13 双 CG01 观测井注水式振荡试验配线图

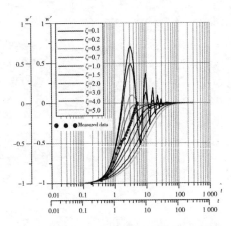

图 2-14 1#观测井注水式振荡试验配线图

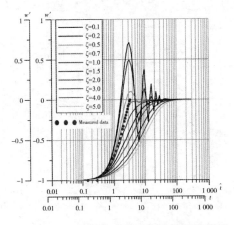

附图 2-15 3#观测井注水式振荡试验配线图

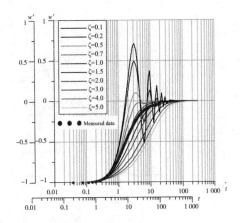

附图 2-16 双 CG06 观测井注水式振荡试验配线图

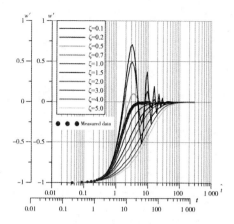

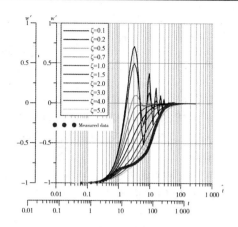

附图 2-17　5#观测井注水式振荡试验配线图　　　　附图 2-18　8#观测井注水式振荡试验配线图

参 考 文 献

[1] 甘肃省水利水电勘测设计院. 甘肃省河西走廊(疏勒河)项目——灌区地下水动态预测研究[R]. 兰州:甘肃省水利水电勘测设计院,2004.

[2] 中国地质调查局. 河西走廊疏勒河流域地下水资源合理开发利用调查评价[M]. 北京:地质出版社,2008.

[3] 卫克勤. 同位素水文地球化学[J]. 地球科学进展,1992,7(5): 67-68.

[4] 赵华,卢演俦,王成敏,等. 疏勒河冲积扇绿洲全新世古水文演化释光年代学[J]. 核技术,2007,30(11): 893-898.

[5] 徐兆祥. 河西走廊疏勒河流域中游地区水资源综合利用[J]. 干旱区资源与环境, 1988, 2(2):47-51.

[6] 韩巍,胡立堂,陈崇希,等. 疏勒河流域玉门－踏实盆地地下水流模型设计中几个问题的探讨[J]. 勘察科学技术,2005(1):15-18.

[7] 闫成云. 疏勒河流域中下游三大盆地地下水潜力评价[J]. 甘肃地质,2006,15(2): 81-84.

[8] 段志俊. 玉门市地下水位持续下降成因及治理对策[J]. 甘肃水利水电技术,2009,45(8):18-19.

[9] 程远顺. 河西走廊玉门市花海盆地地下水现状分析[J]. 甘肃农业,2011(9):8-9.

[10] 屈君霞,喻生波. 疏勒河干流地表水与地下水水化学特征及相互转化关系[J]. 甘肃科技, 2007, 23(4): 119.

[11] 贾宁. 党河流域水资源保护与可持续利用研究[D]. 兰州:兰州大学,2008.

[12] 张明泉,赵转军,曾正中. 敦煌盆地水环境特征与水资源可持续利用[J]. 干旱区资源与环境,2003,17(4): 71-77.

[13] 陈建耀,王亚,张洪波,等. 地下水硝酸盐污染研究综述. 地理科学进展,2006,25(1):34-44.

[14] 郭华明,王焰新,沉艳玲. 地下水有机污染的水文地球化学标志物探讨[J]. 地球科学,2001,26(1): 304-308.

[15] 陈琳. 宝羊灌区地下水资源评价[D]. 西凌:西北农林科技大学,2011.

[16] 关锋. 地下水资源管理工作评价体系研究[D]. 郑州:郑州大学,2010.

[17] 陈植华,徐恒力. 确定干旱－半干旱地区降水入渗补给量的新方法－氯离子示踪法. 地质科技情报,1996,15(3): 87-92.

[18] 张同泽. 石羊河流域水资源合理配置与危机应对策略[D]. 杨凌:西北农林科技大学,2007.

[19] 郭洪宇. 区域水资源评价模型技术及其应用研究[D]. 北京:中国农业大学,2001.

[20] 白春艳. 塔里木盆地平原区中盐度地下水分布及水质评价[D]. 乌鲁木齐:新疆农业大学,2013.

[21] 孙安帅. 基于变值系统理论的水文地质参数分析及地下水资源计算[D]. 泰安:山东农业大学,2012.

[22] 丁宏伟,赵成,黄晓辉. 疏勒河流域的生态环境与沙漠化[J]. 干旱区研究,2001,18(2): 5-10.

[23] 于瑞奇. 日照市岚山区水源地地下水数值模拟及水资源评价[D]. 昆明:昆明理工大学,2013.

[24] 徐兆祥. 河西走廊疏勒河流域中游地区水资源综合利用[J]. 干旱区资源与环境,1988, 2(2): 47-51.

[25] 张少坤. 基于 GIS 的水资源评价方法的应用研究[D]. 哈尔滨:东北农业大学,2008.

[26] 韩巍,胡立堂,陈崇希,等. 疏勒河流域玉门－踏实盆地地下水流模型设计中几个问题的探讨[J]. 勘察科学技术,2005(1):15-18.

[27] 王光明. 鸡西市地下水资源评价与水资源可持续利用研究[D]. 长春:吉林大学,2009.

[28] 任志远. 北京市平原区地下水资源研究[D]. 长春:吉林大学,2004.

[29] 李建峰. 基于GIS的流域水资源数量评价方法及应用研究[D]. 郑州:郑州大学,2005.

[30] 段磊. 黄河流域陕西省地下水资源评价及其解析[D]. 西安:长安大学,2004.

[31] 郑芳文. 陇东地区水文地质条件分析及地下水资源评价[D]. 西安:长安大学,2009.

[32] 安家豪,王峥,殷青芳,等. 多方法地下水资源评价在水资源论证中的应用[J]. 勘察科学技术, 2009(5):52-56.

[33] 张明泉,赵转军,曾正中. 敦煌盆地水环境特征与水资源可持续利用[J]. 干旱区资源与环境,2003, 17(4):71-77.

[34] 陈超. 基于GIS的第四系地下水资源价值研究[D]. 北京:中国地质大学(北京),2012.

[35] 赵信峰. 平原区水资源评价及可持续利用研究[D]. 西安:长安大学,2010.

[36] 孙承志. 干旱山区地下水资源开发应用研究[D]. 北京:中国地质大学(北京),2007.

[37] 肖志娟. 区域水资源评价及优化配置研究[D]. 西安:西安理工大学,2006.

[38] 卫克勤. 同位素水文地球化学[J]. 地球科学进展,1992,7(5):67-68.

[39] 赵宝峰. 干旱区水资源特征及其合理开发模式研究[D]. 西安:长安大学,2010.

[40] 赵华,卢演俦,王成敏,等. 疏勒河冲积扇绿洲全新世古水文演化释光年代学[J]. 核技术,2007,30 (11):893-898.

[41] 陈茜茜,陈建生,王婷. 我国北方地下水年龄测定问题讨论[J]. 水资源保护,2014,30(2),1-6.

[42] 赵阿丽. 灌区节水改造综合效益评价和灌溉水资源合理配置研究[D]. 西安:西安理工大学,2005.

[43] Ji X, Kang E, Chen R, et al. The impact of the development of water resources on environment in arid inland river basins of Hexi region, Northwestern China. Environ Geo, 2006(6):793-801.

[44] Ma J, Pan F, Chen L, et al. Isotopic and geochemical evidence of recharge sources and water quality in the Quaternary aquifer beneath Jinchang city, NW China. Appl Geochem, 2010,25(7):996-1007.

[45] Ma J, He J, Qi S, et al. Groundwater recharge and evolution in the Dunhuang Basin, northwestern China. Appl Geochem,2013,28:19－31.

[46] He J, Ma J, Zhang P, et al. Groundwater recharge environments and hydrogeochemical evolution in the Jiuquan Basin, Northwest China. Appl Geochem,2012,27(4):866－878.

[47] Mullaney J R, Lorenz D L, Arntson A D. Chloride in groundwater and surface water in areas underlain by the glacial aquifer system, northern United States[M]. Reston, VA: US Geological Survey, 2009.

[48] Smith R L, Bohlke J K, Garabedian S P, et al. Assessing denitrification in groundwater using natural gradient tracer tests with l5N: in situ measurement of a sequential multistep reaction [J]. Water Resources Research, 2004, 40(7): W07101.

[49] Pestle W J, Simonetti A, Curet L A. 87Sr/86Sr variability in Puerto Rico: Geological complexity and the study of paleomobiIity[J]. Journal of Archaeological Science, 2013, 40(5):2561-2569.

[50] Nimmo J R, Healy R W, Stonestrom D A. Aquifer recharge [J]. Encyclopedia of Hydrological Sciences, 2003. DOI: 10.1002/0470848944. hsal61a.

[51] Scanlon B R, Goldsmith R S. Field study of spatial variability in unsaturated flow beneath and adjacent to playas[J]. Water Resources Research, 1997, 33(10): 2239-2252.

[52] Scanlon B R, Healy R W, Cook P G. Choosing appropriate techniques for quantifying groundwater recharge[J]. Hydrogeology Journal, 2002,10(1): 18-39.

[53] THOMPSON G M, HAYES J M. Trichlorofluoromethane in groundwater: a possible tracer and indicator of groundwater age[J]. Water Resources Research,1979, 15 (3): 547-554.

[54] Liang X,Zhang Y K. Analytical Solution for Drainage and Recession from and　Unconfined Aquifer[J]. Ground Water, 2012, 50(5): 793.

[55] Guo Q, Li H, Boufadel M C, et al. Tide-Induced Groundwater Head Fluctuation in Coastal Multi-Layered Aquifer Systems with a Submarine Outlet-Capping[J]. Advances in Water Resources. 2007, 30 (8): 1746-1755.

[56] Edmunds W M, Ma J, Aeschbach-Hertig W, Kipfer R, Darbyshire DPF Groundwater recharge history and hydrogeochemical evolution in the Minqin Basin, North West China. Appl Geochem,2006,21(12): 2148-2170.

[57] Ji X, Kang E,Chen R,et al. The impact of the development of water resources on environment in arid inland river basins of Hexi region, Northwestern China. Environ Geo,2006, 50(6):793-801.